Barber & Master Barber

I

이용사 · 이용장
필기 시험

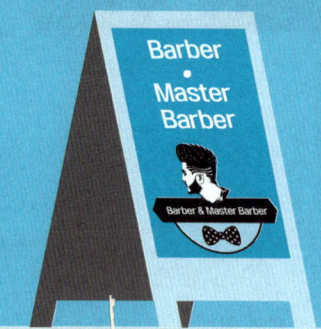

Barber & Master Barber

PART 1

이용이론

01 이용의 개요
02 이용의 역사
03 이용용구
04 세발술
05 이발(조발)
06 면도
07 정발술
08 스캘프 케어
09 매뉴얼테크닉
10 미안술
11 퍼머넌트 웨이브
12 염·탈색(헤어 컬러링)
13 가발술
14 네일(Nail)

핵심요약 _ Part 01 이용이론

01 이용이론

1) 이용업이란 이용자의 용모를 단정히 하는 영업이다.
2) 이용은 조건의 제한이 따르는 건축과 같은 부용예술이다.
3) 면도 시술 시 이발의자를 눕힌 상태인 배꼽 높이로 한다.
4) 이발의자의 목 받침대를 사용하여 정발 시 15~45[°]의 가슴 높이로 한다.
5) 조발 시술은 소재 → 구상 → 제작 → 보정(마무리)이다.
6) 이용 시술 시 조발 순서는 타월(넥페이퍼) → 커트보 → 어깨타월 → 분무 → 커트이다.

02 이용 역사

1) 단발령이 최초로 내려진 연도는 1895년 11월(고종 32년)이다.
2) 우리나라 이용사 시험제도가 처음 시행되었던 시기는 1923년이다.
3) 사인보드가 생겨난 시기는 1616년이다.
4) 병원과 이용원이 사회구조의 다양화, 인구 증가로 분리된 것은 1804년이다.
5) 세계 최초의 이용사는 프랑스 장 바버이다.

03 이용기기

1) 가위의 전체 재질이 특수강인 것은 전강가위이다.
2) 협신부와 날 부분이 서로 다른 재질의 가위는 착강가위이다.
3) 가위는 두께는 얇고 허리(피벗)가 강하며 양날의 견고함이 같아야 하며, 내곡선으로 굽어 있고, 도금된 것은 피하는 것이 좋다.
4) 클리퍼는 프랑스의 바리캉 마르 제작소에서 1871년 바리캉에 의해서이다.
5) 클리퍼의 밑날은 5리기(1[mm]), 1분기(2[mm]), 2분기(5[mm]), 3분기(8[mm])가 있다.
6) 빗은 BC 5000년인 승문시대 말부터 사용되었다.
7) 빗살은 끝이 가늘고 전체적으로 균등한 것, 너무 뽀족하거나 너무 무디지 않은 것, 내수성, 내유성, 내열성이 있는 것이 좋다.

Barber & Master Barber

8) 빗 소독 시에는 석탄산수, 크레졸수, 역성비누액이 있고, 열처리 소독(자비 소독, 증기 소독)은 피하는 것이 좋다.
9) 아이론을 최초로 만든 연도와 사람은 1875년 마셀 그라또우이다.
10) 헤어 아이론의 적당한 온도는 120~140[℃]이다.
11) 아이론 펌의 디자인 각도는 45[°](스트럭처), 90[°](컬링웨이브), 120[°](볼륨)가 있다.
12) R(Radian)이란 하나의 반달 모양의 각도를 나타내는 용어로 1R은 57[°]이다.
13) 인조숫돌은 금강사, 자도사, 금속사가 있고 천연숫돌은 고운숫돌, 중숫돌, 막숫돌이 있다.
14) 천연석과 인조석으로 된 가장 작은 돌로 만든 것은 덧돌이다.
15) 가위 숫돌은 무른 편이고 두껍고 좁은 중숫돌에 속하며, 면도 숫돌은 단단하고 부피가 얇고 넓으며 고운숫돌에 속한다.
16) 면도기 날을 세울 때 가죽과 캔버스로 벽에 걸어 썼던 것을 스트롭(피대)이라 한다.

04 샴푸와 린스

1) 샴푸 시의 물 온도는 35~38[℃] 전후의 미지근한 물이 좋다.
2) 샴푸제의 조건은 거품의 지속성, 샴푸 후 두발의 광택 부여, 모발의 자극이 없어야 한다.
3) 논스트립핑 샴푸는 염색, 탈색한 모발의 색상이 유지되면서 깨끗하게 씻기는 샴푸이다.
4) 컨디셔닝 샴푸제는 모발의 다공성과 장력강도를 향상시키는 광물 또는 식물성, 동물성 첨가제가 들어가 있는 샴푸제이다.
5) 토닉 샴푸는 토닉을 사용하여 행하는 샴푸이다.
6) 핫오일 샴푸의 목적은 두피 및 모발에 지방을 공급하는 것이다.
7) 토닉 샴푸의 기능은 살균 작용, 비듬 예방, 혈액 순환이다.
8) 에그 샴푸에서 흰자의 작용은 세정작용, 비듬과 때의 노폐물 제거이다.
9) 드라이 샴푸는 파우더 드라이 샴푸, 에그 파우더 드라이 샴푸, 리퀴드 드라이 샴푸가 있다.
10) 파우더 드라이 샴푸는 탄산마그네슘, 붕산, 모래 등의 파우더를 사용하는 샴푸이다.
11) 좌식 샴푸 마사지의 순서는 두정부 – 전두부 – 측두부 – 후두부 순이다.
12) 린스의 기능은 정전기 방지, 불용성 알칼리 중화, 머리카락 엉킴 방지, 빗질의 용이함이다.

05 이발(조발)

1) 커트의 준비 순서로는 타월 – 넥페이퍼 – 클로스(앞장) – 어깨타월 순으로 준비한다.
2) 조발의 순서는 후두부 → 좌측 → 우측이다.

summary **이용사 · 이용장 핵심요약**

3) 조발 시 커팅 기법의 사용 순서는 지간깎기 – 속음깎기 – 연속깎기 – 수정깎기 순이다.
4) 가위나 레쟈로 두발에 자연스러운 장단을 만들어 두발의 끝부분을 붓의 끝과 같이 되도록 커트하는 것이 테이퍼링이다.
5) 레이저(면도) 커트는 모발에 수분이 많은 상태에서 작업해야 한다.
6) 빗을 대고 가위를 동시에 올려치면서 주로 45[°] 커트하는 방법을 싱글링이라 한다.
7) 두발의 길이는 줄지 않고, 숱만 감소시키는 것은 틴닝이다.
8) 테이퍼링의 3가지 종류는 딥 테이퍼링, 노멀 테이퍼링, 엔드 테이퍼링이 있다.
9) 이미 형태가 이루어진 상태에서 가볍게 다듬고 정돈하는 기법을 트리밍이라 한다.
10) 단발스타일로 자연시술각 0[°]로 시술하는 것은 원랭스(One Length)이다.
11) 장발형 솔리드 스타일은 이사도라, 스파니엘, 원랭스 형태이다.

06 면도

1) 면도기 잡는 방법으로 프리핸드, 백핸드, 푸시핸드, 펜슬핸드, 스틱핸드가 있다.
2) 안면 면도의 작업 순서는 준비 – 비누칠 – 스티밍(온타월) – 비누칠 – 면도 – 안면처치 순이다.
3) 면도날의 각도는 15~45[°]이다.
4) 면도솔은 엄지, 검지, 중지 끝으로 쥐고 안면과의 각도는 45[°]이다.
5) 비누칠의 순서는 우측 뺨 → 위턱 → 좌측 뺨 → 아래턱 → 이마 → 인중이다.
6) 수염의 종류로는 콧수염, 턱수염, 뺨수염 등이 있다.
7) 건강한 성인의 수염은 하루에 약 0.3~0.4[mm] 자란다.
8) 스티밍의 목적은 모공 확장, 수염의 연화, 노폐물과 먼지 · 때 등을 비눗물과 제거한다.
9) 비누칠의 목적은 수염의 유연과 면도의 운행을 쉽게 하고, 피부의 청결, 깎인 털의 날림을 방지한다.

07 정발술(헤어스타일링)

1) 헤어 세팅에서 기초가 되는 최초의 세트를 오리지널 세트라 한다.
2) 헤어 세팅에서 "끝맺음 세트"를 리세트라 한다.
3) 헤어 세팅에서 리세트의 종류는 콤 아웃, 브러시 아웃이 있다.
4) 정발 순서는 헤어크림 도포 – 가르마 – 왼쪽 두부 – 후두부 – 오른쪽 두부 – 두정부 – 전두부 순이다.
5) 가르마 기준에서 4 : 6의 기준은 눈 안쪽을 중심으로 가르마를 나눈다(모난 얼굴).

6) 가르마 기준에서 3 : 7의 기준은 안구를 중심으로 가르마를 나눈다(둥근 얼굴).
7) 가르마 기준에서 2 : 8의 기준은 눈(눈썹)꼬리를 기준으로 가르마를 나눈다(긴 얼굴).
8) 봄바쥬란 열을 가해 모발에 형을 붙이는 드라이어 정발 기술이다.
9) 랫 테일 콤이란 뾰족한 자루의 빗으로 아이론 시술 시 웨이브를 낼 때 가장 많이 사용하는 빗이다.
10) 정발제의 종류는 포마드, 헤어크림, 헤어오일 등이 있다.

08 스캘프 케어

1) 스캘프 트리트먼트의 뜻은 두피손질, 두피영양 등의 처치를 뜻한다.
2) 댄드러프 스캘프 트리트먼트의 사용 용도는 비듬 제거 또는 비듬 두피일 때이다.
3) 드라이 스캘프 트리트먼트는 두피가 건조한 상태일 때 한다.
4) 오일리 스캘프 트리트먼트는 두피가 지방분이 많은 상태일 때 한다.
5) 플레인 스캘프 트리트먼트는 두피가 정상상태일 때 한다.

09 모발

1) 모발의 기능은 보호 기능, 배설·분비 기능, 장식의 기능, 감각전달 기능이 있다.
2) 모발의 특징은 케라틴 경단백질로 구성되어 있으며, 하루에 약 0.2~0.5[mm] 자란다.
3) 두발의 수명은 남성은 3~5년, 여성은 4~6년, 속눈썹의 수명은 2~3개월이다.
4) 모발의 탄성작용으로 신축성은 20~50[%]이다.
5) 모발의 성장기는 전체 모발의 80~85[%], 퇴행기는 전체 모발의 1[%], 휴지기는 전체 모발의 10[%]를 차지한다.
6) 모발의 성장은 낮보다 밤에, 가을·겨울보다 봄·여름에 성장이 빠르다.

10 모발의 구조

1) 모발의 구조는 모간(털이 피부 밖에 있다), 모근(털이 피부 안에 있다), 모낭(털의 뿌리)으로 이루어져 있다.
2) 모발은 모표피, 모피질, 모수질의 구성으로 모표피는 에피큐티클, 에소큐티클, 엔도큐티클의 3겹이다.
3) 모피질은 모발의 약 85[%]를 차지하고 있다.

summary 이용사·이용장 핵심요약

4) 모발에서 멜라닌 색소를 포함하고 있으며, 모발색을 결정하는 부분을 모피질이라 한다.
5) 모피질은 결정영역과 비결정영역으로 나뉘어 화학적 시술에 큰 비중을 차지하고 있다.
6) 모유두는 모발 성장에 필요한 영양을 공급하는 혈관과 신경이 있고 모발을 성장하게 한다.

11 모발의 질환

1) 원형 탈모증은 원형의 크고 작은 모양으로 털이 빠지며 경계가 분명한 증상이다.
2) 결발성 탈모증은 반복적인 자극에 의하여 머리를 잡아당길 때 생기는 탈모증이다.
3) 비강성 탈모증은 비듬이 많은 사람에게 발생하며 샴푸를 자주 해야 한다.
4) 증후성 탈모증은 감염병이나 폐렴으로 인한 증후성과 한센병, 성병에 의한 탈모증상이다.
5) 결절열모증은 머리털의 영양이 부족하여 건조한 상태에서 세로로 갈라지는 현상이다.
6) 사모는 모발에 모래알 모양의 단단한 결정체가 생기며 결혼한 부인들에게 많다.
7) 탈모균(황모균)은 방사선균의 기생으로 주로 겨드랑이에 침범한다.
8) 지루성 탈모증은 두피의 피지가 과도하여 머리카락이 빠지는 증세를 말한다.
9) 화상, 외상, 세균감염과 피부염 등으로 모낭의 파괴로 모발이 자라지 못하여 생기는 것은 반흔성 탈모이다.
10) 비반흔성 탈모는 남성형 탈모, 원형탈모, 휴지기 탈모가 있다.
11) 탈모로 인정하는 머리카락의 하루당 탈모 개수는 100개 이상이다.

12 매뉴얼테크닉

1) 매뉴얼테크닉의 목적과 효과는 영양 공급, 피부유연, 혈액순환을 원활하게 하는 데 있다.
2) 마사지 동작 시술 순서는 경찰법 – 강찰법 – 유연법 – 고타법 – 진동법이다.
3) 유연법은 주물러서 푸는 방법으로 강한 유연법과 압박 유연법이 있다.
4) 강한 유연법은 풀링으로 피부를 주름 잡듯이 행하는 동작이다.
5) 압박 유연법에는 롤링, 린징, 처킹이 있다.
6) 고타법에는 5가지 동작이 있다. – 커핑, 슬래핑, 태핑, 해킹, 비팅
7) 화농부위, 상처, 축농증, 뼈 부분에는 바이브레이터 사용을 금한다.
8) 스팀타월의 효능은 피부의 모공을 열어주고 피지, 노폐물을 닦아낸다.
9) 냉타월의 효능은 모공을 수축시키는 역할을 한다.

13 팩

1) 팩 미안술의 목적은 영양과 수분 공급, 신진대사 및 혈액순환 촉진, 잔주름 예방에 있다.
2) 수렴 효과와 잔주름 예방에 좋은 팩은 마스크 팩이다.
3) 팩제 중 워시오프 타입이란 물로 씻어내는 팩제로 크림 타입, 젤 타입, 거품 타입, 가루 타입 등이 있다.
4) 에그 팩의 효과는 흰자 – 세정, 잔주름 / 노른자 – 영양 공급이다.
5) 벌꿀 팩의 효과는 수렴과 표백작용이다.
6) 표백 팩의 종류는 벌꿀 팩, 산성 팩이 있고, 과산화수소를 사용할 수 있다.
7) 잔주름 제거에 효과적인 팩제는 왁스 마스크 팩(파라핀)이다.
8) 중년 이후의 건성 피부에 적당한 팩은 호르몬 팩이다.
9) 세안제 팩의 종류는 점토 팩, 머드 팩, 클레이 팩, 진흙 팩 등이다.

14 미안술

1) 적외선은 780[nm] 이상의 가장 긴 파장이다.
2) 자외선은 380[nm] 이하의 가장 짧은 파장의 광선으로 비타민 D를 생성한다.
3) 양극과 음극으로 유연 효과, 영양, 혈액순환을 촉진하는 것은 갈바닉 전류이다.
4) 패러딕 전류는 노폐물 제거, 혈액순환과 물질대사 촉진, 잔주름 감소 효과가 있다.
5) 우드램프는 육안으로 볼 수 없는 피부상태를 색으로 진단하는 피부 특수 광선 확대경이다.

15 퍼머넌트 웨이브

1) 와인딩의 종류 중 모발 끝에서 모근 방향으로 말아 감는 형태는 크로키놀식 와인딩이다.
2) 와인딩의 종류 중 모근에서 모발 끝 방향으로 말아 감는 형태는 스파이럴식 와인딩이다.
3) 퍼머넌트제 1제(환원제)의 종류로는 티오글리콜산, L–시스테인, 시스테아민 등이 있다.
4) 퍼머넌트제 2제의 종류로는 브롬산나트륨, 브롬산칼륨, 과산화수소가 있다.

summary 이용사 · 이용장 핵심요약

16 헤어 컬러링

1) 헤어 틴트의 다른 명칭에는 염색, 헤어 다이, 헤어 컬러링이 있다.
2) 일시적 염모제는 컬러 린스, 컬러 스프레이, 컬러 파우더, 컬러 크레용 등이 있다.
3) 반영구적 염모제는 산성 염모제로 컬러 매니큐어, 코팅 등이 있다.
4) 색의 3원색은 빨강, 파랑, 노랑, 색의 3속성은 색상, 명도, 채도이다.
5) 노랑의 보색은 보라, 빨강의 보색은 녹색, 주황의 보색은 파랑이다.
6) 버진 헤어란 화학시술을 한 번도 시술한 적이 없는 자연 그대로의 모발을 말한다.
7) 염색을 행한 모발은 6~7일이 지나야 퍼머넌트 웨이브를 행할 수 있다.
8) 퍼머넌트 웨이브와 염색을 동시에 해야 할 경우 퍼머넌트 웨이브부터 먼저 한다.

17 가발

1) 인모의 장점은 모발이 자연스럽다, 펌과 염색이 가능하다.
2) 인모와 인조모의 구별방법은 불에 태웠을 때 인조모는 조그맣고 딱딱한 덩어리가 생긴다.
3) 인모가발의 세정은 38[℃] 전후의 미지근한 물로 세정하거나 리퀴드 드라이 샴푸를 한다.
4) 리퀴드 드라이 샴푸는 벤젠, 알코올에 12시간 담갔다가 응달에 말리는 방법이다.

18 네일

1) 손톱은 표피의 각질층이 변형된 것으로 하루에 약 0.1[mm]씩 성장한다.
2) 조근은 손톱의 뿌리, 조각 밑에 숨겨진 근단위이다.
3) 조상은 네일 바디 밑의 피부이며, 지각신경 조직과 모세혈관이 있다.
4) 건강한 손톱은 세균에 감염되지 않고 둥근 아치형으로 손톱의 수분량이 12~18[%]를 보유한다.

PART 01 이용이론

1 이용의 개요

1. 이용의 정의
(1) 이용업(理髮業)이란 손님의 머리와 수염을 깎거나 다듬는 등의 방법으로 용모를 단정하게 하는 영업을 말한다.

(2) 이용(理髮)이란 복식 이외의 여러 가지 용모에 물리적, 화학적 기교를 행하여 미적 아름다움을 추구하는 수단이다.

2. 이용의 개념
(1) 이용사 : 손님의 머리카락 또는 수염을 깎거나 다듬는 등의 방법으로 손님의 용모를 단정하게 하는 사람이다.

(2) 미용사 : 손님의 얼굴과 머리 또는 피부 등을 손질하여 손님의 외모를 아름답게 꾸미는 사람이다.

3. 이용의 자세
(1) 이용인의 자세
　① 이용업은 서비스업으로서 고객에게 친절해야 하며 기술적인 면에서 끊임없는 연구와 개발을 해야 한다.
　② 이용자의 의견을 존중하며 심리적 안정을 주어야 한다.
　③ 깔끔하고 청결한 복장을 해야 한다.
　④ 건강함을 유지하도록 힘쓴다.

(2) 이용 작업자의 작업과 자세
　① 이용은 조형예술이 아닌 조건의 제한이 따르는 부용예술이다.
　② **조발 순서** : 소재(고객 파악) → 구상(특징 파악과 기획) → 제작(표현) → 보정(마무리 및 보완)
　③ 조건의 제한이 따르는 부용예술이다.
　　㉠ 소재 선정의 제한
　　㉡ 의사 표현의 제한
　　㉢ 시간적 제한
　　㉣ 미적 고려
　④ 시술자의 작업 자세
　　㉠ 다리 폭은 어깨너비로 한다.

ⓒ 시술자와 시술 대상자와의 높이는 심장 높이다.
ⓒ 시술 대상자는 눈에서 25~30[cm] 이상이다.
ⓔ 시술자의 신체 각 부분에 힘의 배분을 적절히 한다.
ⓜ 이발의자와 시술자의 거리는 주먹 한 개 정도를 유지한다.

4. 이용 작업을 위한 인체 각부의 명칭

(1) 이용 시술 대상자에 대한 시술자의 자세
① 면도 시술 시 이발의자를 눕힌 상태 : 배꼽 높이
② 드라이(정발) 시술을 할 경우 의자 목 받침을 사용하여 15~45[°] 눕힌 상태 : 가슴 높이
③ 이발의자를 세운 상태에서 정발을 할 경우 : 어깨 높이
④ 주로 스포츠형 머리의 두정부를 손질할 때 : 눈 높이

2 이용의 역사

1. 한국의 이용

(1) 고대 이용의 역사
① **상고시대(BC 10세기경)** : 두발을 땋거나 뭉쳐 상투와 비슷한 형태로 발전하였다.
② **고구려** : 남자는 상투가 보편적이었다.
③ **백제** : 미혼과 기혼을 머리모양으로 구분하였다.
④ **신라** : 남자 두발의 형태는 성인은 상투로, 소인은 결발로 구분하였다.
⑤ **통일신라시대(AD 669~AD 935)** : 신라와 같은 형태로 보이지만 관모를 사용하였고, 왕은 금관을 사용하였다.
⑥ **고려시대(918~1392년)** : 몽고의 영향으로 윗부분의 머리를 길러 땋았고, 나머지는 깎아서 몽고인같이 보였으나 이후 고유한 형태의 상투머리로 유지하였다.

(2) 근·현대의 이용 역사
① 우리나라는 1895년 11월 17일(고종 32년)에 김홍집 내각이 을미사변 이후 단발령으로 상투를 없애기 위하여 실시하였다.
② 우리나라 최초의 이발사는 안종호이다(세종로에 최초로 이용원을 개설하였다).
③ 1923년 : 우리나라 최초로 이용사 시험이 실시되었다.
④ 1946년 : 한국이용사총연합회가 창립되었다.

⑤ 1950년대 : 포마드를 이용하여 머리를 고정시키는 스타일과 장교머리의 긴 스포츠의 형태가 유행하였다.
⑥ 1961년 : 12월 5일 이용사·미용사법이 제정, 공포되었다.
⑦ 1970년대 : 히피문화의 영향으로 장발형이 유행하면서 상고머리, 스포츠머리, 긴 머리가 유행하였다.
⑧ 1980년대 : 두발 자율화로 다양한 스타일이 생겨났다.
⑨ 1986년 : 5월 10일 공중위생관리법이 공포되었다.
⑩ 1990년대 : 염색의 발달로 탈색과 염색의 다양한 컬러가 보편화되었고, 일본의 영향을 받아 샤기 커트가 유행하였다.
⑪ 2000년대 : 이용사 실기 시험이 2013년에 사람에서 통가발로 바뀌어 시행되었으며, 바버숍의 활성화로 이용인의 인구가 늘어나게 되었다.

2. 외국의 이용

사인보드를 만든 연도는 1616년이며 청색(정맥), 적색(동맥), 백색(붕대)으로 병원을 의미하였다.
세계 최초의 이용사는 1804년 외과병원과 이용을 분리(19세기 초)시키고 최초로 이용원을 개설한 프랑스 장 바버(Jean Barber)이며, 그의 이름을 따서 바버숍(Barber shop)이라고 한다.
1871년 프랑스 기계 제작회사인 바리캉 마르(Bariquand et Marre) 제작소에서 바리캉(클리퍼)이 최초로 발명되었다.

(1) 고대 이용의 역사(BC 3000년~AD 3세기)
  ① 기원
    ㉠ **장식설** : 피부에 그림을 그리거나 문신을 새겼고, 전쟁에서 승리한 투사의 신체에 남아있는 상처와 피는 존경의 대상이자 욕망의 상징이었다.
    ㉡ **이성유인설** : 이집트 여인들은 유두에 붉은 칠을 하여 화장을 하였다.
    ㉢ **신체보호설** : 위협으로부터 보호, 위장을 위한 치장이 미화적으로 발전하였다.
    ㉣ **종교설** : 주술적 행위로 몸에 채색을 하고 신을 숭배하는 행위로 발생하였다.
  ② 이집트시대
    ㉠ 종교와 권위의식의 영향으로 파라오(제12대 왕 투탕카멘)의 인공턱수염
    ㉡ 귀족의 헤어스타일
    ㉢ 헤나를 이용한 두발염색
  ③ 그리스·로마시대
    ㉠ 운동, 식이요법, 목욕 및 마사지를 이용한 신체관리를 하였다.
    ㉡ 이발하는 장소가 생겼으며, 사람을 만나고 정보를 교류하였다.
    ㉢ 스팀과 한증을 이용한 목욕법을 생활화하여 체계적인 목욕 문화가 확립되었다.
    ㉣ 유럽 헤브라이족에서 죄인의 두발을 자르고(삭발) 그 두발이 다시 자라기까지 죄를 뉘우치게 한 것에서 그 유래가 시작되었다.

④ 르네상스시대(1425~1580년)
  ㉠ 남성의 머리는 단발형 또는 짧은 머리형이며 보닛이나 캡 형태의 모자를 착용하였다.
  ㉡ 당시 유행하는 머리색은 황금색이나 적색이었으며 청색은 하류 계급만 사용하였다.
  ㉢ 남자도 화장을 하여 여성 같은 하얀 피부를 갖고자 하였다.
⑤ 바로크시대(1610~1715년)
  ㉠ 남성의 머리모양은 가장 여성스럽고 풍성한 모양이었다.
  ㉡ 1630년대 이후에 콧수염과 턱수염을 길렀으며, 1660년대 이후부터 가발을 착용, 챙이 넓은 모자와 크라운이 높은 슈가로프 및 트라이콘 모자가 유행하였다.
⑥ 로코코시대(1715~1793년)
  ㉠ 로코코시대 후반에는 경쾌하고 우아한 모습의 머리모양으로 가발을 사용하여 웨이브와 컬이 있는 형과 머리를 땋아 리본으로 묶거나 주머니에 넣었다.
  ㉡ 남성의 가발은 루이 14세가 태양왕으로 군림할 때 가장 발달하였다.
  ㉢ 예술미가 풍부한 로코코시대에는 실용적인 면과 청결보다 예술성에 가치를 두었다.
  ㉣ 프랑스대혁명으로 귀족사회의 붕괴로 귀족의 화장도 단죄를 받게 되고, 자연스러움이 강조되기 시작하였다.
⑦ 엠파이어시대(1795~1825년) : 대혁명으로 인해 세계가 동란으로 휩싸이자 머리의 파우더, 가발, 인조모발, 분가루, 무슈(Mouche), 조화 등이 일시에 모습을 감추었다.

(2) 근·현대의 이용 역사
  ① 근대(19세기)의 이용 역사
    ㉠ 1850~1860년대
      ⓐ 머리카락이 목덜미에 닿지 않게 자르고 콧수염과 볼수염을 길렀다.
      ⓑ 아랫입술 밑에 수염을 기른 나폴레옹 3세의 수염은 '황제수염'이라 불리며 남성들에게 유행이었다.
    ㉡ 1870~1880년대
      ⓐ 남성들의 머리 길이는 더욱 짧아지고 양 끝이 위로 말려 올라간 카이젤(Kaiser)이라는 콧수염을 기르며 염색을 하거나 왁스를 바르는 방법으로 손질하였다.
      ⓑ 1875년 파리의 마셀 그라또우가 헤어컬을 만들기 위하여 마셀 아이론을 최초로 발명하였다.
      ⓒ 1876년 프랑스의 화학자 틸레이(Thiellay)와 독일의 헤어디자이너 휴고(Hugot)가 과산화수소를 염색에 사용하였다.
      ⓓ 1883년 프랑스의 모네사가 산화염모제를 특허 출원하였다.
    ㉢ 1890~1910년대
      ⓐ 1905년 영국의 찰스 네슬러(Charles Nessler)가 알칼리와 열을 이용한 반영구적 웨이브를 고안하였다.

ⓑ 로레알(L'Oreal)은 모발 손상이 적은 염색약을 발명하였다.
ⓒ 19세기의 산업혁명으로 화장품의 성분과 제조술이 발달하였다.
② 현대(20세기)의 이용 역사
㉠ 남성들의 숏헤어스타일의 유행으로 스타일링에 포마드를 사용하여 손질을 하였다.
㉡ 1942년 모노에탄올아민을 함유한 펌제가 개발되었다.
㉢ 헤어피스와 가발이 사용되었고, 염색과 탈색의 기술이 발전하였다.
㉣ 1990년대의 헤어스타일은 개성을 표현하는 도구가 되었다.
㉤ 2000년대는 탈모와 두피에 대한 관심이 높아지고 케어전용상품의 발전과 건강을 생각하는 오가닉 제품과 케어에 관심이 높아졌다.

3 이용용구

1. 이용의 도구

가위, 바리캉(클리퍼), 레이저(면체용, 커트용), 빗, 브러시 등 도구류와 드라이어, 아이론, 스티머, 적외선조사기 등의 기기 종류 그리고 숫돌류(연마재), 피대 등이 있다.

(1) 가위

① 가위의 기능 : 헤어커트를 하는 데 사용한다.

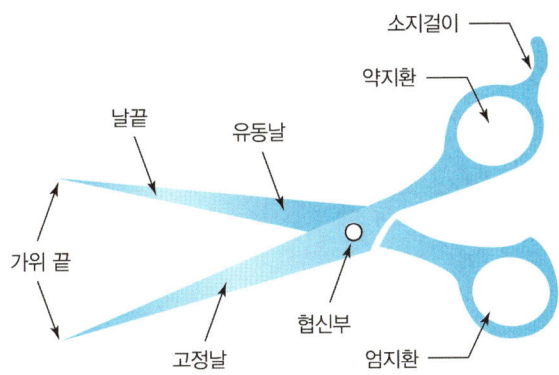

② 조발가위의 종류 : 장가위, 단가위, 틴닝가위, R-커브가위, 코가위 등이 있다.
　㉠ 장가위 : 6.5~8인치(남성 커트, 싱글링, 블런트 커트, 트리밍 작업용 등)
　㉡ 단가위 : 4.5~5.5인치(여성 커트, 블런트 커트, 포인트 커트, 슬라이싱 등)
　㉢ 틴닝가위 : 숱 감소, 질감 처리, 자연스럽고 가벼움을 표현할 때 사용한다.
　㉣ R-커브가위 : 굴곡이 심한 구간을 커트할 때 사용한다.
　㉤ 스트록가위 : 질감 처리용 가위이다.
　㉥ 리버스가위 : 레쟈날을 끼워 쓰는 가위이다.
③ 재질의 종류
　㉠ 전강가위 : 가위 전체가 강철로 되어 있으며 가격이 비싸고 튼튼하다.
　㉡ 착강가위 : 바디는 특수강, 협신은 연강으로 되어 있어 가격이 저렴하다.
④ 가위 선택법
　㉠ 날의 두께가 얇지만 튼튼해야 하며, 양날의 재질은 동일하고 강도와 경도가 좋아야 한다.
　㉡ 협신에서 날끝으로 갈수록 내곡선이어야 한다.
　㉢ 도색이 되지 않아야 하며 손가락 넣는 구멍이 너무 크지 않은 것이 좋다.
⑤ 가위 손질법
　㉠ 마른 수건으로 수분을 닦고 녹이 슬지 않게 기름칠을 하고 소독한 다음 소독장에 보관하는 것이 원칙이다.
　㉡ 소독에는 사외선, 석탄산, 크레졸, 알코올 등을 사용한다.
⑥ 조발커트 도구 레이저(Razor)
　㉠ 젖은 모발에 커트하는 도구로서 가벼운 질감과 층을 표현한다.
　㉡ 날등과 날끝이 일직선이며 날 어깨와 두께가 일정한 것이 좋다.

(2) 클리퍼 : 클리퍼는 최초로 1871년 프랑스 바리캉 마르 제작소에서 바리캉에 의해 발명되었다. 우리나라에는 1910년 일본으로 여행 갔던 우리나라 이발사에 의해 소개되었다. 헤어커트를 좀 더 쉽고 빠르게 작업할 수 있는 편리한 기계로 오늘날 다양한 형태와 기능의 바리캉(클리퍼)이 많이 개발되고 있다.
① 클리퍼의 기능
　㉠ 윗날과 밑날의 다른 좌우 운동으로 날 부분에 머리카락이 걸리면 자르게 되는 원리로 클리퍼의 회전율에 따라 머리카락이 잘리는 속도가 다르다.
　㉡ 클리퍼 밑날의 두께 종류 : 5리기(1[mm]), 1분기(2[mm]), 2분기(5[mm]), 3분기(8[mm]). 밑날의 두께가 얇을수록 날의 폭이 좁고 미세한 작업이 가능하다.
　㉢ 많은 양의 머리카락을 빠르고 손쉽게 자를 수 있고, 짧은 머리카락의 표현도 가위보다는 쉽고 빠르게 작업할 수 있다.

② 클리퍼의 종류
  ㉠ 내장 덧날 기능이 있는 클리퍼
  ㉡ 내장 덧날 기능이 없는 클리퍼(이용사 실기 시험용)
  ㉢ 트리머 : 잔털 제거와 세밀작업용
  ㉣ 애견클리퍼 : 주로 동물의 털을 깎기 위해 모터와 날 부분이 좀 더 강하다.
③ 클리퍼의 선택법
  ㉠ 밑날의 나와 있는 부분에서 윗날 부분이 조금 들어가 있는 것이 안전하다.
  ㉡ 윗날과 밑날의 밀착이 완벽하고 매끄럽게 운행되어야 한다.
  ㉢ 클리퍼의 무게의 중량감이 크지 않은 것이 손목의 피로감을 덜 수 있다.
  ㉣ 클리퍼의 소리가 크지 않은 게 좋다.
④ 클리퍼의 손질법
  ㉠ 클리퍼 사용 후 머리카락을 잘 털어준다.
  ㉡ 날 부분에 기름칠을 해준다.
  ㉢ 이물질을 바로 닦아준다.

(3) 빗 : 머리카락을 가지런히 빗어 내리는 데 사용하는 도구이다. BC 5000년 또는 그 이상으로 추정되는 스위스 호반의 유적에서 빗이 발견되었고, 고대 이집트의 유적에서도 정교하게 만든 목제와 골제의 빗이 발견되었다. 또한 그리스·로마 등에도 상아로 만든 빗이 있었는데, 점차 재료가 풍부해지고 장식성을 더하였다. 18세기 중반 이후 빗이 대량 생산되면서 여러 형태의 빗이 출현하였다.

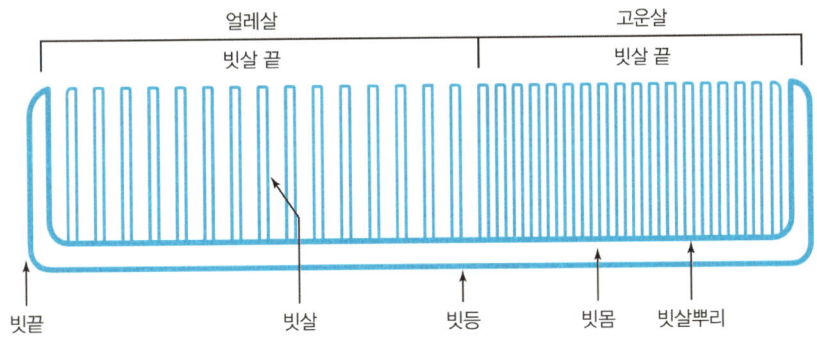

① 빗의 기능 : 머리카락을 정리하며 헤어스타일을 연출하도록 도와주며, 두피에 도움이 되는 기능을 가진 빗도 개발되었다. 또한 엉킨 머리털을 자연스럽게 고르고 광택을 내며, 웨이브의 모양을 가다듬는 외에 먼지와 비듬을 제거하고 두피에 자극을 주어 피지의 분비를 촉진시키는 효과가 있다.

② 빗의 종류
　㉠ 이용커트빗 : 손잡이와 빗살이 같이 붙어 있는 빗
　㉡ 미용커트빗 : 얼레살과 고운살이 같이 붙어 있는 빗
　㉢ 정발빗 : 주로 짧은 남자머리를 드라이힐 때 사용한다.
　㉣ 롤브러시 : 돈모와 가시로 이루어진 둥근 빗. 긴 머리의 웨이브를 표현할 때 쓴다.
　㉤ 아이론빗 : 꼬리빗처럼 생겼지만 열에 강하여 잘 녹지 않는 재질로 되어 있다.
　㉥ 꼬리빗 : 주로 파마를 할 때, 파팅과 섹션을 나눌 때 사용한다.
　㉦ 염색빗 : 염색할 때 사용하며 빗과 붓이 같이 있다.

③ 빗의 올바른 선택방법
　㉠ 빗몸 : 울퉁불퉁하거나 비뚤어지지 않은 것
　㉡ 빗살 : 끝이 가늘고 전체가 균등하게 똑바로 나열된 것
　㉢ 빗살 끝 : 너무 뾰족하거나 무디지 않은 것
　㉣ 빗 눈 : 간격이 균등한 것
　㉤ 빗살뿌리 : 약간 둥그스름한 것
　㉥ 전체적으로 비뚤어지거나 휘지 않고 두께가 균등한 것

④ 빗의 소독법 : 빗을 소독할 때는 석탄산수, 크레졸수, 포르말린수, 자외선, 역성비누액, 에탄올을 사용한다.

(4) 이용기기
① 드라이어 : 젖은 머리카락을 말리는 등 헤어스타일링을 위해 사용되는 기본 도구이다. 열과 바람, 습기를 이용하는 중요한 테크닉으로 원하는 형태의 스타일을 연출하는 작업의 도구이다.
② 아이론

㉠ 마셀 그라또우가 1875년 창안하였다.
㉡ 펌 시술 시 적당한 온도 : 120~140[℃]
㉢ 아이론 시술의 목적
  ⓐ 곱슬머리를 교정한다.
  ⓑ 모발에 변화를 주어 임의의 형태로 만들 수 있다.
  ⓒ 모발의 양이 많아 보이게 한다.
  ⓓ 모류를 교정할 수 있다.
㉣ 아이론 시술의 각도
  ⓐ 물결웨이브(스트럭처) : 45[°]
  ⓑ 컬링웨이브 : 90[°]
  ⓒ 볼륨을 만들 때 : 120[°]
㉤ 아이론의 명칭
  ⓐ 프롱로드 : 쇠막대기 열선
  ⓑ 그루브 : 프롱을 감싸고 고정시키는 작용을 한다.
  ⓒ 핸들 : 손잡이 부분

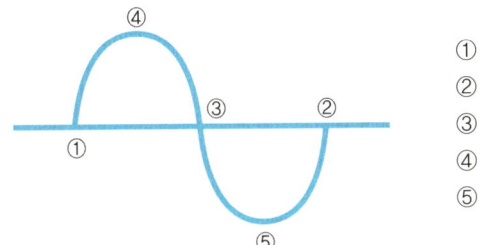

① 시작점
② 끝점
③ 융기점
④ 정점
⑤ 골

㉥ 좋은 아이론이란
  ⓐ 잠금나사가 느슨하지 않고, 홈이 매끈한 것
  ⓑ 프롱로드와 그루브의 길이가 균일하고 뒤틀리지 않은 것

(5) 샴푸대, 소독기 및 기구류
  ① 샴푸대 : 헤어 시술 후 두피와 모발을 씻는 세면대이다.
  ② 소독기 : 자외선 소독, 화학적 소독, 증기 소독, 건열 소독 등이 있고 이·미용기구를 소독할 수 있는 기기이다.
  ③ 숫돌
    ㉠ 천연숫돌 : 막숫돌, 중숫돌, 고운숫돌
    ㉡ 인조숫돌 : 금강사, 자도사, 금속사
    ㉢ 덧돌 : 천연석과 인조석으로 된 가장 작은 숫돌
  ④ 스트롭(피대) : 가죽피대와 천연피대가 있으며, 가위와 면도날을 세울 때 사용한다.

4 세발술

1. 샴푸

샴푸는 두피와 모발을 청결하게 하고 혈액의 운행을 좋게 할 뿐 아니라 두피의 적당한 자극은 신진대사와 모발의 발육을 좋게 한다. 손가락 지문을 사용하여 세정한다.

(1) 샴푸제의 성분

① 계면활성제 : 샴푸의 약 80[%]를 차지하며, 기름 제거를 하고 거품을 발생시킨다.
② 오일 : 좋은 샴푸일수록 좋은 오일을 사용한다.
③ 점증제 : 샴푸의 점도를 형성한다.
④ 방부제 : 샴푸의 유통기한을 연장한다.
⑤ 향료 : 좋은 샴푸일수록 천연향을 사용한다.

(2) 샴푸제의 종류 및 작용

① 웨트(Wet) 샴푸 : 물을 사용하는 것
② 플레인 샴푸 : 일반적인 샴푸를 이용하는 것
③ 핫오일 샴푸 : 두피와 모발에 오일을 공급하는 것으로, 주로 건성 두피에 사용한다.
④ 에그 샴푸 : 두피와 모발에 영양을 공급하고자 할 때(흰자 → 세정, 노른자 → 영양)
⑤ 토닉 샴푸 : 두피에 비듬과 각질을 제거하기 위해 사용한다.
⑥ 드라이(Dry) 샴푸
  ㉠ 물을 사용하지 않는다.
  ㉡ 몸이 불편한 환자들에게 사용한다.
  ㉢ 가발을 세정하기 위해 리퀴드 드라이 샴푸를 한다.

2. 린스

(1) 린스의 작용

① 모발에 코팅막을 형성하여 먼지가 잘 달라붙지 않게 한다.
② 정전기 발생을 억제하고 자외선을 차단한다.
③ 펌이나 염색 후 잔존하는 알칼리 성분을 중화한다.
④ 머리카락의 엉킴을 방지하고, 윤기 있는 머릿결로 보이게 한다.

(2) 린스의 종류

① 산성 린스 : 펌과 염색 시술 후 알칼리의 중화와 큐티클을 단단하게 한다.

② 손상모용 린스 : 손상된 모발에 좀 더 단단하게 코팅막을 형성시켜준다.

③ 일반 린스 : 일반적으로 쓰이고 코팅막을 형성하며 정전기(대전) 방지를 해준다.

(3) 헤어 트리트먼트 : 헤어 트리트먼트는 손상된 두피와 모발을 치료 또는 처치한다는 의미이다.

① 플레인 스캘프 트리트먼트 : 정상 두피

② 댄드러프 스캘프 트리트먼트 : 비듬성 두피

③ 오일리 스캘프 트리트먼트 : 지성 두피

④ 드라이 스캘프 트리트먼트 : 건성 두피

3. 샴푸 및 린스 작업

샴푸는 두피와 두발을 청결하게 하고 쾌감을 준다. 손가락 지문을 이용하여 마사지하듯 전두부 → 측부두 → 두정부 → 후두부 순으로 하며, 린스 후 타월 드라이한다.

(1) 샴푸의 조건

① 샴푸 시 물의 온도는 35~38[℃]가 적당하다.

② 거품이 풍부해야 하고 세정력이 좋아야 한다.

③ 경제적이며 두피와 모발에 자극이 없어야 한다.

④ 샴푸는 일주일에 1~2회 정도, 여름엔 2회 이상이 적당하다.

(2) 린스의 조건

① 먼지가 쉽게 부착되지 않고, 부풀어 보이지 않으며, 윤기 있어 보여야 한다.

② 빗질이 용이하고 유수분이 적절하며 매끄러운 머릿결을 가꾸어준다.

③ 정전기(대전성)를 방지한다.

④ 샴푸로 인한 불용성 알칼리를 중화시킨다.

5 이발(조발)

1. 두부의 명칭

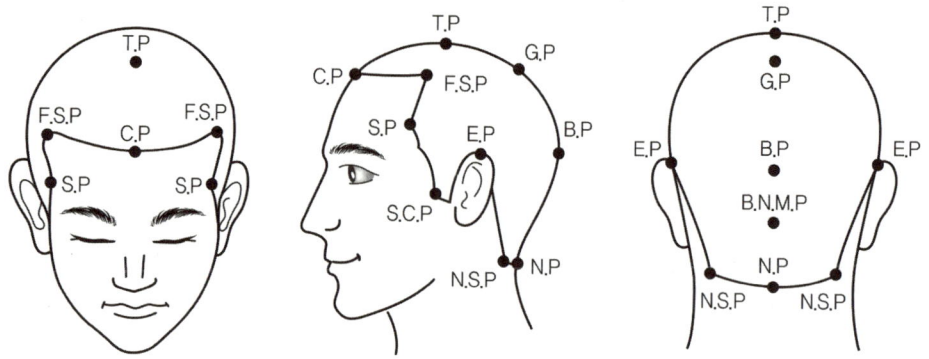

1	C.P	Center Point (센터 포인트)
2	T.P	Top Point (탑 포인트)
3	G.P	Golden Point (골든 포인트)
4	B.P	Back Point (백 포인트)
5	N.P	Nape Point (네이프 포인트)
6	S.P	Side Point (사이드 포인트)
7	E.P	Ear Point (이어 포인트)
8	F.S.P	Front Side Point (프론트 사이드 포인트)
9	S.C.P	Side Corner Point (사이드 코너 포인트)
10	N.S.P	Nape Side Point (네이프 사이드 포인트)
11	E.B.P	Ear Back Point (이어 백 포인트)
12	C.T.M.P	Center Top Medium Point (센터 탑 미디엄 포인트)
13	T.G.M.P	Top Golden Medium Point (탑 골든 미디엄 포인트)
14	G.B.M.P	Golden Back Medium Point (골든 백 미디엄 포인트)
15	B.N.M.P	Back Nape Medium Point (백 네이프 미디엄 포인트)

2. 두부의 구획

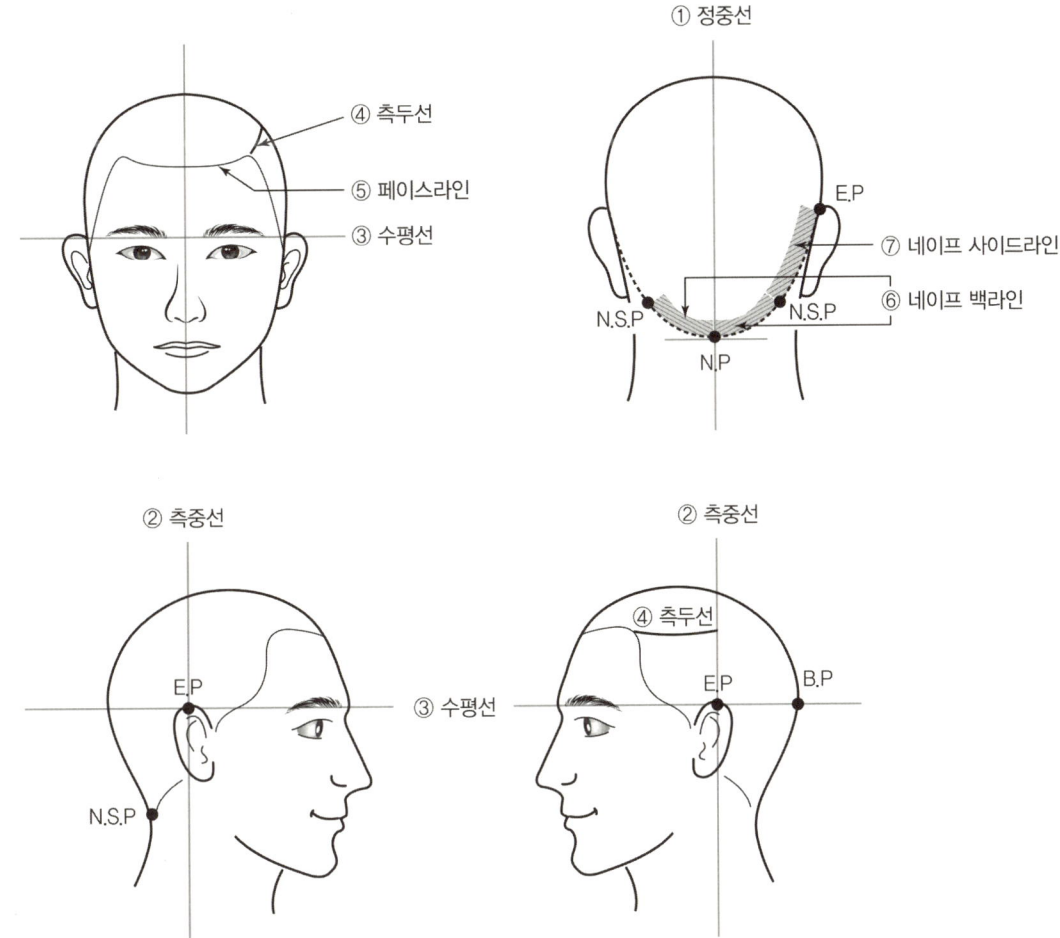

① **정중선** : 코의 중심 대칭점에서 두부 전체를 수직으로 내린 선
② **측중선** : T.P와 E.P에서 수직으로 내린 선
③ **수평선** : E.P의 높이를 수평으로 두른 선
④ **측두선** : F.S.P를 중심으로 측중선까지의 선
⑤ **페이스라인** : S.C.P에서 C.P를 연결한 전면부의 선
⑥ **네이프 백라인** : N.S.P에서 N.S.P를 연결하는 선
⑦ **네이프 사이드라인** : E.P에서 N.S.P를 연결하는 선

3. 이발 의자에서의 시술 각도

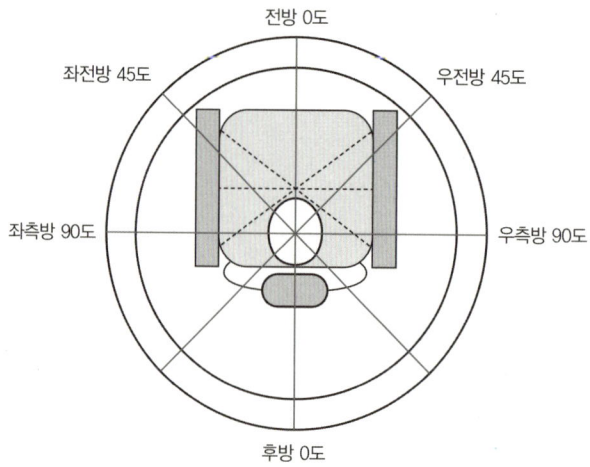

4. 이발의 기초 지식

이발이란 남자의 머리카락을 잘라서 어느 정도의 길이를 남길 것이냐에 따라 모양과 형태를 만드는 것이며, 각도의 형태에 따라 스타일이 만들어지는 것이다.

5. 디자인에 따른 헤어라인

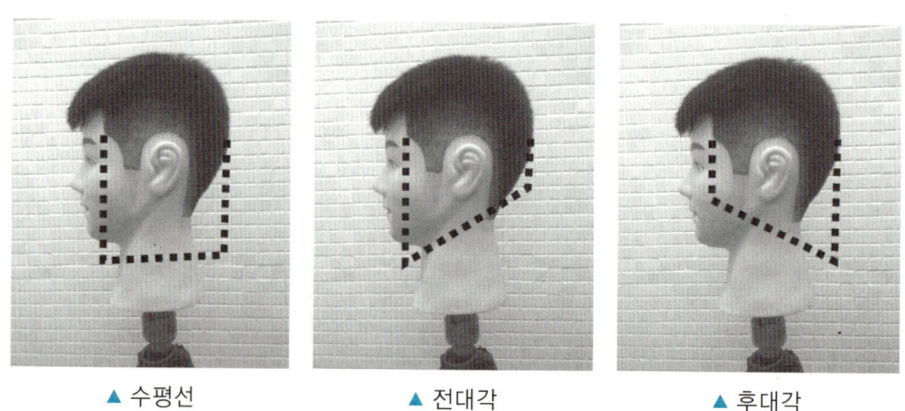

▲ 수평선　　　　　▲ 전대각　　　　　▲ 후대각

6. 디자인 형태에 따른 레이어 종류

(1) 유니폼 레이어 : 두상 곡면과 같은 각도로 커트하며 동일한 길이를 얻는다.

(2) 인크리스 레이어 : 탑의 길이보다 네이프로 갈수록 길어지는 스타일의 커트 방법이다.

(3) 그라데이션 : 네이프에서 탑으로 갈수록 길이감이 증가하여 무게감이 형성된다.

(4) 스퀘어 레이어 : 두상에서 사각의 형태로 커트한다.

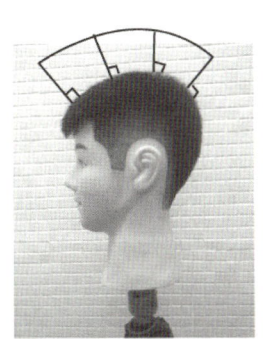 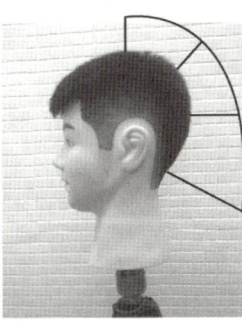 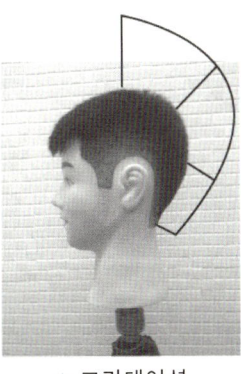 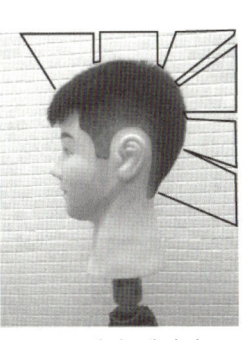

▲ 유니폼 레이어   ▲ 인크리스 레이어   ▲ 그라데이션   ▲ 스퀘어 레이어

7. 베이스

(1) 온 더 베이스 : 두피에서 90도가 되게 나누는 기본 베이스이다.

(2) 사이드 베이스 : 베이스의 한쪽 끝 접점에서 만나는 베이스 형태이다.

(3) 프리 베이스 : 베이스 폭 도중의 접점을 말하는 베이스이다.

(4) 오프 더 베이스 : 한쪽으로 당겨 베이스 바깥쪽의 접점으로 하는 것이다.

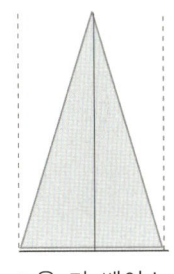 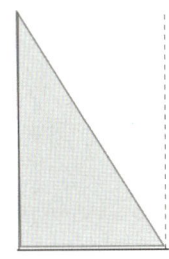 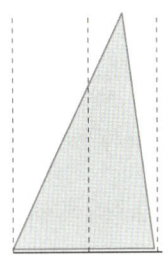 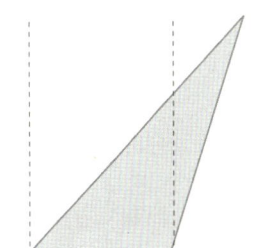

▲ 온 더 베이스   ▲ 사이드 베이스   ▲ 프리 베이스   ▲ 오프 더 베이스

8. 섹션의 종류

(1) 버티컬(Vertical) : 두상을 세로로 가르는 수직인 라인을 말한다.

(2) 호리존탈(Horizontal) : 두상을 수평으로 가로지르며 평행으로 히는 것이다.

(3) 다이애거널(Diagonal) : 두상을 대각선으로 가르는 것이다.

9. 전대각과 후대각

(1) 전대각 : 후두부에서 얼굴 쪽으로 향하는 섹션이다.

(2) 후대각 : 얼굴 쪽에서 후두부 방향으로 긋는 섹션이다.

10. 이발의 기본 작업 순서

- 커트의 준비 : 타월 또는 넥페이퍼(목종이) → 클로스(커트보) → 어깨타월 순으로 준비하고 분무기로 분사한 후 커트를 시작한다.

11. 이발 도구의 사용법

(1) 헤어커트 테크닉

① 지간깎기 : 손가락 중지와 검지로 머리카락을 잡고 자르는 것
② 거칠게깎기 : 초벌작업으로 많은 모량을 줄여야 할 때 사용
③ 떠내깎기 : 아래에서 위로 떠올려가며 커트하는 방법
④ 솎음깎기 : 틴닝으로 머리숱을 감소시키고자 할 때 사용
⑤ 연속깎기 : 두피 면을 따라가며 연속적으로 커트하는 방법
⑥ 밀어깎기 : 빗살 끝이 두피 면에 닿은 상태로 밀어가며 깎는 것
⑦ 끌어깎기 : 가위의 날끝을 왼쪽 엄지손가락에 지지해 당기면서 표면을 정리하는 방법
⑧ 소밀깎기 : 짧은 길이의 머리카락을 빗살의 두께를 이용하여 빗살 끝과 가위 끝을 이용해 단차를 맞추는 방법
⑨ 수정깎기 : 모류가 흐르는 방향으로 가위를 세워 왼쪽 엄지손가락 끝에 날의 끝을 지지해 밀어가면서 수정한다.

12. 이발기법

(1) 블런트 커트 : 손가락 중지와 검지로 머리카락을 잡고 일자 형태로 자르는 것

(2) 싱글링 : 빗의 운행에 따라 가위로 연속적으로 자르는 것

(3) 포인트 커트 : 지간을 잡아 사선으로 커트해 나가는 것

(4) 트리밍 : 가위를 세워 모발의 표면을 정리하는 것, 커트의 마무리 단계에서 가볍게 다듬고 정돈하는 표면 정리 기법이다.

(5) 테이퍼링 : 틴닝과 레이저로 모발 끝의 모량을 점점 감소시키는 것
　① 딥 테이퍼링(3분의 2 지점의 두발 끝) : 두발의 양이 많을 때
　② 노멀 테이퍼링(2분의 1 이내에서) : 두발의 양이 보통일 때
　③ 엔드 테이퍼링(3분의 1 이내에서) : 두발 양이 적거나, 두발 끝 표면을 정리할 때

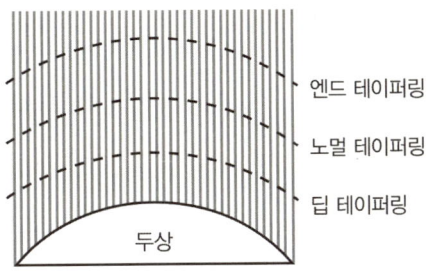

13. 조발의 종류 및 작업

(1) **보통 조발술** : 후두부 → 좌측 → 우측 순으로 커트한다(하상고, 중상고, 리젠트 스타일, 가르마 스타일 등).

(2) **스포츠 조발술** : 둥근형, 각스포츠, 브로스형, 모히칸 스타일 등이 있다.

(3) **영스타일 조발술** : 젊고 화려한 스타일로 커트 후 젤, 왁스 등으로 스타일링 한다.

(4) **특수 조발술** : 가모나 인모를 이용한 피스 또는 가발로 민두나 두상에 고정하여 커트하는 기법이다.

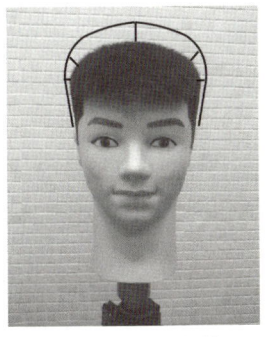
▲ 둥근스포츠(앞)

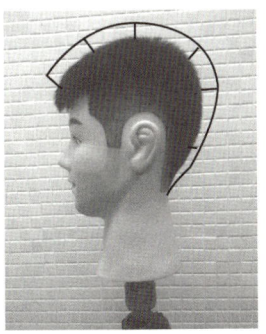
▲ 둥근스포츠(옆)

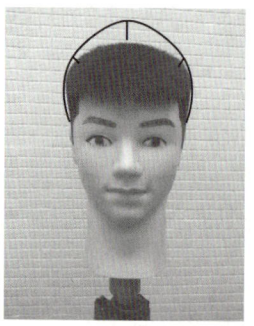 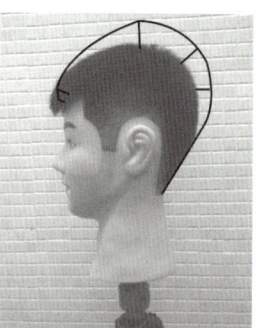

▲ 삼각형스포츠(앞)　　▲ 삼각형스포츠(옆)

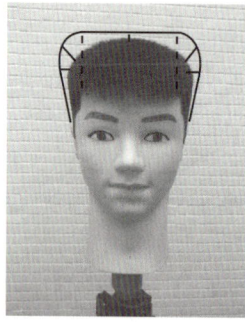 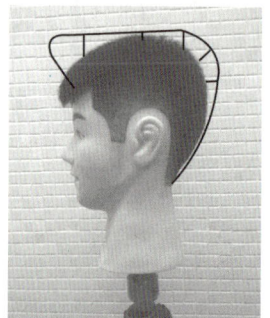

▲ 사각형스포츠(앞)　　▲ 사각형스포츠(옆)

14. 헤어커트 시 주의사항

(1) 이용사의 취향이 아닌 고객의 취향과 요구가 우선이다.

(2) 커트 전 두부의 골격과 형태를 살펴본다.

(3) 모발의 상태와 가마 등을 확인한다.

15. 유의할 점

- 그림과 같이 제비초리가 있는 뒷머리 부분을 장교 스타일로 조발할 때 : 고객의 머리를 좌측으로 돌리게 한 후 조발하고, 우측으로 돌리게 한 후 조발한다.

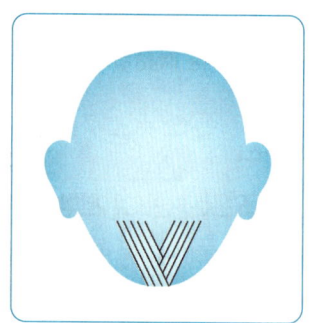 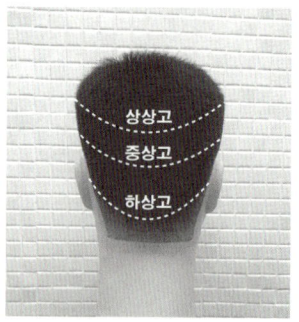

6 면도

(1) **면도의 정의 및 기초**
   ① 면도는 기원전 600년경에 시작하여 고대에는 조개껍데기를 이용하여 날카로운 면으로 수염을 깎았고 수메르인 들은 아예 수염을 뽑았다고 한다.
   ② 이집트시대부터 면도 문화가 존재했고 마케도니아의 알렉산더 대왕이 면도 문화를 일으켰다고 알려져 있다. 이 집트에서는 파라오가 아니면 백성들은 수염을 기를 수가 없었다고 한다. 이 시대에 황제를 제외하고 모두 면도 를 했으며 거울이나 면도칼이 예리하지 않아 늘 얼굴에 피를 내었다고 한다. 그래서 노예나 이발사에게 면도를 맡겼다고 한다.

(2) **안면 피부분석** : 면도는 시술과정에서 피부자극이 가해져 피가 나거나 따가움을 초래해 염증을 유발할 수 있기 때 문에 자극을 최소화하기 위하여 충분한 스티밍과 안면처치를 해야 하며, 면도 후에는 피부의 안정을 위하여 소독과 영양을 해주어야 한다.

(3) **면도작업**

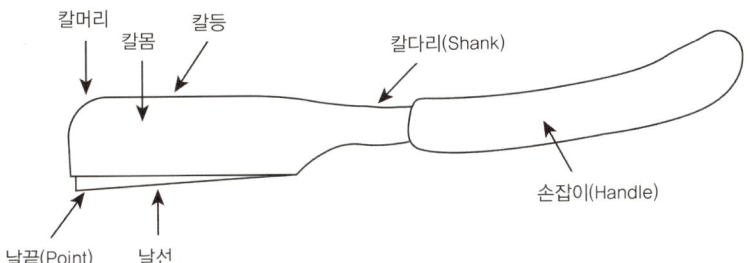

   ① 면도기의 종류 : 일도, 양도
   ② 면도기 잡는 법
      ㉠ 프리핸드 : 가장 많이 사용하는 밖에서 몸쪽으로 가져오는 기법
      ㉡ 백핸드 : 손바닥이 위로 날 부분이 아래로 하여 왼쪽으로 진행
      ㉢ 푸시핸드 : 날 부분이 앞을 향하여 밀어내는 형태
      ㉣ 펜슬핸드 : 연필 잡듯이 쥐고 날끝으로 진행
      ㉤ 스틱핸드 : 막대 잡듯이 일자로 쥐고 진행

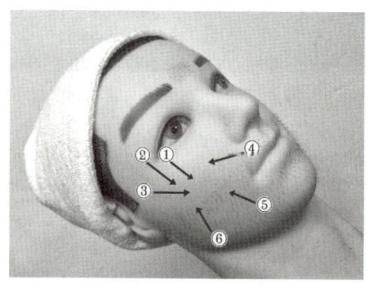 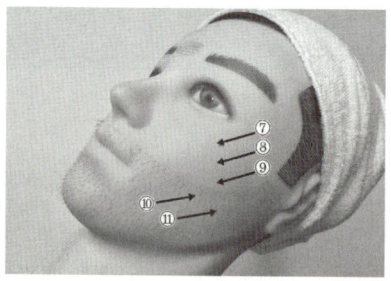 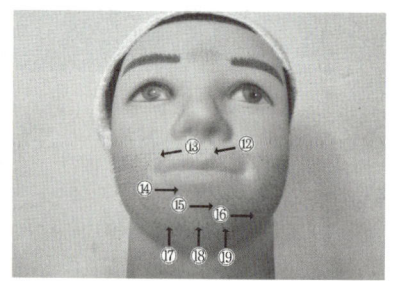

③ 면도의 순서 : 터번 및 준비 → 1차 비누거품 도포 → 스팀타월 → 2차 비누거품 도포 → 면도(이마 → 오른쪽 뺨 → 왼쪽 뺨 → 코밑 → 턱밑) → 안면 정리

　＊ 비누칠의 순서 : 오른쪽 뺨 → 위턱 → 왼쪽 뺨 → 아래턱 → 이마 → 인중

④ 면도날의 각도 : 15~45[°]

⑤ 면도솔의 각도 : 45[°]

⑥ 스팀타월의 효과

　㉠ 피부와 수염을 유연하게 하여 면도가 원활하게 움직이게 한다.
　㉡ 피부의 노폐물을 제거하도록 도와준다.
　㉢ 피부에 온열감은 모공을 확장시켜준다.
　㉣ 온타월을 피부에 밀착해야 스팀의 효과가 더욱 좋다.

(4) 안면관리 : 스킨로션을 이용하여 피부소독과 수렴작용을 한 후 밀크로션을 이용하여 유・수분 밸런스를 맞추어 준다.

7 정발술

1. 정발술(헤어스타일링)

드라이는 고객의 헤어스타일을 고객의 요구에 맞게 볼륨을 넣거나, 웨이브를 더하여 스타일을 완성시켜주는 작업을 말한다.

(1) 정발 작업 시 일반적인 드라이어의 각도는 45[°]이다.

(2) 오리지널 세트 : 모발학 용어로 어떤 서비스 종목이 끝난 다음 마무리 작업을 하기 위해 빗질하거나 양모제를 사용하여 모발에 대한 서비스 종목에 좀 더 나은 손질을 위한 기본이 되는 스타일링 기법이다.

① 뱅 : 이마에 내려뜨린 앞머리로 헤어스타일에 맞게 적절한 분위기를 연출한다(플러프뱅, 롤뱅, 웨이브뱅, 프렌치뱅, 프린지뱅 등이 있다).

② 엔드 플러프 : 모발 끝을 불규칙한 모양의 형태로 너풀거리는 느낌의 스타일이다.
③ 리세트(끝맺음 세트) : 빗이나 브러시로 헤어스타일을 마무리하는 작업이다.
④ 비기닝 : 포워드비기닝은 웨이브를 귓바퀴 방향으로, 리버스는 반대방향이다.
⑤ 엔딩 : 두피에서 벗어난 길이의 모발을 웨이브로 고정, 처리하는 방법이다(㉠ 포워드엔딩, ㉡ 리버스엔딩, ㉢ 얼터네이트엔딩이 있다).

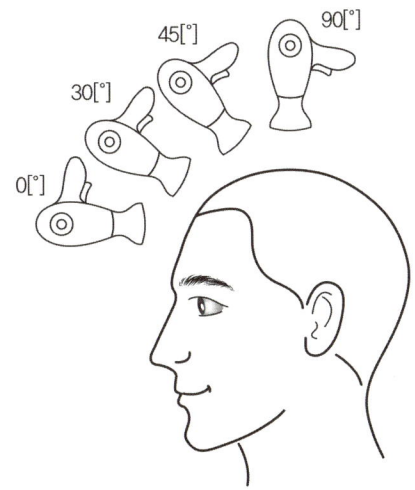

2. 디자인

(1) 얼굴형에 따른 헤어 디자인

① **둥근형** : 둥근 형태의 두상은 사각에서 볼륨 형태의 디자인을 만들어내어 원형의 모양을 깨뜨려야 한다. 양측의 머리는 짧게 유지하면서 중심을 벗어난 볼륨감으로 시도해본다.
② **사각형** : 서양에서는 남성미의 상징으로 동경하는 얼굴이지만 우리나라에서는 그렇지 않다. 짧고 타이트한 스타일은 오히려 돌출된 얼굴 구조를 강조하게 된다. 이런 경우에는 탑 부분에 볼륨을 강조하는 것이 좋으며 가르마선이 중심에 가지 않도록 유의하는 것이 좋다.
③ **긴형** : 긴 얼굴의 경우 투블럭이 가장 안 어울리는 얼굴형이라 할 수 있다. 옆머리가 너무 짧으면 얼굴이 더 길어 보이기 때문이다. 그러므로 윗머리가 길고 옆머리가 짧은 언더컷 스타일은 피하고 전체적으로 균형이 맞는 스타일을 한다.
④ **다이아몬드형** : 다이아몬드형은 광대가 도드라지고 눈썹 사이가 좁은 얼굴형을 말한다. 얼굴에 각이 살아 있는 스타일이라 윗머리에 레이어나 볼륨감을 주어 날카로운 느낌을 없애주는 것이 좋다.
⑤ **삼각형** : 삼각형의 두상으로 이마가 좁고 턱이 발달한 형태와 반대로 이마가 넓고 턱이 좁은 형태로 분류할 수 있다. 삼각형 얼굴형에는 울프, 댄디 스타일이 어울리며 역삼각형 얼굴형에는 상고, 투블럭 스타일이 어울린다.
⑥ **계란형** : 둥근형 또는 계란형의 두상은 가장 이상적인 형태이므로 어떠한 스타일과도 잘 어울리는 형태이다.

(2) 얼굴형에 따른 가르마 기준

① 5 : 5 가르마 : 얼굴의 정중선을 기준으로 나눈다(장방형 얼굴).
② 4 : 6 가르마 : 눈 안쪽을 중심으로 나눈다(사각형 얼굴).
③ 3 : 7 가르마 : 안구를 중심으로 가르마를 나눈다(둥근 얼굴).
④ 2 : 8 가르마 : 눈꼬리를 기준으로 가르마를 한다(긴 얼굴).

3. 블로 드라이 스타일링

- 블로 드라이 방법(이용사 실기 시험 기준)
  ① 정발제를 바른다. → ② 가르마를 탄다. → ③ 왼쪽 두부 드라이 → ④ 후두부 드라이 → ⑤ 오른쪽 두부 드라이 → ⑥ 두정부 드라이 → ⑦ 전두부 드라이 순으로 한다.

8 스캘프 케어

두피 관리는 모발의 생성 및 두피 건강을 해치는 이물질과 피부의 분비물(땀, 피지 등)을 제거하고 두피 및 모발에 필요한 영양을 공급하고 원활한 생리 활성이 이루어질 수 있도록 관리함으로써 두피의 건강과 모발의 성장을 돕기 위한 관리 방법이다.

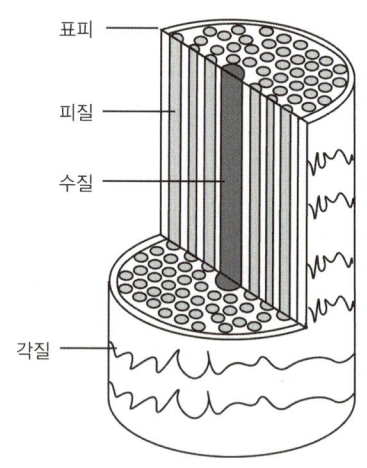
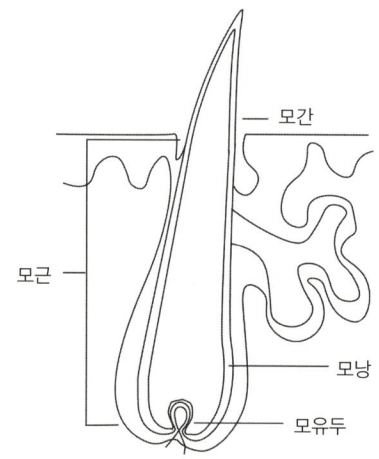

1. 두개피 관리

(1) **두개피의 진단 및 관리** : 두피진단 및 판독을 통하여 두피의 상태를 파악하고 탈모의 원인과 해결점을 파악하여 진단에 따른 치료와 관리를 주기적으로 한다.

(2) **두개피 관리법 및 방법** : ① 적절한 진단 및 프로그램 → ② 두피 스케일링 → ③ 마사지 → ④ 세정 → ⑤ 영양 침투 → ⑥ 홈케어 형태로 관리한다.

2. 스캘프 매니플레이션

(1) **스캘프 매니플레이션의 목적** : 건성 두피, 지성 두피, 민감성 두피, 문제성 두피를 정상 두피로 유지하고 탈모 예방 및 발모 촉진과 마사지를 통한 두피 관리의 목적이다.

(2) **스캘프 매니플레이션의 방법** : 손가락의 압력을 이용하여 경혈점을 자극함으로써 몸속의 독소의 배출을 촉진하고 혈액의 흐름을 원활하게 하여 내부 장기의 기능을 개선하고 몸의 기능을 활성화한다.

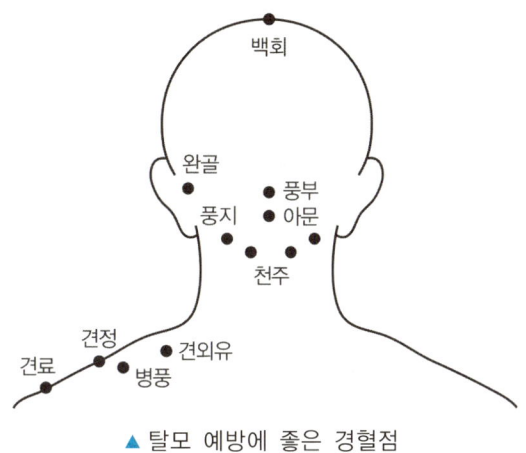

▲ 탈모 예방에 좋은 경혈점

3. 모발관리(헤어 트리트먼트)

(1) 모발 굵기와 형태에 따른 종류

　① 태아에게 존재하는 취모

　② 피부 대부분을 덮고 있는 섬세한 털인 연모

　③ 약 0.15~0.20[mm] 정도의 길고 굵은 머리카락과 굵은 털인 경모

　④ 굵기가 굵으며 모발 단면이 원형인 직모

　⑤ 굵기가 약간 얇으며 모양의 단면이 약간 타원형인 파생모

　⑥ 흑인종에게 많고 단면이 납작한 축모

(2) 모발에 따른 관리 및 방법
   ① **건강모** : 유·수분 밸런스를 유지하며 두피 청결에 힘쓴다.
   ② **건성모** : 건성용 샴푸제를 사용하며 천연오일로 두피 마사지를 해주면 좋다.
   ③ **지성모** : 샴푸를 자주 해주어 두피가 항상 청결하도록 한다.
   ④ **손상모** : 샴푸 후 트리트먼트를 해주며 모발에 영양 팩을 해준다.

(3) 모발의 수명
   ① **헤어모발** : 남성 3~5년, 여성 4~6년(하루 성장 : 약 0.2~0.5[mm])
   ② **수염** : 2~3년(하루 성장 : 약 0.3~0.4[mm])
   ③ **음모** : 1~2년(하루 성장 : 약 0.23[mm])
   ④ **눈썹** : 4~5개월(하루 성장 : 약 0.18[mm])
   ⑤ **속눈썹** : 2~3개월(하루 성장 : 약 0.18[mm])
   ⑥ **솜털** : 2~4개월(하루 성장 : 약 0.05[mm])

9 매뉴얼테크닉

1. 매뉴얼테크닉 기초지식

(1) 기초 및 목적
   ① 피부와 근육에 물리적, 기계적, 전류, 광선 등의 자극을 이용하여 치료하는 방법이다.
   ② 마사지는 혈액, 임파액, 조직액 등의 체액의 흐름을 촉진하여 신진대사를 활발하게 하여 피로물질을 제거하는 데 목적이 있다.

(2) 방법(경강유고진의 스웨디시 마사지 테크닉)
   ① **경찰법** : 손에 오일을 바르고 가볍게 쓰다듬는 것으로 처음에는 가볍게 시작해서 조금씩 힘을 더해 가다가 마지막에 힘을 완전히 빼는 것이 요령이다. 혈행과 임파액의 흐름을 좋게 하고, 몸을 따뜻하게 해주어 근육의 긴장을 풀어준다.
   ② **강찰법** : 마찰법이라고도 하는데 빨리 강하게 문질러 일시적으로 마찰열을 일으키는 방법과 천천히 강하게 문지르는 방법이 있다. 강찰법은 몸의 심부에까지 자극을 주고 혈행을 좋게 하며 피부를 부드럽게 한다.
   ③ **유연법** : 어깨나 엉덩이, 장딴지 등을 주무르는 방법이다. 엄지나 손바닥, 손가락 등으로 근육을 주물러줌으로써 경직된 근육을 풀고 노폐물을 배출시켜 신경의 긴장을 부드럽게 한다.

㉠ 린징 : 피부면을 비틀듯이 주무른다.
㉡ 처킹 : 위아래로 가볍게 주무른다.
㉢ 폴링 : 피부면을 접듯이 주무른다.
㉣ 롤링 : 나선의 모양으로 압박하며 문지른다.
④ 고타법 : 양손을 번갈아 두드려 관절을 부드럽게 한다. 자유롭게 손가락을 펼치고 북을 치는 것 같은 동작이나 손을 컵처럼 말아서 두드리는 등의 방법으로 신경 근육에 자극을 주어 일시적 효과가 있다.
㉠ 태핑 : 손가락의 바닥면을 이용해 피아노 치듯이 두드린다.
㉡ 슬래핑 : 손바닥을 펴서 두드린다.
㉢ 해킹 : 손바닥의 측면으로 두드린다.
㉣ 커핑 : 손바닥을 오므려 두드린다.
㉤ 비팅 : 주먹을 살짝 쥔 상태로 두드린다.
⑤ 진동법 : 손바닥과 손가락 끝을 이용하여 진동을 주는 방법으로 근육이완과 경련에 좋은 효과가 있고 림프순환과 혈액순환에 효과가 있다.

2. 얼굴 매뉴얼테크닉

(1) 매뉴얼테크닉의 정의 : 매뉴얼테크닉은 마사지를 의미한다. 그리스의 Masso(주무르다), Massein(반죽하다)에서 유래하여 손을 이용한 피부자극으로 피부의 기능을 촉진시키는 방법이다.

(2) 피부 유형별 분석
① 정상 피부 : 유·수분 밸런스가 가장 이상적인 피부로 피부상태를 유지한다.
② 건성 피부 : 피부가 건조하지 않도록 보습과 유분을 채우도록 노력한다.
③ 지성 피부 : 모공 속 피지 제거와 피부의 청결을 항상 유지하도록 한다.
④ 민감성 피부 : 저자극성 화장품을 써야 하며 피부의 진정에 힘쓴다.
⑤ 복합성 피부 : T존은 청결 유지, U존은 보습에 신경 쓴다.

10 미안술

1. 미안술의 정의 및 목적

(1) 정의 : 피부에 영양을 공급하고 잔주름을 예방하기 위하여 다양한 팩과 화장품, 기기를 이용한 방법의 기술이다.

(2) 목적 및 효과
   ① 피부에 영양을 침투시킨다.
   ② 피부에 대사율을 높여 탄력적이고 건강한 피부를 만든다.
   ③ 유·수분을 공급하여 피부가 촉촉하다.

2. 팩(Pack)

(1) 팩과 작업방법
   ① 필름 타입의 떼어내는 팩 : 액체나 젤의 타입
   ② 물로 씻어내는 팩 : 클레이, 분말, 크림 등의 타입
   ③ 가볍게 닦아내는 팩 : 크림이나 젤의 타입
   ④ 마스크 타입 팩 : 따뜻한 팩과 차가운 팩의 타입
   ⑤ 천연 팩 : 천연의 종류가 많고 효과가 다양

(2) 팩 시술 시 주의사항
   ① 피부상태에 따른 팩제를 선별한다.
   ② 적당한 시간을 지켜서 하는 것이 좋다.
   ③ 팩은 주 1~2회가 적당하다.
   ④ 천연 팩은 미리 만들어 두지 않는다.
   ⑤ 천연 팩의 종류별 효과

피부 타입	재료	효과
지성 피부	알로에, 계란흰자, 토마토	피지 제거, 수렴, 청결
중성 피부	당근, 벌꿀	청결, 수분, 영양
건성 피부	난황, 감자, 사과, 해초, 딸기	수분, 진정, 유연, 영양
색소침착	오이, 레몬, 키위	미백, 청결

   ⑥ 팩의 도포 순서 : 볼 → 턱 → 볼 → 이마 → 코 → 인중(넓은 부위부터 도포한다.)

3. 기기를 이용한 미안술

(1) 전류와 광선을 응용한 미안술과 분석기

① 확대경 : 육안으로 판별하기 어려운 피부상태(색소침착, 모공, 잔주름, 여드름 등)를 분석할 수 있다.

② 우드램프 : 육안으로 보이지 않는 피부의 상태를 우드램프의 광선으로 다양한 색이 표시되는데 보습, 염증, 색소침착에 따라 서로 다른 색으로 표현된다.

▲ 우드램프 측정 시 반응 색상

피부상태	반응 색
정상 피부	청백색
건성 피부	연보라
피지, 면포, 지루	오렌지
색소침착	암갈색
모세혈관 확장	진보라
비립종	노란색
각질	흰색

③ pH 측정기 : 피부의 산과 알칼리 정도를 측정함으로써 피부의 산성화를 나타낸다.

④ 오존기 : 고주파전류기를 이용하여 살균, 표백, 여드름 치료에 효과적이다.

(2) 기타 기기를 이용한 미안술

① 클렌징 기기 : 스티머, 전동브러시, 진공흡입기, 갈바닉

② 영양 침투 기기 : 고주파, 초음파기, 적외선, 갈바닉, 파라핀 등

(3) 광선

① 태양광선 : 태양광선은 지구상의 거의 모든 생물체에 에너지원이며 신진대사를 이루게 하는 광선이며, 광선의 파장에 따라 자외선, 가시광선, 적외선으로 구분된다.

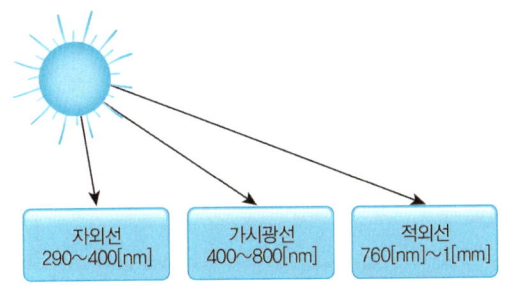

▲ 자외선 방사

자외선 또는 복사는 태양으로부터 지구에 도달하는 전자기 스펙트럼의 일부이다. 가시광선보다 파장이 짧아 육안으로는 보이지 않는다. 이러한 파장은 UV-A, UV-B, UV-C로 분류된다. 가장 파장이 짧은 UV-C는 오존층에 흡수되어 지구에 도달하지 못한다. 그러나 UV-A, UV-B는 대기에 침투하여 광노화를 유발한다.

② **자외선의 특징**(화학선, 도르노선, 건강선)
  ㉠ 비타민 D 합성, 살균 등의 좋은 영향
  ㉡ 광노화, 홍반, 일광화상, 색소침착 등의 해로운 영향
  ㉢ 자외선의 양은 하루 중 오전 10시~오후 2시, 시기로는 4~8월이 가장 강하다.
  ㉣ 자외선의 민감도는 백인이 가장 크고 흑인이 가장 낮다.

(4) **적외선(열선)** : 760~2,200[nm] 정도의 긴 파장으로 열을 발산하며, 피부 깊숙이 침투하여 혈류의 증가와 근이완 작용과 피부의 영양 흡수를 돕는다.

(5) **가시광선** : 400~760[nm] 정도의 파장으로 사물을 보이게 하는 광선이다.

(6) **피부의 색** : 피부의 색은 인종에 따라 백인, 황색인, 흑인종으로 분류되며 자외선 노출의 환경에 따라 같은 인종이라도 차이가 있고, 신체 내에서도 멜라닌의 분포 차이가 있다.
  ① 피부색은 멜라닌(흑색), 헤모글로빈(적색), 카로틴(황색)의 분포 정도에 따라 결정된다.
  ② 멜라닌 : 기저층의 멜라노사이트에서 만들어지며 자외선으로부터의 피부를 보호하는 역할을 한다.
  ③ 헤모글로빈 : 헤모글로빈은 산소와 결합하여 붉은색을 띠고 피부색으로 나타난다.
  ④ 카로틴 : 황색의 피부색을 나타나며 황인종에게 많다.

 **더 알아보기**

- SPF(Sun Protection Factor) : 자외선 차단지수로 자외선B(UV-B)를 차단하는 지수이다.
- PA(Protection grade of UV-A) : 자외선 A의 차단지수로 PA+에서 + 하나당 2~4시간의 UVA의 차단효과가 있다.
- SPF는 유지력을 표시하며 숫자 1당 15분에서 20분 정도로 계산한다.
  예) SPF 50 = 20분 × 50 = 1,000분(약 16시간 유지)

11 퍼머넌트 웨이브

1. 퍼머넌트 웨이브의 기초

퍼머넌트 웨이브는 자연모발의 상태에서 화학적·물리적 시술을 함으로써 모발의 구조를 변화시켜 웨이브의 형태를 지속시키는 것을 말한다.

(1) 퍼머넌트 웨이브의 역사

① 고대 이집트에서 알칼리의 젖은 토양으로 나무 막대기를 모발에 감아서 햇빛에 말린 것이 펌의 시초이다.
② 영국의 찰스 네슬러(1905년)는 히트 웨이브를 스파이럴식으로 선보였다.
③ 조셉 메이어는 크로키놀식의 짧은 머리에 맞는 펌을 고안하였다.
④ 스피크먼(1936년)은 처음으로 약을 사용하여 상온에서 펌을 완성하는 콜드 웨이브를 만들었다.

(2) 퍼머넌트 웨이브의 원리

① 모발은 폴리펩타이드의 주쇄 결합의 나선형 구조이며, 시스틴 결합을 화학적으로 절단하여 웨이브를 형성시킨 후 다시 시스틴 결합의 형성으로 반영구적 웨이브를 형성시키는 원리이다.
② 2욕법의 경우 펌제 1제의 티오글리콜산염을 모발에 적용시켜 환원작용에 의하여 알칼리성 환원모가 된다.
③ 중화제인 제2액을 적용시키면 산화작용에 의하여 시스틴의 재결합이 이루어지고 웨이브의 형성이 완성된다.

2. 웨이브제의 분류

시스테인	티오글리콜산
농도가 있는 점액질이다.	투명한 맑은 액체이다.
약액 자체에 컨디셔닝 효과가 있다.	짧은 시간에 강한 웨이브를 만든다.
시간이 다소 걸린다.	자극취가 있다.
손상모, 가는 모, 염색에 주로 쓰인다.	강모, 경모, 버진 헤어에 쓰인다.

3. 중화제의 종류

설명	브롬산나트륨	과산화수소
특징	• 적은 손상 • 2회 이상 도포하여야 한다.	• 가볍고 짧은 산화시간 • 과잉 산화될 수 있다.
중화시간	10~15분	5~7분
산화력	과산화수소에 비해 약하다.	브롬산나트륨에 비해 강하다.
2차 중화 여부	한다.	하지 않는다.
질감	과산화수소에 비해 부드럽다.	브롬산나트륨에 비해 거칠다.

4. 퍼머넌트 웨이브의 종류 및 방법

(1) 퍼머넌트 웨이브의 종류

① 크로키놀식
  ㉠ 모선의 끝에서 모근의 방향으로 말아서 와인딩하는 기법으로 짧은 머리에 좋다.
  ㉡ 가로 방식의 와인딩 기법(호리존탈)
  ㉢ 세로 방식의 와인딩 기법(버티컬)
  ㉣ 사선 방식의 와인딩 기법(다이애거널)

② 스파이럴식
  ㉠ 모근에서 시작하여 모선의 끝까지 와인딩하는 방식으로 주로 긴 머리에 사용한다.
  ㉡ 모근 와인딩 방식
  ㉢ 트위스트 방식

③ 압착식 : 모발을 로드기구 사이에 놓고 압착을 하는 기법으로 질감의 효과를 만들어낸다.

(2) 퍼머넌트 웨이브의 방법

① 직사각형 형태(Rectangle pattern) : 일반적이고 기본이 되는 퍼머넌트의 형태이다.
② 윤곽 형태(Contour pattern) : 다방향 말기의 형태이며 사이드의 전체를 타원의 형태로 파팅하여 와인딩한다.
③ 벽돌쌓기 형태(Bricklay pattern) : 벽돌 쌓는 형태로 와인딩하는 방법이다.
④ 오브롱 형태(Oblong pattern) : 볼륨 오브롱의 형태는 볼륨감을 주어 풍성한 느낌을 주며, 인덴테이션 오브롱은 톱니 모양의 깊이를 만들어준다.
⑤ 프로젝션(Projection) : 머리의 질감을 모발 끝에 두며 베이스가 되는 곳은 퍼머넌트가 되지 않은 상태로 두는 스타일이다.

12 염·탈색(헤어 컬러링)

1. 헤어 컬러링의 기초

(1) 컬러링의 역사

① 모발 염색의 기원은 천연식물과 다른 광물질에서 얻은 것으로 모발에 염색을 사용하였고, 기원전 고대 이집트에서 헤나와 다른 검은 암소의 피와 거북이 등 껍데기 등의 원료들을 혼합하여 머리카락과 수염에 염색을 하였다.

② 중세에는 안티모니(Antimony), 인디고(Indigo)를 헤나로 칭하였으며, 헤나, 명반, 설탕, 황산철, 황산구리, 안티모니, 납 검댕, 갈매나무, 방향물질 등을 도포하고 태양 아래에서 모발의 염색을 행했다. 이 염색은 머리카락을 상하게 했다고 한다.

③ 19세기 이후 천연이 아닌 화학 염모제의 개발로 프랑스 모네사가 백모 염색의 주원료인 파라페닐렌디아민을 발견하여 1883년 염모제로 사용 허가되었다.

(2) 모발 색채이론

① 무채색 : 흰색, 회색, 검은색

② 유채색 : 색이 있는 모든 색상(식별 가능한 색은 약 300여 종)

기본색 이름	기본색 이름(영어)	약호(참고)
빨강(적)	Red	R
주황	Orange	O
노랑(황)	Yellow	Y
연두	Yellow Green	YG
초록(녹)	Green	G
청록	Blue Green	BG
파랑(청)	Blue	B
남색(남)	Bluish Violet	BV
보라	Purple	P
자주(자)	Reddish Purple	RP
분홍	Pink	Pk
갈색(갈)	Brown	Br

(3) **색의 효과** : 색을 지닌 물체를 볼 때 우리는 단지 물체에서 반사된 빛에 대하여 눈과 뇌의 시각 과정이 동작할 뿐이다.

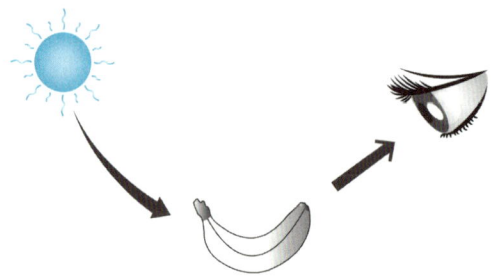

(4) **색의 원색** : 원색에는 빨강, 파랑, 노랑의 세 가지 색상이 있다. 원색은 어떠한 색을 섞어도 만들 수 없는 색이기에 붙여진 이름이다.

(5) **2차 색상** : 1차 색상의 혼합에 의하여 나타난다.

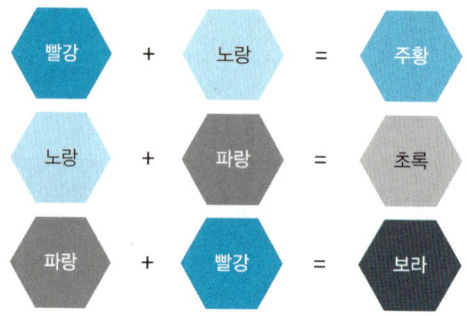

(6) **차가운 계열의 색상** : 빛을 흡수하며, 같은 레벨이라도 반 톤이 어두워 보이므로 초록, 파랑, 보라, 회색의 시술 시 탈색을 좀 더 밝게 한다.

(7) **따듯한 계열의 색상** : 빛을 반사하며 같은 레벨이라도 반 톤을 밝게 보이게 한다.

(8) **보색** : 서로 반대되는 색상을 보색이라 한다. 보색의 관계끼리 같은 양을 배합하면 갈색이 되고 붉은색을 지울 때 녹색을, 노란색을 지울 때 보라색을, 주황색을 지울 때 파란색을 쓴다.

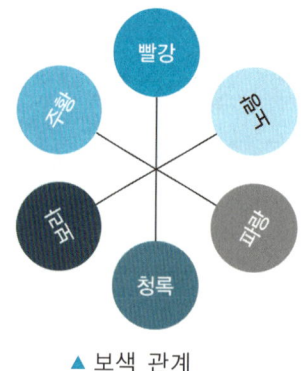

▲ 보색 관계

(9) 색의 3속성
　① **색상** : 눈으로 보여지는 모든 색
　② **명도** : 색의 밝고 어두운 정도
　③ **채도** : 색의 맑고 탁한 정도

(10) 색의 대비
　① **색상대비** : 조합된 색에 의해 실제 색상이 달라 보이는 것(보색대비의 경우)
　② **명도대비** : 명도가 서로 다른 색상과 조합했을 때 밝은 색은 더욱 밝게 느껴지고 어두운 색은 더욱 어둡게 느껴진다.
　③ **채도대비** : 색의 주위에 그것보다 선명한 색이 있는 경우 선명한 색은 주위 색에 의하여 채도가 낮게 느껴진다.

(11) 모발색의 이론
　① **갈색** : 편안하고 부드러운 이미지를 준다.
　② **오렌지** : 상큼하고 발랄한 젊은 이미지이다.
　③ **빨강** : 정열적이며 개성을 중시하는 이들에게 많은 관심을 받고 있다.
　④ **자주** : 와인빛을 띠며 중년의 여성들에게 생동감을 준다.
　⑤ **레드체리** : 섹시하고 관능적인 이미지를 연출한다.
　⑥ **핑크** : 청순하고 따듯한 지적 이미지이다.
　⑦ **회색** : 남다른 개성을 표현하고자 하는 젊은 사람들에게 인기 있다.
　⑧ **블루블랙** : 검은 모발색을 더욱 검은색으로 보이게 하는 강한 이미지이다.

2. 헤어 컬러링의 원리

(1) 염·탈색제의 유형별 특징
　① **식물성 염료** : 헤나, 인디고, 커피, 카모마일, 호두나무잎 등이다.
　② **화학적 염료** : 납성분의 염을 사용 또는 은성분을 기본으로 한다(양귀비, 흑진주).
　③ **혼합 염료** : 식물성 안료에 금속성 염을 혼합하여 사용한다(컬러 헤나).
　④ **유기 염료**
　　　㉠ 일시적 염색제(컬러 크레용, 컬러 스프레이 등)
　　　㉡ 반영구적 염색제(산성 염모제)
　　　㉢ 석탄에서 추출한 디아민 계열의 크림 타입이다(산화염모제).

(2) 염·탈색제의 원리(산화중합반응의 원리)
　염색의 분자 알갱이는 작지만 암모니아가 큐티클을 팽창하여 열리고 모피질에서 공기와 결합하여 분자가 커지며, 과산화수소는 동시에 멜라닌을 분해하여 모발을 밝게 한다. 밝아진 모발의 모피질에서는 분자가 커진 인공염료가

발색을 하며 시간이 지나면 큐티클이 닫히는 원리이다.

• 염색 도포 → 팽윤 → 멜라닌의 탈색 → 산화중합반응 → 큐티클 닫힘

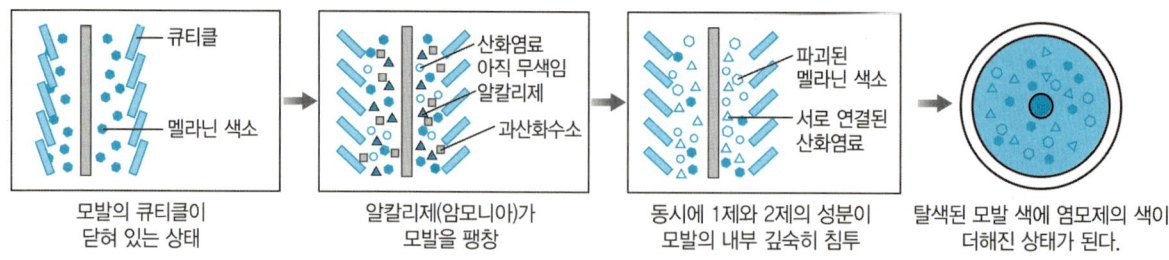

3. 헤어 컬러링의 종류 및 방법

(1) **일시적 염모제** : 컬러 샴푸, 컬러 트리트먼트, 컬러 스프레이, 컬러 크레용, 컬러 마스카라, 컬러 파우더, 컬러 파스텔 등이 있다.

(2) **반영구 염모제** : 1제만 있는 약산성의 염모제이다. 샴푸의 횟수에 따라 4~6주의 색상 유지기간이 되며 모발의 큐티클 층에만 코팅이 되는 이온 결합의 원리이기 때문에 베이스 색상의 영향을 많이 받는다. 오로지 컬러만을 위한 염모제이기 때문에 컬러가 강하게 표현되며 빨리 퇴색이 되기도 하고 물빠짐이 많다.

(3) **영구적 염모제** : 1제 알칼리 염모제와 2제 과산화수소의 배합으로 모발의 색을 영구적으로 유지해주는 염색 방법이다.

(4) **톤온톤 염모제** : 톤온톤 염모제는 모발의 탈색력은 없고 색상력만 있는 염모제이다. 반사빛을 주고 원하는 색상을 채우고 싶을 때, 다양한 색상을 표현할 수 있으며, 시술시간이 짧고 모발 손상이 적다는 게 장점이나 물빠짐이 있다는 것이 단점이기도 하다. 3[%]의 과산화수소를 사용한다.

(5) **콘센트레이트** : 혼합농축 색상으로 반사빛을 표현하고 싶을 때 기존의 염색제에 강조하고 싶은 강조색(반사빛)을 최대 30[%] 첨가해 사용한다.

(6) **하이라이트** : 한 번의 시술로 3~5레벨을 올려주는 개념의 염모제이다. 탈색보다 강하진 않지만 모발의 손상이 블리치보단 약하며 안정적으로 하이라이트를 시술할 수 있는 개념이다. 단 컬러 체인지나 블랙빼기는 작용하지 않는다.

(7) 펌과 염색을 동시에 해야 할 경우에는 펌 시술 후 염색을 하는 것이 좋다.

13 가발술

가발은 BC 30세기경 고대 이집트에서 시작되어 장식과 동시에 머리를 햇빛에서 보호하는 역할을 하였다. 인모를 사용하였으며 색깔은 검은색을 가장 많이 썼고, BC 12세기경에 여러 가지 색깔의 가발이 나왔다.

고대 이집트의 가발은 대개 밀랍 등으로 굳힌 컬(curl)로 만들어낸 것이 많았고, 남녀가 함께 사용하였다. 남성은 자기 머리를 밀어내고 가발을 썼고, 여성은 자기 머리 위에 가발을 얹었다.

로마에서 남성은 변장과 대머리를 감추기 위하여 가발을 썼다. 16세기경부터 부분가발을 위주로 하여 유행되기 시작하여, 17세기 초에는 프랑스 궁전에서 가발이 유행되었고, 17세기 후반에는 전 유럽에 보급되었다.

1. 가발의 종류 및 사용

(1) 가발의 종류와 사용법
  ① **패션가발** : 액세서리의 기능으로 이미지 연출을 위한 가발
  ② **기능가발** : 탈모를 커버하고 모발의 양이 많아 보이게 하며 자연스러운 스타일 연출
  ③ **전체가발** : 주로 환자용이나 완전히 다른 스타일을 연출할 때 사용
  ④ **부분가발**
    ㉠ **착탈식** : 가발을 썼다 벗었다 하며 필요시에 사용하기도 한다.
    ㉡ **고정식** : 가발을 두피에 본드로 고정시켜 한 달에 한 번 정도만 관리받으면서 사용한다(본드, 테이프, 자모결속 방법 등으로 고정한다).

(2) 가발 원사의 종류 : 인모, 고열사, 일반사, 인모 + 고열사

(3) 홈케어 관리
  ① 샴푸 전에 가볍게 브러싱을 해서 머리를 정돈하고 먼지를 털어낸 다음 특수내열원사는 차가운 물, 인모는 아주 미지근한 물에 샴푸를 적당량 용해한 후 가발을 담그고 손으로 가볍게 두드리거나 흔들어서 충분히 세척한 뒤 깨끗한 물로 헹구어 낸다. 그리고 린스를 적당량 물에 용해하고 침투가 되도록 3~4분 정도 담근 후 꺼내서 물기가 빠지게 한다.
  ② 물기가 거의 빠진 가발을 물 흡수가 쉬운 타월에 감싸듯 올려놓고 완전히 물기를 제거한 다음 가볍게 눌러서 물기를 제거하고 비비지 않는다. 물기를 뺀 후에는 바람이 잘 통하는 그늘에 널어서 완전히 말린다. 헤어드라이어의 열풍 건조는 피한다.

2. 가발 제작

(1) 가발 디자인

① 탈모 유형에 따른 디자인 분류 : 탈모의 유형별로 가발의 모양도 달라진다.
② 내피에 따른 디자인 분류 : 망과 스킨으로 분류한다.
③ 기능에 따른 분류 : 부피감과 길이감에 따라 분류한다.
④ 때와 장소에 따른 분류 : 장식성과 이벤트성에 따라 디자인을 분류한다.
⑤ 모발 색상에 따른 분류 : 개인의 기호를 맞춰 분류한다.

(2) 패턴 작업

① 패턴의 종류
  ㉠ TAPE : TAPE를 이용하여 두상의 탈모 부위를 측정한다.
    ⓐ 장점 : 두피의 밀착도가 좋아 두상에 맞는 가발을 제작할 수 있고 작업이 용이하다.
    ⓑ 단점 : 스피드를 요구하는 작업이다.
  ㉡ 패턴 시트 작업 : 패턴 시트는 열을 가하면 투명해지는 현상이 있으며 이때 두상에 눌러주면 두상 그대로 모양을 만들 수 있다. 두상과 시트가 잘 떼어지게 하기 위해 망을 먼저 대고 패턴 시트를 사용하여 본을 뜬다.
    ⓐ 장점 : 고급스럽고 작업시간이 짧으며 작업이 쉽다.
    ⓑ 단점 : 단가가 비싸고 열 조절에 주의해야 한다.
  ㉢ 석고패턴 : 두상에 석고를 이용한 형태를 만들어 제작하는 형태이다.
    ⓐ 장점 : 두상의 정확도가 매우 높다.
    ⓑ 단점 : 건조의 시간이 길다.
  ㉣ 3D영상기법 : MRI를 촬영하듯 360[°]를 회전하여 10초 만에 두상의 크기, 탈모 정도, 모발상태 등을 측정하고 가발의 크기, 가발 디자인 측정 후 공장으로 보내어지는 시스템이다.
    ⓐ 장점 : 고급스럽고 빠르고 정확하다.
    ⓑ 단점 : 영상 촬영 시 움직이면 오차범위가 커진다.

3. 가발 커트

(1) 제작 커트

① 고객의 얼굴형에 맞는 커트와 고객이 현재 하고 있는 커트 형이 자연스럽게 그라데이션 한다.
② 고객의 나이와 직업을 고려한 스타일을 참고하여 모발과 가발의 경계부분이 자연스럽게 조화되도록 정밀하게 커트한다.
③ 틴닝 커트 시 모량을 적게 잡고 모 다발을 모아서 잡지 않도록 한다.
④ 두발 숱이 어느 한쪽이 많고 적어 보이지 않게 숱은 고루 쳐 소밀과 뭉침이 적당해야 한다.
⑤ 고객의 개성과 나이, 체격, 얼굴에 잘 어울리게 커트한다.

(2) 스타일링 커트
- ① 테이퍼링 커트(틴닝 커트) : 테이퍼링이 정교해야 기존 머리가 자연스럽게 연출된다.
- ② 확장 테이퍼링 : 볼륨을 주기 위해 베이스 근처나 모발의 중간에서 테이퍼한다.
- ③ 윤곽 테이퍼링 : 부피감을 줄이기 위해 모발의 중간과 끝에서 테이퍼한다.
- ④ 형태선 테이퍼링 : 끝머리 질감을 만들고 생동감을 주기 위하여 끝머리를 없애는 테이퍼링이다.

(3) 레쟈(레이저) 커트
- ① 레쟈회전기법 : 손의 텐션을 빼고 빗과 레쟈를 로테이션 하며 커트하는 기법
- ② 겉마름기법 : 모발이 밖으로 뻗치도록 커트하는 기법
- ③ 속마름기법 : 모발이 안쪽 말음이 되도록 커트하는 기법
- ④ 펜슬기법 : 레쟈를 연필 잡듯이 세로로 잡고 모발을 위에서 아래로 커트하는 기법

(4) 시저스 커트
- ① 포인팅 : 약간의 불규칙한 머리 길이를 나타낸다.
- ② 슬라이싱 : 질감을 위하여 가위를 벌려 미끄러져 내려가듯 커트한다.

14 네일(Nail)

(1) **네일의 정의** : 네일에서의 매니큐어는 라틴어 마누스(manus), 큐라(cura)의 합성어로 손 관리를 뜻하며, 페디큐어는 라틴어 페디스(pedis), 큐라(cura)의 합성어로서 발톱과 발을 건강하고 아름답게 관리한다는 뜻으로 손·발톱의 전반적인 굳은살 제거, 컬러, 네일 시술 등 손·발톱에 대한 관리를 말한다.

(2) **손톱의 구조**
- ① 조기질(조모) : 손톱의 신생부이며, 각질화가 형성되는 손톱 뿌리에 해당한다.
- ② 조근 : 실질적 뿌리에 해당한다.
- ③ 조소피 : 큐티클이라 칭한다.
- ④ 조체 : 손톱을 말한다.
- ⑤ 조상 : 손톱 밑을 받치는 피부이며 신경조직과 모세혈관이 있다.
- ⑥ 반월 : 조체의 반달 모양의 흰 부분이다.
- ⑦ 지골 : 손가락의 뼈이다.

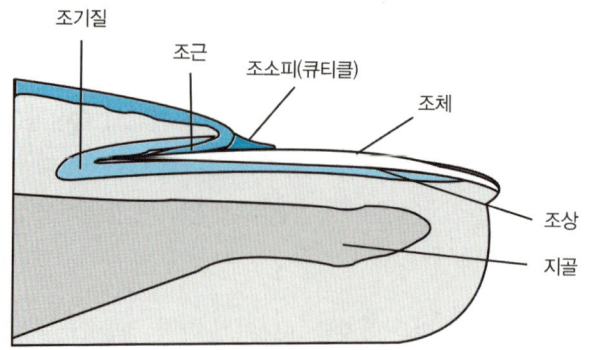

(3) 손톱의 건강

① 손톱은 결이 없이 윤기가 있어야 한다.
② 12~18[%]의 수분을 가져야 하며 탄력이 있어야 한다.
③ 핑크빛을 띠고 있으며 아치 형태를 가져야 한다.
④ 손톱은 네일베드에 단단하게 밀착되어 있어야 한다.
⑤ 세균에 감염되지 않은 상태를 유지하여야 한다.

PART 01 핵심체크문제

01 우리나라 최초의 이용원을 설립한 사람은?
① 이완용 ② 안종호
③ 최문수 ④ 김시민

> **해설**
> 1895년 김홍집 내각 때 단발령이 시행되고 세종로 어귀에 안종호가 우리나라 최초의 이용원을 설립하였다.

02 이용사의 업무범위가 아닌 것은?
① 수염 다듬기 ② 아이론
③ 모발관리   ④ 눈썹문신

> **해설**
> ▶ 이용사의 업무범위 : 「공중위생관리법」 제8조 제3항에 따른 이용사의 업무범위는 이발, 아이론, 면도, 머리피부 손질, 머리카락 염색 및 머리감기로 한다.

03 이발 시술 과정을 올바르게 나열한 것은?
① 소재 – 구상 – 보정 – 제작
② 제작 – 보정 – 소재 – 구상
③ 소재 – 제작 – 구상 – 보정
④ 소재 – 구상 – 제작 – 보정

> **해설**
> 이발 시술의 과정은 소재 – 구상 – 제작 – 보정 순이다.

04 모발 끝에서 1/3 지점을 테이퍼링 하는 기법은?
① 노멀 테이퍼링 ② 엔드 테이퍼링
③ 딥 테이퍼링   ④ 라이트 테이퍼링

> **해설**
> 모발 끝 기준으로 엔드 테이퍼링 1/3, 노멀 테이퍼링 1/2, 딥 테이퍼링 2/3

05 면도기를 잡는 기술로 올바르지 않은 것은?
① 프리핸드 ② 서브핸드
③ 스틱핸드 ④ 푸시핸드

> **해설**
> 프리핸드, 스틱핸드, 펜슬핸드, 푸시핸드, 백핸드가 있다.

06 헤어 아이론의 목적이 아닌 것은?
① 곱슬머리의 교정
② 풍성한 볼륨 형성
③ 화상위험이 없는 안전한 시술
④ 거친 모발 및 모류의 교정

> **해설**
> 헤어 아이론은 직접 열을 가하여 시술하기 때문에 자칫 화상의 우려가 있다.

정답 01 ② 02 ④ 03 ④ 04 ② 05 ② 06 ③

07 모발의 굵기에 따른 분류가 맞게 이루어진 것을 고르시오.

① 취모 : 연모와 성모의 중간 정도의 굵기
② 연모 : 뱃속에서 만들어지는 태아의 털
③ 중간모 : 몸통이나 팔, 다리 등의 솜털
④ 경모 : 성인의 머리털, 눈썹, 수염, 음모 등

해설
경모 > 중간모 > 연모 > 취모

08 가발 세정에 탁월한 샴푸제는?

① 리퀴드 드라이 샴푸
② 토닉 샴푸
③ 핫오일 샴푸
④ 에그 샴푸

해설
가발 세정은 벤젠과 알코올을 이용해 샴푸한다.

09 수염에 대한 설명으로 맞지 않는 것은?

① 수염은 얼굴의 모양을 갖출 목적 또는 위엄을 위하여 기른 것이다.
② 수염의 종류에는 콧수염, 턱수염, 뺨수염 등 3종류가 있다.
③ 건강한 성인은 하루에 0.3~0.4[mm] 자란다.
④ 수염은 하루에 0.5~0.8[mm] 자란다.

해설
수염은 하루에 약 0.3~0.4[mm] 자란다.

정답 07 ④ 08 ① 09 ④

Barber & Master Barber

PART 2

피부학

01 피부구조 및 기능
02 피부 유형분석
03 피부와 영양
04 피부장애와 질환
05 피부와 광선
06 피부노화

핵심요약 _ Part 02 피부학

01 피부와 피부의 부속기관

1) 피부의 구조 3가지는 표피, 진피, 피하조직이다.
2) 피부는 pH 4.5~6.5이며, 약산성으로 복잡한 그물모양구조(망상구조)를 가지고 있다.
3) 피부 두께가 가장 얇은 곳은 눈꺼풀, 고막이다.
4) 피부 두께가 가장 두꺼운 곳은 손바닥, 발바닥 특히 발뒤꿈치이다.
5) 체중에서 피부가 차지하는 무게 비율은 체중의 약 16[%]이다.
6) 표피는 가장 표면에 있는 층으로 혈관과 신경이 없다.
7) 표피의 주세포는 각질형성세포, 랑게르한스세포, 멜라닌세포, 머켈세포이다.
8) 표피는 5가지 층을 가지고 있는데 각질층 – 투명층 – 과립층 – 유극층 – 기저층이다.
9) 천연보습인자를 가지고 있으며 주성분이 케라틴으로 비듬이나 때가 되는 죽은 세포는 각질층이다.
10) 무핵세포로 손바닥, 발바닥 같은 두꺼운 피부에만 있는 것은 투명층이다.
11) 외부로부터 이물질 침투의 방어 및 내부의 수분 증발을 막는 것은 과립층이다.
12) 랑게르한스가 있고 유핵세포가 존재하며 표피의 영양을 관장하는 것은 유극층이다.
13) 각질형성세포와 색소형성세포가 있어 각질과 멜라닌 색소가 있는 층은 기저층이다.
14) 피부색을 결정하는 3가지 물질은 카로틴(황색), 헤모글로빈(적색), 멜라닌(흑색)이 있다.
15) 진피의 구성은 교원섬유, 탄력섬유, 무정형의 기질로 되어 있다.
16) 진피는 표피 아래에 있으며 혈관, 신경, 피지선, 한선, 림프관, 모낭 등이 있다.
17) 진피의 2가지 층은 유두층, 망상층이다.
18) 유두층은 수분, 혈관, 신경이 있고 혈액으로 표피에 영양을 보낸다.
19) 망상층은 모근, 한선, 피지선, 림프관 등이 있고 압각, 온각, 냉각이 존재한다.
20) 진피와 근육 사이에 있는 조직은 피하조직이다.
21) 죽어 있는 세포층으로 표피에 존재하는 무핵층은 각질층, 투명층, 과립층이다.
22) 살아 있는 세포층으로 표피에 존재하는 유핵층은 유극층, 기저층이다.
23) 피지선은 피부의 망상층에 존재하며 거의 전신에 분포되어 있다.
24) 피지선은 손바닥, 발바닥에는 존재하지 않는다.
25) 일반 성인의 하루 피지 분비량은 2[g]이다.
26) 피지선이 많은 곳은 이마, 코, 턱(T존 부위)이다.
27) 털과 관계없이 존재하는 피지선은 독립피지선이다.
28) 독립피지선이 있는 곳은 입과 입술, 구강점막, 눈과 눈꺼풀, 유두이다.

29) 피부의 변성물은 모발, 손톱, 발톱이다.
30) 에크린선(소한선)은 입술, 음부, 손톱, 점막을 제외한 전신피부에 분포되어 있다.
31) 아포크린선(대한선)은 독특한 체취로 겨드랑이, 유두, 음부 등에서만 있다.
32) 대한선은 남성보다는 여성이 많고, 동양인보다는 백인이, 백인보다는 흑인이 많다.
33) 피부가 느끼는 4가지 감각은 통점 > 촉점 > 냉점 > 온점(분포도가 가장 적다)이다.
34) 피부는 봄에 여드름, 뾰루지가 많이 나며 자외선에 쉽게 그을리므로 레몬 팩이 좋다.
35) 피부는 여름에 피지가 많고 일광욕 등으로 피부가 화끈거리므로 감자, 해초 팩이 좋다.
36) 피부는 가을에 노화가 촉진되므로 오이 팩이나 핫팩이 좋다.
37) 피부는 겨울에 건조하거나 혈행이 불안정하므로 달걀 노른자 팩이 좋다.
38) 소양증은 피부가 가려운 증상을 말한다.
39) 해면 상태는 세포 간의 간격이 넓어져 나타나는 접촉성 피부염이다.
40) 이상 각화증은 각질층의 핵이 없어지지 않고 각화가 불완전한 상태로 끝나는 것이다.
41) 원발진은 건강한 피부에서 발생하는 초기 병변이다.
42) 원발진의 7가지 종류(농구반 팽수가 종결했다)
    – 농포 : 여드름 등의 농을 가지는 염증
    – 구진 : 피부 표면에 단단하게 튀어나온 발진(여드름, 사마귀, 습진)
    – 반점 : 피부 표면에 융기나 함몰 없이 색깔 변화만 나타나는 현상(주근깨, 기미, 백반, 작은 점)
    – 팽진 : 가려움증과 함께 일시적으로 피부 일부가 부풀어 오른 발진(두드러기, 모기물림 등)
    – 수포 : 표피 안의 맑은 액체가 포함된 발진(화상, 포진)
    – 종양 : 직경 2[cm] 이상의 연하거나 단단한 큰 피부의 증식물인 종괴
    – 결절 : 구진보다 크고 단단하며 1[cm] 이상의 종양보다 작은 섬유종, 황색종
43) 속발진은 원발진에서 진전된 것으로 표면에 드러나는 병변을 말한다.
44) 속발진의 9가지 종류(미인 상태가 위궤양 균으로 찰상되었다)
    – 미란 : 출혈 없이, 표피만 떨어진 증상
    – 인설(비듬) : 피부 표면에 죽은 각질이 비듬 모양의 덩어리 형태로 떨어져 나가는 것
    – 상흔 또는 반흔 : 다른 변병의 치유 흔적, 흉터(Keloid, 켈로이드)
    – 태선화 : 표피 전체가 가죽처럼 두꺼워지며 딱딱해지는 현상
    – 가피 : 딱지를 말하며 혈장이나 림프액 등이 말라붙은 증상
    – 위축 : 피부의 기능 저하로 피부가 얇게 되는 현상
    – 궤양 : 진피나 피하조직의 조직 결손으로 분비물과 고름, 출혈, 흉터가 생기는 증상
    – 균열 : 피부의 탄력성, 신축성이 감소되어 진피의 상부층까지 좁고 깊게 갈라지는 것
    – 찰상 : 기계적 자극으로 인한 표피 박리 현상

02 화상의 종류

1) 화상 : 1도 화상(홍반 발생) → 2도 화상(수포 발생) → 3도 화상(피부 괴사)
2) 1도 화상은 화상 즉시 흐르는 찬물에 화상 부위를 식혀주는 것이 좋다.
3) 2도 화상은 피부의 진피층까지 손상된 경우이다.
4) 3도 화상은 피부 신경이 손상되어 통증을 느끼지 못하고 피부색이 흰색, 검은색으로 변한 것이다.

PART 02 피부학

피부와 피부의 부속기관

피부는 신체의 전체를 덮고 있는 조직으로 외부의 자극과 내부의 장기를 보호하며 신체의 기관을 보호하고 체액을 조절하는 기능을 하고 있다. 피부는 연령, 성별, 무게에 따라 다르지만 체중의 약 16[%]를 차지하고 있으며, pH 4.5~5.5의 약산성이며 신체 부위 중 눈꺼풀이 가장 얇고, 여성보다 남성의 피부가 두꺼우며, 피하지방은 여성이 두껍고, 신체 중 가장 두꺼운 곳은 손바닥과 발바닥이다.

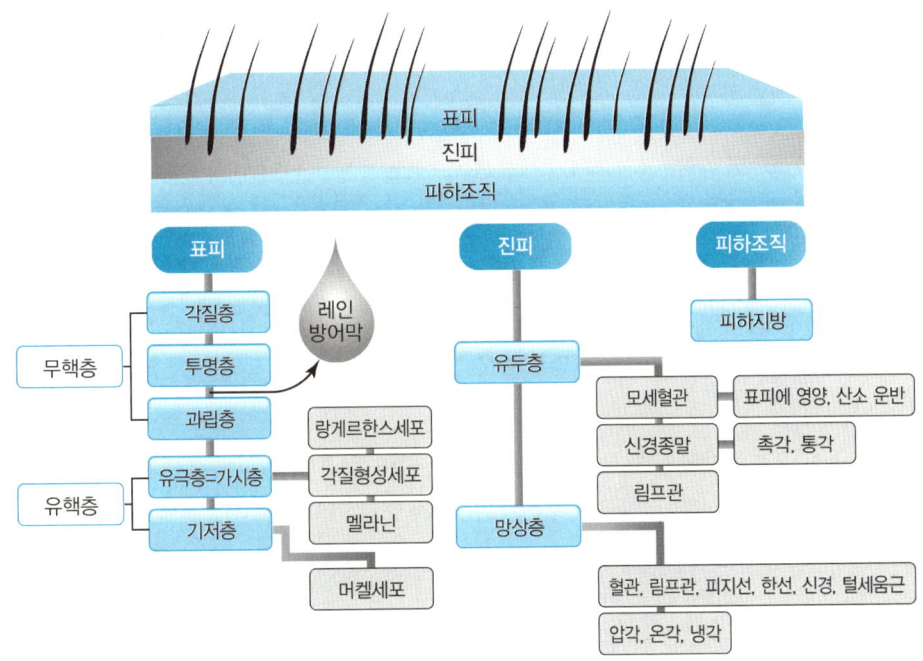

1 피부구조 및 기능

1. 표피의 구조

피부의 가장 외곽층에 있으며 무핵층과 유핵층으로 구분된다. 표피를 구성하는 세포는 주로 각질형성세포로 이루어져 있고, 이외에 멜라닌과 랑게르한스세포, 머켈세포 등이 존재하고 이를 수지상세포라고 한다.

(1) 각질층 : 표피의 가장 겉에 있고 약 15~30개의 세포층으로 이루어져 있다. 피부의 장벽 역할을 하면서 우리 몸을 보호하는데 주성분은 케라틴, 세포간 지질, 천연보습인자(NMF)로 구성되어 있다.

(2) 투명층 : 투명의 얇고 편평한 무핵의 세포로 2~3층으로 구성되어 있고, 주로 손바닥과 발바닥에 존재하고 '엘라이딘'이라는 반유동직 단백질 성분이 있다. 수분을 흡수하지 않는 무핵의 죽은 세포이다.

(3) 과립층 : 표피세포가 퇴화하여 각질화되는 과정에 해당하며 케라토히알린(각질유리과립)과 층판과립이 형성된다. 주로 3~5층으로 구성되어 있다.

(4) 유극층 : 표피 중 가장 두꺼운 층으로 5~10층으로 되어 있고 세포분열이 이루어지는 유핵세포이다. 또한 피부의 면역 기능을 담당하는 랑게르한스세포가 존재하며 세포 사이에는 림프액이 흐른다.

(5) 기저층 : 피부의 표면상태를 결정하는 층으로 가장 아래에 위치하며 세포의 수분 함량이 약 70[%]에 다다른다. 모세혈관으로부터 영양을 공급받아 세포분열을 하고 새로운 세포를 생성한다. 각질형성세포와 멜라닌세포가 존재한다.

2. 진피의 구조

진피는 유두층과 망상층으로 나눌 수 있으며, 교원섬유(Collagen fiber)와 탄력섬유(Elastin fiber) 등의 섬유성 단백질과 무정형의 기질로 구성되어 있다. 또한 비만세포, 식세포, 섬유아세포 등이 피부층을 지지하고 있으며, 모세혈관, 림프관, 한선, 피지선 등이 존재하여 수분저장, 체온 조절, 피부재생의 기능을 가지고 있다.

(1) 유두층 : 유두층은 교원섬유(Collagen fiber)가 둥글고 불규칙하게 배열된 결합조직으로 모세혈관, 신경종말, 림프관이 존재한다. 모세혈관은 표피에 영양을 전달하고, 림프관은 노폐물을 배설해주며 신경종말은 촉각과 통각의 신경을 전달한다.

① 교원섬유(콜라겐) : 섬유아세포에서 생산되어 콜라게나아제의 효소에 의해 모세혈관으로 흡수되어 대사함으로써 피부가 늘어나는 것에 대한 저항력을 갖는다. 수분을 유지하며 외부 힘에 저항하는 역할을 한다. 노화될수록 콜라겐의 두께는 감소한다.

② 탄력섬유(엘라스틴) : 콜라겐과 같이 섬유아세포에서 만들어지며 1.5배까지 늘어나는 탄력성을 가지고 있다. 잡아당겼다가 되돌아가는 속도가 느릴수록 노화 또는 손상이 되었다고 할 수 있다.

(2) 망상층 : 진피의 대부분을 차지하며, 모세혈관이 거의 없이 혈관, 림프관, 한선, 신경, 입모근, 피지선 등이 분포되어 있고 감각기관은 압각, 온각, 냉각이 있다.

① 기질 : 진피 내의 세포 사이를 채우고 있는 물질을 기질이라고 한다. 무코다당류(점다당질)가 주성분이며, 그것은 히알루론산, 콘드로이친황산염 등으로 이루어져 있어 친수성 다당류로 자체무게의 1,000배까지 수분을 흡수한다.

(3) 피하조직 : 지방층에는 지방세포와 지방조직이 발달되어 있고 체온 보호 기능, 외부 충격으로부터 흡수하는 보호 기능, 영양이나 열량을 저장하는 저장 기능이 있다. 여성 호르몬과도 관계가 있어 여성 호르몬이 많이 분비되는 임신기간에는 피하지방층이 발달된다.

3. 피부의 기능

(1) 보호
　① 물리적 외력에 대한 보호
　② 세균 침투에 대한 방어
　③ 자외선 등의 외부의 광선에 대한 차단
　④ 화학물질에 대한 보호

(2) 조절 : 외부 온도에 대하여 일정한 온도를 유지하기 위한 체온 조절 기능

(3) 배설 : 땀과 피지를 분비함으로써 피부의 산도를 유지하며, 체내의 독소와 노폐물을 배출한다.

(4) 흡수 : 외부의 영양물질 등을 흡수하는 기능

(5) 재생 : 상처 등으로 피부 손상이 생긴 경우 진피층에서의 재생 기능으로 새살이 된다.

(6) 감각 : 진피층의 신경감각은 외부의 자극에 대한 감각을 뇌까지 전달하는 기능을 한다.

 더 알아보기

피부감각의 전달 분포 : 통점 > 촉점 > 냉점 > 온점

(7) 피부 부속기관의 구조 및 기능 : 피부의 부속기관에는 한선(에크린선, 아포크린선), 피지선, 손·발톱, 털, 치아 등이 있는데 이것은 피부에서 발생된 것이지만 기능은 각기 다르다.
　① 한선 : 한선은 진피의 망상층에 존재하지만 신체 부위에 따라 분포 상태가 다르며 약 200만 개의 한선이 존재한다. 특히 손바닥, 발바닥, 겨드랑이, 이마에 많다.
　② 에크린선(소한선) : 땀을 분비하는 땀샘으로 입술과 음부를 제외한 거의 모든 전신에 분포되어 있고 특히 발바닥, 손바닥, 겨드랑이, 이마, 코 부위 등에 많이 분포되어 있고 pH 3.8~5.6으로 약산성의 무색 무취이며 사람이 인지되지 않은 상태에서도 지속적으로 배출되며 신체의 온도 조절과 피부의 건조를 막아준다.
　③ 아포크린선(대한선, 체취선) : 성(性)선과 독특한 향을 내는 물질이 함유되어 개인의 독특한 체취를 만든다. 남성보다는 여성이 발달되어 있고 백인보다는 흑인이 발달되어 있다. 특이한 냄새와 뿌옇고 탁한 분비물은 겨드랑이, 유두, 음부, 귓속의 특정 부위에만 존재한다. 이런 땀의 pH는 5.5~6.5의 산도로 단백질이 함유되고 있어 부패하게 되면 악취를 발생하는데, 이것을 암내라고 한다.
　④ 피지선 : 진피의 망상층에 존재하고, 모낭 벽에 3~5개의 주머니가 모낭 주위에 있고 모낭을 통해 분비되므로 모낭선이라고도 한다. 여성보다 남성에게 피지 분비량이 많고 성인의 하루 피지 분비량은 1~2[g]이며, 40세 이후 점차 감소한다.

㉠ 큰 기름샘 : 얼굴의 T-Zone, 두피, 가슴, 목 등에 많이 분포되어 지루 부위라고도 한다.
㉡ 작은 기름샘 : 손바닥, 발바닥을 제외한 신체 전 부분에 분포한다.
㉢ 독립기름샘 : 모낭과 상관없이 독립되어 있는 것을 독립피지선이라고 한다. 윗입술, 생식기, 유두, 눈꺼풀, 구강점막 등에 분포한다.
㉣ 기름샘이 없는 곳 : 손바닥, 발바닥, 아랫입술

2 피부 유형분석

1. 정상 피부의 성상 및 특징(중성 피부)

(1) 특징 : 유·수분 밸런스가 정상적으로 작용하여 건강한 피부상태를 유지하면서 생리 기능이 이상적인 건강한 피부를 의미한다.

(2) 관리 : 적당한 세안과 균형 잡힌 영양 섭취, 충분한 수면과 규칙적인 생활을 유지한다.

2. 건성 피부의 성상 및 특징

(1) 특징 : 피지선의 기능 저하로 유분과 수분이 10[%] 이하로 피부조직이 얇고 분비가 원활하지 않아 피부보호막이 불안정한 상태가 된다. 과도한 비누 사용과 호르몬 불균형 같은 요인들이 원인이 되기도 한다.

(2) 관리
① 세안 시 너무 뜨거운 물은 사용하지 않는다.
② 사우나를 피하고 일광욕과 자외선으로 피부의 수분을 뺏기지 않는다.
③ 스팀이나 워터 스프레이의 사용을 자제한다.
④ 식물성 오일이 함유된 영양 크림을 사용한다.
⑤ 적당한 마사지와 팩으로 피부에 영양을 공급한다.
⑥ 비타민 A와 수분을 충분히 섭취한다.

3. 지성 피부의 성상 및 특징

(1) 특징 : 피지선의 기능이 발달하여 피지 분비량이 많은 피부로 먼지와 이물질의 흡착이 많아질 수 있다. 주로 젊은 층과 남성에게 많은 유형이고, 사춘기의 호르몬 분비가 많은 시기에 피지 분비가 많아진다. 또한 신경성으로 스트레스와 호르몬의 불균형, 고온다습한 환경, 오염된 환경이 원인이 될 수 있다.

(2) 관리
　① 노폐물 제거에 좋은 젤 타입의 제품 사용을 권장한다.
　② 소염, 진정, 모공수축의 기능이 있는 화장수를 사용한다.
　③ 지방과 당의 섭취를 자제한다.
　④ 규칙적인 필링을 해준다.
　⑤ 클레이류의 제품으로 클렌징한다.
　⑥ 오일성분이 적은 화장품을 사용한다.
　⑦ 비타민 A, B군을 섭취한다.

4. 민감성 피부의 특징 및 관리

(1) **특징** : 일반적으로 보통사람은 아무렇지도 않은데 물질이나 자극에 곧바로 반응을 일으키는 피부를 말한다. 일반적인 피부보다 얇고 섬세하며 모공이 거의 보이지 않는다. 외부 자극에 대한 저항력이 작아 두드러기나 면포, 수포를 일으킨다.

(2) 관리
　① 자극적이지 않는 무알코올, 무향, 무색소의 민감성 타입의 화장품을 사용한다.
　② 자극적인 마사지나 필링제는 사용하지 않는다.
　③ 진정 크림과 보습을 중점으로 둔 팩과 화장품을 사용한다.
　④ 칼슘, 비타민 B_6, 단백질 섭취를 권장하며, 자극이 강한 음식은 피하는 것이 좋다.

5. 복합성 피부의 특징 및 관리

(1) **특징** : 피부에 두 가지 이상의 유형이 나타나는 것으로 흔히 T-Zone 부위는 지성 피부, 윤곽선 부분은 건성 피부인 것이 대부분이고 심해질 경우 모세혈관 확장증의 형태가 될 수 있다. 각 부위에 따라 관리가 되어야 문제성 피부가 되지 않는다.

(2) 관리
　① 부위별로 피부 타입에 따라 화장품을 선택한다.
　② T-Zone 위주로 딥클렌징 해준다.
　③ 적절한 유·수분의 공급을 위하여 화장수나 에멀젼을 사용한다.

6. 노화 피부의 특징 및 관리

(1) **특징** : 진피와 표피의 구조가 변화하여 얇아지며 주름이 형성되는 피부를 말한다. 탄성이 없어지면서 주름이 생기게 되는데, 피부의 각질이 늘어나며 결체조직의 위축으로 인한 영양 흡수력이 감소된다.

(2) 관리
　① 자외선 차단제를 바르고, 규칙적인 식습관을 갖는다.
　② 흡연과 음주를 줄이고 스트레스를 조절한다.
　③ 영양과 보습의 기능을 가진 제품을 바르고 미사지와 팩을 정기적으로 한다.

3 피부와 영양

1. 영양소의 기능

(1) 3대 영양소 : 탄수화물, 단백질, 지방
　① 탄수화물(당질) : 중추신경계를 움직이는 유일한 에너지원으로 과잉하면 혈액의 산도를 높여 산성 체질로 바꾸고 피부 저항력이 저하된다. 결핍되면 피부조직의 손상으로 체중감량과 피부가 거칠어진다.
　② 단백질 : 단백질은 생명 유지에 필요한 필수적인 영양소로 효소, 호르몬, 항체 등의 생체 기능 수행 및 근육을 구성한다. 단백질을 이루는 20종의 필수아미노산과 비필수아미노산으로 구분되며, 섭취로만 흡수가 되는 필수 아미노산은 리신, 루이신, 이소루이신, 발린, 메티오닌, 페닐알라닌, 트레오닌, 트립토판 등이 있다.
　③ 지방 : 지방은 1[g]당 9[kcal]의 에너지원으로 단순지질, 복합지질, 유도지질로 구분한다. 신체의 체온을 조절하고, 피지선의 기능을 조절한다.

(2) 5대 영양소 : 탄수화물, 단백질, 지방 + 비타민, 무기질

(3) 6대 영양소 : 탄수화물, 단백질, 지방 + 비타민, 무기질 + 물

(4) 7대 영양소 : 탄수화물, 단백질, 지방 + 비타민, 무기질 + 물 + 섬유소

(5) 열량 영양소 : 탄수화물, 지방, 단백질(에너지원)

(6) 구성 영양소 : 단백질, 무기질, 물(뼈, 근육, 혈액을 만듦)

(7) 조절 영양소 : 비타민, 무기질, 물(생리 기능과 대사 조절 기능)

2. 피부와 영양

(1) 비타민 : 비타민은 수용성 비타민과 지용성 비타민으로 구분되는데 생명에 영향을 미치는 중요한 성분이다. 체내의 생리작용을 조절하고 피부미용에 중요한 역할을 한다.

(2) 비타민의 종류와 특징

	종류	기능	결핍이 되면	권장식품
지용성 비타민	비타민 A	노화 방지 및 재생	야맹증, 피부건조, 피부염, 이상 각화	난황, 치즈, 간, 당근, 호박, 귤, 감 등
	비타민 D	근골격 형성	구루병, 골연화증, 골다공증	효모, 버섯, 어간유, 버터, 우유
	비타민 E	노화 방지 및 항산화	피부노화, 성기능장애, 불임	곡물의 배아, 난황, 푸른 잎 채소
	비타민 K	혈액응고, 모세혈관 강화	조직내출혈, 혈액응고 지연	간, 녹색 채소, 브로콜리, 콩류
수용성 비타민	비타민 B_1	피부면역과 신경 정상화	각기병, 부종, 변비 등	곡물배아, 녹황색 채소, 우유, 난황, 돼지고기
	비타민 B_2	항피부염, 피부 진정	구각염, 각막염	소간, 치즈, 아몬드, 등 푸른 생선
	비타민 B_6	피지 과다분비 억제	피지 과다분비, 근육통, 부종	간, 콩, 육류, 난황
	비타민 B_{12}	항악성빈혈비타민	성장장애, 빈혈, 지루염	어패류, 간, 내장, 쇠고기, 김 등
	비타민 C	항산화, 미백	괴혈병, 빈혈, 기미	신선한 야채와 과일

3. 체형과 영양

(1) 무기질(미네랄) : 조절 영양소로 미량 존재하며 결핍될 경우 질병을 유발하는 중요한 영양소이다.

(2) 다량 무기질 : 칼슘, 인, 마그네슘, 나트륨, 칼륨, 유황

(3) 미량 무기질 : 철, 아연, 구리, 요오드(아이오딘), 크로뮴(크롬), 셀레늄

4 피부장애와 질환

1. 원발진과 속발진

(1) 원발진 : 피부의 1차적 초기 병변

① 반점 : 주근깨, 기미, 자반, 노화반점, 오타모반, 백반, 몽고반점 등이 속한다.

② 홍반 : 모세혈관이 염증성 충혈에 의해 편평하거나 솟아오른 붉은 형태

③ 구진
  ㉠ 표피가 두꺼워 돌출된 편평한 사마귀 형태를 띠는 표피성 구진
  ㉡ 무정형의 물질이 진피 내에 침착되어 생기는 진피성 구진

④ 소수포 : 작고 반투명의 혈청, 림프액을 포함하는 습진, 바이러스(수두, 대상포진)성 피부질환으로 내용물은 인체로 흡수되거나 파괴된다.

⑤ 대수포 : 외부 요인(화상, 물집)에 의한 1[cm] 이상의 수포의 형태로 표피에 깊이 존재하며 궤양과 반흔이 남을 수 있다.
⑥ 결절 : 구진과 종양의 중간 형태로 진피와 피하지방까지 위치하며 1~2[cm]의 크고 단단하게 만져지는 원형의 돌기이다.
⑦ 농포 : 화농으로 인한 결절로 1[cm] 미만의 농을 포함하며 표면에 고름이 차 있다.
⑧ 팽진 : 일종의 두드러기로 일시적인 부종이며 가려움증이 동반된다.
⑨ 낭종 : 중증의 여드름의 형태로 피하지방층까지 침범하여 통증을 유발한다.
⑩ 종양 : 양성과 악성으로 나뉘며 2[cm] 이상의 큰 결절로 자율적 과잉증식이 되는 세포체이다.

(2) **속발진** : 피부의 2차적 병변으로 1차적 원발진에 의하여 생기는 피부의 변화로 회복, 외상 이외 외적 요인에 의해 변화된 것이다.
① 가피 : 혈청과 고름이 표피에 말라 딱딱해진 상처의 딱지이다.
② 인설 : 피부 표면에 각질세포의 각화과정에 의해 발생되는 하얀 가루이다.
③ 미란 : 수포가 터진 후 표피의 손실상태로 흉터가 남지 않고 표면이 선홍색이다.
④ 켈로이드 : 피부의 흉터이며 교원질이 과다 생성으로 생긴다.
⑤ 태선화 : 만성자극으로 가죽처럼 두꺼워진 상태이며 유연감이 없이 딱딱하다.
⑥ 궤양 : 염증성 괴사로 둥글거나 불규칙적으로 형성되어 완치되며 흉터가 남는다.
⑦ 위축 : 진피의 퇴행성 변화로 피부가 얇아지는 것. 노화 피부에서 나타나며 정맥이 피부 표면에 비춰진다.
⑧ 찰상 : 기계적 외상의 마찰로 생긴다. 대부분 흉터 없이 치유된다.
⑨ 반흔 : 피부 손상에 의해 진피와 심부에 조직 결손이 새로운 조직으로 대치된 상태로 화상 후 반흔은 얇고 함몰 또는 위축되며, 켈로이드 같은 흉터조직이다.

2. 피부질환

신체의 여러 요인으로 피부조직에 이상이 일어난 것을 피부질환이라고 한다.

(1) **여드름** : 피지선의 만성질환으로 피지 분비가 많은 얼굴, 가슴, 목 등에 일어나는 염증성 피부질환이다. 호르몬과 스트레스 등의 원인으로 피지 분비가 많아지고 피부에 쌓인 먼지와 같이 세균 번식을 하게 되면 염증성으로 피부병변이 일어날 수 있다.

(2) **색소질환** : 멜라닌이 증가하거나 감소가 되면 피부색에 변화가 생긴다. 색소질환에는 과색소침착에 의한 기미, 주근깨, 노인성 반점이 있고 저색소침착에는 백반증, 백피증 등이 있다.

3. 물리적 피부질환

(1) 기계적 손상에 의한 요인
   ① 굳은살 : 지속적인 자극에 의해 발생하는 국소적인 과각화증으로 주로 발바닥에 있다.
   ② 티눈 : 각화가 심한 중심핵을 지니고 있으며 통증이 있다. 사마귀와는 구별된다.
   ③ 욕창 : 움직이지 못하는 환자의 경우 지속적으로 압력이 되는 부위의 허혈로 인하여 발생하는 궤양이다. 압력이 되는 부위를 바꾸어주고 세균에 감염되지 않도록 해야 한다.

4. 온도에 의한 피부질환

(1) 화상 : 불과 뜨거운 물질로 인하여 피부조직이 손상된 것
   ① 1도 화상 : 홍반성 화상으로 표피층에만 손상이 되고 통증이 있다.
   ② 2도 화상 : 수포가 형성되며 표피와 진피까지 포함이 된다.
   ③ 3도 화상 : 피부의 피하조직까지 손상되는 피부 흉터가 남는 괴사성 화상이다.

5. 습진에 의한 피부염

(1) 접촉성 피부염 : 외부 물질에 의한 접촉에 의해 일어나는 모든 피부질환이다.
   ① 일차 자극성 접촉 피부염 : 강산, 알칼리, 세제, 물 등의 접촉에 의한 피부염이다.
   ② 알레르기성 접촉 피부염 : 특정 반응을 일으키는 물질에 의한 피부염으로 식물, 음식, 방부제, 약제 등에 의한 반응을 일으키는 사람에게 생긴다.

(2) 아토피 피부염 : 만성습진의 일종으로 천식, 알레르기성 비염과 동반되며, 건조하기 쉬운 계절에 발생빈도가 높고 유아부터 성인에게 나타나는 기전이 명확하지 않은 질환이다.

(3) 지루성 피부염 : 피지선이 발달한 부위에 나타나는 염증성 질환이다.

(4) 화폐상 습진 : 알레르기, 스트레스, 세균감염, 자극물질의 접촉 등의 복합적인 요인으로 나타나는 둥근 모양의 만성 피부질환이다.

6. 감염성 피부질환

(1) 세균성 피부질환
   ① 농가진 : 유·소아의 두피, 안면, 팔, 다리에서 화농성 연쇄상구균에 의한 진물이 발생되며 전염력이 높다.
   ② 절종 : 종기로 불리며, 모낭과 그 주변에 발생하는 괴사성 염증이다.
   ③ 봉소염 : 용혈성 연쇄구균으로 진피와 피하조직까지 급성 세균감염이 되고 전신에까지 퍼진다.

(2) 바이러스성 피부질환
  ① **단순포진** : 헤르페스바이러스에 의한 감염이며 급성 수포성 질환이다(입, 항문, 성기 주변에 발생).
  ② **대상포진** : 수두의 바이러스가 잠복되어 있다가 감염을 일으킨다. 면역력이 떨어진 성인에게 일어나며 지각신경의 분포에 따라 군집 수포가 발생되며 통증이 심하다.
  ③ **수두** : 급성 바이러스 질환으로 신체 전반에 걸쳐 수포가 생기고 전염력이 강하며 주로 어린아이에게 발생한다.
  ④ **홍역** : 점막에 의해 호흡기로 감염되는 급성 발진성 질환으로 수포가 전신에 나타나며 소아에게 나타나는 피부질환이다.
  ⑤ **사마귀** : 인유두종바이러스에 감염되어 발생하는 신체 어느 부위나 발생되는 질환이다.
  ⑥ **풍진** : 루비바이러스 속 풍진바이러스에 의해 얼굴과 몸에 나타나는 발진성 질환이다.

(3) 진균성 피부질환
  ① **원인** : 무좀을 비롯하여 아구창, 칸디다질염, 어우러기 등이 기회감염의 경로로 면역이 약할 때 감염이 된다.
  ② **백선** : 사상균(곰팡이균)이며 일명 무좀균이라 한다. 발생되는 부위에 따라 두부백선(머리), 조갑백선(손·발톱), 족부백선(발), 고부백선(성기 주변), 수발백선(수염) 등으로 불린다.

(4) 기타 피부질환
  ① **섬유종** : 섬유성 결합조직으로 양성종양이며 섬유와 세포에 의해 구성되어 있고 거의 모든 장기에서 발생할 수 있다.
  ② **비립종** : 주로 피부의 얇은 눈꺼풀 부분에 위치해 알맹이의 형태로 이루어지는데, 1[mm]의 작은 알갱이에는 각질이 주성분이다.
  ③ **한관종** : 한관조직의 이상증식으로 생긴 2~3[mm]의 양성종양이며 눈 주위, 뺨, 이마 등에 주로 발생한다.
  ④ **혈관종** : 혈관의 이상증식으로 덩어리가 된 질환이다.

5 피부와 광선

태양광선은 인간의 생명과 자연을 이루며 세균에 대한 살균력이 있다. 인체에 필요한 영양분과 칼슘을 공급할 뿐 아니라 신진대사를 활성화시키고 신체뿐만 아니라 정신적인 건강에도 꼭 필요한 것이 태양광선이다.

1. 자외선이 미치는 영향

자외선은 태양광선 중 파장이 200~400[nm]의 단파장의 광선이며, 지표에 도달까지 광선의 양은 약 6[%]에 달한다. 태양광선 속의 빛은 7가지의 무지개 색을 갖고 있고 피부를 검게 태우고 화상을 입게 하는 것이 보라색 끝에 있는 자외선이다.

(1) **긍정적 영향** : 비타민 D 형성, 살균 효과, 강장 효과(식욕, 수면 증진, 신경성, 자극성 감소) 등으로 피부에 긍정적인 영향을 준다.

(2) **부정적 영향** : 광노화, 색소침착, 피부암, 일광 알레르기, 홍반, 광독성 피부염 등에 영향을 준다.

2. 적외선이 미치는 영향

(1) **긍정적 영향** : 적외선은 피부 깊숙이 온열감을 주는 건강한 광선이다. 적외선을 이용한 미용기기로는 적외선등, 마사지기, 원적외선 비만기기 등이 있고 원적외선을 이용한 찜질방과 한방 치료에도 많이 이용되고 있다.

(2) **부정적 영향** : 적외선은 눈에는 백내장 및 망막손상의 질환이 나타나며 안구건조증과 루테인 파괴가 이루어지는 광선이므로 사용 시 눈을 보호하여야 한다.

6 피부노화

(1) **피부노화의 원인** : 노화는 피부를 비롯해 신체의 거의 모든 기관에서 진행되어진다. 20대 초반부터 시작하여 30대에는 표정에서, 40대에는 피부의 두께와 피부색에서, 50대부터 진행속도가 급격히 변화하기 시작한다. 개인의 환경에 따라 노화의 속도는 달라지며 대부분 노화의 초기 증상은 피부의 건조함에서 비롯된다고 한다.

> 생리적 노화(내재적, 내인적)와 환경적 노화(외재적, 광노화)로 구분한다.

(2) **피부노화현상**
① 천연보습인자, 콜라겐 등의 감소 등으로 피부 건조증상이 생긴다.
② 기미, 노인성 반점이 생긴다.
③ 피부의 면역 기능이 감소한다.
④ 진피의 교원섬유와 탄력섬유의 저하로 피부가 늘어진다.
⑤ 각질이 늘어남으로써 피부가 칙칙해 보인다.

(3) **관리방법**
① 피부탄력을 위하여 규칙적인 운동과 마사지를 한다.
② 고보습의 히알루론산 제품을 사용하고 비타민 A, E를 복용한다.
③ 규칙적인 생활습관을 유지하고 흡연과 음주를 하지 않는다.
④ 피부 보호를 위하여 스트레스 관리와 자외선 차단제를 바른다.

PART 02 핵심체크문제

01 표피의 구성세포가 아닌 것은?
① 멜라닌세포 ② 림프구
③ 랑게르한스세포 ④ 각질형성세포

해설 표피의 구성세포는 멜라닌세포, 머켈세포, 랑게르한스세포, 각질형성세포이다.

02 3~4층의 두꺼운 과립세포층으로 구성되어 있으며, 각질화 과정이 실제로 시작되는 곳은?
① 유극층 ② 과립층
③ 기저층 ④ 각질층

해설 과립층은 3~4개의 편평세포로 이루어진 층으로 각질화가 시작되는 층이다.

03 지성 피부의 관리법으로 알맞지 않은 것은?
① 세안을 철저히 한다.
② 당분과 지방이 다량 함유된 식품을 먹는다.
③ 피부에 유·수분을 알맞게 공급한다.
④ 스팀타월로 모공 속 피지를 녹이고 죽은 세포층을 제거한다.

해설 지성 피부는 지방과 당분이 많은 음식은 가급적 피하는 것이 좋다.

04 노화 피부의 특징은?
① 피하지방이 증가한다.
② 피부 표면이 번들거리며 부드럽다.
③ 주름과 반점 등이 생긴다.
④ 표피의 탄력이 감소하여 시작된다.

해설 노화 피부는 진피의 탄력섬유와 교원섬유가 늘어짐으로써 시작되며 주름과 반점 등이 생긴다.

05 지방 1[g]은 몇 [kcal]인가?
① 4[kcal] ② 6[kcal]
③ 7[kcal] ④ 9[kcal]

해설 1[g]당 지방은 9[kcal], 탄수화물 4[kcal]의 열량을 낸다.

06 비만도가 올바르게 표시된 것은?
① 과체중 : 표준체중의 5[%] 이상
② 과체중 : 표준체중의 10[%] 이상
③ 비만 : 표준체중의 10[%] 이상
④ 비만증 : 표준체중의 30[%] 이상

해설 과체중은 표준체중의 10[%] 이상이다.

정답 01 ② 02 ② 03 ② 04 ③ 05 ④ 06 ②

07 원발진의 종류가 아닌 것은?
① 반흔   ② 농포
③ 낭종   ④ 구진

> **해설**
> • 원발진 : 반점, 구진, 결절, 낭종, 종양, 팽진, 수포, 농포
> • 속발진 : 인설, 가피, 상흔 또는 반흔, 궤양, 위축

09 색소침착의 증상이 아닌 것은?
① 주근깨   ② 기미
③ 검버섯   ④ 백반증

> **해설**
> 백반증은 색소세포의 파괴로 인하여 여러 가지 크기와 형태의 백색 반점이 피부에 나타나는 후천적 탈색소성 질환이다.

08 바이러스균에 의해 피부에 과각질화 현상이 생기는 현상은?
① 무좀   ② 티눈
③ 홍반   ④ 사마귀

> **해설**
> 사마귀는 바이러스균에 의한 과각화 현상이 생긴다.

정답 07 ① 08 ④ 09 ④

Barber & Master Barber

PART 3

화장품학

01 화장품학이란
02 화장품의 종류와 기능

핵심요약 _ Part 03 화장품학

01 화장품 개론

1) 화장품의 정의는 인체의 청결, 보호, 미화를 목적으로 매력을 더하고 용모를 변화시키거나 피부, 모발의 건강 유지 또는 증진을 위한 물품으로 인체에 대한 작용이 경미한 것이다.
2) 피부 정돈을 하는 화장품의 종류는 에센스, 세럼, 오일, 로션, 크림, 아이 크림, 마사지 크림, 팩, 마스크, 바디제품 등이 있다.
3) 색조 화장품의 종류는 메이크업 베이스, 파운데이션, 페이스 파우더, 볼터치, 립스틱, 바디 페인팅 등이 있다.
4) 메이크업 화장품의 종류 중 베이스 메이크업의 종류로 메이크업 베이스, 파운데이션, 페이스 파우더가 있다.
5) 눈 화장의 제품에는 색채와 입체감을 부여하는 아이섀도, 아이라이너, 마스카라, 아이펜슬 등이 있다.
6) 네일 제품에는 손·발톱을 위한 제품으로 베이스 코트, 네일 폴리시, 탑 코트, 리무버 등이 있다.
7) 모발 화장품에는 세정제, 컨디셔닝제, 트리트먼트제, 정발제, 퍼머넌트 웨이브제, 염모제, 양모제가 있다.
8) 체취 방지용 화장품은 데오드란트 로션, 파우더, 스프레이, 스틱 등이 있다.
9) 방향 화장품의 종류로 퍼퓸, 오데토일렛, 오데코롱, 샤워코롱 등의 방향제가 있다.
10) 바디 화장품에는 제모제, 선탠오일, 선크림, 바디로션, 바디샴푸 등이 있다.

02 화장품 제조

1) 화장품의 4대 요건에는 안전성, 안정성, 유효성, 사용성이 있다.
2) 화장품의 원료 중 수성원료는 정제수, 에탄올이 있다.
3) 화장품의 원료 중 유성원료는 식물성 오일(로즈힙 오일, 피마자유, 올리브유, 아보카도유, 아몬드유, 호호바 오일, 코코넛 오일 등), 동물성 오일(라놀린, 밍크 오일, 난황 오일, 스쿠알렌, 실크추출물, 플라센타추출물, 로열젤리추출물 등), 광물성 오일(미네랄 오일, 바세린, 실리콘, 유동파라핀 등)이 있다.
4) 왁스의 종류는 식물성(칸데릴라, 호호바, 카나우바)과 동물성(밀랍, 라놀린)이 있다.
5) 인체의 피지와 화학구조가 유사하고 피부염, 여드름, 습진 피부에 호호바 오일을 사용한다.
6) 면양에서 추출하여 모발의 친화성이 강하고 냄새와 끈적임이 있는 메이크업 화장품의 원료를 라놀린이라 한다.
7) 크림, 립스틱, 메이크업 제품과 화상치료에 사용되는 광물성 오일은 바세린이다.
8) 살균, 소독작용을 하고 정전기 발생을 억제하는 유연 효과가 있으며 트리트먼트에 쓰이는 계면활성제는 양이온 계면활성제이다.
9) 화장비누의 구비조건은 기포성, 자극성, 안전성, 용해성이다.

10) 세정작용과 기포 형성을 하고 비누, 샴푸, 클렌징 폼에 사용되는 계면활성제는 음이온 계면활성제이다.
11) 베이비 샴푸 등 피부 자극이 적은 계면활성제는 양쪽성 계면활성제이다.
12) 계면활성제의 피부자극 순서는 양이온성 > 음이온성 > 양쪽성 > 비이온성이다.
13) 계면활성제의 세정력의 순서는 음이온성 > 양쪽성 > 양이온성, 비이온성이다.
14) 보습제의 종류 중 고분자 보습제는 히알루론산염, 콘드로이친황산염, 가수분해콜라겐이 있다.
15) 보습제의 종류 중 천연보습인자는 아미노산, 요소, 젖산염, 피롤리돈카르본산염이다.
16) 보습제의 종류 중 폴리올의 종류는 글리세린, 폴리에틸렌글리콜, 솔비톨, 프로필렌글리콜이다.

03 화장품의 종류와 기능

1) 세정 기능이 있는 기초 화장품의 종류는 클렌징 워터, 클렌징 오일, 클렌징 크림, 메이크업 리무버, 스크럽제품이 있다.
2) 기초 화장수의 종류는 수렴 화장수, 유연 화장수, 영양 화장수가 있다.
3) 기초 화장품의 목적은 세정, 정돈, 보호이다.
4) 자외선 차단제의 분류 중 피부의 자외선을 반사하며 백탁현상이 생기는 것은 자외선 산란제이다.
5) 자외선 차단제의 분류 중 자외선을 피부에 흡수시켜 열과 진동으로 침투를 막는 것은 자외선 흡수제이다.
6) 손톱 표면을 고르게 하고 에나멜의 밀착성을 좋게 하는 네일 화장품을 베이스 코트라 한다.
7) 네일 에나멜 위에 도포하며 광택과 굳기를 증가시키며 내구성을 좋게 하는 것을 탑 코트라 한다.

04 기능성 화장품

1) 기능성 화장품의 종류는 미백 화장품, 주름개선 화장품, 자외선 차단제품(선크림)이 있다.
2) 미백 효과가 가장 뛰어나며 멜라닌세포 자체를 사멸시키는 물질은 하이드로퀴논이다.
3) 주름개선 성분 중 세포 생성을 촉진하며 피부 자극이 적은 지용성 비타민을 레티놀이라 한다.
4) 주름개선 성분 중 낮과 밤 모두 사용할 수 있고 피부탄력과 주름개선 예방을 하는 성분은 아데노신이다.
5) 주름개선 성분 중 항산화, 항노화 재생 작용을 하는 비타민에는 비타민 E, 토코페롤이 있다.
6) 기능성 화장품 중 티로신의 산화를 촉매하는 티로시나아제의 작용을 억제하는 물질은 코직산, 알부틴, 감초추출물, 닥나무추출물 등이 있다.
7) 각질세포를 벗겨내어 멜라닌 색소를 제거하는 물질 중 사탕수수에서 추출한 것은 글리콜산이다.
8) 각질세포를 벗겨내어 멜라닌 색소를 제거하는 물질 중 발효유에서 추출한 것은 젖산이다.

summary 이용사·이용장 핵심요약

9) 각질세포를 벗겨내어 멜라닌 색소를 제거하는 물질 중 포도에서 추출한 것은 주석산이다.
10) 각질세포를 벗겨내어 멜라닌 색소를 제거하는 물질 중 사과에서 추출한 것은 사과산이다.
11) 각질세포를 벗겨내어 멜라닌 색소를 제거하는 물질 중 감귤류에서 추출한 것은 구연산이다.
12) 건성, 노화 피부에 적합한 세정용 화장품은 클렌징 오일이다.
13) 알코올 함량이 많아 청량감과 모공수축 작용과 지방성 피부에 적당한 화장수로 수렴 화장수(아스트린젠트, 스킨 프레시너, 토닝로션 등)가 있다.
14) 보습제와 유연제가 함유되어 각질층을 부드럽고 촉촉하게 하는 화장수는 유연 화장수이다.
15) pH 7 이상의 화장수로 벨츠수라고 하며 피부흡수, 청정작용에 우수한 화장수는 알칼리 화장수이다.
16) 건성 피부에 대한 화장품의 활성성분에 유·수분을 공급하는 콜라겐, 엘라스틴, 솔비톨, 아미노산, 세라마이드, 히알루론산 등이 있다.
17) 노화 피부에 대한 화장품의 활성성분에 유·수분의 공급과 재생 및 각화과정의 정상화를 위한 비타민 A_1(레티놀), 비타민 E(토코페롤), 비타민 C(아스코르빈산), 코엔자임Q10, 인삼추출물, 은행추출물 등이 있다.
18) 예민·민감 피부에 피부자극을 최소화하고 보습과 진정을 위해 아줄렌, 감초추출물, 알로에추출물, 루틴 등을 사용한다.
19) 지성, 여드름 피부에는 피지 조절과 각질 조절을 위한 위치하젤, 살리실릭산, 클레이, 유황, 캠퍼, 멘톨, 레몬추출물, 클로로필, 유칼립투스 추출물 등이 있다.

05 에센셜 오일과 캐리어 오일

1) 에센셜 오일의 종류로 플로럴 계열, 시트러스 계열, 수목 계열, 스파이시 계열이 있다.
2) 향에 따른 분류 중 플로럴 계열의 종류는 재스민, 라벤더, 로즈, 제라늄, 캐모마일 등이 있다.
3) 향에 따른 분류 중 시트러스 계열의 종류는 오렌지, 레몬, 라임, 만다린, 그레이프프루트, 베르가모트 등이 있다.
4) 에센셜 오일의 추출방법으로 라드를 바른 종이 사이사이에 꽃잎을 넣어 추출하는 방법은 냉침법이다.
5) 에센셜 오일의 추출방법으로 시트러스 계열 추출 시 껍질이나 내피를 기계로 압착하는 방법은 압착법이다.
6) 에센셜 오일의 추출방법으로 대량 추출하며 물 증류법과 고온에서 열에 의한 추출법은 수증기 증류법이다.
7) 향에 따른 분류 중 허브 계열의 종류는 로즈마리, 바질, 세이지, 페퍼민트 등이 있다.
8) 향에 따른 분류 중 수목 계열의 종류는 사이프러스, 삼나무, 유칼립투스, 자단 등이 있다.
9) 향에 따른 분류 중 스파이시 계열의 종류는 시나몬, 진저, 블랙페퍼 등이 있다.
10) 에센셜 오일은 매우 강하므로 피부에 효과적으로 침투시키기 위하여 사용하는 오일은 캐리어 오일이다.
11) 캐리어 오일의 종류는 호호바 오일, 아몬드 오일, 아보카도 오일, 올리브 오일, 포도씨 오일, 로즈힙 오일, 윗점 오일, 헤이즐넛 오일, 마카다미아 오일 등이 있다.

06 방향 화장품

1) 향의 농도에 따른 분류로 6~7시간의 지속률을 가지는 향의 종류는 퍼퓸이다.
2) 향의 농도에 따른 분류로 5~6시간의 지속률을 가지는 향의 종류는 오데퍼퓸이다.
3) 향의 농도에 따른 분류로 3~5시간의 지속률을 가지는 향의 종류는 오데토일렛이다.
4) 향의 농도에 따른 분류로 1~2시간의 지속률을 가지는 향의 종류는 오데코롱이다.
5) 향의 농도에 따른 분류로 1시간의 지속률을 가지는 향의 종류는 샤워코롱이다.
6) 향의 휘발 속도에 따른 분류 중 마지막까지 은은하게 남아있는 휘발성이 낮은 향료는 베이스 노트이다.
7) 향의 휘발 속도에 따른 분류 중 알코올이 날아간 다음 나타나는 향료는 미들 노트이다.
8) 향의 휘발 속도에 따른 분류 중 향수의 첫 느낌으로 휘발성이 강한 향료는 탑 노트이다.

PART 03 화장품학

1 화장품학이란

1. 화장품학 정의

화장품은 그리스어로 '잘 정리하다', '잘 감싼다'의 의미로, 사람을 잘 감싸서 조화롭게 하는 도구를 의미한다. 오늘날에는 인간 신체 일부분에 색상을 부여하고 조화시켜 물리적 아름다움을 표현하는 것을 화장품이라 하고, 또한 신체의 청결을 부여하고 피부와 모발을 건강하고 아름답게 유지하기 위한 제품을 화장품이라고도 한다.

2. 화장품의 분류

화장품은 사용 목적과 대상 부위에 따라 기초 화장품, 색조 화장품, 두발용, 인체 세정용, 방향용, 목욕용, 영유아용이 있으며 일반 화장품, 기능성 화장품, 맞춤형 화장품으로 분류된다.

(1) 사용 목적에 따른 화장품 분류

구분	용도	제품
기초 화장품	피부 보호, 세정, 피부결 정돈, 영양 침투, 보습작용	화장수, 에멀젼, 로션, 크림, 에센스, 클렌징, 팩
색조 화장품	피부 결점 보완, 입체감과 아름다움 부여	파운데이션, 파우더, 메이크업 베이스, 립스틱, 마스카라, 아이라이너, 아이섀도, 매니큐어
모발 화장품	청결, 부드러움, 고정력, 웨이브와 헤어 컬러 부여	샴푸, 린스, 트리트먼트, 포마드, 헤어스프레이, 헤어젤, 펌제, 염색제, 탈색제
바디 화장품	피부 청결, 피부 보호, 제모	바디로션, 선탠오일, 바디샴푸, 바디오일, 제모제 등
방향 화장품	향기 부여	퍼퓸, 오데코롱, 샤워코롱

3. 화장품 제조

(1) **화장품의 원료** : 화장품의 원료는 정제수, 보습제, 오일, 계면활성제, 색소, 방부제, 향료, 활성성분 등이 있고 이러한 성분들의 조합으로 다양한 제품들이 만들어지게 된다. 유효성분의 배합으로 기능성 화장품이 다양해지며 천연물질의 배합으로 건강한 화장품 제작의 활동이 다양해지고 있다.

▲ 화장품의 원료

구분	작용	제품
정제수	피부에 수분감을 주어 촉촉하게 한다.	• 화장수, 에멀전, 로션, 크림
에탄올	소독과 발산, 청량감을 준다.	• 화장수, 헤어토닉, 향수
오일	수분의 증발을 막고 영양물질을 피부에 침투시키는 역할을 한다.	• 식물성 : 로즈힙 오일, 올리브유, 밀배아 등 • 동물성 : 밍크 오일, 에뮤(타조) 오일, 스쿠알렌, 난황 • 광물성 : 바세린, 유동파라핀 • 합성 오일 : 실리콘 오일
계면활성제	물과 기름성분이 잘 섞이도록 하는 용제로 유화제, 분산제, 소포제, 가용화제, 세정제 등 다양하게 사용된다.	• 양이온성(살균, 소독, 대전 방지) : 린스, 트리트먼트 등에 사용 • 음이온성(세정, 기포 형성) : 비누, 클렌징 폼, 샴푸 등에 사용 • 비이온성 : 화장수, 기초 화장품, 메이크업제품 • 양쪽이온성(세정작용) : 저자극성 세정제
보습제	피부 보습작용을 한다.	• 다가알코올(당알코올) : 글리세린, 프로필렌글라이콜, 솔비톨, 부틸렌글라이콜
방부제	제품의 유지력을 위하여 사용한다.	• 수용성 : 파라옥시향산메틸, 파라옥시향산에틸 • 지용성 : 파하옥시향산프로틸, 파라옥시향산부틸
왁스	고체상태의 성질을 유지하는 유성성분이다.	• 식물성 : 카나우바(야자), 칸데릴라(칸데릴라줄기), 호호바 오일(호호바씨) • 동물성 : 밀랍, 라놀린 • 광물성 : 오조케라이트, 파라핀, 마이크로 크리스탈
점증제	제품의 점도를 조절한다.	• 퀸스시드검, 잔탄검, 카르복시메틸 셀룰로오스, 카르복시비닐 폴리머

• 계면활성제의 피부자극 순서
    양이온성 > 음이온성 > 양쪽성 > 비이온성
• 계면활성제의 세정력 순서
    음이온성 > 양쪽성 > 양이온성, 비이온성

(2) 화장품의 기술

① **가용화** : 미셀 수용액은 물에 녹지 않는 극성이 적은 유기물질이 투명하게 용해되어 있는 상태를 말한다.

• 미셀 : 물과 기름이 단분자의 상태로 있다가 계면활성제의 농도가 높아짐에 따라 계면활성제 분자들끼리 자발적인 회합으로 미셀을 형성하게 되는 것이다.

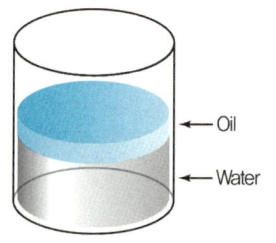 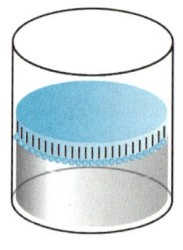 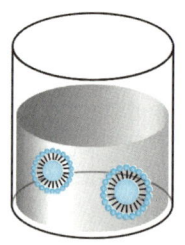

▲ 물과 기름이 분리된 상태　　▲ 계면활성제 투입　　▲ 내측 친유기, 외측 친수기 형성

② 분산 : 화장품은 거의 모든 제품이 일종의 분산계의 상태라고 할 수 있는데 액체 → 액체, 고체 → 액체의 분산이 있다. 이 중에 고체 → 액체의 분산계 화장품은 파운데이션, 아이라이너, 립스틱 등의 색조 화장품 등이 있다.

(3) 화장품의 특성

▲ 화장품의 4대 요건

구분	내용
안전성	피부에 어떠한 자극이나 알레르기, 이물 혼입, 독성, 파손이 없어야 한다.
안정성	보관에 따른 변질, 변색, 변취, 오염이 없어야 한다.
사용성	기호에 맞고, 사용감이 만족스러워야 한다.
유효성	보습, 미백, 주름개선, 자외선 차단, 세정, 색채 효과 등이 좋아야 한다.

2 화장품의 종류와 기능

1. 기초 화장품

(1) 세안용 화장품 : 피부에서 분비되는 피지와 땀, 먼지, 각질 등의 피부 잔여물을 제거하기 위하여 사용되는 화장품이다.

① 비누 : 비누는 풍부한 거품과 산뜻한 감촉을 주는 반면 사용 후 당기는 느낌을 주기 때문에 건성, 민감성 피부에는 사용하지 않는 것이 좋다.
② 클렌징 폼 : 비누의 세정력과 피부 보호 기능을 갖춘 크림 타입의 클렌저이다.
③ 클렌징 크림 : 화장을 지울 때나 피부 분비물이 많을 때 사용하기 좋다.
④ 클렌징 로션 : 유분의 함량이 낮기 때문에 세정력은 떨어지나 산뜻함과 끈적임이 적다.
⑤ 클렌징 워터 : 오일성분은 없으며 지성 피부에 적합하다. 산뜻하고 사용감이 가볍다.
⑥ 클렌징 오일 : 건성 타입에 좋으며, 메이크업을 지울 때 유용하다.

⑦ 클렌징 젤 : 젤 타입은 유성 타입과 수성 타입이 있고, 유성 타입이 클렌징 효과가 좋다.
⑧ 페이셜 스크럽 : 클렌징 폼에 스크럽의 작은 알갱이가 함유되어 각질 제거에 도움이 된다.

(2) 화장수 : 70~80[%]의 정제수로 되어 있고 피부의 보습과 수렴 작용을 한다.
① 유연 화장수 : pH를 5.5~6.5의 피부에 가까운 약산성으로 만들어 피부의 일시적 알칼리화를 약산성으로 되돌려 놓으면서 피부의 표면을 촉촉하고 부드럽게 유지시켜준다.
② 수렴 화장수 : 피부 표면에 수분을 공급하고 모공을 수축시키며 피부결을 정리해준다. 토닝로션이라고도 하며 알코올 성분이 있어 피부의 청량감과 피지를 억제하며 지성 피부에 적합하다.

(3) 로션(유액) : 우리나라에서는 주로 에멀젼으로 불리며 화장수에 가까운 제형으로 피부결을 정돈하고 수분을 공급하며 유·수분 밸런스를 맞추어 피부의 항상성을 유지시켜준다.
① O/W형은 가볍고 산뜻한 감촉을 주며 로션의 대부분이 O/W 타입이다.
② W/O형은 보습 효과가 뛰어나다.
③ W/O/W형은 발림성과 보습력이 좋다.
④ S/W형은 사용감이 산뜻하다.
⑤ W/S형은 가벼운 사용감과 성분의 안정성이 있다.

(4) 에센스 : 일명 '세럼'이라고 하며, 농축된 유효성분의 이미지로 소비층에게 많이 이용되고 있다. 피부의 기능을 유지하기 위하여 사용된다.

(5) 크림 : 로션보다 점도가 높아 안정성의 폭이 넓으며 다량의 유분과 수분을 부여하여 일정한 밸런스를 유지시켜준다. 사용 목적에 따라 다양한 유화기술을 이용한 기능성 크림이 나오고 있다.
① 콜드 크림 : 발랐을 때 수분이 증발되며 차가운 느낌을 주어서 붙여진 크림이다.
② 마사지 크림 : 콜드 크림의 일종으로 피부를 유연하게 한다. 유성원료에 따라 미네랄 오일, 밀랍지방산, 식물성 오일 등을 사용한다.
③ 데이 크림 : 바니싱 크림의 일종으로 일명 '사라지다'는 뜻으로 도포하고 난 후 피부에 남지 않고 흡수되며 피부의 보습과 보호 역할을 한다.
④ 나이트 크림 : 밤에 바르며 피부의 유연작용과 재생 효과가 있다.
⑤ 영양 크림 : 피부에 영양을 부여하여 보습과 재생에 도움을 준다.
⑥ 아이 크림 : 피부의 피지가 없는 얇은 막의 눈가를 관리하는 크림이며 주름, 다크서클, 탄력을 위하여 사용된다.
⑦ 톤 업 크림 : 피부 톤을 밝고 화사하게 표현해주는 크림이다. 기초 스킨케어 제품과 베이스 제품이 함께 함유된 제품이 나오고 있다.

2. 메이크업 화장품

메이크업 화장품은 예로부터 적의 공격으로부터 몸을 보호하는 목적뿐만 아니라 종교적 의식으로도 행하여졌다. 현대의 색조 화장품은 '사람의 신체를 미화하여 매력을 증가시키고 용모를 밝게 변화시킨다'는 목적이 있고, 결점을 보완해 주거나 피부를 아름답게 보이게 하는 데 목적이 있다.

(1) 메이크업 화장품의 종류

① 메이크업 베이스 : 색조 화장품의 첫 단계로 얼굴의 색조를 나타낸다. 화장이 들뜨지 않도록 파운데이션의 밀착도를 높여주는 역할을 하며 얼굴색에 따라 초록색(붉은 얼굴), 분홍색(창백한 얼굴), 보라색(노란색 얼굴)의 제품을 사용한다.

② 파운데이션 : 베이스 메이크업의 기본이며 피부의 결점을 보완해주는 역할을 한다. 피부색을 조정해주면 얼굴형에 입체감을 부여해준다.

  ㉠ 리퀴드 파운데이션 : 사용감이 가볍고 수분 함유량이 높이 부드럽고 발림성이 좋다.

  ㉡ 크림 파운데이션 : 리퀴드 파운데이션에 비해 점성이 진하고 물의 함유량이 낮아 커버력이 좋다.

  ㉢ 압축고형 파운데이션 : 파우더를 압축하여 고형으로 만든 제품으로 휴대가 간편하다. 여기에는 파우더 파운데이션, 투웨이케이크 등이 있다.

③ 유성형 스킨커버 : 오일과 안료가 주성분이며 왁스와 오일성분이 50~60[%]이기 때문에 지속력과 커버력이 우수하여 파운데이션으로 할 수 없던 기미, 주근깨, 흉터 등을 커버하는 데 우수하다. 콤팩트 타입과 스틱 타입이 있는데, 스틱 타입을 컨실러라고 한다.

④ BB 크림 : 잡티를 가려주고 피부 톤만 정리하는 가벼운 용도의 화장품이다. 최근에는 주름, 미백, 자외선 차단 등의 기능을 곁들여 다양한 제품들이 시판되고 있다.

⑤ 파우더 : 베이스 메이크업의 마무리 단계로 분말 타입과 콤팩트 타입이 있다.

⑥ 블러셔 : 광대뼈가 되는 볼 부위에 도포하여 혈색이 도는 생동감과 화사함을 부여하며 입체감으로 윤곽이 또렷하게 보이는 효과가 있다.

⑦ 아이 메이크업 화장품 : 눈 부위에 하는 색조 화장품을 말하며, 민감한 눈 부위의 화장품의 원료는 엄격하게 규제되고 있다. 안과질환을 초래할 수 있기 때문이다.

  ㉠ 아이섀도 : 눈가의 음영과 입체감을 연출한다.

  ㉡ 마스카라 : 속눈썹을 길고 짙게 보이게 하여 눈매를 아름답게 연출하기 위한 목적이다.

  ㉢ 아이라이너 : 눈의 윤곽을 뚜렷하게 하여 매혹적인 눈매를 표현해주는 도구이다.

  ㉣ 아이브로 케이크/펜슬 : 눈썹을 자신의 취향에 맞게 표현하는 제품으로 펜슬 타입과 섀도 케이크 타입이 있다.

⑧ 립 메이크업 화장품 : 입술에 색상과 광택을 부여하여 건강하고 생기 있게 표현한다. 나이와 직업, 환경, 개성에 따라 입술에 다양한 색상과 모양을 표현하게 된다.

  ㉠ 립 글로스 : 보습을 목적으로 만든 제품으로 촉촉함과 윤기를 부여한다.

  ㉡ 립 밤 : 트기 쉬운 입술에 영양과 탄력을 준다.

ⓒ 립 라이너 : 입술의 외곽선을 그려 입술이 더욱 선명하게 하고 입술선이 번지지 않게 해준다.

3. 모발 화장품
모발 화장품은 모발과 두피의 세정을 하는 종류와 헤어의 형태나 색상을 입히기 위한 모발 화장품으로 분류된다.

(1) 모발 화장품의 종류
  ① 세정용
    ㉠ 샴푸 : 모발과 두피의 오염을 씻어내는 용도로 쓰인다. 또한 세정을 기본으로 하되, 두피의 타입별 샴푸제가 있으며, 두피염과 탈모에 도움이 되는 기능성 샴푸도 인기가 있다.
    ㉡ 린스 : 모발에 코팅막을 형성하여 광택을 주고 빗질을 용이하게 한다. 자외선 차단에도 도움이 되며, 정전기 방지의 목적이 있다.
  ② 스타일링 제품 : 모발을 원하는 디자인으로 세팅하는 기능을 목적으로 하며 헤어스타일의 유행에 따라 이를 유지하기 위한 상품이 같이 유행하기도 한다. 대표적인 스타일링 제품으로는 포마드, 헤어로션, 헤어스프레이, 왁스, 젤, 헤어 컬링 에센스 등이 있다.
  ③ 헤어 트리트먼트 : 모발이 손상되었거나, 모발 손상을 막기 위하여 사용하는 제품으로 모발의 건조함을 방지하기 위하여 유·수분을 보충하고 광택과 유연성을 인공적으로 부여한다. 헤어 트리트먼트 크림, 헤어 팩, 헤어 코트 등이 있다.
  ④ 양모제 : 두피에 청량감을 주어 혈류를 원활하게 한다. 살균력이 있어 비듬과 가려움을 완화시키고 모근을 튼튼하게 하며 두피나 모발을 쾌적하게 한다.

4. 바디(Body)관리 화장품
얼굴과 모발을 제외한 신체의 모든 부위를 적용하는 화장품으로 신체의 피부는 얼굴과 달라서 다르게 적용하여 관리하여야 한다.

(1) 비누 : 2020년부터 화장품으로 분류되었다.

(2) 바디 세정제 : 전신의 피부의 오염을 제거하여 항상 청결히 유지하는 것을 목적으로 사용되는 세정제이다.

(3) 바디 트리트먼트 : 세정 후 건조한 피부에 수분과 영양을 주며 산뜻하고 발림성이 좋고, 끈적임이 없이 탄력 있는 피부를 만든다.

(4) 방취용 화장품 : 신체의 불결한 체취를 방지하고 상쾌한 향을 부여한다.
  ① 땀냄새를 억제시키고
  ② 피부의 균이 증식하는 것을 억제시키며
  ③ 다양한 신체의 악취를 제거한다.

(5) 핸드 크림 : 잦은 세정제의 사용으로 쉽게 건조해지는 손에 수분과 보습력을 주는 핸드 전용 화장품을 말한다.

5. 네일 화장품

손발과 손톱, 발톱을 아름답고 건강하게 가꾸기 위한 전용 화장품으로 케어와 네일 메이크업을 목적으로 한다.

(1) 각피 제거제 : 손톱의 큐티클을 정리하고 각질을 불려주는 역할을 한다.

 ① 큐티클 오일 : 호호바 오일을 베이스로 비타민 E가 함유된 오일이다. 네일 케어 작업 시 많이 쓰이며 손톱 주위의 피부와 네일 큐티클을 건조하지 않게 도와주는 역할을 한다.

 ② 큐티클 리무버 : 네일 케어 작업 시 딱딱한 네일 큐티클을 빠르게 불려서 제거를 용이하게 도와주는 네일 전용 각질연화제품이다.

(2) 베이스 코트 : 네일 에나멜을 바르기 전에 바르는 제품이다. 손톱을 표면을 매끄럽게 정돈하여 에나멜의 발림성을 좋게 할 뿐 아니라 네일 에나멜이 네일 바디에 착색되는 것을 방지하며 에나멜의 유지력을 높여주기도 한다.

(3) 네일 에나멜 : 네일 에나멜은 손·발톱에 색상과 광택을 부여해 생기 있고 아름답게 보이게 할 뿐 아니라 보호의 역할을 한다.

(4) 탑 코트 : 네일 에나멜을 바른 후 위에 덧발라 광택과 내구성을 더욱 좋게 도와준다.

(5) 네일 에나멜 리무버 : 네일 에나멜을 녹여 지우는 목적으로 사용한다.

(6) 네일 보강제 : 손톱 강화제라고도 하며 찢어지거나 갈라진 손톱을 보강하는 데 목적이 있다.

6. 방향 화장품

(1) 부향률에 따른 분류

종류	부향률	지속시간	특징
샤워코롱	3~5[%]	약 1시간	전신에 사용하는 바디용 향수이다.
오데코롱	5~7[%]	1~2시간	상쾌하고 은은한 향취로 부담스럽지 않다.
오데토일렛	6~10[%]	3~5시간	가벼운 느낌의 지속성이 있다.
오데퍼퓸	7~15[%]	5~6시간	취각의 풍부함이 있고 퍼퓸보다는 저렴하다.
퍼퓸	15~30[%]	6~7시간	향수제품 중에 농도가 가장 진하다.

(2) 발향단계의 분류

 ① 탑 노트 : 향수를 뿌렸을 때 나는 첫 향이다(시트러스, 프루티, 그린 계열).

 ② 미들 노트 : 향의 풍요로움과 밀도를 주어 향료 자체의 향을 느끼게 한다(재스민, 장미, 오리엔탈, 알데히드 등).

 ③ 베이스 노트 : 향의 마지막 느낌의 향으로 지속력의 성격을 갖는다. 휘발성이 낮고 보류성이 풍부하다(머스크, 발삼, 오리엔탈, 시프레 등).

(2) 계열에 따른 분류
　① 플로럴 : 꽃을 기본으로 한 향료이다(장미, 재스민, 라일락, 수선화, 네롤리, 일랑일랑 등의 단일향).
　② 시프레 : 지중해 섬의 느낌을 향으로 표현한 향료이다(오크모스, 베르가모트, 오렌지, 장미, 사향, 용연향 등).
　③ 시트러스 : 감귤류의 계열로 주로 탑 노트로 쓰인다(레몬, 베르가모트, 오렌지, 자몽, 라임, 매실, 포도, 파인애플, 만다린 등).
　④ 오리엔탈 : 동양의 신비롭고 에로틱 이미지를 향으로 만든다(버그리스, 시벳, 무스크, 카스트리움 등).
　⑤ 우디 : 수목이 우거진 숲을 연상하는 향으로 신선하고 차분하다. 남성 이미지에 잘 어울린다(샌달우드, 파인, 시더우드, 파츌리 등).
　⑥ 프루티 : 상큼한 과일향을 사용한 향수(복숭아, 딸기, 사과, 바나나, 메론 등)
　⑦ 아쿠아 & 오셔닉 : 물과 바다의 시원함을 표현한 향으로 땀냄새 억제에 좋다.

(3) 에센셜 오일(아로마 오일)
　에센셜 오일(아로마 오일)은 약용식물의 꽃, 줄기, 열매, 뿌리 등에서 추출한 오일을 정제하여 낸 100[%] 천연의 방향성 오일이며 '정유'라고도 한다.

(4) 에센셜 오일의 사용법
　① **목욕법** : 욕조에 6~8방울 떨어뜨려 20분간 몸을 담근다.
　② **흡입법** : 손수건, 티슈에 1~2방울 떨어뜨려 베개 위에 놓고 숙면을 한다.
　③ **마사지법** : 아로마 오일을 캐리어 오일 1~3[%]에 희석하여 전신을 마사지한다.
　④ **족욕법** : 3~10방울을 물에 넣고 15분간 담근다.
　⑤ **확산법** : 아로마 램프나 스프레이를 이용하여 향기를 확산시킨다.
　⑥ **습포법** : 1리터 물에 5~10방울 떨어뜨려 수건에 적신 후 피부에 붙인다.

(5) 아로마 오일 사용 시 주의사항
　① 아로마 오일을 피부에 직접 바르지 않는다.
　② 감광성에 주의한다.
　③ 정유는 독하므로 먹지 말아야 한다.
　④ 개봉 후 1년 안에 써야 한다.
　⑤ 용량을 지켜야 한다.
　⑥ 새로운 에센셜 오일은 테스트 후 사용한다.

(6) 캐리어 오일의 특징과 종류
　베이스 오일(Base oil)이라고도 하며 거의가 식물성이다. 향기가 거의 없고 보습력이 있으며, 에센셜 오일을 피부 속으로 침투시키는 매개체로 쓰이는 오일이다.
　① 스위트 아몬드 오일 : 피부 보호와 영양 공급을 하며, 산성 피부의 pH 수치를 중화한다.

② 맥아 오일 : 윗점 오일이며, 비타민 E가 풍부하고 세포재생, 피부보습에 좋다.
③ 캐롯 오일 : 노화 방지와 상처 치유에 효과적이다.
④ 호호바 오일 : 건성, 습진, 튼살에 효과적이며, 마사지 용도로 쓰인다.
⑤ 포도씨 오일 : 비타민 E가 풍부하여 항산화작용과 노화 방지, 피부 진정 효과에 좋다.
⑥ 아보카도 오일 : 천연보습인자의 함량이 높아 선성, 민감, 노화 피부에 좋다.

7. 기능성 화장품

기능성 화장품은 화장품에 의약품의 기능을 추가하여 사용하는 제품으로, 기능적인 효능이 강조되는 화장품이다. 미백에 도움을 주거나, 주름개선에 도움을 주거나, 피부를 곱게 태우거나, 자외선으로부터 피부를 보호하는 등의 제품이며 화장품법 시행규칙에 정한 제품을 말한다.

(1) 미백 기능성 화장품
　① 코직산, 알부틴, 닥나무추출물 : 티로신이 티로시나제 효소활성에 의해 도파로 산화되는 것을 억제하는 물질이다.
　② 비타민 C 유도체 : 도파가 도파퀴논으로 산화되는 과정을 억제하는 물질이다.
　③ AHA : 각질세포를 벗겨내 멜라닌 색소를 탈락시키는 물질이다.
　④ 하이드로퀴논 : 멜라닌세포를 사멸시킨다.

(2) 주름개선 기능성 화장품
　① 레티놀 : 비타민 A 유도체로 레티노이드(Retinoid)라고도 불린다.
　② 레티닐팔미테이트 : 레티놀 유도체로 피부 상피층의 두께를 증가시키고 세포재생을 활성화시켜준다.
　③ 아데노신 : 세포분화, 상처 치유, 항염증 등의 기능이 있다.

(3) 자외선 차단제
　① 자외선 산란제(물리적 차단) : 백탁현상의 무기물질의 입자가 자외선을 난반사시키는 원리로 산란시킨다.
　② 자외선 흡수제(화학적 차단) : 자외선을 화학적으로 흡수하여 소멸시키며 피부에 투명하게 흡착된다.

(4) 선탠 화장품
　① 선탠 화장품은 피부를 손상시키지 않고 UV-A의 광선을 이용하여 서서히 태워 건강한 피부표현을 돕는다.
　② 선탠 화장품은 UV-B의 화상을 유발하는 광선을 차단해주는 성분을 함유하고 있다.
　③ 선탠 화장품의 성분으로는 글리세릴파바, 벤조페논, 드로메트리졸 등이 있으며, 자외선을 받지 않고도 피부색을 변화시키는 셀프태닝에는 디하이드록시 아세톤이 주성분이다.

PART 03 핵심체크문제

01 화장품의 4대 요건으로 옳지 않은 것은?
① 안전성 ② 안정성
③ 유효성 ④ 지속성

해설
화장품의 4대 요건은 안전성, 안정성, 사용성, 유효성이다.

02 국산 화장품 제조허가 제1호 품목으로 옳은 것은?
① 박가분 ② 콜드 크림
③ 서가분 ④ 머릿기름

해설
1922년 국산 화장품 제조허가 제1호로 출범한 제품은 박가분이다.

03 울긋불긋한 피부에 사용하면 좋은 메이크업 베이스의 색조는?
① 라벤더색 ② 핑크색
③ 오렌지색 ④ 초록색

해설
붉은색의 보색관계에 있는 초록색을 사용하면 좋다.

04 세안을 하고 난 후 일시적으로 씻겨 제거되는 피부 표면의 천연보호막을 인공적인 방법으로 보충해주는 기초 화장품은?
① 크림 ② 에멀젼
③ 토너 ④ 세럼

해설
크림은 인공적인 피부보호막 역할을 한다.

05 색상이 화려하고 선명한 화장품의 성분은 무엇인가?
① 유기안료 ② 무기안료
③ 글리세린 ④ 왁스

해설
유기안료는 선명하고 화려한 색상의 립스틱을 만든다.

06 이온성 계면활성제의 한 종류로 역성비누라고도 불리는 계면활성제의 종류는?
① 양이온성 계면활성제
② 음이온성 계면활성제
③ 양쪽성 계면활성제
④ 비이온성 계면활성제

해설
보통 역성비누(Invert soap) 혹은 양성비누(Cationic soap)라고 하는 것은 양이온 계면활성제이다.

정답 01 ④ 02 ① 03 ④ 04 ① 05 ① 06 ①

07 식물의 꽃이나 줄기, 껍질, 씨앗, 이끼, 풀 등을 모아 증기솥에 넣고 수증기를 통과시켜 향을 얻어내는 향료의 추출방식은?

① 온침법 ② 용매 추출법
③ 증류법 ④ 압착법

해설
① 온침법 : 가열하여 녹인 동물성 기름에 꽃잎을 넣고 기름에 향이 스며들게 하여 에탄올로 정제하는 방식이다.
② 용매 추출법 : 유기용매에 꽃잎이나 잎사귀, 이끼 등을 넣어 왁스 형태의 물질을 얻어, 에탄올에 녹는 물질만 다시 추출하는 방식이다.
④ 압착법 : 과일의 껍질을 압착하여 에센셜 오일을 얻는 방식이다.

08 다음 중 종류가 다른 한 가지를 고르시오.

① 제라늄 오일 ② 파츌리 오일
③ 유칼립투스 오일 ④ 로즈힙 오일

해설
제라늄 오일, 파츌리 오일, 유칼립투스 오일은 아로마 오일에 속하고, 로즈힙 오일은 캐리어 오일에 속한다.

09 수렴 화장수의 원료에 포함되어 있지 않은 것은?

① 표백제 ② 정제수
③ 알코올 ④ 습윤제

해설
수렴 화장수의 원료에는 정제수, 알코올, 습윤제 등이 있다.

10 물과 기름처럼 서로 용해되지 않는 두 개의 액체를 미세하게 분산시킨 상태는?

① 왁스 ② 아로마
③ 에멀젼 ④ 린스

해설
에멀젼은 섞이지 않는 서로 다른 두 액체에 의해 만들어진다.

정답 07 ③ 08 ④ 09 ① 10 ③

Barber & Master Barber

PART 4

소독학

01 미생물
02 소독

핵심요약 _ Part 04 소독학

01 미생물

1) 미생물이란 육안으로 확인하기 어려운 0.1[mm] 이하의 크기인 미세한 생물을 말한다.
2) 미생물을 원생동물이라 한다.
3) 미생물의 크기가 큰 것부터 : 스피로헤타 > 세균 > 리케차 > 바이러스
4) 바이러스는 미생물 중에서 크기가 가장 작으며 세균 여과막을 통과한다.
5) 간헐 멸균법, 고압증기 멸균법, 건열 멸균법, 저온 멸균법은 파스퇴르가 발견하였다.
6) 결핵균과 콜레라균은 로버트 코흐가 발견하였다.
7) 비병원성 미생물의 종류로 효모균, 곰팡이균, 유산균이 있다.
8) 병원성 미생물로 세균, 바이러스, 리케차, 진균, 원생동물, 클라미디아가 있다.
9) 미생물의 성장과 사멸에 영향을 주는 것은 영양소, 수분, 온도, 산소, 수소이온농도, 삼투압이다.
10) 열이나 약품에 대해 저항력이 강하며, 세포 내부에 외벽을 갖는 구형을 아포라 한다.
11) 산소가 필요한 균을 호기성균(곰팡이, 효모, 식초산균)이라 한다.
12) 산소가 필요하지 않은 균을 혐기성균(파상풍균, 보툴리누스균)이라 한다.
13) 균의 활동과 운동기관을 편모라 한다.
14) 미생물의 번식은 28~38[℃]에서 용이하다.
15) 세균은 pH 6~8에서 최고의 발육을 한다.
16) 저온균 : 15~20[℃], 중온균 : 27~35[℃], 고온균 : 50~65[℃]이다.
17) 건조한 환경에서 강한 균은 아포균, 결핵균이 있다.
18) 통기성균은 산소의 유무와 관계없다.
19) 통기성균은 살모넬라균, 포도상구균, 대장균이 있다.

02 소독

1) 병원미생물의 생활력과 미생물 자체를 완전히 사멸 또는 제거하는 것을 멸균이라 한다.
2) 물체의 내부나 표면에 병원체가 붙어 있는 것을 오염이라 한다.
3) 병원체가 인체에 침투하여 발육, 증식하는 것을 감염이라 한다.
4) 세균이 인체 안에 들어가는 것을 침투라고 한다.

5) 병원체가 인체에 침입했는데 반응이 일어나지 않는 경우를 불현성감염이라 한다.
6) 비교적 약한 살균으로 병원미생물의 생활력을 파괴하여 감염력을 없애는 것을 소독이라 한다.
7) 내열성 포자는 잔존하지만 화학적으로 급속히 원인균을 완전히 죽이는 것을 살균이라 한다.
8) 병원미생물의 발육 또는 작용을 정지시키는 것을 방부라 한다.
9) 오존, 염소, 과산화수소 등의 살균원리는 산화이다.
10) 크레졸, 알코올, 석탄산, 승홍수, 중금속염, 강산성, 강알칼리 등의 살균원리는 균체 단백의 응고작용이다.
11) 건열, 소각 소독법, 화염 멸균법을 통칭하는 용어는 건열 소독법이다.
12) 습열 소독법은 자비 소독법, 고압증기 멸균법, 유통증기 멸균법, 간헐 멸균법, 저온 살균법을 통칭하는 것이다.
13) 근대 면역학의 아버지는 파스퇴르이다.
14) 저온 살균법은 아포가 없는 결핵균, 살모넬라균 등의 살균에 이용되는 것으로 파스퇴르가 발명하였다.
15) 최초로 렌즈를 사용하여 미생물을 발견한 사람은 레벤후크이다.
16) 아포형성균의 멸균에 가장 좋은 방법은 고압증기 멸균법이다.
17) 고압 멸균기의 온도가 120[℃]이며, 압력이 10[lbs](pound)일 때, 30분간이다.
18) 고압 멸균기의 온도가 120[℃]이며, 압력이 15[lbs](pound)일 때, 20분간이다.
19) 고압 멸균기의 온도가 120[℃]이며, 압력이 20[lbs](pound)일 때, 15분간이다.
20) 고압 멸균기의 온도가 120[℃]이며, 압력이 30[lbs](pound)일 때, 10분간이다.
21) 간헐 멸균법은 24시간마다 3회 반복으로 100[℃]에서 30분간 가열한다.
22) 자비 소독할 때 끓는 물(100[℃])에서 15~20분간 한다.
23) 자비 소독할 때, 탄산나트륨 1~2[%]를 물에 넣으면 살균과 금속제품이 녹는 것을 방지한다.
24) 자비 소독할 때, 유리제품은 차가운 물일 때에 넣고 끓인다.
25) 자비 소독할 때, 금속제품은 끓고 난 후에 넣는다.
26) 자외선 멸균법은 도르노선의 파장 2,900 ~ 3,200[Å]으로 한다.
27) 방사선 멸균법은 식품이나 의료품 등에 조사하는 방식으로 미생물을 완전 사멸시킨다.
28) 여과법은 특수약품, 혈청 등 열로 소독할 수 없는 물질에 이용된다.
29) 소독력의 지표는 석탄산(페놀)이다.
30) 석탄산에 식염을 첨가하거나 온도를 높이면 소독력이 증가한다.
31) 석탄산의 단점은 취기와 독성이 강하고, 피부점막에 자극을 주며, 금속을 부식시키고, 바이러스나 아포에 효과가 없다는 것이다.
32) 석탄산과 승홍수, 포름알데히드는 피부점막에 자극을 준다.
33) 세균포자에 대하여 살균력을 보이는 유일한 소독제는 알데히드류이다.
34) 석탄산과 승홍수, 아황산가스(SO_2)는 금속을 부식시키고, 크레졸은 부식성이 없다.
35) 창상, 구내염, 인두염, 입안 세척 등에 사용하는 소독제로 과산화수소가 있다.
36) 과산화수소는 3[%]의 농도의 수용액으로 소독한다.

summary 이용사·이용장 핵심요약

37) 피부상처와 점막에 사용하며 살균력이 강한 소독제는 머큐로크롬이다.
38) 역성비누는 세정력이 약하고, 살균력이 강하다.
39) 역성비누는 자극성, 독성이 없고, 무미·무해하여 식품 소독에 적당하다.
40) 생석회의 장점은 독성이 적고 값이 저렴하다.
41) 가스 소독으로 세균포자를 포함한 광범위한 미생물의 살균에 유효한 것은 포름알데히드이다.
42) 결핵, 세균포자, 바이러스, 사상균 등의 미생물에 강한 살균작용을 하는 것은 포름알데히드이다.
43) 질산은은 결막염에 1[%], 구내염에 10[%], 화상치료에 0.5[%]를 사용한다.
44) 식기의 소독에 열탕 소독(95[℃] 이상의 뜨거운 물, 10분), 증기 소독(100[℃] 이상의 열, 10분), 약품 소독(염소 소독수 100[ppm] 농도, 하이포산(락스)에 300배 희석액)을 한다.
45) 우유 살균에 저온 살균법(61.1[℃]에서 30분간), 고온 살균법(71.1[℃]에서 급속하게 15초, 순간 가열 후 60[℃] 이하로 급랭), 초고온 살균법(130~150[℃]에서 2초 간 순간적 가열)을 한다.
46) 물, 음용수 소독에 사용되는 소독제는 염소(Cl_2)이다.
47) 식수 소독은 침전, 여과, 소독의 정화법을 한다.
48) 염소 소독은 결핵균에 대한 살균력이 없다.
49) 매트리스, 시트, 담요를 소독해야 할 때 에틸렌 가스, 포름알데히드, 고압증기 멸균 소독을 한다.
50) 소독 대상물이 금속제품일 때 자비 소독, 증기 소독, 자외선 소독, 에탄올 소독을 한다.
51) 결핵환자의 객담은 소각법을 한다.
52) %(퍼센트) = 1/100 의미(백분의 일)
53) ‰(퍼밀) = 1/1,000 의미(천분의 일) = %/10
54) ppm(피피엠) = 1/1,000,000 의미(백만분의 일)

PART 04 소독학

1 미생물

1. 미생물의 정의
(1) 미생물은 육안의 가시한계선을 넘는 0.1[mm] 이하의 미세한 생물체이다.
(2) 원생의 단일세포 또는 균사로 몸이 이루어져 있다.
(3) 생물의 최소 생활 단위를 영위하는 생물체로 주로 숙주에 붙어 기생한다.

2. 미생물의 역사
(1) 로버트 훅(1635~1703년) : 잉글랜드의 화학자, 물리학자, 천문학자이며 현대의 현미경을 만들어 코르크를 관찰하면서 세포를 발견하였다.

(2) 레벤후크(1632~1723년) : 네덜란드의 안톤 반 레벤후크는 확대경이라는 현미경을 발명하고 미생물을 "미소동물"이라 명명하였다.

(3) 파스퇴르(1822~1895년) : 파스퇴르는 프랑스의 생화학자이며 로버트 코흐와 함께 세균학의 아버지로 불린다. 질병과 미생물의 연관관계를 밝혀냈고, 분자의 광학 이성질체를 발견했으며, 저온 살균법, 광견병, 닭 콜레라의 백신을 발명하였다.

(4) 로버트 코흐(1843~1910년) : 탄저병(1877년), 콜레라(1885년)의 구체적인 원인물질이 병원균인 탄저균과 콜레라균임을 명확히 규명하여 '세균학의 아버지'라는 평가를 받고 있다. 1882년에 결핵균을 최초로 발견하였다.

3. 미생물의 분류
(1) 병원성 미생물 : 신체 내부에 침투해 병을 유발하고 증식하는 것

> ◉ 미생물의 크기
> 스피로헤타 > 세균 > 리케차 > 바이러스 순서이다.

병원성 미생물	특징 및 종류
세균	• 구균(포도상구균, 연쇄상구균, 수막염균, 임균, 폐렴구균) • 나선균(매독균, 콜레라균, 렙토스피라, 재귀열, 장염 비브리오균) • 간균(탄저균, 백일해균, 장티푸스균, 결핵균, 파상풍균, 디프테리아균)
바이러스	• 미생물 중 크기가 가장 작다. • 홍역, 폴리오, 유행성이하선염, 광견병, 감기, 일본뇌염, 유행성결막염 등
리케차	• 바이러스와 세균의 중간쯤의 크기로 진드기, 벼룩, 이 등으로 감염된다. • 쯔쯔가무시, 발진열, 발진티푸스 등
진균	• 핵막을 가진 진핵생물로서 곰팡이, 버섯, 효모 등 • 병원성 진균은 무좀, 백선 등이 있다.
원생동물	• 원충류이며 한 개의 세포로 된 섬모, 편모 등을 가진 원시적 동물이다. • 말라리아, 아메바성 이질, 질염, 수면병, 리슈마니아증 등
클라미디아	• 극미세동물로 포유류, 조류에서 호흡기계, 비뇨생식기계에서 이분분열로 증식한다. • 트라코마의 결막감염, 비임균성 요도염, 자궁경관염, 성병성 림프육아종 등

(2) **비병원성 미생물** : 병을 유발하지 않는 미생물로 유익균이 많다. 효모균, 곰팡이균, 유산균 등으로 치즈, 요거트, 빵, 맥주, 와인 등 발효식품을 만든다.

4. 미생물의 증식

미생물은 환경, 영양이 주어지면 증식을 하게 된다. 미생물의 성장과 사멸에 영향을 주는 요소는 영양소, 수분, 온도, 산소, 수소이온농도(pH) 등이다.

(1) **영양소** : 조건적으로 미생물을 발육시키는 에너지원으로 화학영양성과 기생영양성이 있다. 화학영양성은 화학반응 에너지를 이용하는 세균이며, 기생 영양성은 숙주세포의 에너지를 이용하는 세균이다.

(2) **수분** : 세균의 80~90[%]는 수분이며, 수분이 필요한 세균은 임질균, 수막염균이 있으며, 건조한 상태에도 발육과 증식을 하는 세균은 결핵균이 있다.

(3) **온도** : 미생물의 종류에 따라 발육의 최적 온도가 다르지만 대부분 28~38[℃]에서 증식이 가장 왕성해진다.
① **저온성균** : 15~20[℃]
② **중온성균** : 27~35[℃]
③ **고온성균** : 50~65[℃]

(4) **산소** : 생물학적 산소요구량은 세균의 생장에 중요한 작용을 하는 산소요구량의 구분이 있다.
① **호기성균** : 산소가 있을 때 생장하는 균으로 결핵균, 백일해균, 디프테리아균, 진균이 있다.
② **통기성균** : 산소의 유무에 관계없이 증식하는 균으로 살모넬라균, 포도상구균, 대장균 등이다.
③ **혐기성균** : 산소가 있으면 생장에 방해를 받는 균으로 보툴리누스균, 파상풍균 등이다.

(5) **수소이온농도(pH)** : 일반적으로 세균은 pH 6~8 사이의 중성에서 최고의 발육을 보인다.

2 소독

1. 소독 관련 용어 정의

(1) **방부** : 병원성 미생물의 성장을 제어 또는 정지시켜 부패 방지와 발효를 정지시키는 것이다.

(2) **소독** : 인체에 유해한 미생물을 파괴하고 제거하여 감염력을 없애는 약한 살균방법이다.

(3) **살균** : 살아 있는 미생물을 여러 형태의 물리적, 화학적 작용을 통해 사멸시키는 것이다. 멸균과는 달리 내열성 포자는 잔존한다.

(4) **멸균** : 병원성 및 비병원성과 포자를 가진 것 모두 사멸·제거를 하는 것이다.

(5) **오염** : 물체나 신체의 외부 표면에 병원체가 붙어 있는 것이다.

(6) **침입** : 병원균이 신체의 내부로 들어가는 것이다.

(7) **감염** : 병원균이 신체 내부에서 발육하고 증식하는 것이다.

2. 소독기전

(1) 단백질의 변성과 응고작용으로 기능을 상실하게 만든다.

(2) 세포막 또는 세포벽의 파괴로 미생물체를 사멸 또는 살균한다.

(3) 계면활성제의 투과성을 저해하고 타 물질의 접촉을 방해한다.

(4) 화학적 길항작용으로 효소 및 특이활성분자의 활동을 저해 또는 정지시킨다.

3. 소독법의 분류

(1) **물리적 소독법**

① **습열 멸균법** : 습열을 이용한 방법은 멸균 대상물에 대한 열전도가 수분에 의하여 골고루 빠르게 전달되며 미생물의 단백질 응고가 촉진되어 멸균 효과가 크다.

㉠ 저온 소독 : 우유는 62~65[℃]에서 30분(파스퇴르에 의해 고안되었다.)

㉡ 고압증기 멸균법 : 고압증기 멸균기(Autoclave) 사용, 포자(아포)형성균 멸균에 최적

ⓐ 10[lbs]에서 30분

ⓑ 15[lbs]에서 20분

ⓒ 20[lbs]에서 15분

② **자비 소독**

㉠ 끓는 물(100[℃])에서 15~20분간 처리한다.

ⓒ 식기, 도자기류, 주사기, 의류, 금속제품의 소독
　　ⓒ 소독 효과 증가 : 석탄산(5[%]) 또는 크레졸(2~3[%])
　　ⓔ 포자형성균 : 내열성이 강해 효과가 없다. 완전 멸균이 안 된다.
③ **유통증기 멸균법** : 고압증기 멸균법이 부적당할 때 사용할 수 있는 방법으로 냄비, 찜기 등의 뚜껑이 있는 용기에 물을 넣고, 끓을 때 올라오는 유통증기(100[℃])를 소독 대상물에 30~60분 통과시킨다.
④ **간헐 멸균법**
　　㉠ 포자멸균을 위한 소독법으로 유통증기 멸균법으로 멸균되지 않을 때 실시한다.
　　ⓒ 모든 미생물을 사멸하려면 코흐증기솥 100[℃]에서 약 40분 살균 후 24시간 후 2회 반복한다.
⑤ **건열 처리법(화염 멸균법)** : 멸균 대상물을 직접 접촉시켜 표면에 붙어 있는 세균을 태워서 사멸시키는 방법이다.
　　㉠ 사용기구 : 분젠램프, 알코올램프
　　ⓒ 대상물 : 금속제품, 사기나 유리제품, 불꽃으로 태워도 형질이 변하지 않는 제품
　　ⓒ 소독방법 : 불꽃에 20초 이상 노출한다.
⑥ **건열 멸균법** : 건열을 이용한 사멸 또는 멸균법이다.
　　㉠ 사용기구 : 건열 멸균기
　　ⓒ 대상물 : 금속제품, 사기나 유리제품, 초자용품(유리주사기, 주사바늘, 메스실린더 등), 광물유, 파라핀, 바세린 등 대량의 분말과 같은 제품
　　ⓒ 소독방법 : 140[℃]에서 4시간 또는 160~180[℃]에서 1~2시간 실시한다.
⑦ **무열 처리법(자외선 멸균법)**
　　㉠ 사용기구 : 자외선 멸균기
　　　ⓐ 자외선 등에 의한 살균작용(2,500~2,800[Å])
　　　ⓑ 도르노(생명, 건강)선의 파장(2,900~3,200[Å])
　　ⓒ 대상물 : 무균실, 수술실, 제약실, 제약공장, 식품공장, 음식점

> **일광의 자외선량**
> 농촌 > 도시, 고지 > 저지, 적도 > 북극, 8월 > 12월, 주택가 > 공장

⑧ **방사선 멸균법**
　　㉠ 코발트(Co)나 세슘(Cs)과 같은 대량의 방사선을 방출하는 방사선원을 이용하는 소독법이다.
　　ⓒ 식품, 의료품 등의 피멸균품에 조사하는 방법으로 미생물을 사멸한다.
　　ⓒ 방사선의 작용은 하등 생물일수록 저항성이 강하다.
　　ⓔ 주로 식품분야에서 이용되며 저온 살균의 형태이다.
　　ⓜ 시설 및 장비 등의 투자비용이 많이 드는 단점이 있다.

⑨ 여과 멸균법
  ㉠ 열에 불안정한 액체의 멸균에 이용한다.
  ㉡ 음료수나 액체식품을 여과기로 균을 걸러내는 방식이다.
  ㉢ 바이러스는 걸러지지 않는다.
⑩ 초음파 살균법
  ㉠ 강력한 각반작용에 의한 기계적 파괴 또는 산화작용에 의한다.
  ㉡ 미생물 중 초음파에 가장 민감한 미생물은 나선상균이다.
  ㉢ 매초 8,800사이클의 음파를 사용한다.
⑪ 자외선 살균법
  ㉠ 저전압 수은램프를 이용하여 강한 살균력의 260~280[nm]의 전자파의 방사로 멸균하는 방법이다.
  ㉡ 무균조작실, 수술실, 식품저장창고, 병원 등에서 사용되며 공기나 물의 살균에도 사용된다.
  ㉢ 내부 침투력이 약하며 살균작용이 주로 표면에서 일어난다.

(2) 화학적 소독법
  ① 석탄산(페놀화합물)
    ㉠ 3[%](대상물 – 실험대, 용기, 오물, 배설물, 토사물), 방역용 소독제로 적당
    ㉡ 장점
      ⓐ 안정된 살균력
      ⓑ 유기물에도 약화되지 않는 소독력
    ㉢ 단점
      ⓐ 피부점막 자극성이 강하다.
      ⓑ 금속부식성이 있다.
      ⓒ 냄새와 독성이 강하다.
      ⓓ 바이러스, 아포에 효과가 없다.
    ㉣ 살균기전
      ⓐ 균체 단백 응고
      ⓑ 세포용해
      ⓒ 균체의 효소계 침투작용(불활화)
    ㉤ **석탄산계수** : 석탄산의 소독력을 기준으로 하여 표시되는 약의 계수. 값이 클수록 살균력이 강하다(소독약의 희석배수/석탄산의 희석배수).
    ㉥ **시험사용균** : 장티푸스. 소독약의 살균력 측정지표로 사용

> **핵심 유형 문제**
>
> 석탄산계수가 2이고, 석탄산의 희석배수가 40배인 경우 실제 소독약품의 희석배수는?
> ① 20배 ② 40배 ③ 80배 ④ 160배
>
> 정답 ③

② 크레졸
   ㉠ 크레졸원액 3[%](크레졸비누액 6[%], 물 94[%]), 석탄산계수 : 2(석탄산 2배의 소독력)
   ㉡ 사용 : 손·오물·객담 등의 소독, 난용(물에 잘 녹지 않음)
   ㉢ 병원의 오물 소독에 적당한 소독약 : 석탄산, 크레졸
③ 알코올
   ㉠ 에탄올 : 70~80[%]의 농도로 손, 피부, 기구 소독에 사용된다.
   ㉡ 이소프로판올 : 분자량이 큰 알코올로서 살균력이 에탄올보다 높고 30~50[%]의 농도로 사용된다.
④ 과산화수소
   ㉠ 3[%]의 농도로 사용되며 상처, 구내염, 인두염, 입안 세척에 사용한다.
   ㉡ 발포작용에 의해 무포자균의 빠른 소독에 사용된다.
⑤ 승홍(중금속화합물)
   ㉠ 0.1[%](승홍 1+식염 1+물 1,000), 가온 시 → 살균력이 강하다.
   ㉡ 원액 : 무색(푸크신액 염색 사용), 금속부식성이 크다.
   ㉢ 식기류나 피부 소독에는 부적합하다.
⑥ 생석회
   ㉠ 산화칼슘 98[%] 이상을 포함하는 백색의 분말이나 고체의 형태이다.
   ㉡ 결핵균, 아포형성균에 유효하지 않다.
   ㉢ 분변 소독, 하수, 오수, 오물, 토사물
   ㉣ 값이 저렴하고 독성이 적다.
⑦ 역성비누(양이온 계면활성제)
   ㉠ 피부에 독성작용이 없으며 의료분야, 환경위생, 발효 및 식품위생분야에 이용된다.
   ㉡ 이발소와 미용실의 손 소독에 많이 이용되며 1~2[mL]를 손으로 문질러 씻어낸다.
⑧ 머큐로크롬(Mercurocrome)
   ㉠ 점막 및 피부상처에 사용, 무자극성, 살균력이 강하다.
   ㉡ 미국에서는 수은이 들어갔다는 이유로 사용이 금지되었다.

⑨ 요오드
  ㉠ 요오드는 값이 저렴하고 소독력이 좋으며 항균 범위가 넓어 많이 사용하는 소독제이다.
  ㉡ **요오드팅크** : 소독력이 우수하지만 소독 부위가 황색으로 염색이 되고 자극이 있다.
  ㉢ **요오드포름** : 살균소독제로 요오드팅크를 보완한 제품으로 포비돈 요오드가 있다.
⑩ 포름알데히드
  ㉠ 포름알데히드 수용액인 포르말린 35~38[%] 수용액과 포름알데히드를 함유한 파라포름알데히드 분말의 형태이다.
  ㉡ 그람음성·양성, 결핵균, 세균포자, 바이러스 및 사상균 등의 광범위한 미생물에 강한 살균작용을 한다.
  ㉢ 금속제품, 고무제품, 플라스틱 재질의 기구에 1~2[%] 수용액을 사용한다.
  ㉣ 냄새가 자극적이며 눈과 피부점막에 손상을 주는 독성을 가지고 있다.
⑪ 은 화합물
  ㉠ 저농도에서 살균력을 가진다.
  ㉡ 은설파다이아진은 유기화합물로서 화상, 창상의 치료 예방약으로 쓰인다.
  ㉢ 은 화합물은 분말, 연고, 용액의 형태의 살균제로 사용된다.
  ㉣ 질산은은 결막염에 1[%]의 용액을 사용하고, 구내염은 10[%], 화상치료는 0.5[%]를 사용한다.
  ㉤ 방광과 요도 세척 시에는 0.01[%]의 용액을 사용한다.

▼ 살균작용에 따른 소독제의 종류

살균기전	해당 소독제
산화작용	염소, 염소유도체, 과산화수소, 과망간산칼륨, 오존
균단백 응고작용	석탄산, 알코올, 크레졸, 산, 알칼리
균체의 효소 불활화작용	석탄산, 알코올
가수분해작용	강산, 강알칼리, 열탕수
탈수작용	식염, 설탕, 포르말린, 알코올
중금속염의 형성작용	승홍, 머큐로크롬, 질산은
복합작용	석탄산, 알코올

(3) 자연적 소독법
  ① **희석에 의한 소독** : 희석 자체는 살균력이 없으나 감염원이 되는 것을 무한히 희석시키면 균체의 군락을 형성할 수 없으므로 발육이 지연된다. 즉, 세균의 고립으로 주위 환경으로부터 영양물질의 흡수가 용이하지 않게 된다.
  ② **햇빛에 의한 소독** : 태양광선은 자외선으로 자연 살균작용을 하며, 그중 도르노(Dorno)선이 가장 강력한 살균작용을 하는데 290~320[nm]의 파장을 가진다.
  ③ **한랭 소독법** : 한랭 소독법은 세균의 생리 활성작용을 지연시키거나 임질균이나 수막염균처럼 온도에 민감한 세균을 사멸시키기도 한다. 그러나 병원성 세균은 저온에 대하여 강한 저항력을 갖는다.

(4) 가스 소독법 : 가스상태 또는 공기 중에 분사로 미생물을 멸균시키는 방법으로 고형재료, 기구, 장치, 식품 및 밀폐 공간의 미생물을 사멸시키기 위한 목적으로 이용된다. 해충의 훈증법도 가스 멸균법이다.

① 에틸렌(Ethylene Oxide) 가스 멸균법
　㉠ 대상물 : 플라스틱, 고무제품, 각종 내시경기구, 수술이나 마취에 사용되는 미세기계, 인공장기류 등에 사용한다.
　㉡ 소독조건 : 상대습도 25~50[%], 온도 38~60[℃]에서 살균력이 높아진다.
　㉢ 단점 : 조작의 난이도가 높아 숙련이 필요하다.

② 프로필렌옥사이드
　㉠ 미생물에 대한 광범위한 살균력이 있으나 세균포자에 대하여는 약하다.
　㉡ 에틸렌 가스 소독에 비하여 살균력이 약하나 잔류 독성이 적은 편이다.

③ 포름알데히드
　㉠ 세균포자를 포함한 광범위한 미생물의 살균에 효과적이다.
　㉡ 감염병 환자의 가스 살균제로 이용되어왔다.
　㉢ 단점 : 눈의 점막에 손상을 주고 장시간 노출 시 피부경화증을 초래한다.

④ 오존
　㉠ 산화작용으로 인한 살균작용이 강하다.
　㉡ 프랑스에서는 장기간에 걸쳐 물의 살균에 이용되어왔다.
　㉢ 단점 : 눈, 코, 목 등의 점막에 자극이 심하여 일반 가스 멸균제로의 이용이 제한된다.

4. 소독인자

(1) 일반 실내소독
① 청소나 닦아야 할 부분에 2[%] 석탄산 용액
② 3[%] 크레졸
③ 요오드포름액
④ 역성비누
⑤ 양성 계면활성제 수용액(500배 희석함)
⑥ 차아염소산나트륨 수용액(500배, 약 1,000[ppm]의 염소를 함유함)

(2) 환자용구의 소독 및 멸균
① 의류, 침구류 : 포르말린 증기, 에틸렌 가스 및 고압증기 멸균법 등을 이용한다.
② 매트리스, 시트, 담요 등 : 에틸렌 가스, 포름알데히드, 고압증기 멸균법 등을 이용한다.
③ 체온계, 혈압계 : 알코올, 이소프로필알코올, 8[%] 포름알데히드, 포르말린액, 요오드포름 등에 10분 이상 담근다.
④ 금속기구, 초자기구, 도자기, 나무제품, 플라스틱제품 : 끓여서 소독하거나 고압증기 멸균법을 이용하거나, 크레

졸비누액 6[%], 석탄산수 3[%], 포르말린액 3[%], 글루타르알데히드 2[%], 차아염소산나트륨 300배 희석액, 클로로헥시딘 수용액 0.5[%], 역성비누 0.25~0.5[%], 양성 계면활성제 수용액 등으로 사용된다.

⑤ 분비물, 배설물 : 소각이 가능한 것은 소각처리를 한다. 이외 결핵균에는 양성 계면활성제, B형 간염바이러스에 오염된 것은 차아염소산나트륨 수용액, 에틸렌 가스, 고압증기 멸균법 등을 이용한다.

(3) 손 소독 : 흐르는 물과 솔로 기계적으로 씻는 것이 좋다. 손 소독에 사용하는 약제는 헥사클로로펜, 요오드포름, 클로로헥시딘 제제, 역성비누 등이 있다.

(4) 식기의 소독

① 열탕 소독 : 95[℃] 이상의 뜨거운 물에 10분 이상 담근다.
② 증기 소독 : 100[℃] 이상의 열에 10분 이상 접촉한다.
③ 약품 소독 : 염소 소독수 100[ppm] 농도, 하이포산(락스)에 300배 희석액에 담가둔다.

(5) 우유의 살균

① 저온 살균법 : 61.1[℃]에서 30분간 살균한다.
② 고온 살균법 : 우유를 71.1[℃]에서 급속하게 15초, 순간 가열 후 60[℃] 이하로 급냉시킨다.
③ 초고온 살균법 : 130~150[℃]에서 순간적으로 가열하여 모든 세균을 멸균하는 방법이다.

(6) 물의 소독 : 물은 자정능력을 가지고 있지만, 빗물, 지표수, 지하수 및 해수 등 음료수의 원천이 오염된 경우에는 자정작용에 의해서 깨끗해지기 힘들다. 수인성 감염병의 매개역할을 할 수 있기 때문에 오염된 식수원의 '정수처리 과정'은 일반적으로 취수, 응집, 침전, 여과, 소독, 급수의 6단계가 있다.

5. 미생물의 살균

가열법, 오존 살균법, 자외선 살균법, 화학적 살균법(염소 소독) 등이 있다.

(1) 소독 대상물의 소독방법

① 채소류 및 과일류 : 클로르칼크 소독
② 초자기구, 도자기류, 목죽제품 : 석탄산, 크레졸, 승홍수, 증기 소독
③ 결핵환자의 객담 : 소각법
④ 매트리스, 시트, 담요 : 에틸렌 가스, 포름알데히드, 고압증기 멸균
⑤ 화장실, 하수구 오물 : 크레졸, 석탄산, 포르말린, 생석회
⑥ 금속제품 : 자비 소독, 증기 소독, 자외선, 에탄올
⑦ 서적, 종이 : 포름알데히드 소독
⑧ 수지 : 역성비누, 석탄산, 포르말린, 생석회

PART 04 핵심체크문제

01 병원성 미생물의 종류로 옳지 않은 것은?
① 티푸스균   ② 곰팡이균
③ 결핵균   ④ 이질균

해설
병원성 미생물의 종류는 티푸스균, 결핵균, 이질균, 페스트균, 포도상구균, 광견병 바이러스 등이다.

02 대부분의 병원균이 가장 왕성하게 증식하는 온도는?
① 0~18[℃]   ② 18~28[℃]
③ 28~38[℃]   ④ 38~48[℃]

해설
병원균의 왕성한 증식 온도는 28~38[℃]이다.

03 소독의 정의로 알맞지 않은 것은?
① 소독은 병원미생물의 생활력을 파괴하여 감염력을 없애는 것이다.
② 멸균은 생활력은 물론 미생물 자체를 완전히 없애는 것이다.
③ 살균은 원인균의 발육 및 그 작용을 정지시키는 것이다.
④ 감염은 병원체가 인체에 침투하여 발육, 증식하는 것이다.

해설
- 소독 : 생활력을 파괴히어 감염력을 없애는 것
- 멸균 : 병원균의 생활력과 미생물 자체를 없애는 것
- 살균 : 원인균을 죽이는 것
- 감염 : 병원체가 인체에 침투하여 발육, 증식하는 것

04 과산화수소를 이용한 화학적 소독 시 알맞은 농도는?
① 1.5~2.0[%]   ② 2.5~3.5[%]
③ 4.0~5.5[%]   ④ 6.0~7.5[%]

해설
▶ 과산화수소
- 2.5~3.5[%]의 농도로 사용한다.
- 무포자균 살균에 효과적이다.
- 창상, 구내염, 인두염, 입안 세척 등에 사용한다.

05 산화칼슘을 98[%] 이상 포함하고 있는 백색의 고체나 분말로 이루어져 있으며 토사물, 분변, 하수, 오물 등의 소독에 적당한 화학적 소독방법은?
① 포르말린   ② 생석회
③ 역성비누   ④ 염소(Cl_2)

해설
생석회는 값이 싸고 독성이 적지만 공기에 오래 노출되면 살균력이 떨어지고 아포균에는 효력이 없다.

정답 01 ②   02 ③   03 ③   04 ②   05 ②

06 물체 내부나 표면에 병원체가 붙어 있는 상태를 나타내는 말로 알맞은 것은?

① 오염 ② 감염
③ 발병 ④ 부패

해설
- 오염 : 물체 내부나 표면에 병원체가 붙어 있는 것
- 감염 : 병원체가 인체에 침투하여 발육, 증식하는 것

07 다음 〈보기〉 중 건열에 의한 소독법으로 알맞게 짝지어진 것을 고르시오.

| 보기 |
| ㉠ 화염 멸균법   ㉡ 건열 멸균법 |
| ㉢ 간헐 멸균법   ㉣ 소각법 |

① ㉠, ㉡
② ㉠, ㉡, ㉢, ㉣
③ ㉠, ㉡, ㉣
④ ㉠, ㉣

해설
▶ 건열 멸균법 : 140[℃]에서 4시간 또는 160~180[℃]에서 1~2시간 실시한다.

08 대부분의 병원성 세균들이 사멸하는 pH 농도로 알맞은 것은?

① pH 5.0 이하 산성과 pH 8.5 이상 알칼리성
② pH 5.0 이상 산성과 pH 8.5 이하 알칼리성
③ pH 5.0 이하 알칼리성과 pH 8.5 이상 산성
④ pH 3.0 이하 산성과 pH 9 이상 알칼리성

해설
pH 5.0 이하 산성과 pH 8.5 이상 알칼리성에서 대부분 사멸한다.

09 소독 대상과 소독제가 올바르게 짝지어지지 않은 것은?

① 대소변, 토사물 – 생석회분말
② 고무제품, 피혁, 모피 – 포르말린
③ 이·미용실 실내소독 – 크레졸
④ 금속제품 – 승홍수

해설
승홍수는 금속을 부식시키고 인체 피부점막에 자극을 준다.

Barber & Master Barber

PART 5

공중위생관리학

01 공중위생관리의 목적과 정의
02 질병관리(역학)
03 감염병
04 성인병
05 정신보건
06 가족 및 노인보건
07 인구보건
08 환경보건
09 산업환경
10 식품위생과 영양
11 산업보건

핵심요약 _ Part 05 공중위생관리학

01 공중보건학의 요점

1) 공중보건학의 대상은 개인이 아니라, 한 국가의 국민 전체를 대상으로 한다.
2) 윈슬로의 공중보건학의 목적은 질병 예방, 수명 연장(생명 연장), 신체적·정신적 건강 및 효율의 증진이다.
3) 세계보건기구의 3대 건강지표는 조사망률, 비례사망지수, 평균수명이다.
4) 건강이란 질병이 없거나 허약하지 않은 상태뿐만 아니라, 육체적·정신적 및 사회적 안녕이 완전한 상태를 말한다.
5) 우리나라의 500인 이상 사업장에 근로자 대상으로 직장의료보험제도가 실시된 연도는 1977년이다.
6) 이·미용사 및 위생 시험관리를 담당하고 시설 감독, 지도를 하는 곳은 환경위생과이다.
7) 사회보장제도를 처음 수립한 나라는 1880년대 독일이다.
8) 세계보건기구는 1948년 스위스 제네바에 본부를 두고 창설, 대한민국은 65번째 태평양지역사무국 소속으로 가입하였다.
9) 한 국가의 국민건강지표로서, 가장 대표적인 지표가 영아사망률이다.
10) 보건교육의 목적은 지역사회 주민의 건강한 생활을 할 수 있도록 지원, 지도, 협력, 교육하는 것이다.
11) 인구 1,000명당 1년간의 사망자 수는 조사망률이다.
12) 모성사망의 주요 원인은 임신중독증, 출산 전후의 출혈, 자궁외임신, 유산, 산욕열이다.
13) 모성보건사업은 산전관리, 분만관리, 산후관리, 수유관리를 한다.
14) 영유아 사망의 3대 원인은 폐렴, 장티푸스, 위병이다.
15) 영유아의 초생아는 출생 후 1주 미만, 신생아는 출생 후 4주 미만, 영아는 출생 후 1년 미만이다.
16) 역학의 목적은 질병 발생의 원인 및 발생요인을 규명하여 효율적으로 예방하기 위함이다.
17) 역학의 4대 지리적(지역적) 현상은 범발적, 전국적, 지방적, 산발적이다.
18) 교통이나 인구이동에 따라 유행이 달라지는 것을 역학의 사회적 현상이라 한다.

02 감염병

1) 감염병의 발생설로 종교설, 점성설, 장기설, 접촉감염설, 미생물병인론이 있다.
2) 질병 발생의 3요소는 병인(병원체), 환경(감염경로), 숙주(감수성)이다.

3) 감염병 생성 경로는 병원체 – 병원소 – 병원소로부터 병원체 탈출 – 병원체 전파 – 병원체의 새로운 숙주 내 침입 – 숙주의 감수성(면역)이다.
4) 병원체에는 세균, 바이러스, 리케차, 기생충이 있다.
5) 병원소의 3종류는 인간(환자, 보균자), 동물, 토양이다.
6) 겉보기에 건강하지만 균을 배출하는 자를 불현성감염보균자(건강보균자)라 한다.
7) 감염병의 전파는 병원소에서 병원체가 탈출하면서 감염이 되는 것이다.
8) 비말감염은 환자의 기침, 재채기 등으로 코나 입으로 감염되는 것이다.
9) 경피감염은 병원체가 피부를 통하여 감염되는 것으로 매독, 임질, 연성하감 등이 있다.
10) 경구감염은 병원체가 음식물이나 식수로 인해 입을 통하여 감염되는 것이다.
11) 직접전파에는 기침, 재채기 등의 비말감염(감기, 홍역, 결핵)이 있다.
12) 간접전파에는 비활성전파로 무생물에 의한 전파와 활성전파인 이, 벼룩, 모기 등의 절지동물에 의한 전파가 있다.

13) 자연수동면역은 면역의 종류 중 모유, 태반을 통해 생기는 면역이라 한다.
14) 자연능동면역은 질병, 병에 감염된 후 생기는 면역이라 한다.
15) 인공수동면역은 면역혈청, 감마글로불린, 항독소를 통해 생기는 면역이라 한다.
16) 인공능동면역은 백신 접종으로 생기는 면역이라 한다.
17) BCG 접종이란 결핵(생후 4주 이내, 가장 먼저 접종)을 말한다.
18) DPT(디프테리아, 백일해, 파상풍)는 생후 2개월부터 2개월 단위로 3차 접종한다.
19) 세균의 종류 중 막대 모양의 장티푸스, 디프테리아는 간균이다.
20) 세균의 종류 중 원형의 포도상구균, 폐렴균은 구균에 속한다.
21) 회복기보균자의 종류로 이질, 장티푸스, 디프테리아 등이 있다.
22) 잠복기보균자의 종류로 호흡기 감염성 질병과 디프테리아, 홍역 등이 있다.
23) 인수공통감염병 중 파상풍은 혐기성, 토양으로 인해 감염된다.

summary 이용사·이용장 핵심요약

24) 기생충은 경구감염, 경피감염, 혈액감염, 모체감염이 있다.
25) 우리나라에서 감염률이 가장 높은 기생충은 회충이다.
26) 1~10세 사이의 어린이들의 항문에 집단감염되는 기생충은 요충이다.
27) 간디스토마(간흡충) : 간에 침입. 1차 숙주(쇠우렁) – 2차 숙주(잉어, 붕어) – 사람
28) 폐디스토마(폐흡충) : 폐에 침입. 1차 숙주(다슬기) – 2차 숙주(가재, 게) – 사람
29) 소고기를 날것으로 먹었을 때 감염되는 기생충은 무구조충(민촌충)이다.
30) 돼지고기의 기생충은 유구조충(갈고리촌충)이다.
31) 중증급성호흡기증후군(SARS)는 WHO 감시대상 감염병이다.
32) 생물테러감염병으로 탄저, 페스트, 두창, 보툴리눔독소증, 마버그열, 에볼라열, 라싸열, 야토병이 있다.
33) 동물과 사람 간의 전파로 발생하는 인수공통감염병에 결핵과 일본뇌염이 속한다.
34) 의료행위를 적용받는 과정에서 발생하는 감염병으로 다제내성녹농균(MRPA)도 있다.

 더 알아보기

※ (개정 전) 제1군~제5군 감염병 및 지정감염병 총 80종
(개정 후) 제1급~제4급 감염병 총 87종 *코로나바이러스, 원숭이두창 2급
① 바이러스성 출혈열(1종)을 개별 감염병(마버그열, 라싸열 등 6종)으로 분리·열거됨
② 인플루엔자 및 매독을 제4급 감염병(표본감시대상)으로 변경
③ 사람유두종바이러스감염증을 제4급 감염병에 신규 추가

✔ **제1급 감염병** : 에볼라바이러스병, 마버그열, 라싸열, 크리미안콩고출혈열, 남아메리카출혈열, 리프트밸리열, 두창, 페스트, 탄저, 보툴리눔독소증, 야토병, 신종감염병증후군, 중증급성호흡기증후군(SARS), 중동호흡기증후군(MERS), 동물인플루엔자 인체감염증, 신종인플루엔자, 디프테리아 (17종)

▶ 제1급 감염병은 생물테러감염병 또는 치명률이 높거나 집단 발생의 우려가 커서 발생 또는 유행 즉시 신고하여야 한다. – 음압격리와 같은 높은 수준의 격리가 필요한 감염병이다.

✔ **제2급 감염병** : 결핵, 수두, 홍역, 콜레라, 장티푸스, 파라티푸스, 세균성이질, 장출혈성대장균감염증, A형감염, 백일해, 유행성이하선염, 풍진, 폴리오, 수막구균 감염증, b형헤모필루스인플루엔자, 폐렴구균 감염증, 한센병, 성홍열, 반코마이신내성황색포도알균(VRSA) 감염증, 카바페넴내성장내세균속균종(CRE) 감염증, E형감염, 코로나바이러스-19, 원숭이두창 (23종)

▶ 제2급 감염병은 전파가능성을 고려하여 발생 또는 유행 시 24시간 이내에 신고하여야 하고, 격리가 필요하다.

✔ **제3급 감염병** : 파상풍, B형간염, 일본뇌염, C형간염, 말라리아, 레지오넬라증, 비브리오패혈증, 발진티푸스, 발진열, 쯔쯔가무시증, 렙토스피라증, 브루셀라증, 공수병, 신증후군출혈열, 후천성면역결핍증(AIDS), 크로이츠펠트-야콥병(CJD) 및 변종크로이츠펠트-야콥병(vCJD), 황열, 뎅기열, 큐열, 웨스트나일열, 라임병, 진드기매개뇌염, 유비저, 치쿤구니야열, 중증열성혈소판감소증후군(SFTS), 지카바이러스 감염증 (26종)

▶ 제3급 감염병은 그 발생을 계속 감시할 필요가 있어 발생 또는 유행 시 24시간 이내에 신고하여야 한다.

> ✓ 제4급 감염병 : 인플루엔자, 매독, 회충증, 편충증, 요충증, 간흡충증, 폐흡충증, 장흡충증, 수족구병, 임질, 클라미디아감염증, 연성하감, 성기단순포진, 첨규콘딜롬, 반코마이신내성장알균(VRE) 감염증, 메티실린내성황색포도알균(MRSA) 감염증, 다제내성녹농균(MRPA) 감염증, 다제내성아시네토박터바우마니균(MRAB) 감염증, 장관감염증, 급성호흡기감염증, 해외유입기생충감염증, 엔테로바이러스감염증, 사람유두종바이러스 감염증 (23종)
>
> ▶ 제4급 감염병은 유행 여부 조사를 위한 표본감시 활동이 필요한 감염병으로 7일 이내 신고하여야 한다.

35) 매독, 임질, 두창(천연두)은 직접전파에 의한 감염이다.
36) 콜레라, 장티푸스, 이질, 디프테리아는 간접전파에 의한 감염이다.
37) 콜레라, 장티푸스, 파라티푸스, 이질, 유행성간염, 파상열은 경구(소화기계)감염이다.
38) 인플루엔자, 결핵, 홍역, 천연두, 백일해, 성홍열, 볼거리, 디프테리아, 풍진은 비말(호흡기계)감염이다.
39) 트라코마, 파상풍, 일본뇌염, 광견병, 양충병, 서교열, 십이지장충은 경피(피부)감염이다.
40) 정기적 예방접종이 필요한 것 : 결핵, 두창, 디프테리아, 백일해, 장티푸스, 콜레라, 파상풍
41) 영구면역을 가지는 것 : 폴리오, 천연두, 홍역
42) 잠복기가 가장 짧은 전염병은 콜레라이다(1~5일, 평균 3일).
43) 잠복기가 가장 긴 전염병은 결핵이다.
44) 전염력이 가장 강한 전염병은 홍역이다.
45) 검역 감염병으로 분류되는 것 : 페스트, 두창, 황열, 콜레라
46) 두통과 고열을 나타내며 모기의 구제, 예방접종을 통해 예방할 수 있는 것은 일본뇌염이다.
47) 염증과 발열, 발진이 나며 직접접촉, 비말감염으로 감염되는 가장 강한 감염병은 홍역이다.
48) 10세 이하에게 발병률이 높고 기침이 심하며 DPT로 영구면역을 획득하는 것은 백일해이다.
49) 피로감, 체중감소, 객혈 등으로 폐에 많이 걸리며 BCG 예방접종이 필요한 것은 결핵이다.
50) 환자가 사용한 의복, 침구, 완구, 서적 등을 뜻하는 용어를 개달물이라 한다.

03 성인병, 정신 · 노인보건

1) 성인병이란 나이가 증가됨에 따라 인체 기능이 약해져 발생하는 퇴행성 질병이다.
2) 성인병의 3대 질환은 고혈압, 동맥경화증, 당뇨병이다.
3) 성인병의 예방으로 적정한 운동과 생활습관, 식이요법이 있다.
4) 정신보건은 개인적, 사회적 적응뿐 아니라 어떤 환경에서도 건전하고, 균형 있고, 통일된 성격의 발달을 말한다.
5) 가족계획의 모성보건 측 고려사항으로 연령을 고려한 초산시기, 출산의 횟수, 임신간격의 조정, 단산 연령이 있다.

6) 노인의 기준은 만 65세이다.
7) **고령화사회** = 노령화지수 7[%] 이상, **고령사회** = 노령화지수 14[%] 이상, **초고령사회** = 노령화지수 20[%] 이상이다.

04 인구와 보건

1) 우리나라 인구조사는 5년마다 실시한다.
2) 피라미드형은 인구증가형으로 후진국형이며, 출생률이 높고 사망률이 낮다.
3) 종형은 인구정지형으로 가장 이상적인 형이다. 출생률, 사망률이 모두 낮다.
4) 항아리형은 인구감퇴형으로 선진국형이며 출생률이 사망률보다 낮다.
5) 별형은 청·장년층의 전입인구가 많은 도시형, 유입형이다.
6) 호로형(표주박형)은 청·장년층의 전출인구가 많은 농촌형, 유출형이다.

05 환경보건

1) 환경위생의 분류로는 자연적 환경, 인위적 환경, 사회적 환경이 있다.
2) 기후의 3대 요소는 기온, 기습, 기류이다.
3) 머리와 발의 온도 차는 2~3[℃]를 넘지 않아야 한다.
4) 실내외 온도 차는 5~7[℃]가 좋다.
5) 감각 온도의 3인자는 온도, 습도, 기류이다.
6) 기온역전 현상과 관련이 깊은 도시 공해는 스모그이다.
7) 공기의 체적 백분율은 질소(78.10[%]), 산소(20.93[%]), 이산화탄소(0.03[%])이다.
8) 공기는 희석, 세정, 산화, 살균, 교환의 자정작용을 한다.
9) 무색, 무취, 무미의 자극성 없는 맹독성으로, 연탄가스 사망사고와 관련이 깊은 것은 일산화탄소(CO)이다.
10) 일산화탄소(CO)의 허용한계(서한량)는 8시간 기준 0.01[%](100[ppm]), 4시간 기준 0.04[%](400[ppm])이다.
11) 무색·무미·무취의 비독성이며, 실내 공기오염의 지표는 이산화탄소(CO_2)이다.
12) 군집독이란 다수인이 밀폐된 장소에서 실내공기의 환기가 없을 때 불쾌감, 두통, 현기증, 구토 등이 나타난다.
13) 연탄가스에서 질식성 가스는 CO, 자극성 강한 냄새의 기체는 아황산가스(SO_2)이다.
14) 대기오염의 지표는 아황산가스(SO_2)이다.

15) 온열조건(온열요소)은 기온, 기습, 기류, 복사열이 있다.
16) 대기오염을 일으키는 기후조건은 저온, 저습이다.
17) 수질오염의 지표는 대장균이다.
18) 성인의 1일 필요한 물 섭취량은 2~2.5리터[L]이다.
19) 상수도 정수과정은 침전 → 여과 → 염소 소독 → 급수이다.
20) 총 대장균군은 100[mL]에서 검출되지 아니하여야 한다.
21) 일반세균은 1[mL] 중 100[CFU]를 넘지 아니하여야 한다.
22) BOD는 생물학적 산소요구량이다.
23) BOD가 높을수록(산소요구량이 높을수록) DO는 낮다.
24) BOD가 낮을수록(산소요구량이 낮을수록) DO는 높다.
25) DO는 용존산소량이다.
26) DO가 높을수록 BOD는 낮다.
27) DO가 낮을수록 BOD는 높다.
28) 연수는 경도 120도 이하이며 피부에 자극이 없고 취사에 좋다.
29) 경수는 경도 120도 이상으로 칼슘, 마그네슘이 있고 거친물, 샘물이라고도 부른다.
30) 수은 중독으로 일어나는 병은 미나마타병이다.
31) 카드뮴 중독으로 일어나는 병은 이타이이타이병이다.
32) 불소를 함유하지 않은 물을 먹었을 때, 나타나는 치아 질환은 충치(우치)이다.
33) 불소가 다량 함유된 물을 먹었을 때, 발생하는 치아 질환을 반상치라 한다.
34) 청색아는 산모가 질산은이 많이 함유된 물을 장기 음용 시 태아에게 발생하는 질환이다.
35) 하수처리방법으로 예비처리 – 본처리 – 오니처리가 있다.
36) 정화조에서 분뇨를 처리하는 과정은 부패조 – 여과조 – 산화조 – 소독조이다.
37) 하수도 복개 시의 문제점은 메탄가스의 증가이다.
38) 창의 크기는 실내 바닥면적의 1/7~1/5이 좋다.
39) 창은 상하로 긴 것, 채광량도 세로로 긴 것이 좋다.
40) 이용실, 미용실에서 필요한 최소 조명도는 75럭스[Lux]이다.
41) 환경보존법에서의 소음 허용한계는 40데시벨이다.
42) 눈의 보호를 위한 적정 조명은 주광색이다.
43) 실내 적정 온도는 18±2[℃]이다.

06 산업보건

1) 산업보건은 사업장에서 근로자의 생명이나 건강을 해칠 수 있는, 보건상 유해한 요소들을 차단하여 근로자의 건강을 유지하는 일이다.
2) 산업피로에는 정신적 피로, 육체적 피로, 작업의 밀도와 시간, 작업조건의 부조화가 있다.
3) 우리나라 근로기준법은 1일 8시간, 1주일 40시간을 기준으로 한다.
4) 3대 직업병은 납 중독, 벤젠 중독, 규폐증이 있다.
5) 잠함병(잠수병)과 관련된 기체는 질소(N)이다.
6) 물리적 작업환경에 의한 장애 중 진동에 의해 레이노병이 발생한다.
7) 물리적 작업환경에 의한 장애 중 저압에 의해 고산병, 항공병이 발생한다.
8) 물리적 작업환경에 의한 장애 중 고온, 고열에 의해 열중증, 열사병이 생긴다.
9) 물리적 작업환경에 의한 장애 중 분진에 의해 규폐증, 석면폐증이 생긴다.

07 식품위생과 영양

1) 식품위생이란 식품의 재배, 생산, 제조, 유통을 말한다.
2) WHO의 식품위생 목표는 식품의 안전성, 건전성, 완전 무결성 확보이다.
3) 신체 조직 구성은 단백질, 지방, 무기물, 물이다.
4) 열량을 공급하는 열량소 3가지는 단백질(4[kcal/g]), 탄수화물(4[kcal/g]), 지방(9[kcal/g])이다.
5) 인체 생리 기능 조절소 2가지는 무기질, 비타민이다.
6) 20세 성인남자 기준 1일 섭취 권장 열량은 2,500[kcal]이다.
7) 결핍 시 전염병에 대한 저항력이 감소되는 영양소는 단백질이다.
8) 단백질이 발육 성장과 세포 조직을 만드는 것에 큰 도움을 준다.
9) 피로회복에 유효하며 96[%]의 열량원을 차지하는 것은 탄수화물이다.
10) 지방은 피부의 탄력성을 주고 인체를 따뜻하게 한다.
11) 노년이 될수록 공급 제한이 필요한 것은 지방이다.
12) 비타민 A, 비타민 D, 비타민 E, 비타민 K는 지용성 비타민이다.
13) 수용성 비타민으로 비타민 C, 비타민 B가 있다.
14) 체내에 저장되지 않아 매일 또는 수일 섭취해줘야 하는 비타민을 수용성 비타민이라 한다.
15) 열에 강해 조리 중 손실이 적으며 장에서 지방과 함께 흡수되고 체내 저장되는 비타민은 지용성 비타민이다.

16) 결핍증상으로 각막 궤양 및 괴사가 있고 임산부가 과량 섭취 시 기형아 위험이 있는 것은 비타민 A이다.
17) 체내에 뼈와 치아에 축적되며 면역세포 생산에 작용하는 것은 비타민 D이다.
18) 세포노화를 막고 항산화물질로 활성산소를 무력화시키는 것은 비타민 E이다.
19) 혈액응고에 필요한 단백질을 활성화시키고 상처를 치유하며 녹엽채소에 많은 것은 비타민 K이다.
20) 감기 예방과 피부 개선에 좋고 콜라겐, 단백질과 합성해 체내조직을 이루는 것은 비타민 C이다.
21) 신경계 기능을 강화하며 피부색과 근육건강을 유지하는 것은 비타민 B이다.
22) 미네랄은 생체 생리 기능에 꼭 필요한 광물성 영양소이다.
23) 무기질은 체내 산과 염기의 균형 조절로 pH를 유지하게 하며, 체내 물의 균형 조절을 한다.
24) 칼슘이 과잉이면 변비와 신장결석을 일으키고, 결핍 시 골연화증, 골다공증이 생긴다.
25) 마그네슘이 과잉이면 구역질과 허약감이 생기며, 결핍 시 근육경련, 부정맥, 우울이 생긴다.
26) 나트륨이 과잉이면 부종, 고혈압이 생기며, 결핍 시 실신, 피로, 두통이 생긴다.
27) 포타슘이 과잉이면 신장 기능 저하로 심장마비 발생이 가능하며 결핍 시 근육경련, 불규칙한 심박동이 있다.
28) 인이 과잉이면 석회화 축적으로 신장이 손상되며 결핍 시 성장 위축과 보행장애, 식욕감소 등이 생긴다.
29) 식중독은 물, 식품을 섭취 후 발생하는 감염형, 독소형 질환을 말한다.
30) 잠복기가 가장 짧은 식중독은 포도상구균 식중독이다(1~6시간, 평균 3시간).
31) 감염혐으로 살모넬라, 장염 비브리오가 있고 독소형으로 포도상구균, 보툴리누스균, 웰치균이 있다.
32) 식중독 중 치명률이 가장 높은 것은 보툴리누스균이다.
33) 그람양성균이며, 대표적 화농균은 포도상구균을 말한다.
34) 발병률이 30~95[%]로 가장 높은 식중독 균은 장염 비브리오균이다.
35) 오염된 어패류를 날로 먹을 때 감염되는 것은 장염 비브리오균이다.
36) 여름철 대표 식중독이며 냉각되어도 죽지 않는 위장염형 식중독은 살모넬라균이다.
37) 세균성 식중독은 소화기계 전염병에 비해 잠복기가 짧다.
38) 검은조개, 섭조개 : 고니오톡신 / 살구씨, 매실 : 아미그달린 / 맥각류 : 에르고톡신 등의 자연독이 있다.
39) 솔라닌(감자), 무스카린(버섯), 리신(피마자)은 식물성 자연독이며 테트로도톡신(복어), 베네루핀(굴)은 동물성 자연독이다.

PART 05 공중위생관리학

1 공중위생관리의 목적과 정의

1. 공중위생관리의 목적
공중위생관리는 공중이 이용하는 영업의 위생관리 등에 관한 수준을 향상시켜 질병 예방, 수명 연장, 국민의 신체적·정신적 건강 증진에 기여함을 목적으로 한다.

2. 공중위생의 정의

(1) 윈슬로의 정의
　① 조직화된 지역사회의 노력을 통해 질병 예방, 생명 연장, 신체 및 정신적 효율을 증진시키는 기술이며 과학이다.
　② 공중보건의 대상은 개인이 아닌 지역사회와 국민을 대상으로 한다.

(2) 건강의 개념 : 세계보건기구(WHO ; World Health Organization)가 규정한 건강이란 '단순히 질병이 없고 허약하지 않은 상태만을 의미하는 것이 아니라 육체적·정신적·사회적으로도 완전히 안녕한 상태'라고 정의한다(1948년).
　① WHO에서 규정하는 건강지표 3가지
　　㉠ 평균수명 : 생명표상의 평균 몇 년 살 수 있는가 하는 기대치를 산출함.
　　㉡ 조사망률 : 나라의 인구 1,000명당 1년간의 사망자 수
　　㉢ 비례사망지수 : 연간 전체 사망자 수에 대한 50세 이상의 사망자 수의 구성 비율

(3) 국가 간이나 지역사회의 보건수준 평가의 3대 지표
　① 영아사망률
　② 비례사망지수
　③ 평균수명

> 영아사망률 : 한 나라의 공중보건을 평가하는 대표적인 자료

(4) Clark 교수에 의한 질병의 3단계
　① 1차적 예방 : 질병 자체 예방 – 건강 증진, 예방접종, 특별보호, 환경개선, 생활조건개선
　② 2차적 예방 : 조기진단과 신속한 치료, 신체장애의 예방
　③ 3차적 예방 : 재활, 재활 후 취업보장(사회복지 지도활동)

- Clark의 질병 발생의 삼원론 : 숙주(자체), 환경적 요인, 병인적 요인
- 공중보건학의 최소단위 : 지역사회
- 공중보건학의 대상 : 지역사회 전체 주민

(5) 국제보건기구 : 유엔보건전문기구, WHO(세계보건기구)

① WHO(세계보건기구)는 1948년 스위스 제네바에 본부를 두고 창설되었다.
② WHO(세계보건기구)의 3대 종합건강지표 : 비례사망지수, 평균수명, 조사망률

(6) 모자보건

① 모성사망의 원인 : 임신중독증(가장 큰 원인임)
  ㉠ 3대 요인 : ⓐ 단백질 부족, ⓑ 티아민 부족, ⓒ 빈혈
  ㉡ 3대 증상 : ⓐ 부종, ⓑ 고혈압, ⓒ 단백뇨
② 영유아보건
  ㉠ 영아의 사망원인 : 선천적 이상 > 불의의 사고 > 주산기질환 > 폐렴 및 기관지 > 심장병 > 악성생물
  ㉡ 영유아의 개념
    ⓐ 초생아 : 출생 후 1주 미만
    ⓑ 신생아 : 출생 후 4주 미만
    ⓒ 영아 : 출생 후 1년 미만
    ⓓ 유아 : 1세~학동기

- 임신 3개월 전에 기형분만 가능성이 큰 질병은 풍진이다.
- 산욕기 : 분만 후 6~8주까지
- 한 나라의 건강지표 : 영아사망률, 평균수명, 비례사망지수
- 모자보건의 지표 : 영아사망률, 주산기사망률, 모성사망비, 모성사망률
- 모성보건사업 : 산전관리, 분만관리, 산후관리, 수유관리

- 영아사망률 : 지역사회의 보건수준을 나타내는 가장 대표적인 지표
- 영아사망률이 조사망률에 비해 보건수준을 나타내는 지표가 되는 이유
  - 조사망률은 연령구성에 의한 영향을 받지만, 영아사망률은 한정된(1년 미만) 연령군이기 때문이다.
  - 영아사망률은 환경위생, 영아보건관리 및 모자보건수준과 관계가 크다.

2 질병관리(역학)

1. 역학의 정의

(1) 대상(내용) : 인간집단

(2) 질병의 발생·분포·유행 경향을 밝히고 그 원인을 규명하여 연구한다.

(3) 목적 : 그 질병에 대한 예방대책을 강구한다.

2. 역학의 역할

(1) 질병 발생의 원인 규명 역할 : 본래 역할, 가장 중요하다.

(2) 질병 발생과 유행의 감시 역할

(3) 보건사업의 기획과 평가자료 제공 역할

(4) 질병의 자연사를 연구하는 역할

(5) 임상분야에 활용하는 역할

3. 역학의 분류

(1) 기술역학(1단계 역학) : 질병의 발생 분포와 발생 경향을 파악한다.
   ① **인적 특성**(Who) : 연령, 성별, 인종, 결혼, 경제, 직업, 가족
   ② **지역적 특성**(Where) : 국가나 지역사회의 특징
   ③ **시간적 특성**(When) : 질병 유행의 주기적, 계절적 변화
   ④ **질병 발생의 원인적 특성**(What)

(2) 분석역학(2단계 역학) : 가설에 대한 'Why' 규명, 질병 발생의 요인과 인간과의 관계를 파악한다.
   ① 장점
      ㉠ 단시간 내 결과
      ㉡ 동시에 여러 질병과 발생요인과의 관련성 비교조사
   ② 단점 : 유행기간이 극히 짧은 급성전염병을 조사 시 의미 상실

4. 역학의 기본인자

(1) 질병 발생의 3대 인자 : 병인, 숙주, 환경

(2) 역학의 4대 지리적(지역적) 현상

① 범발적(Pandemic) : 독감, 에이즈
② 전국적(Epidemic, 유행적) : 장티푸스
③ 지방적(Endemic, 편재적)
  ㉠ 간흡충(민물고기) : 간디스토마
  ㉡ 폐흡충(가재, 게) : 폐디스토마
  ㉢ 사상충(모기) : 하지부종, 음낭수종
④ 산발적(Sporadic) : 렙토스피라

(3) 사회적 현상 : 경제, 인구이동, 문화, 교통에 따라 다르다.

3 감염병

1. 병원체와 병원소

(1) **병원체** : 질병 발생에 핵심적인 역할을 하는 병원체는 세균(구균, 간균, 나선균), 바이러스, 클라미디아, 진균, 리케차, 기생충에 이르기까지 매우 다양하다.

① 세균 : 하나의 세포로 된 미생물로서 구균, 간균, 나선균의 형태로 구분된다.
  ㉠ 구균(Coccus) : 원형으로 포도상구균, 폐렴균, 연쇄상구균, 임균 등이 속한다.
  ㉡ 간균(Bacillus) : 작대기 모양으로 장티푸스, 디프테리아, 결핵균이 속한다.
  ㉢ 나선균(Spirillum) : S자 형태로 콜레라균이 속한다.
② 바이러스 : 병원체 중 크기가 가장 작고 살아 있는 세포 내에서만 증식하는 병원체로 열에 약하다(폴리오, 간염, 홍역, 인플루엔자, 소아마비, 일본뇌염, 공수병, 천연두 등).
③ 박테리아(클라미디아) : 가장 흔한 박테리아성 성병(STD)으로 트라코마 등을 일으키는 병원체이다. 세포 내에 서식하는 병균으로 인해 발생된다.
④ 진균 또는 사상균 : 곰팡이에 의해 생성되는 독소로 아플라톡신 효모로서 아포를 형성하고 피부사상균과 칸디다가 사람에서 사람으로 전파된다.
⑤ 리케차 : 세균과 바이러스의 중간크기로 살아 있는 세포에서만 증식한다(로키산홍반열, 쯔쯔가무시, 양충병, 발진열 등).

⑥ 기생충 : 동물성 기생체로 단세포와 다세포가 있다. 주로 입, 피부를 통해 인체에 침입하게 되며 숙주에 붙어 양분을 빨아먹고 사는 진핵세포로 된 무척추동물이다.

(2) 병원소 : 병원체의 침입으로 증식과 생존을 하면서 새로운 숙주에게 전파될 수 있는 저장소이다. 병원소가 될 수 있는 것은 인간 병원소, 동물 병원소, 토양 등이 있다.

① 인간 병원소
  ㉠ 현성감염자 : 병원체에 감염되어 증상이 나타나는 사람
  ㉡ 불현성감염자 : 병원체에 감염되었으나 임상적 증상이 나타나지 않아 행동이 자유롭고 피검사를 통해서 발견이 가능한 감염자이다.
  ㉢ 보균자 : 병원체를 체내에 가지고 있으나 임상적인 증상 없이 이를 배출하는 것
    ⓐ 회복기보균자 : 병후
    ⓑ 잠복기보균자 : 발병 전
    ⓒ 건강보균자 : 불현성감염으로 건강하지만 균을 배출하고 있는 보균자

② 동물 병원소 : 동물이 병원체를 가지고 있다가 2차적으로 사람에게 전염시키는 매개체 역할을 하는 경우이다.
  ㉠ 개 : 공수병, 톡소플라스마증
  ㉡ 쥐 : 페스트, 살모넬라, 서교증, 발진열, 렙토스피라증, 쯔쯔가무시병
  ㉢ 양 : 탄저, 파상열(Brucellosis)
  ㉣ 돼지 : 일본뇌염, 살모넬라, 파상열, 구제역, 탄저, 렙토스피라, 파상열
  ㉤ 조류 : 살모넬라
  ㉥ 고양이 : 살모넬라, 톡소플라스마
  ㉦ 소 : 살모넬라, 결핵, 탄저, 파상열

③ 토양 병원소 : 토양은 각종 진균류의 병원소로서 작용하는 경우 파상풍 등이 해당된다.

④ 병원소로부터 병원체 탈출 : 호흡기, 비뇨기, 소화기(장관), 개방병소, 기계적 탈출
  ㉠ 호흡기계 탈출 : 기침, 재채기(폐결핵, 폐렴, 홍역, 수두)
  ㉡ 소화기계 탈출 : 분변, 구토물(콜레라, 이질, 장티푸스, 파라티푸스, 폴리오)
  ㉢ 비뇨생식기계 탈출 : 소변, 성기 분비물(성병)
  ㉣ 개방병소의 직접탈출 : 피부, 신체 표면의 염증성 농양(한센병)
  ㉤ 기계적 탈출 : 매개곤충의 흡혈, 주사기 등(말라리아, 발진열, 발진티푸스)

2. 전파

(1) **직접전파** : 접촉, 기침, 재채기의 비말에 의한 전파(성병, 결핵, 홍역, 한센병, 피부질환)

(2) **간접전파**

　① 비활성전파체에 의한 전파

　　㉠ 공동전파체 : 공기, 물, 식품, 우유, 토양

　　㉡ 개달물 : 병원체 전파 가능한 공기, 토양, 물, 우유 등 음식을 제외한 모든 비활성매체(수건, 식기, 침구류, 의류, 책, 장난감, 세면구, 침, 주사기)

　② 활성전파체(매개곤충)에 의한 전파

　　㉠ 기계적 전파 : 파리, 바퀴

　　㉡ 생물학적 전파 : 이, 벼룩, 진드기, 모기

　　　ⓐ 증식형 : 뇌염, 황열, 재귀열, 페스트, 유행성출혈열

　　　ⓑ 배설형 : 발진티푸스, 발진열

　　　ⓒ 발육형 : 사상충증

　　　ⓓ 발육증식형 : 말라리아, 수면병

　　　ⓔ 경란형(난소전이형) : 로키산홍반열, 양충병(쯔쯔가무시병)

　③ 신숙주에의 침입 : 소화기, 호흡기, 점막, 성기점막

3. 면역의 종류

(1) **선천면역** : 종족, 인종, 풍속, 개인차(특이성)

(2) **후천면역(능동면역)**

　① 자연능동면역 : 질병 이완 후 면역

　　㉠ 영구면역 : 두창, 홍역, 수두, 유행성이하선염, 백일해, 성홍열

　　㉡ 약한면역 : 디프테리아, 폐렴, 인플루엔자, 수막구균성수막염, 세균성 이질

　　㉢ 감염면역 : 매독, 임질, 말라리아

　② 인공능동면역 : 백신 접종 후 면역

　　㉠ 생균백신 : 두창, 홍역, 탄저, 광견병, 결핵(BCG), 황열, 볼거리, 폴리오

　　㉡ 사균백신 : 장티푸스, 파라티푸스, 콜레라, 백일해, 일본뇌염, 폴리오

　　㉢ 톡소이드 : 디프테리아, 파상풍

　③ 수동면역

　　㉠ 자연수동면역 : 모체면역(태반면역, 모유면역)

　　㉡ 인공수동면역 : 항독소, 감마글로불린, 면역혈청 접종

4. 감염병의 분류(법정 감염병)

(1) WHO 감시대상 감염병 : WHO가 국제공중보건의 비상사태에 대비하기 위해 감시대상으로 정한 질환(9종)을 말한다.
① 두창
② 폴리오
③ 신종인플루엔자
④ 중증급성호흡기증후군(SARS)
⑤ 콜레라
⑥ 폐렴형 페스트
⑦ 황열
⑧ 바이러스성 출혈열
⑨ 웨스트나일열

(2) 생물테러감염병 : 고의 또는 테러 목적으로 이용된 병원체에 의해 발생된 감염병(8종)을 말한다.
① 탄저
② 보툴리눔독소증
③ 페스트
④ 마버그열
⑤ 에볼라열
⑥ 라싸열
⑦ 두창
⑧ 야토병

(3) 성매개감염병 : 성 접촉을 통해 전파되는 감염병(7종)을 말한다.
　① 매독
　② 임질
　③ 클라미디아감염증
　④ 연성하감
　⑤ 성기단순포진
　⑥ 첨규콘딜롬
　⑦ 사람유두종바이러스 감염증

(4) 인수공통감염병 : 동물과 사람 간에 서로 전파되는 병원체에 의해 발생되는 감염병(11종)을 말한다.
　① 장출혈성대장균감염증
　② 일본뇌염
　③ 브루셀라증
　④ 탄저
　⑤ 공수병
　⑥ 동물인플루엔자 인체감염증
　⑦ 중증급성호흡기증후군(SARS)
　⑧ 변종크로이츠펠트-야콥병(vCJD)
　⑨ 큐열
　⑩ 결핵
　⑪ 중증열성혈소판감소증후군(SFTS)

(5) 의료 관련 감염병 : 의료행위를 적용받는 과정에서 발생한 감염병(6종)으로 감시활동이 필요하다.
　① 반코마이신내성황색포도알균(VRSA) 감염증
　② 반코마이신내성장알균(VRE) 감염증
　③ 메티실린내성황색포도알균(MRSA) 감염증
　④ 다제내성녹농균(MRPA) 감염증
　⑤ 다제내성아시네토박터바우마니균(MRAB) 감염증
　⑥ 카바페넴내성장내세균속균종(CRE) 감염증

구분	특성	종류	감시방법	신고시기
제1급 감염병	생물테러감염병, 치명률이 높거나 집단 발생 우려가 커 즉시 신고, 음압격리와 같은 높은 수준의 격리가 필요한 감염병	에볼라바이러스병, 마버그열라싸열, 크리미안콩고출혈열, 남아메리카출혈열, 리프트밸리열, 두창, 페스트, 탄저, 보툴리눔독소증, 야토병, 신종감염병증후군, 중증급성호흡기증후군(SARS), 중동호흡기증후군(MERS), 동물인플루엔자 인체감염증, 신종인플루엔자, 디프테리아 (17종)	전수감시	즉시
제2급 감염병	전파가능성을 고려하여 24시간 이내에 신고, 격리가 필요한 감염병	결핵, 수두, 홍역, 콜레라, 장티푸스, 파라티푸스, 세균성 이질, 장출혈성대장균감염증, A형감염, 백일해, 유행성이하선염, 풍진, 폴리오, 수막구균 감염증, b형헤모필루스인플루엔자, 폐렴구균 감염증, 한센병, 성홍열, 반코마이신내성황색포도알균(VRSA) 감염증, 카바페넴 내성 장내세균속균종(CRE) 감염증, E형감염, 코로나바이러스-19, 원숭이두창 (23종)	전수감시	24시간 이내
제3급 감염병	그 발생을 계속 감시할 필요가 있어 24시간 이내 신고하여야 하는 감염병	파상풍, B형간염, 일본뇌염, C형간염, 말라리아, 레지오넬라증, 비브리오패혈증, 발진티푸스, 발진열, 쯔쯔가무시증, 렙토스피라증, 브루셀라증, 공수병, 신증후군출혈열, 후천성면역결핍증(AIDS), 크로이츠펠트-야콥병(CJD) 및 변종크로이츠펠트-야콥병(vCJD), 황열, 뎅기열, 큐열, 웨스트나일열, 라임병, 진드기매개뇌염, 유비저, 치쿤구니야열, 중증열성혈소판감소증후군(SFTS), 지카바이러스 감염증 (26종)	전수감시	24시간 이내
제4급 감염병	유행 여부 조사를 위해 표본감시 활동이 필요한 감염병	인플루엔자, 매독, 회충증, 편충증, 요충증, 간흡충증, 폐흡충증, 장흡충증, 수족구병, 임질, 클라미디아감염증, 연성하감, 성기단순포진, 첨규콘딜롬, 반코마이신내성장알균(VRE) 감염증, 메티실린 내성 황색포도알균(MRSA) 감염증, 다제내성녹농균(MRPA) 감염증, 다제내성아시네토박터바우마니균(MRAB) 감염증, 장관감염증, 급성호흡기감염증, 해외유입기생충감염증, 엔테로바이러스감염증, 사람유두종바이러스 감염증 (23종)	표본감시	7일 이내

(6) 침입경로에 의한 분류

① 호흡기 : 디프테리아, 백일해, 폐렴, 성홍열, 볼거리, 한센병, 결핵, 두창, 감기, 홍역, 수막구균성수막염, 독감, 풍진

② 소화기 : 브루셀라, 설사, 이질, 폴리오, 콜레라, 파상열, 살모넬라 식중독, 장티푸스, 간염

③ 피부점막 : 옴, 유행성각결막염, 페스트, 발진티푸스, 야토병, 일본뇌염, 파상풍, 렙토스피라증

(7) 병원체에 의한 분류
    ① 세균성 : 디프테리아, 결핵, 장티푸스, 콜레라, 세균성 이질, 페스트, 파라티푸스, 성홍열, 백일해, 매독, 임질, 한센병
    ② 리케차성 : 발진티푸스, 발진열, 참호열, 로키산홍반열, 큐열, 양충병(쯔쯔가무시증)
    ③ 바이러스성 : 일본뇌염, 유행성이하선염, 홍역, 폴리오, 천연두, 유행성간염, 독감, 광견병, 황열, 풍진

(8) 침입경로(병원체)에 의한 분류
    ① 호흡기
        ㉠ 세균성 : 디프테리아, 백일해, 성홍열, 수막구균성수막염, 결핵
        ㉡ 바이러스성 : 홍역, 유행성이하선염, 두창, 풍진
    ② 소화기
        ㉠ 세균성 : 콜레라, 장티푸스, 파라티푸스, 세균성 이질
        ㉡ 바이러스성 : 폴리오, 유행성간염
        ㉢ 아메바성 : 아메바성 이질
    ③ 피부점막
        ㉠ 세균성 : 매독, 임질, 연성하감, 파상풍, 페스트
        ㉡ 바이러스성 : 일본뇌염, 트라코마
        ㉢ 리케차성 : 발진티푸스

(9) 위생해충이 매개하는 전염병
    ① 모기 : 말라리아, 뇌염, 황열, 뎅기열, 사상충증
    ② 벼룩 : 발진열, 페스트
    ③ 이 : 발진티푸스, 재귀열, 참호열
    ④ 파리 : 콜레라, 장티푸스, 파라티푸스, 살모넬라, 이질, 소아마비
    ⑤ 바퀴 : 장티푸스, 살모넬라, 기생충, 이질, 소아마비
    ⑥ 진드기 : 로키산홍반열(큰진드기 - 참진드기), 양충병(작은진드기 - 털진드기)

(10) 매개곤충과 질병

매개곤충		질병	병원균	감염경로
모기		말라리아	원생동물(포자충류)	흡혈
		사상충증	선충류	흡혈
		일본뇌염	바이러스	흡혈
		황열	바이러스	흡혈
		뎅기열	바이러스	흡혈
이		발진티푸스	리케차	피부나 외상
		재귀열	스피로헤타	피부나 외상
벼룩		페스트	세균	흡혈
		발진열	리케차	피부나 외상
진드기	큰(참)진드기	야토병	세균	흡혈
	작은(털)진드기	쯔쯔가무시증	리케차	흡혈

① 기생충의 분류

㉠ 기생충의 생물형태적 분류

ⓐ 윤충류(연충류)

- 선충류 : 회충, 십이지장충, 동양모양선충, 편충, 선모충, 요충, 사상충
- 흡충류 : 간흡충, 폐흡충, 요코가와흡충, 일본주혈흡충
- 조충류 : 유구조충, 무구조충, 왜소조충, 열두조충

ⓑ 원충류

- 근족충류 : 이질아메바(병원성), 대장아메바(비병원성)
- 포자충류 : 말라리아, 콕시디아, 톡소플라스마
- 편모충류 : 트리코모나스, 트리파노소마, 리슈마니아
- 섬모충류 : 바란티듐성 이질

㉡ 기생충 매개물에 의한 분류

ⓐ 토양매개성 : 회충, 편충, 십이지장충, 동양모양선충

ⓑ 접촉매개성 : 요충, 트리코모나스

ⓒ 어패류매개성 : 간흡충, 폐흡충, 요코가와흡충, 유극악구충, 광절열두조충, 아니사키스

ⓓ 절족(모기)매개성 : 사상충, 말라리아

ⓔ 육류매개성 : 돼지고기(유구조충, 선모충), 쇠고기(무구조충)

ⓕ 물, 채소매개성 : 회충, 편충, 십이지장충, 동양모양선충, 분선충, 이질아메바

- 절족(절지)동물 : 등 뼈가 없는 무척추동물 중 몸이 딱딱한 외골격으로 감싸져 있으면서도 몸과 다리에 마디가 있는 동물 무리를 의미한다.

(11) 기생충 질환
① 회충 : 소장에 기생(성충 – 췌장염·장막염, 유충 – 폐렴) – 감염 75일 후 성충
② 편충 : 소장에 기생 – 경구적으로만 감염, 요충의 인체 내 생활경로와 가장 유사
③ 요충 : 맹장, 대장에 기생 – 집단감염, 역감염, 접촉감염, 소양증, 백대하(어린이)
   ㉠ 산란과 동시에 감염력
   ㉡ 항문 주위에서 길이 1[cm] 정도의 흰 충체 발견
   ㉢ 집단감염이 가장 잘되는 기생충(어린아이들의 집단 생활)
④ 구충(십이지장충)
   ㉠ 경구·경피감염
   ㉡ 소장에 기생
   ㉢ 유충은 간상유충을 거쳐 사상유충으로 된다.
   ㉣ (야채를 통해서) 충란으로 인체감염이 되지 않는 기생충(∵ 경피감염)
   ㉤ 구충감염 예방책 : 밭에 맨발작업(분변 사용) 금지, 청정채소 섭식, 인분을 사용한 밭에서의 피부 보호이다.
   ㉥ 기생충란의 제거를 위한 가장 좋은 야채류 세척법 : 흐르는 물에 5회 이상 씻는다.
⑤ 간흡충
   ㉠ 1중간 : 쇠우렁, 2중간 : 담수어(잉어, 참붕어, 피라미, 모래무지)
   ㉡ 중요기생부위(5~10년) : 간의 담도
   ㉢ 종말숙주 : 감염된 사람, 고양이, 개
   ㉣ 경구감염 : 민물고기 생식, 민물고기의 요리 식기구
   ㉤ 피낭유충 사멸조건 : 끓는 물 20분
   ㉥ 우리나라에서 양성률이 가장 높은 기생충
⑥ 폐흡충
   ㉠ 1중간 : 다슬기, 2중간 : 가재, 게(갑각류)
   ㉡ 인체감염형 : 피낭유충
   ㉢ 피내반응검사는 간흡충 항원과 동시에 실시
   ㉣ 종말숙주 : 사람, 호랑이, 늑대
   ㉤ 객담으로 전파
⑦ 조충(촌충)
   ㉠ 유구조충(갈고리촌충) : 중간숙주 – 돼지, 낭미충

　　　　ⓒ 무구조충(민촌충) : 중간숙주 – 소, 민물고기
　　　　ⓒ 광절열두조충(긴촌충) : 1중간(물벼룩), 2중간(송어, 연어)
　　　　ⓔ 만손열두조충 : 1중간(물벼룩), 2중간(개구리, 뱀)
　　　　ⓜ 야채를 통해 경구감염될 수 없는 기생충 : 광절열두조충(긴촌충)
　　　　ⓑ 소, 돼지, 민물고기 생식으로 감염될 수 있는 기생충은 촌충이다.
　　⑧ 말레이사상충
　　　　㉠ 기생 : 임파관이 분포한 생식기관, 사지
　　　　㉡ 산란 : 임파관 안
　　　　㉢ 사상유충출현 : 야간출현성으로 밤 9시~2시에 채혈검사
　　　　㉣ 매개체 : 모기는 중간숙주, 사람은 종숙주
　　⑨ 요코가와흡충 : 간에서 기생 – 1중간(다슬기), 2중간(은어)
　　⑩ 아나사키스증 : 바다생선회로 감염
　　⑪ 일본주혈흡충 : 달팽이
　　⑫ 유극악구충 : 1중간(물벼룩), 2중간(메기, 가물치)

4 성인병

(1) **성인병** : 성인병은 성년기 이후에 노화와 더불어 점차 많이 발생하는 비전염성의 만성 퇴행성 질환 및 기능장애 등을 말한다. 일반적으로 감염성 질병과 퇴행성 질병으로 나누는데 오늘날 의학과 약학의 발달로 감염성 질병은 거의 치료 및 예방이 되고 있으며, 나이가 증가함에 따라 인체의 조직 기능이 약화되어 발생하는 퇴행성 질병은 그 종류나 수가 날로 증가하고 있다. 이 퇴행성 질병을 일컬어 현대병, 즉 성인병이라고 한다.

(2) **성인병의 3대 질환**
　　① 고혈압
　　② 동맥경화증
　　③ 당뇨병

(3) **성인병의 예방**
　　① 건전한 생활습관
　　② 식이요법
　　③ 적절한 신체운동

5 정신보건

"정신보건이란 단지 정신적 질병에 걸리지 않은 상태만이 아니라 만족스러운 인간관계와 그것을 유지할 수 있는 능력을 말한다. 이것은 모든 종류의 개인적·사회적 적응을 포함하여 어떠한 환경에도 대처해 나갈 수 있는 건전하고, 균형 있고, 통일된 성격의 발달을 의미한다." (미국정신위생위원회)

1. 정신보건의 목적
① 개인의 정신적 장애를 예방한다.
② 개인과 사회의 건전한 정신 기능을 유지하고 증진시킨다.
③ 정신적 장애를 적절하게 치료한다.
④ 정신적 장애 치료 후에 정상적인 사회생활로 복귀시킨다.

2. 정신질환의 원인
(1) 유전 : 정신지체, 간질, 정신분열증, 알코올중독, 양극성장애, 공황장애 등이 유전적 경향이 있다고 알려져 있다.

(2) 신체적 요인 : 비만형은 조울증이 발병하고 투사형, 세장형, 부전형에는 정신분열증이 발병하는 경향이 있다.

(3) 기질적 원인
① 기본적인 신체적 욕구의 결핍이 극심하거나 충족되지 못했을 경우 발생한다.
② 선천적 기형이나 장애로 인해 당사자에게는 열등감, 부모에게는 수치심, 우울증, 분노, 당황, 죄책감을 일으키며 부정적인 방어기제를 나타낸다.
③ 신체적 이상에 의한 것으로 뇌막염·뇌종양 등으로 인한 뇌 기능의 장애가 발생한다.
④ 만성적인 음주로 인한 정신장애이며 사고력 감퇴, 죄의식, 도덕적 황폐화, 공격적 언행, 자기부정과 자기혐오 등을 유발한다.

(4) 심리적 원인 : 사회문화적 요구와 생물학적인 본능적 충동과의 갈등, 자존심의 상실, 의존의 상실, 사랑의 상실, 죽음, 이별 등이 여러 가지의 정신장애를 일으킬 수 있다.

(5) 사회문화적 원인 : 가족적 요인, 사회적 요인, 문화적 요인으로 볼 수 있다.

3. 정신질환의 종류
① 정신분열증
② 조울증
③ 간질

④ 지적장애
⑤ 신경증
⑥ 인격장애

6 가족 및 노인보건

1. 가족보건

(1) **가족계획의 개념** : WHO는 "가족계획이란 근본적으로 산아제한을 의미하는 것으로 출산의 시기 및 간격을 조절하여 출산 자녀 수도 제한하고 불임증 환자의 진단 및 치료를 하는 것이다."라고 정의하지만, 각 나라의 인구상황과 경제적 사회적 여건 등에 따라 조금씩 다르게 정의되고 있다.

(2) **가족계획의 고려** : 가족계획은 가정, 국민경제, 교육, 주택문제 등을 세우며 모성보건의 측면에서 다음의 사항을 고려한다.
① 연령을 고려한 초산의 시기
② 출산의 횟수
③ 임신 간격의 조정
④ 단산 연령

2. 노인보건

노인이란 신체적·정신적으로 기능의 쇠퇴와 심리적인 변화가 일어나 자기유지 기능과 사회적 역할 기능이 약화되는 사람을 말하며, 우리나라의 노인복지법에서 노인의 기준은 만 65세이다.

- 고령화사회 : 노령화지수가 7[%] 이상
- 고령사회 : 노령화지수가 14[%] 이상
- 초고령사회 : 노령화지수가 20[%] 이상

(1) **노인보건의 목적** : 노인보건은 가능한 한 노화의 진행을 억제하고 노인의 건강을 유지함과 질병을 감소시켜 수명을 연장하여 지역사회에서의 삶을 영위할 수 있도록 하는 데 그 목적이 있다.

(2) **노인문제**
① 소득의 감소에 따른 경제문제
② 사회적 프로그램의 부재에 의한 여가문제

(3) 노인의 건강관리
   ① 생리 기능과 생활리듬의 조화로운 생활습관을 유지한다.
   ② 개인에게 맞는 운동을 한다.
   ③ 영양관리와 균형 잡힌 식사를 한다.
   ④ 충분한 수면을 한다.
   ⑤ 규칙적인 배설습관을 갖는다.
   ⑥ 정기적인 건강검진을 한다.
   ⑦ 쾌적하고 냉·난방이 좋은 주거환경을 갖춘다.

7 인구보건

(1) 인구 개념
   인구란 일정시기에 일정한 지역에 생존하는 인간의 집단을 말한다.

(2) 인구론
   ① 맬더스주의
      ㉠ **규제의 원리** : 인구는 생존자료인 식량에 의해 필연적으로 규제된다.
      ㉡ **증식의 원리** : 인구는 강력한 억제요인이 없는 한 생존자료가 증가하면 변함없이 증가할 것이다.
      ㉢ **인구 파동의 원리** : 인구의 증식과 규제의 상호작용에 의하여 균형과 불균형, 다시 균형을 이루는 상태가 주기적으로 나타날 것이다.
   ② **신맬더스주의** : 피임법을 중시하고 권장하여 근대 문명국가의 출산율을 감소시켰다.
   ③ **적정인구론** : 플라톤에 의해 제시된 것으로 최대의 생산성으로 최고의 생활수준을 유지할 수 있는 인구규모를 말한다.
   ④ **안정인구론** : 미국의 로트카에 의해 제시된 이론으로 어느 지역의 성별, 연령별 사망률, 출산율이 변하지 않고 250~400년 정도 지속되면 인구규모는 변해도 인구구조는 변하지 않는 안정인구가 된다는 이론이다.

(3) 인구 구성형태
   ① **피라미드형(후진국형)** : 출생률이 높고 사망률이 낮은 형태로 인구증가형이다.
   ② **종형(인구정지형)** : 저출산, 저사망률로 인구 증가가 정지되는 형이다.
   ③ **항아리형(선진국형)** : 출생률이 사망률보다 낮아 인구가 감소되는 형이다.
   ④ **별형(도시형)** : 생산연령층이 모여드는 인구유입형이다.

⑤ 표주박형(농촌형) : 생산연령층의 인구가 감소하는 인구유출형이다.

▲ 피라미드형   ▲ 종형(인구정지형)   ▲ 항아리형   ▲ 별형(도시형)   ▲ 표주박형(농촌형)
(후진국형)   (선진국형)

8 환경보건

1. 환경위생

세계보건기구(WHO)가 정의한 "환경위생이란 인간의 신체발육과 건강 및 생존에 유해한 영향을 미치거나 또는 영향을 미칠 수 있는 모든 환경요소를 관리하는 것"이라고 하였다.

> 기후의 3대 요소 : 기온, 기습, 기류

(1) 정상 공기의 화학조성비
   ① 체적 백분율 : 산소(20.93[%]), 질소(78.10[%]), 이산화탄소(0.03[%]), 아르곤(0.93[%])
   ② 호기 백분율 : 산소(17.00[%]), 질소(78.00[%]), 이산화탄소(4.00[%])

(2) 공기의 자정작용 : 희석, 세정, 산화, 살균, 교환(탄소동화) 작용

(3) 군집독
   ① 발생시기 : 여름에 다발, 밀폐된 장소 등
   ② 유해인자 : 취기, 온도, 습도, 기류, 이산화탄소, 분진 등 종합적 유해인자
   ③ 예방 : 환기

(4) 대기환경
   ① 일산화탄소
       ㉠ 발생시기 : 타기 시작할 때와 꺼질 때 불완전 연소 시
       ㉡ 성상 : 무미, 무취, 무색, 무자극, 맹독성
   ② 이산화탄소
       ㉠ 성상 : 무색, 무취, 약산성

ⓛ 용도 : 소화제, 청량음료, 실내공기 오염도의 기준물질
ⓒ 농도 : 3[%] 이상 → 불쾌감, 5[%] → 호흡수 증가, 7[%] → 호흡곤란, 10[%] → 사망
ⓔ 서한도(유해한 환경 조건이 어떤 한계를 넘어야만 안전할 때, 그 한계를 나타내는 양) : 0.1[%](1,000[ppm])
  ← 8시간 기준
ⓜ 환기 양부(불량)결정 척도(실내공기오탁도 판정기준) : 실내공기의 오염 상태를 판독
ⓗ 지구의 온실화 현상과 관계가 가장 깊다.

③ 아황산가스(대기오염의 지표)
  ㉠ 농산물, 산림에 가장 큰 피해, 연탄가스 중 자극성 가장 강한 기체
  ㉡ 대기오염의 대표적인 측정물질, 대기오염의 주원인
  ㉢ 허용치 : 연 평균치 0.03[ppm], 하루 평균치 0.15[ppm]
  ㉣ 피해 : 식물, 동물, 건물, 양철에 부식
  ㉤ 경유 사용 교통기관 발생

④ 산소
  ㉠ 성인 1일 호흡공기량 : 13[kℓ](산소소비량 → 13×0.04=520[ℓ])
  ㉡ 농도 : 호흡곤란 → 10[%] 이하, 질식사 → 7[%] 이하

⑤ 온열조건(온열요소) : 기온, 기습, 기류, 복사열
⑥ 등온지수 : 기온, 기습, 기류에 복사열을 가하여 얻어지는 온도
⑦ 불쾌지수(DI) : 습도와 온도의 영향에 의해서 인체가 느끼는 쾌감을 숫자로 표시
  ㉠ 70 이상 : 10[%] 사람이 불쾌감
  ㉡ 75 이상 : 50[%] 사람이 불쾌감
  ㉢ 80 이상 : 거의 모든 사람이 불쾌감
  ㉣ 85 이상 : 견딜 수 없는 상태
⑧ 불쾌지수 산출의 온열요소 : 기온, 기습
⑨ 호흡을 통한 산소소비량이 가장 많은 때 : 고온환경일 때
⑩ 실내의 가장 적합한 보건적 온도와 습도 : 18±2[℃], 60±10[%]
⑪ 병실의 가장 적절한 보건적 온도 : 21±1[℃]
⑫ 주택위생 : 입사각(앙각 = 지면과 태양과의 각도) : 27[°] 이상
         개각(실내채광의 각도) : 5[°] 이상
⑬ 대기오염
  ㉠ 대기오탁
    ⓐ 공장의 굴뚝 높이가 높을수록 → 낮아진다.
    ⓑ 풍력이 강하면 오염도는 → 낮아진다.
    ⓒ 기온이 낮을수록 오염도는 → 높다.

ⓓ 풍향은 오염 지역을 형성하는 데 중요한 역할을 한다.

ⓔ 산으로 둘러싸인 분지에서 오염도가 높다.

ⓕ 인구가 많을수록, 주민관심이 적을수록 오염도가 높다.

ⓖ 1차 오염물(Ⅰ형)은 추운 해, 겨울철에 많이 발생한다.

ⓗ 2차 오염물(Ⅱ형)은 더운 해, 여름철에 많이 발생한다.

ⓘ 일요일과 공휴일에는 오염도가 낮다.

ⓛ 대기오탁을 일으키는 기후조건 : 저온, 저습

ⓒ 대기오탁지표로 사용되는 것들 : SO_2, NO_2, CO_2, 납, 분진

ⓔ 대기오염 방지의 3대 목표

　ⓐ 경제적 손실 방지

　ⓑ 건강장애 방지

　ⓒ 자연환경의 악화 방지

ⓜ 오탁지표

　ⓐ 실내오탁지표 : CO_2(이산화탄소)

　ⓑ 대기오탁지표 : SO_2(아황산가스)

　ⓒ 수질오염지표 : DO(Dissolved Oxygen) 용존산소량

　ⓓ 하수오염지표 : BOD(Biochemical Oxygen Demand) 생물학적 산소요구량

ⓗ 대기오염과 기상

　ⓐ 기온역전 : 100[m] 상승 시 0.65[℃] 하강되나 고도 상승에 따른 기온 상승되는 상부기온 > 하부기온보다 높게 되는 현상

　ⓑ 지구온난화(Green House Effect ; 온실효과) : 해수면의 상승

　ⓒ 오존층 : 성층권 내에 고도 25~30[km]

　ⓓ 산성비 : 빗물의 pH가 5.6 이하 → 금속 부식, 석조건물 부식, 농작물·삼림 황폐화

　ⓔ 대기오염

　　• 오염의 발생원 : 도시(자동차 배기가스), 산업장, 가정난방, 쓰레기 및 폐기물 소각 등

　　• 대기오염물질

　　　− 1차 오염물질(배출원에서 직접배출) : SO_x, CO, NO_x, HC 등의 가스와 입자상 물질

　　　− 2차 오염물질 : 대기 중으로 방출된 1차성 오염물질이 광화학 반응이나 광분해 반응 및 산화반응을 통해 형성되는 물질

⑭ 소음 : 원하지 않는 소리, 우리나라 공해진정건수가 가장 많은 것

㉠ 직업적 난청을 잘 일으키는 소음강도(소음성 난청의 소음범위) : 90~120[dB]

㉡ 단위

　• 음의 크기 : phon

- 음(소리)의 강도 : dB(decibel)
ⓒ 환경기본법상
- 낮시간의 소음환경기준 범위 : 60[phon]
- 밤시간의 소음환경기준 범위 : 50[phon]
- 환경보존법의 소음 허용한계 : 40데시벨[dB]

⑮ 진동
㉠ **전신장애** : 자율신경장애, 혈압 및 맥박 상승, 월경장애, 내장의 하수(승무원, 발전기, 전동기 취급자)
㉡ **국소장애** : 손가락 모세혈관의 경련성 증후군, 관절장애

(5) 수질환경
① 먹는물의 수질기준(먹는물관리법)
㉠ 미생물에 관한 사항
ⓐ 일반세균 : 1[mL] 중 100[CFU] 넘지 아니할 것
ⓑ 대장균 : 100[mL]에서 검출되지 아니할 것
㉡ 대장균 : 상수의 수질오염 분석 시의 생물학적 지표
㉢ 냄새와 맛 : 소독으로 인한 냄새와 맛 이외는 불가
㉣ 무색, 투명 : 색도는 5도, 탁도는 1[NTU]를 넘지 아니할 것
② 상수처리 과정(정수법) : 침전(보통, 약품) → 여과(가장 중요) → 소독
- 물의 자정작용 : ㉠ 희석, ㉡ 침전, ㉢ 일광의 자외선에 의한 살균, ㉣ 산화, ㉤ 생물의 식균작용
③ 수질오염의 피해
㉠ 미나마타병(수은 중독)
㉡ 이타이이타이병(카드뮴 중독)
④ 물의 소독(우리나라의 상수도 → 주로 염소 소독)
㉠ 열처리법
㉡ 자외선 소독법
㉢ 오존 소독법
⑤ 특수 정수법
㉠ 경수연화법
ⓐ 일시경수(끓임 → 연화됨)
ⓑ 영구경수(끓임 → 연화 안 됨) : 석회소다법, 제올라이트(Zeolite)법

> 경수 : 경도의 원인이 되는 칼슘, 마그네슘, 철, 망간, 동 등에 의해 탄산염, 황산염의 형태로 함유하는 물

ⓛ 불소 주입
　　　　ⓐ 우식치 : 상아질의 손상에 의한 치아의 파괴현상
　　　　ⓑ 반상치 : 처음에 치아에 백반이 생기고 차츰 커져서 갈색 또는 흑색반점으로 되고, 법랑질이 침식되어 쓸 수 없게 되는 질병
　　ⓒ 유기물질 제거
　　　　ⓐ 염소 사용
　　　　ⓑ 식육 운반용 수레, 식육 적재고, 고무장화, 고무 작업복 등의 염소 소독(농도 : 50[ppm])
⑥ 상수에 의한 질병
　　㉠ 불소 : 과다 → 반상치, 부족 → 우식치
　　㉡ 질산은(질산성 질소 : 질산염) → 청색아
　　㉢ 황산마그네슘 → 설사
　　㉣ 수인성 전염병 : 장티푸스, 파라티푸스, 세균성 이질, 유행성간염, 콜레라
　　㉤ 기생충성 질환 : 간흡충, 폐흡충, 회충, 편충
　　㉥ 수질기준 : 목욕장 수질기준은 탁도 1[NTU] 이하, 과망간산칼륨 소비량 10[mg/L] 이하
　　㉦ 우물의 위생적인 조건
　　　　ⓐ 지표에서 1[m] 높이로 지을 것
　　　　ⓑ 오염원에서 15[m] 이상 떨어질 것
　　　　ⓒ 우물은 3[m] 이상의 깊이일 것
　　　　ⓓ 우물에 뚜껑 및 지붕이 있을 것
　　　　ⓔ 계속적(정기적)인 염소 소독을 할 것
⑦ 하수, 분뇨, 쓰레기 처리방법 : 예비처리 → 본처리 → 오니처리
　　㉠ 예비처리 : 스크린, 침사, 침전
　　㉡ 본처리
　　　　ⓐ 호기성 분해처리 활성오니법 : 진보된 하수처리법, 경제적 처리법, 산화작용 이용
　　　　ⓑ 혐기성 분해처리(부패작용) : 무산소상태, 부사 형성(분뇨처리)
　　㉢ 오니처리 : 육상투기, 해양투기, 소각, 퇴비화, 사상건조, 소화법
　　㉣ 하수도의 복개로 가장 문제시될 수 있는 것 : 메탄가스의 증가
⑧ 진개 처리법(쓰레기 처리법)
　　㉠ 노천폐기법 : 비위생적
　　㉡ 매몰법(우리나라 대부분)
　　　　ⓐ 경사 30[°], 진개 두께 1~2[m], 복토 두께 20[cm] 이상
　　　　ⓑ 최종 복토 및 진개의 적당한 두께 : 진개 2[m] 이하, 복토 1[m]

ⓒ 소각법
- ⓐ 가장 위생적이다.
- ⓑ 쓰레기의 양을 줄인다.
- ⓒ 앞으로 전국적으로 이용
- ⓓ 단점 : 대기오염 및 다이옥신이 발생된다.

ⓔ **가축사료** : 음식점 주방쓰레기, 가정주방
ⓕ **퇴비법** : 농촌의 분뇨처리로서 권장, 발생 온도는 60~70[℃]

2. 주거와 위생

(1) 자연조명(주택)

① 창의 방향 : 주택
  ㉠ 거실은 남창, 작업실은 동북 또는 북창, 일조량은 1일 4시간 이상
  ㉡ 창의 크기 : 방바닥 1/7~1/5
  ㉢ 채광량 : 세로로 긴 것이 큼.
  ㉣ 개각(4~5[°] 이상), 입사각(28[°] 이상) : 채광 효과 → 입사각 > 개각

② 동일면적, 방향의 창문으로 채광 및 환기량을 높일 수 있는 조건 : 창의 위치가 높고 상하로 길 것

(2) 인공조명

① 직접조명 : 조명이 직접 들게 하는 것
② 간접조명 : 눈의 보호를 위한 가장 좋은 조명방법(형광등)
③ 부분조명 : 포인트되는 곳이나 미세작업을 요할 경우
  ㉠ 눈의 보호와 정서적 안정을 위한 조명색깔 : 주광색
  ㉡ 조도 : 사무실, 도서실, 학교교실은 80~120[Lux], 이용원, 미장원은 75[Lux] 이상

(3) 의복과 위생

① 의복에 의한 체온 조절 범위 : (난방)10~26[℃](냉방)
② 적정 실내 온·습도
  ㉠ 실내 온도 18 ± 2[℃], 침실 온도 15 ± 1[℃]
  ㉡ 두부와 발의 온도차 : 2~3[℃] 이내
  ㉢ 실내 습도 : 40~70[%]
③ 의복의 중량은 체중의 10[%] 이하로 한다.

9 산업환경

1. 물리적 작업환경에 의한 장애

(1) 고온, 고열 : 열중증, 열사병(일사병)(제철소, 용광로 작업자)

(2) 소음, 진동 : 청력장애, 레이노병(진동작업자)

(3) 고압작업 : 잠함병, 감압병(해녀, 잠수부)

(4) 저압작업 : 고산병, 항공병(비행기조종사, 승무원, 산악인)

(5) 불량조명 : 안정피로, 근시, 안구진탕

(6) 저온작업 : 참호족염, 침수족, 동상

(7) 작업형태에 따른 건강장애 : VDT증후군(사무실 작업자)

(8) 분진 : 폐포의 섬유증식증을 유발하는 병적 변화
  ① 규폐증 : 유리규산의 분진
  ② 석면폐증 : 석면섬유의 폐포나 기관지 부착으로 인한 섬유증식

(9) 공업중독
  ① 납 중독(축전지제조, 인쇄업)
  ② 수은 중독(건전지, 형광등, 체온계제조업)
  ③ 크롬 중독(염색, 내화벽돌제조, 전기도금공장)
  ④ 카드뮴 중독(공장폐수가 원인)
  ⑤ 벤젠 중독(안료의 증류 또는 분무)

(10) 물리적 작업환경에 의한 3대 직업병 : 납 중독, 벤젠 중독, 규폐증

2. 산업피로의 발생요인

피로가 회복되지 않고 계속해서 축적되는 것을 산업피로라고 한다. 산업피로는 질병과 재해의 원인이 되고, 생산성 저하로 이어진다.
  ① 정신적 피로
  ② 육체적 피로
  ③ 작업의 밀도와 시간
  ④ 작업조건의 부조화

10 식품위생과 영양

1. 식품위생의 개념

WHO의 환경위생전문위원회(1956년)는 "식품위생이란 식품의 재배·생산·제조로부터 인간이 섭취하는 과정까지 모든 단계에 걸쳐 식품의 안전성과 건전성 및 악화 방지 확보하기 위한 모든 수단을 말한다."라고 정의하고 있다.

(1) WHO가 정의한 식품위생의 영역 : ① 식품의 재배, ② 생산, ③ 제조, ④ 유통
(2) WHO가 규정한 식품위생의 궁극적 목표 : 식품의 안정성, 건강성, 완전 무결성 확보

2. 식중독

WHO는 "식중독이란 식품 또는 물의 섭취에 의해 발생되거나 발생된 것으로 생각되는 감염형 또는 독소형 질환이다."라고 정의하였다.

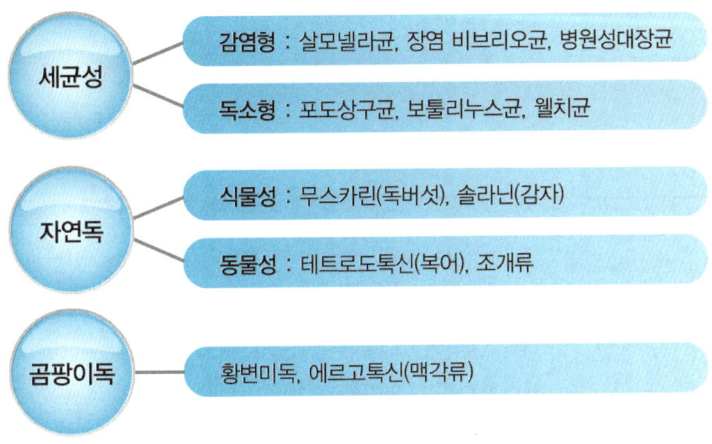

(1) 감염형 식중독 : 감염형 식중독은 원인균에 의해 식중독을 일으킨다.
　① 살모넬라 식중독 : 주 증상은 메스꺼움, 구토, 설사, 복통, 발열로 잠복기는 12~24시간으로 발병률이 10~75[%]로 높다. 원인식품은 육류, 어패류, 우유, 달걀 및 그 가공품 등이다.
　② 장염 비브리오 식중독 : 해수세균으로 1차적 오염인 도마, 조리대, 행주, 칼 등을 통해 2차적 식품오염이 발생되며 잠복기는 10~18시간이다. 복통, 설사, 구토, 발열 등 급성위장염으로 1~3일이 지나면 자연 회복된다.

(2) 독소형 식중독
　① 포도상구균 식중독 : 세균성 식중독 중 발생률이 가장 높은 급성위장염형 식중독으로 포도상구균이 식품 중에 독소로 증식하며 잠복기는 3시간 전후로 가장 짧다. 메스꺼움, 구토, 설사 순으로 증상이 나타나며 1~2일이면 대체로 완치된다. 원인식품으로는 유제품, 도시락, 빵, 과자류 등 전분을 주재료로 한 식품, 기타 어패류나 그 가공품, 두부 등 다양하다.

② **보툴리누스균 식중독** : 혐기성의 신경계 독소형 식중독으로 주로 통조림, 소시지, 햄 등의 식육제품의 병조림과 통조림 등의 식품류에서 발생된다. 잠복기가 12~36시간이며 신경계의 증상, 호흡곤란, 타액분비장애, 언어장애 등이 있으며 치명률이 높다.

③ **웰치균** : 아포가 형성되는 균으로 잠복기가 10~12시간이며 구토, 설사, 등 위장계에서 증상이 발현되고 육류의 위생을 철저히 하고 충분히 가열하여야 한다.

④ **세균성 식중독이 소화기계 전염병과 다른 점**
  ㉠ 발병에 요하는 균량이나 독소량이 많아야 발병
  ㉡ 연쇄전파에 의한 2차적인 감염이 없고, 원인식품의 섭취로 발병
  ㉢ 소화기계 전염병에 비해 잠복기가 짧다.
  ㉣ 면역이 성립되지 않는다.

(3) 자연독

식물성	동물성
• 솔라닌 : 감자 • 에르고톡신 : 맥각류 • 무스카린 : 독버섯 • 아미그달린 : 미숙한 매실, 살구씨 • 리신 : 피마자	• 테트로도톡신 : 복어 • 베네루핀 : 모시조개 • 고니오톡신 : 섭조개, 검은조개

(4) 화학적 식중독
  ① **식품첨가물** : 합성착색료, 유독성보존료, 유독성표백제, 유해감미료, 방향제 등이 있다.
  ② **용기, 포장재** : 구리, 아연, 카드뮴, 안티몬, PVC, 비소, 납, 수은 등이 있다.
  ③ **그 밖의 화합물** : 메틸알코올, 비소화합물, DDT(살충제)

3. 영양소

(1) 보건영양사업의 목표
  ① 영양소 결핍 예방으로 질병 예방
  ② 비만증과 과소체중관리
  ③ 임산부 및 조산아의 영양관리 및 노인의 영양관리
  ④ 성인병관리
  ⑤ 노인의 영양관리

(2) 영양소의 3대 작용
  ① **신체의 조직 구성** : 단백질, 지방, 무기물, 물
  ② **신체의 열량 공급** : 탄수화물, 지방, 단백질

③ 신체의 생리 기능 조절 : 비타민, 무기질

(3) 열량소의 작용

① 단백질 : 결핍 시 발육정지, 신체손모, 부종, 빈혈, 전염병에 대한 저항력 감소로 권장량은 체중 1[kg]당 1[g](성인男 75[g], 성인女 60[g])

② 탄수화물 : 96[%]가 열량원, 피로회복에 유효, 과량 섭취 → 비만

③ 지방질
  ㉠ 열량원, 인체 따뜻
  ㉡ 피부의 탄력성
  ㉢ 영양물질의 저장고

(4) 조절소의 작용

① 무기염류(Mineral)
  ㉠ 생리 기능 조절
  ㉡ 인체 구성작용
  ㉢ 인체의 5[%]
  ㉣ 종류
    ⓐ 식염(NaCl)
      • 조절소 기능 : 근육 및 신경의 자극, 전도, 삼투압의 조절
      • 부족 : 열중증, 탈력감(脫力感)
      • 필요량 : 성인 1일 15[g]
    ⓑ 칼슘 : 골격, 치아의 주성분
    ⓒ 철분 : 흡수율 10~20[%], 임산부, 수유부, 신생아, 영유아에 더 필요
    ⓓ 인 : 뼈, 뇌신경의 주성분
    ⓔ 요오드 : 갑상선 기능 유지(부족 시 갑상선 장애)

② 비타민
  ㉠ 수용성 : B복합체, C
  ㉡ 지용성 : A, D, E, K

(5) 구성소의 작용

① 물 : 신체 구성의 65[%] 차지, 성인 1일 필요량 : 2~2.5[ℓ]

  • 갈증 : 체내 수분의 5[%] 상실
  • 신체이상 : 체내 수분의 10[%] 이상 상실
  • 생명위험 : 체내 수분의 15[%] 이상 상실

(6) 열량대사
   ① 기초대사량
      ㉠ 정의 : 생명 유지에 소요되는 최소한의 열량(에너지량)
      ㉡ 소요
         ⓐ 체중 1[kg]당 한 시간에 1[kcal]
         ⓑ 체중 60[kg]인 성인의 1일 기초대사량 : 1,400[kcal]
         ⓒ 체중 52[kg]인 성인 여자의 1일 기초대사량 : 1,250[kcal]
         ⓓ 성인(20~64세)의 1일 열량권장량 : 2,000[kcal](여성), 2,500[kcal](남성)
         ⓔ 신체의 구성성분
            • 유기물 : 약 30[%] 〔단백질(15[%]), 지방(14[%]), 탄수화물(1[%])〕
            • 무기물 : 약 5[%]
            • 수분 : 약 65[%]

         • 영양소별 1g당 칼로리
            지방 : 9kcal, 단백질 : 4kcal, 탄수화물 : 4kcal

11 산업보건

세계노동기구와(ILO)와 세계보건기구(WHO)는 산업보건을 "모든 산업장의 근로자들이 정신적·육체적·사회적으로 최상의 안녕상태를 유지 및 증진할 수 있도록 작업조건으로 인한 질병을 예방하며, 건강에 유해한 작업조건으로부터 근로자들을 보호하고, 더 나아가서는 근로자들의 생산효율을 향상시키기 위한 근로 및 생활조건을 연구하는 과학이다."라고 정의하였다.

1. 산업보건의 중요성
   ① 노동인구의 증가
   ② 노동력 확보와 인력관리 필요성 증대
   ③ 근로자의 권익 보호

2. 산업피로
   (1) 증상 : 만성두통, 우울증, 어깨목의 뻐근함, 초조감, 불면 진행 시 시력저하, 목 어깨의 통증, 요통, 위장장애

(2) 피로의 발생조건(피로현상)

　① 중간 대사물의 축적

　② 활동자원의 감소

　③ 체내의 물리화학적 변화

　④ 신체 조절 기능의 저하

(3) 노동(근로)시간 : 국제노동기구(ILO)헌장 → 1931년 이후 1일 8시간씩 주 48시간

3. 산업재해

(1) 산업재해 발생 상황

　① 업종별 : 제조업과 소규모 사업장에 빈발

　② 시간별 : 오전, 작업 후 3시간, 오후 2시간에 빈발

　③ 주별 : 목, 금에 빈발(토요일 최저)

　④ 계절별 : 7, 9월에 최대(10, 11월 최소)

4. 직업병

(1) 고열작업 환경(열중증)

　① 급성

　　㉠ 열성발진 : 습난한 기후대에 머물면서 계속 고온다습한 대기에 폭로 시 발생

　　㉡ 열경련 : 장시간 고온환경 폭로 시

　　㉢ 열피로 또는 열허탈증 : 고온 환경에서 육체노동에 종사할 때

　　㉣ 열사병 또는 울혈증 : 체온 조절의 부조화로 생기는 중추신경계 마비

　② 만성

　　㉠ 열쇠약 – 만성형 : 고열에 의한 만성 체력소모, 즉 만성울혈상태를 말함.

　③ 고온작업의 생리적 한계

　　㉠ 직장 온도 38.3[℃], 맥박수 125[beat/min]까지 계속 무방

　　㉡ 고온환경 발한량의 상한 : 안정 시 1.8[kg/hr], 작업 시 3.9[kg/hr]

(2) 저온환경 건강장애

　① 전신체온 강하 : 장시간 한랭폭로와 체열 상실에 따라 발생하는 급성 중증장애, 진정제 복용과 음주는 체온 하강의 주요인

　② 동상 : −5[℃] 이하에서 조직동결, 세포구조에 기계적 파탄으로 발생

　③ 분류(3도로 분류)

　　㉠ 1도 : 발적 및 종창

ⓒ 2도 : 수포현상

ⓒ 3도 : 조직괴사

(3) 참호족(Trench foot : 산소결핍증)

① 직접 동결상태에 이르지 않음.

② 계속 장시간 폭로와 지속적 습기나 물에 접촉 시 참호족 발생

(4) 이상기압

① 이상저압 : 고산지대, 고공 비행 시 대기압이 낮아 고산병, 항공병이 발생

② 이상고압 : 고압환경에서 일하는 잠수 및 잠함 직업 등 해저 작업 시 10[m] 깊이마다 1기압씩 더함, 30[m] 깊이의 바닷속에서 일할 때 4기압

③ 증상 : 산소 중독, 질소마취, 탄산가스 중독, 폐기종

 ㉠ 산소 중독 : 2기압 이상에서 문제 – 손발의 작열통, 시력장애, 현청, 근육경련, 오심

 ㉡ 질소 중독 : 4기압 이상에서 마취, 질소 지방용해도 물의 5배

 ㉢ 이산화탄소 중독 : 산소의 독성과 질소의 마취작용 증가

 ㉣ 감압병(잠함병) : N_2 기포가 혈중에 남아서 사지 및 전신에 발생, 특히 비만자, 고령자에게 잘 발생됨.

  ⓐ 급성 : 두통, 어지러움, 관절통, 피로, 근육통증, 사지위약, 저림, 피부발진

  ⓑ 만성 : 만성두통, 피로감 및 무력감, 중추신경계 이상, 언어장애, 운동장애

(5) 금속 중독

① 납(연) 중독 : 초기증상 – 연산통, 관절통, 심근마비

② 비소(As) 중독

 ㉠ 폭로물질 및 장소 : 농약(비산연, 비산망간), 살충제(아비산), 안료, 유리가공

 ㉡ 중독증상 : 혈색소뇨, 비소진, 각화증, 비중격천공, 흑피증, 피부암

③ 망간 중독 : 신경증상, 보통 파킨슨병과 비슷한 증상

④ 니켈(Ni) 중독 : 만성폭로 시 – 불면, 간장애, 피부소양감, 폐암

⑤ 카드뮴(Cd) 중독 : 급성폭로 시 – 폐부종

⑥ 수은(Mercury, Hg) 중독 : 신경장애, 폐렴, 구강의 염증

⑦ 크롬(Cr) 중독 : 급성폭로 시 – 무통성 피부염, 습진

(6) 유기용제의 중독

① 실내·실외 대기 중에서 항상 노출 가능성이 있다.

② 상온, 상압 하에서 휘발성이 있는 액체물질, 대기 중에 존재하는 0.02[psi] 이상의 증기압을 갖거나 끓는점이 100[℃] 미만으로 탄소(C)를 포함하는 모든 유기화합물

③ 주요 발생원 : 액체연료, 파라핀 등의 생활 주변 사용 유기용제. 실내에는 건축재료, 세탁용제, 페인트, 살충제 등 주로 호흡기로 침투한다.

PART 05 핵심체크문제

01 국가 간이나 지역사회의 보건수준을 비교하는 3대 건강지표에 해당하지 않는 것은?
① 고령화지수 ② 평균수명
③ 영아사망률 ④ 비례사망지수

해설
국가 간이나 지역사회의 보건수준 평가의 3대 지표는 영아사망률, 비례사망지수, 평균수명이다.

02 모성보건사업에서 실시하는 관리의 종류로 알맞지 않은 것은?
① 산전관리 ② 분만관리
③ 산후관리 ④ 영아관리

해설
모성보건사업이 관리하는 사업은 산전관리, 분만관리, 산후관리, 수유관리이다.

03 WHO에서 말하는 건강의 정의로 옳은 것은?
① 육체적·정신적 및 사회적 안녕이 완전한 상태를 말한다.
② 육체적 안녕이 완전한 상태를 말한다.
③ 육체적·정신적 안녕이 완전한 상태를 말한다.
④ 사회적 안녕이 완전한 상태를 말한다.

해설
▶ 건강의 정의 : 단지 질병이 없거나 허약하지 않은 상태만을 의미하는 것이 아니라 육체적·정신적 및 사회적 안녕이 완전한 상태를 말한다.

04 인구 구성형태 중 피라미드형의 특징으로 알맞은 것은?
① 출생률이 높고 사망률이 낮은 형
② 출생률보다 사망률이 높은 형
③ 인구증가형 선진국형
④ 생산연령인구의 전출이 늘어나는 형

해설
▶ 피라미드형 : 인구증가형 후진국형, 출생률이 높고 사망률이 낮은 형

05 인구 구성형태 중 표주박형의 특징으로 알맞은 것은?
① 출생률이 높고 사망률이 높은 형
② 출생률이 낮고 사망률이 낮은 형
③ 생산연령인구의 전입이 늘어나는 형
④ 생산연령인구의 전출이 늘어나는 형

해설
▶ 표주박형(호로형) : 농촌형, 인구유출형

06 보건지표에서 보통사망률은 일정 기간 동안의 평균 인구 몇 명에 대한 사망자 수인가?
① 10명 ② 100명
③ 1,000명 ④ 10,000명

해설
▶ 보통사망률(조사망률) : 일정 기간 중 평균 인구 1,000명에 대한 사망자의 수

정답 01 ① 02 ④ 03 ① 04 ① 05 ④ 06 ③

07 역학의 목적이 아닌 것은?
① 질병의 발생 원인 규명
② 질병의 발생 및 유행 확산 방지 역할
③ 질병의 자연사에 관한 연구
④ 질병으로 인한 사망자 수 파악

해설
> 역학의 정의 : 질병이 발생했을 때 통계적 검정을 통해 질병의 발생 원인과 분포를 파악하고 원인을 규명하여 예방·차단하는 것

08 감염병의 3대 요인이 아닌 것은?
① 감염원 ② 감염경로
③ 감염체 ④ 감수성숙주

해설
감염병의 3대 요인은 감염원, 감염경로, 감수성숙주(병원체에 반응하는 성질)이다.

09 일본뇌염을 일으키는 병원소는?
① 고양이 ② 토끼
③ 벼룩   ④ 모기

해설
일본뇌염은 돼지, 모기의 바이러스에 의해 감염된다.

정답 07 ④ 08 ③ 09 ④

PART 6

공중위생관리법

01 목적 및 정의
02 영업의 신고 및 폐업
03 영업자 준수사항(위생관리의무 등)
04 이·미용사의 면허
05 이·미용사의 업무
06 행정지도감독
07 업소등급 및 평가
08 보수교육
09 공중위생관리 업무의 위임 및 위탁
10 벌칙
11 이용업 행정처분

핵심요약 _ Part 06 공중위생관리법

01 목적 및 정의

1) 공중위생영업은 다수인을 대상으로 위생관리서비스를 제공하는 영업이다.
2) 공중위생영업의 종류는 숙박업, 목욕장업, 이용업, 미용업, 세탁업, 건물위생관리업이다.
3) 공중위생관리법 시행령은 대통령령으로 한다.
4) 공중위생관리법 시행규칙은 보건복지부령으로 한다.

02 영업의 신고 및 폐업

1) 이·미용업 신고 시 제출서류는 신고서(전자문서 포함), 교육수료증(미리 받은 경우), 영업시설 및 설비개요서이다.
2) 영업의 변경신고는 소재지 변경, 명칭·상호 변경, 면적의 1/3 이상의 증감, 미용업 업종 간 변경, 대표자 성명·생년월일 변경이 있을 때이다.
3) 영업소 안에는 별실 그 밖에 이와 유사한 시설을 설치해서는 안 된다.
4) 이용업은 폐업한 날부터 20일 이내에 시장·군수·구청장에게 신고해야 한다.

03 이·미용사의 면허

1) 금치산자, 법령이 정한 감염병 환자와 약물중독자는 이·미용사의 면허를 받을 수 없다.
2) 성인병을 가지고 있거나, 한정치산자, 범죄자, 미성년자는 이·미용사의 면허를 받을 수 있다.
3) 공중위생영업자의 지위를 승계한 자는 1월 내 보건복지부령이 정하는 바에 따라 시장·군수·구청장에게 신고해야 한다.
4) 이용기구의 소독기준과 방법은 보건복지부령으로 정한다.
5) 이용사 면허는 보건복지부령이 정하고 시장·군수·구청장이 발급한다.
6) 이용사 면허의 취소사항에는 "면허증을 다른 사람에게 대여한 때"가 속한다.
7) 시장·군수·구청장은 이·미용사의 면허를 취소하거나 6월 이내 기간을 정해 정지를 명할 수 있다.
8) 면허정지 기간에 업무를 할 경우 면허취소가 된다.

9) 이중으로 면허를 받은 때 나중에 받은 면허는 취소된다.
10) 면허의 취소 및 정지명령을 받은 경우 지체 없이 시장・군수・구청장에게 면허증을 반납한다.
11) 면허의 재교부에 속할 때는 헐어 못 쓰게 되었거나, 잃어버렸거나, 기재사항의 변경이 있을 때이다.

04 이・미용사의 업무

1) 이용사의 업무범위로 이발, 아이론 하기, 면도, 머리피부 손질, 머리카락 염색, 머리감기가 있다.
2) 이용의 보조업무로 업소의 영업을 위한 사전 준비, 청결 유지, 제품과 기구 관리, 머리감기와 말리기 등의 업무가 있다.
3) 영업소 외의 장소에서 이・미용 업무를 하는 경우는 질병 및 기타 사유로 영업소에 나올 수 없을 때, 혼례나 기타의 식에 참여할 때 그 직전, 사회복지시설에서의 봉사활동, 방송으로 참여하는 자, 시장・군수・구청장이 특별히 인정한 사유일 때이다.

05 행정지도감독

1) 업소의 영업의 제한 및 개선명령은 시・도지사 또는 시장・군수・구청장이 할 수 있다.
2) 영업 개선에 대해서 시・도지사 또는 시장・군수・구청장이 기간을 6개월로 연장할 수 있다.
3) 공중위생영업소 폐쇄는 시장・군수・구청장이 6월 이내의 기간을 정해 영업정지, 사용중지, 폐쇄를 할 수 있다, 폐쇄 조치에 대해서 관계공무원은 게시물을 부착하거나, 기구・시설물의 봉인, 간판・표지물을 제거할 수 있다.
4) 면허취소, 면허정지, 일부 시설의 사용중지, 공중위생영업의 정지, 영업소 폐쇄명령 등의 처분을 실시할 때 청문을 실시한다.
5) 청문을 실시하는 자는 시장・군수・구청장이다.
6) 공중위생감시원의 자격, 임명, 업무범위 기타 필요한 사항은 특별시장・광역시장・도지사 또는 시장・군수・구청장이 정한다.
7) 영업신고 여부 확인은 공중위생감시원의 업무범위가 아니다.
8) 명예공중위생감시원의 자격 및 위촉방법, 업무범위 등에 관한 사항은 시・도지사가 정한다.

06 업소위생등급

1) 위생관리등급 평가의 등급 구분은 녹색 : 최우수업소, 황색 : 우수업소, 백색 : 일반관리대상 업소이다.
2) 위생서비스 관리등급, 평가주기 및 방법, 등급의 기준 기타 평가에 관한 사항은 보건복지부령으로 정한다.
3) 영업소의 위생관리수준을 향상시키기 위한 위생서비스평가계획은 시·도지사가 수립한다.
4) 시·도지사는 위생서비스평가계획을 수립 후 시장·군수·구청장에게 통보한다.
5) 위생서비스수준 평가는 2년마다 실시한다.

07 보수교육

1) 위생교육을 받아야 하는 자는 이·미용영업자이다.
2) 영업소 개설 후 미리 위생교육을 받을 수 없다면 영업 개시 후 6개월 이내 위생교육을 받아야 한다.
3) 위생교육은 1년에 1회 3시간을 받는다.
4) 위생교육을 받은 자는 2년 이내 같은 업종으로 영업을 할 수 있다.
5) 위생교육의 방법, 절차 등 필요한 사항은 보건복지부령으로 한다.
6) 위생교육에 대한 세부 사항은 보건복지부장관이 정한다.
7) 위생교육 실시단체의 장은 교육 수료자에게 수료증을 교부하고, 결과 통보를 1개월 내에 시장·군수·구청장에게 한다.

08 과태료

1) 과태료는 대통령령으로 정한다.
2) 과태료는 보건복지부장관 또는 시장·군수·구청장이 부과·징수한다.
3) 과태료는 분할 납부할 수 있다.
4) 위생교육을 받지 않은 자에 대한 과태료는 200만 원 이하이다.
5) 이용업 신고를 하지 아니하고 이용업소표시등을 설치한 자에 대한 과태료는 300만 원 이하이다.

과태료	사항
200만 원 이하	• 위생교육을 받지 않았을 때 • 영업소 외의 장소에서 이·미용업을 했을 때 • 업소에서 위생관리의무를 지키지 않았을 때
300만 원 이하	• 관계공무원의 출입·검사 기타 조치를 거부·방해 또는 기피한 자 • 규정에 의한 개선명령에 위반한 자 • 이용업 신고를 하지 않고 이용업소표시등을 설치한 자

6) 과징금의 징수절차는 보건복지부령으로 정한다.
7) 과징금의 총액은 1억 이하의 금액을 부과할 수 있다.
8) 과징금 산정기준 시 영업정지 1개월은 30일로 계산한다.
9) 과징금은 통지받은 날부터 20일 이내에 납부해야 한다.
10) 과징금을 천재·지변, 부득이한 사유로 납부하기 어려울 때, 사유가 없어진 날부터 7일 내 납부해야 한다.
11) 과징금 납부 후 시장·군수·구청장에게 통보해야 한다.
12) 제11조의2(과징금처분)
    시장·군수·구청장은 제1항의 규정에 의한 과징금을 납부하여야 할 자가 납부기한까지 이를 납부하지 아니한 경우에는 대통령령으로 정하는 바에 따라 제1항에 따른 과징금 부과처분을 취소하고 제11조 제1항에 따른 영업정지처분을 하거나 「지방행정제재·부과금의 징수 등에 관한 법률」에 따라 이를 징수한다(2020.3.24 개정 내용).
13) 과징금은 분할 납부할 수 있다.

벌금	사항
300만 원 이하	• 면허를 받지 아니하고 이·미용업을 개설하거나 그 업무에 종사한 사람 • 면허의 취소 또는 정지중에 이·미용업을 한 사람 • 다른 사람에게 이·미용사의 면허증을 빌려주거나 빌린 사람 • 이·미용사의 면허증을 빌려주거나 빌리는 것을 알선한 사람
6월 이하 징역 또는 500만 원 이하	• 공중위생영업자의 지위를 승계한 자로서 신고를 하지 아니한 자 • 건전한 영업질서를 위하여 공중위생영업자가 준수하여야 할 사항을 준수하지 아니한 자 • 변경신고를 하지 아니한 자
1년 이하 징역 또는 1천만 원 이하	• 영업신고를 하지 아니하고 영업을 한 자 • 영업정지명령 또는 일부 시설의 사용중지명령을 받고도 그 기간 중에 영업을 하거나 그 시설을 사용한 자 • 영업소 폐쇄명령을 받고도 계속하여 영업한 자

09 행정처분

1) 이용업자가 시·도지사 또는 시장·군수·구청장의 개선명령을 불이행했을 때 1차는 경고이다.
2) 성매매알선 후 한 장소에서 폐쇄명령 후 1년이 지나야 같은 종류의 영업을 할 수 있다.
3) 무신고로 영업소 소재지를 변경할 때 1차 행정처분은 영업정지 1월이다.
4) 영업소의 지위승계신고를 하지 않은 경우 3차 위반일 때 영업정지 1월이다.
5) 신고를 하지 않고 영업장 면적의 3분의 1 이상 변경한 경우 1차 행정처분은 경고 또는 개선명령이다.
6) 영업소의 시설 및 설비기준에 미달일 시 2차 행정처분은 영업정지 15일이다.
7) 영업신고를 하지 않은 경우는 1차 행정처분은 폐쇄명령이다.
8) 영업소 내에 별실 또는 유사한 시설을 설치한 경우 2차 행정처분으로 영업정지 2월을 받는다.
9) 소독을 한 기구와 아니한 기구를 분리 보관하지 않았을 때 3차 행정처분은 영업정지 10일이다.
10) 영업소 외의 장소에서 이용 업무를 한 경우 2차 행정처분은 영업정지 2월이다.
11) 법에 따른 보고를 하지 않거나 거짓으로 보고한 경우 2차 행정처분은 영업정지 20일이다.
12) 성매매알선, 음란행위 시 영업소는 2차 행정처분이 영업장 폐쇄이다.
13) 성매매알선, 음란행위 시 이용사의 1차 행정처분은 면허정지 3월이다.
14) 손님에게 도박, 시행행위를 하게 한 경우 2차 행정처분으로 영업정지 2월을 받는다.
15) 음란한 물건을 진열, 보관, 관람, 열람하게 한 경우 3차 행정처분은 영업정지 1월이다.
16) 무자격안마사에게 안마사 업무에 관한 행위를 하게 한 경우 1차 행정처분은 영업정지 1월이다.
17) 공중위생영업자가 정당한 사유 없이 6개월 이상 휴업한 경우 1차 처분은 영업장 폐쇄이다.
18) 공중위생영업 장부, 서류의 열람을 거부·방해나 기피 시 1차 행정처분은 영업정지 10일이다.

1차 행정처분기준	위반행위
개선명령	• 시설 및 설비기준을 위반한 경우 • 시설 및 설비가 기준에 미달한 경우 • 신고를 하지 않고 영업소의 명칭 및 상호 또는 영업장 면적의 3분의 1 이상을 변경한 경우(개선명령 또는 경고) • 이용업 신고증 및 면허증 원본을 게시하지 않거나 업소 내 조명도를 준수하지 않은 경우 (개선명령 또는 경고)

경고	• 신고를 하지 않고 영업소의 명칭 및 상호 또는 영업장 면적의 3분의 1 이상을 변경한 경우(개선명령 또는 경고) • 지위승계신고를 하지 않은 경우 • 소독을 한 기구와 소독을 하지 않은 기구를 각각 다른 용기에 넣어 보관하지 않거나 1회용 면도날을 2인 이상의 손님에게 사용한 경우 • 이용업 신고증 및 면허증 원본을 게시하지 않거나 업소 내 조명도를 준수하지 않은 경우(개선명령 또는 경고) • 개별 이용서비스의 최종지급가격 및 전체 이용서비스의 총액에 관한 내역서를 이용자에게 미리 제공하지 않은 경우 • 개선명령을 이행하지 않은 경우 • 음란한 물건을 관람·열람하게 하거나 진열 또는 보관한 경우
영업정지 10일	• 법에 따른 보고를 하지 않거나 거짓으로 보고한 경우 또는 관계공무원의 출입, 검사 또는 공중위생영업 장부 또는 서류의 열람을 거부·방해하거나 기피한 경우
영업정지 1월	• 이용업소 안에 별실 그 밖에 이와 유사한 시설을 설치한 경우 • 신고를 하지 않고 영업소의 소재지를 변경한 경우 • 불법카메라나 기계장치를 설치한 경우 • 영업소 외의 장소에서 이용 업무를 한 경우 • 손님에게 도박 그 밖에 사행행위를 하게 한 경우 • 무자격안마사로 하여금 안마사의 업무에 관한 행위를 하게 한 경우
영업정지 3월	• 손님에게 성매매알선 등 행위 또는 음란행위를 하게 하거나 이를 알선 또는 제공한 경우 [영업소]
면허정지 3월	• 면허증을 다른 사람에게 대여한 경우 • 손님에게 성매매알선 등 행위 또는 음란행위를 하게 하거나 이를 알선 또는 제공한 경우 [이용사]
면허정지	• 「국가기술자격법」에 따라 자격정지처분을 받은 경우(「국가기술자격법」에 따라 자격정지처분 기간에 한정한다)
면허취소	• 「국가기술자격법」에 따라 이용사자격이 취소된 경우 • 이중으로 면허를 취득한 경우(나중에 발급받은 면허를 말한다) • 면허정지처분을 받고도 그 정지기간 중 업무를 한 경우
영업장 폐쇄	• 영업신고를 하지 않은 경우 • 영업정지처분을 받고도 그 영업정지 기간에 영업을 한 경우 • 공중위생영업자가 정당한 사유 없이 6개월 이상 계속 휴업하는 경우 • 공중위생영업자가 「부가가치세법」 제8조에 따라 관할 세무서장에게 폐업신고를 하거나 관할 세무서장이 사업자 등록을 말소한 경우

summary 이용사·이용장 핵심요약

2차 행정처분기준	위반행위
영업정지 5일	• 소독을 한 기구와 소독을 하지 않은 기구를 각각 다른 용기에 넣어 보관하지 않거나 1회용 면도날을 2인 이상의 손님에게 사용한 경우 • 이용업 신고증 및 면허증 원본을 게시하지 않거나 업소 내 조명도를 준수하지 않은 경우 • 개별 이용서비스의 최종지급가격 및 전체 이용서비스의 총액에 관한 내역서를 이용자에게 미리 제공하지 않은 경우
영업정지 10일	• 지위승계신고를 하지 않은 경우 • 개선명령을 이행하지 않은 경우
영업정지 15일	• 시설 및 설비기준을 위반한 경우 • 시설 및 설비가 기준에 미달한 경우 • 신고를 하지 않고 영업소의 명칭 및 상호 또는 영업장 면적의 3분의 1 이상을 변경한 경우 • 음란한 물건을 관람·열람하게 하거나 진열 또는 보관한 경우
영업정지 20일	• 법에 따른 보고를 하지 않거나 거짓으로 보고한 경우 또는 관계공무원의 출입, 검사 또는 공중위생영업 장부 또는 서류의 열람을 거부·방해하거나 기피한 경우
영업정지 2월	• 이용업소 안에 별실 그 밖에 이와 유사한 시설을 설치한 경우 • 신고를 하지 않고 영업소의 소재지를 변경한 경우 • 불법카메라나 기계장치를 설치한 경우 • 영업소 외의 장소에서 이용 업무를 한 경우 • 손님에게 도박 그 밖에 사행행위를 하게 한 경우 • 무자격안마사로 하여금 안마사의 업무에 관한 행위를 하게 한 경우
면허정지 6월	• 면허증을 다른 사람에게 대여한 경우
면허취소	• 손님에게 성매매알선 등 행위 또는 음란행위를 하게 하거나 이를 알선 또는 제공한 경우 [이용사]
영업장 폐쇄	• 손님에게 성매매알선 등 행위 또는 음란행위를 하게 하거나 이를 알선 또는 제공한 경우 [영업소]

PART 06 공중위생관리법

1 목적 및 정의

1. 목적
공중위생관리법은 공중이 이용하는 영업의 위생관리 등에 관한 사항을 규정함으로써 위생수준을 향상시켜 국민의 건강 증진에 기여함을 목적으로 한다.

2. 정의
(1) **공중위생영업** : 다수인을 대상으로 위생관리서비스를 제공하는 영업으로서 숙박업, 목욕장업, 이용업, 미용업, 세탁업, 건물위생관리업을 말한다.

(2) **이용업** : 손님의 머리카락 또는 수염을 깎거나 다듬는 등의 방법으로 손님의 용모를 단정하게 하는 영업을 말한다.

(3) **미용업** : 손님의 얼굴, 머리, 피부 및 손톱·발톱 등을 손질하여 손님의 외모를 아름답게 꾸미는 영업을 말한다.

2 영업의 신고 및 폐업

1. 영업의 신고, 변경신고
(1) **영업신고** : 보건복지부령이 정하는 시설 및 설비를 갖추고, 아래의 서류를 첨부하여 시장·군수·구청장에게 신고하여야 한다.
   ① 영업신고서(전자문서로 된 신고서를 포함)
   ② 영업시설 및 설비개요서
   ③ 영업시설 및 설비의 사용에 관한 권리를 확보하였음을 증명하는 서류
   ④ 교육수료증(미리 교육을 받은 경우에만 해당)
   ⑤ 국유재산 사용허가서(국유철도 정거장 시설 또는 군사시설에서 영업하려는 경우에만 해당)
   ⑥ 철도사업자와 체결한 철도시설 사용계약에 관한 서류(국유철도 외의 철도 정거장 시설에서 영업하려고 하는 경우에만 해당)

(2) 이용업의 시설 및 설비기준
　① 공중위생영업장은 독립된 장소이거나 공중위생영업 외의 용도로 사용되는 시설 및 설비와 분리 또는 구획되어야 한다.
　② 이용기구는 소독을 한 기구와 소독을 하지 아니한 기구를 구분하여 보관할 수 있는 용기를 비치하여야 한다.
　③ 소독기·자외선살균기 등 이용기구를 소독하는 장비를 갖추어야 한다.
　④ 영업소 안에는 별실 그 밖에 이와 유사한 시설을 설치해서는 안 된다.

(3) 변경신고 : 다음의 사항을 변경하고자 하는 때에도 영업신고사항 변경신고서를 작성하여 시장·군수·구청장에게 신고하여야 한다.
　① 영업소의 명칭 또는 상호
　② 영업소의 주소
　③ 신고한 영업장 면적의 3분의 1 이상의 증감
　④ 대표자의 성명 또는 생년월일
　⑤ 미용업 업종 간 변경

2. 폐업신고
　① 공중위생영업자는 공중위생영업을 폐업한 날부터 20일 이내에 시장·군수·구청장에게 신고하여야 한다.
　② 영업정지 등의 기간 중에는 폐업신고를 할 수 없다.
　③ 시장·군수·구청장은 공중위생영업자가 「부가가치세법」에 따라 관할 세무서장에게 폐업신고를 하거나 관할 세무서장이 사업자등록을 말소한 경우에는 신고 사항을 직권으로 말소할 수 있다.

3. 영업의 승계(승계조건), 제한

(1) 영업의 승계 제한 : 이용업 또는 미용업의 경우에는 규정에 의한 면허를 소지한 자에 한하여 공중위생업자의 지위를 승계할 수 있다.

(2) 승계
　① 공중위생영업자가 그 공중위생영업을 양도하거나 사망한 때 또는 법인의 합병이 있는 때에는 그 양수인·상속인 또는 합병 후 존속하는 법인이나 합병에 의하여 설립되는 법인
　② 「민사집행법」에 의한 경매, 「채무자 회생 및 파산에 관한 법률」에 의한 환가나 「국세징수법」·「관세법」 또는 「지방세징수법」에 의한 압류재산의 매각 그 밖에 이에 준하는 절차에 따라 공중위생영업 관련 시설 및 설비의 전부를 인수한 자

(3) 신고 : 공중위생영업자의 지위를 승계한 자는 1월 이내에 시장·군수·구청장에게 신고하여야 한다.

3 영업자 준수사항(위생관리의무 등)

1. 영업자 준수사항

(1) 공중위생영업자는 그 이용자에게 건강상 위해요인이 발생하지 아니하도록 영업 관련 시설 및 설비를 위생적이고 안전하게 관리하여야 한다.

(2) 이용기구 및 설비
  ① 이용기구 중 소독을 한 기구와 소독을 하지 아니한 기구는 각각 다른 용기에 넣어 보관하여야 한다.

▲ 이용기구 및 미용기구의 소독기준 및 방법

소독법	소독방법
자외선 소독	1[cm^2]당 85[μW] 이상의 자외선을 20분 이상 쬐어준다.
건열멸균 소독	100[℃] 이상의 건조한 열에 20분 이상 쐬어준다.
증기 소독	100[℃] 이상의 습한 열에 20분 이상 쐬어준다.
열탕 소독	100[℃] 이상의 물속에 10분 이상 끓여준다.
석탄산수 소독	석탄산수(석탄산 3[%], 물 97[%]의 수용액을 말한다)에 10분 이상 담가둔다.
크레졸 소독	크레졸수(크레졸 3[%], 물 97[%]의 수용액을 말한다)에 10분 이상 담가둔다.
에탄올 소독	에탄올수용액(에탄올이 70[%]인 수용액을 말한다)에 10분 이상 담가두거나 에탄올수용액을 머금은 면 또는 거즈로 기구의 표면을 닦아준다.

  ② 1회용 면도날은 손님 1인에 한하여 사용하여야 한다.
  ③ 영업장 안의 조명도는 75럭스[lux] 이상이 되도록 유지하여야 한다.

(3) 영업소 비치사항
  ① 이용사면허증을 영업소 안에 게시할 것
  ② 이용업소표시등을 영업소 외부에 설치할 것
  ③ 영업소 내부에 이용업 신고증 및 개설자의 면허증 원본을 게시하여야 한다.
  ④ 영업소 내부에 최종지급요금표(부가가치세, 재료비, 봉사료 등이 포함된 요금표)를 게시 또는 부착하여야 한다.
  ⑤ ④에도 불구하고 신고한 영업장 면적이 66[m^2] 이상인 영업소의 경우 영업소 외부(출입문, 창문, 외벽면 등 포함)에도 손님이 보기 쉬운 곳에 「옥외광고물 등 관리법」에 적합하게 최종지급요금표를 게시 또는 부착하여야 한다. 이 경우 최종지급요금표에는 일부 항목(3개 이상)만 표시할 수 있다.
  ⑥ 3가지 이상의 이용서비스를 제공하는 경우에는 개별 이용서비스의 최종지급가격 및 전체 이용서비스의 총액에 관한 내역서를 이용자에게 미리 제공하여야 한다. 이 경우 이용업자는 해당 내역서 사본을 1개월간 보관하여야 한다.

4 이·미용사의 면허

1. 면허발급 및 취소

(1) **이용사의 면허 발급** : 다음에 해당하는 자로서 보건복지부령이 정하는 바에 의하여 시장·군수·구청장의 면허를 받아야 한다.

① 전문대학 또는 이와 같은 수준 이상의 학력이 있다고 교육부장관이 인정하는 학교에서 이용 또는 미용에 관한 학과를 졸업한 자

② 대학 또는 전문대학을 졸업한 자와 같은 수준 이상의 학력이 있는 것으로 인정되어 이용 또는 미용에 관한 학위를 취득한 자

③ 고등학교 또는 이와 같은 수준의 학력이 있다고 교육부장관이 인정하는 학교에서 이용 또는 미용에 관한 학과를 졸업한 자

④ 특성화고등학교, 고등기술학교나 고등학교 또는 고등기술학교에 준하는 각종학교에서 1년 이상 이용 또는 미용에 관한 소정의 과정을 이수한 자

⑤ 「국가기술자격법」에 의한 이용사 또는 미용사의 자격을 취득한 자

(2) **이용사의 면허를 받을 수 없는 자**

① 피성년후견인(금치산자)

② 정신질환자(전문의가 이용사로서 적합하다고 인정하는 사람은 제외)

③ 공중의 위생에 영향을 미칠 수 있는 감염병 환자로서 보건복지부령이 정하는 자(결핵환자)

④ 마약 기타 대통령령으로 정하는 약물중독자(대마 또는 향정신성의약품의 중독자)

⑤ 법에 규정된 사유로 면허가 취소된 후 1년이 경과되지 아니한 자

(3) **면허정지 및 취소** : 시장·군수·구청장은 이용사 또는 미용사가 다음에 해당하는 때에는 면허를 취소하거나 6월 이내의 기간에 한하여 면허를 정지할 수 있다.

① 피성년후견인(금치산자) – 면허취소

② 정신질환자, 감염병 환자, 마약 기타 약물중독자 – 면허취소

③ 면허증을 다른 사람에게 대여한 때

④ 「국가기술자격법」에 따라 자격이 취소된 때 – 면허취소

⑤ 「국가기술자격법」에 따라 이용사 자격정지처분을 받은 때(「국가기술자격법」에 따른 자격정지처분 기간에 한정)

⑥ 이중으로 면허를 취득한 때(나중에 발급받은 면허) – 면허취소

⑦ 면허정지처분을 받고도 그 정지기간 중 업무를 한 때 – 면허취소

⑧ 「성매매알선 등 행위의 처벌에 관한 법률」이나 「풍속영업의 규제에 관한 법률」을 위반하여 관계 행정기관의 장으로부터 그 사실을 통보받은 때

2. 면허증의 재발급

(1) 면허증의 재발급
　① 면허증을 잃어버린 때
　② 면허증이 헐어 못 쓰게 된 때
　③ 면허증의 기재사항에 변경이 있는 때

(2) 면허증의 반납
　① 면허가 취소되거나 면허의 정지명령을 받은 자는 지체 없이 관할 시장·군수·구청장에게 면허증을 반납하여야 한다.
　② 면허의 정지명령을 받은 자가 반납한 면허증은 그 면허정지 기간 동안 관할 시장·군수·구청장이 이를 보관하여야 한다.

(3) **면허수수료** : 이용사 면허를 받고자 하는 자는 대통령령이 정하는 바에 따라 수수료를 납부하여야 한다.

5 이·미용사의 업무

1. 이·미용사의 업무범위

(1) 이용사 또는 미용사의 면허를 받은 자가 아니면 이용업 또는 미용업을 개설하거나 그 업무에 종사할 수 없다. 다만, 이용사 또는 미용사의 감독을 받아 이용 또는 미용 업무의 보조를 행하는 경우에는 그러하지 아니하다.

(2) **이용사의 업무범위** : 이발, 아이론, 면도, 머리피부 손질, 머리카락 염색 및 머리감기

(3) **미용사의 업무범위** : 파마, 머리카락 자르기, 머리카락 모양내기, 머리피부 손질, 머리카락 염색, 머리감기, 의료기기나 의약품을 사용하지 않는 눈썹손질

2. 영업소 외의 장소에서의 업무

　이용 및 미용의 업무는 영업소 외의 장소에서 행할 수 없다. 다만, 다음의 사유가 있는 경우에는 그러하지 아니하다.

(1) 질병·고령·장애나 그 밖의 사유로 영업소에 나올 수 없는 자에 대하여 이·미용을 하는 경우
(2) 혼례나 그 밖의 의식에 참여하는 자에 대하여 그 의식 직전에 이·미용을 하는 경우
(3) 「사회복지사업법」에 따른 사회복지시설에서 봉사활동으로 이·미용을 하는 경우
(4) 방송 등의 촬영에 참여하는 사람에 대하여 그 촬영 직전에 이·미용을 하는 경우
(5) (1)~(4) 외에 특별한 사정이 있다고 시장·군수·구청장이 인정하는 경우

3. 이·미용의 업무보조 범위

(1) 이용·미용 업무를 위한 사전 준비에 관한 사항

(2) 이용·미용 업무를 위한 기구·제품 등의 관리에 관한 사항

(3) 영업소의 청결 유지 등 위생관리에 관한 사항

(4) 그 밖에 머리감기 등 이용·미용 업무의 보조에 관한 사항

6 행정지도감독

1. 영업소 출입검사

(1) 특별시장·광역시장·도지사(이하 "시·도지사"라 한다) 또는 시장·군수·구청장은 공중위생관리상 필요하다고 인정하는 때에는 공중위생영업자에 대하여 필요한 보고를 하게 하거나 소속 공무원으로 하여금 영업소·사무소 등에 출입하여 공중위생영업자의 위생관리의무이행 등에 대하여 검사하게 하거나 필요에 따라 공중위생영업장부나 서류를 열람하게 할 수 있다.

(2) 관계공무원은 그 권한을 표시하는 증표를 지녀야 하며, 관계인에게 이를 내보여야 한다.

2. 영업의 제한 및 개선명령

(1) 영업의 제한 : 시·도지사는 공익상 또는 선량한 풍속을 유지하기 위하여 필요하다고 인정하는 때에는 공중위생영업자 및 종사원에 대하여 영업시간 및 영업행위에 관한 필요한 제한을 할 수 있다.

(2) 위생지도 및 개선명령

① 시·도지사 또는 시장·군수·구청장은 다음의 하나에 해당하는 자에 대하여 위반사항에 대한 개선을 명하고자 하는 때에는 위반사항의 개선에 소요되는 기간 등을 고려하여 즉시 그 개선을 명하거나 6개월의 범위에서 기간을 정하여 개선을 명하여야 한다.
㉠ 공중위생영업의 종류별 시설 및 설비기준을 위반한 공중위생영업자
㉡ 위생관리의무를 위반한 공중위생영업자

② 시·도지사 또는 시장·군수·구청장으로부터 개선명령을 받은 공중위생영업자는 천재·지변 기타 부득이한 사유로 인하여 개선기간 이내에 개선을 완료할 수 없는 경우에는 그 기간이 종료되기 전에 개선기간의 연장을 신청할 수 있다. 이 경우 시·도지사 또는 시장·군수·구청장은 6개월의 범위에서 개선기간을 연장할 수 있다.

3. 영업소 폐쇄

(1) 공중위생영업소의 폐쇄 등
    ① 시장·군수·구청장은 공중위생영업자가 다음의 사항에 해당하면 6월 이내의 기간을 정하여 영업의 정지 또는 일부 시설의 사용중지를 명하거나 영업소 폐쇄 등을 명할 수 있다.
        ㉠ 영업신고를 하지 아니하거나 시설과 설비기준을 위반한 경우
        ㉡ 변경신고를 하지 아니한 경우
        ㉢ 지위승계신고를 하지 아니한 경우
        ㉣ 공중위생영업자의 위생관리의무 등을 지키지 아니한 경우
        ㉤ 불법카메라나 기계장치를 설치한 경우
        ㉥ 영업소 외의 장소에서 이용 또는 미용 업무를 한 경우
        ㉦ 보고를 하지 아니하거나 거짓으로 보고한 경우 또는 관계공무원의 출입, 검사 또는 공중위생영업 장부 또는 서류의 열람을 거부·방해하거나 기피한 경우
        ㉧ 개선명령을 이행하지 아니한 경우
        ㉨ 「성매매알선 등 행위의 처벌에 관한 법률」, 「풍속영업의 규제에 관한 법률」, 「청소년 보호법」, 「아동·청소년의 성보호에 관한 법률」 또는 「의료법」을 위반하여 관계 행정기관의 장으로부터 그 사실을 통보받은 경우
    ② 시장·군수·구청장은 ①에 따른 영업정지처분을 받고도 그 영업정지 기간에 영업을 한 경우에는 영업소 폐쇄를 명할 수 있다.
    ③ **영업소 폐쇄를 명할 수 있는 경우** : 시장·군수·구청장은 다음의 하나에 해당하는 경우에는 영업소 폐쇄를 명할 수 있다.
        ㉠ 정당한 사유 없이 6개월 이상 계속 휴업하는 경우
        ㉡ 「부가가치세법」에 따라 관할 세무서장에게 폐업신고를 하거나 관할 세무서장이 사업자 등록을 말소한 경우
    ④ **영업소 폐쇄명령을 받고도 계속하여 영업을 할 때 관계공무원이 영업소를 폐쇄하기 위하여 취할 수 있는 조치**
        ㉠ 해당 영업소의 간판 기타 영업표지물의 제거
        ㉡ 해당 영업소가 위법한 영업소임을 알리는 게시물 등의 부착
        ㉢ 영업을 위하여 필수불가결한 기구 또는 시설물을 사용할 수 없게 하는 봉인

(2) **행정처분** : 영업정지, 영업소 폐쇄명령 등 행정처분의 세부적 기준은 보건복지부령으로 정한다.

(3) **영업소 폐쇄봉인 해제 등** : 시장·군수·구청장은 위의 봉인, 게시물 등을 부착한 후 다음의 사항에 해당하는 때에는 그 봉인을 해제하거나 게시물을 제거할 수 있다.
    ① 봉인을 계속할 필요가 없다고 인정되는 때
    ② 영업자 등이나 그 대리인이 해당 영업소를 폐쇄할 것을 약속하는 때
    ③ 정당한 사유를 들어 봉인의 해제를 요청하는 때

4. 청문

보건복지부장관 또는 시장·군수·구청장은 다음에 해당하는 처분을 하려면 청문을 하여야 한다.

① 이·미용사의 면허취소 또는 면허정지
② 영업정지명령
③ 일부 시설의 사용중지명령
④ 영업소 폐쇄명령

5. 공중위생감시원

(1) 공중위생감시원의 임명

① 특별시·광역시·도 및 시·군·구에 공중위생감시원을 둔다.
② 시·도지사 또는 시장·군수·구청장은 소속 공무원 중에서 공중위생감시원을 임명한다.

(2) 공중위생감시원의 자격 요건

① 위생사 또는 환경기사 2급 이상의 자격증이 있는 사람
② 대학에서 화학·화공학·환경공학 또는 위생학 분야를 전공하고 졸업한 사람 또는 법령에 따라 이와 같은 수준 이상의 학력이 있다고 인정되는 사람
③ 외국에서 위생사 또는 환경기사의 면허를 받은 사람
④ 1년 이상 공중위생 행정에 종사한 경력이 있는 사람
⑤ 인력확보가 곤란한 때에는 공중위생 행정에 종사하는자 중 공중위생 감시에 관한 교육훈련을 2주 이상 받은 사람을 공중위생 행정에 종사하는 기간 동안 공중위생감시원으로 임명할 수 있다.

(3) 공중위생감시원의 업무범위

① 규정에 의한 시설 및 설비의 확인
② 공중위생영업 관련 시설 및 설비의 위생상태 확인·검사, 공중위생영업자의 위생관리의무 및 영업자 준수사항 이행 여부의 확인
③ 위생지도 및 개선명령 이행 여부의 확인
④ 공중위생영업소의 영업의 정지, 일부 시설의 사용중지 또는 영업소 폐쇄명령 이행 여부의 확인
⑤ 위생교육 이행 여부의 확인

(4) 명예공중위생감시원

① 운영
　㉠ 시·도지사는 공중위생의 관리를 위한 지도·계몽 등을 행하게 하기 위하여 명예공중위생감시원을 둘 수 있다.
　㉡ 시·도지사는 명예공중위생감시원의 활동지원을 위하여 예산의 범위 안에서 시·도지사가 정하는 바에 따라 수당 등을 지급할 수 있다.

ⓒ 명예공중위생감시원의 운영에 관하여 필요한 사항은 시·도지사가 정한다.
② 자격
  ㉠ 공중위생에 대한 지식과 관심이 있는 자
  ㉡ 소비자단체, 공중위생 관련 협회 또는 단체의 소속 직원 중에서 당해 단체의 장이 추천하는 자
③ 업무범위
  ㉠ 공중위생감시원이 행하는 검사 대상물의 수거 지원
  ㉡ 법령 위반행위에 대한 신고 및 자료 제공
  ㉢ 공중위생에 관한 홍보·계몽 등 공중위생관리 업무와 관련하여 시·도지사가 따로 정하여 부여하는 업무

7 업소등급 및 평가

1. 위생서비스수준의 평가

(1) 위생서비스평가계획 : 시·도지사는 공중위생영업소의 위생관리수준을 향상시키기 위하여 위생서비스평가계획(이하 "평가계획"이라 한다)을 수립하여 시장·군수·구청장에게 통보하여야 한다.

(2) 위생서비스수준 평가
  ① 시장·군수·구청장은 평가계획에 따라 관할지역별 세부평가계획을 수립한 후 공중위생영업소의 위생서비스 수준을 평가(이하 "위생서비스평가"라 한다)하여야 한다.
  ② 시장·군수·구청장은 위생서비스평가의 전문성을 높이기 위하여 필요하다고 인정하는 경우에는 관련 전문기관 및 단체로 하여금 위생서비스평가를 실시하게 할 수 있다.
  ③ 위생서비스평가 주기 : 공중위생영업소의 위생서비스평가는 2년마다 실시하되, 공중위생영업소의 보건·위생 관리를 위하여 특히 필요한 경우에는 보건복지부장관이 정하여 고시하는 바에 따라 공중위생영업의 종류 또는 위생관리등급별로 평가주기를 달리할 수 있다.

2. 위생관리등급 공표 등

(1) 위생관리등급 공표
  ① 시장·군수·구청장은 보건복지부령이 정하는 바에 의하여 위생서비스평가의 결과에 따른 위생관리등급을 해당 공중위생영업자에게 통보하고 이를 공표하여야 한다.
  ② 공중위생영업자는 통보받은 위생관리등급의 표지를 영업소의 명칭과 함께 영업소의 출입구에 부착할 수 있다.
  ③ 시·도지사 또는 시장·군수·구청장은 위생서비스평가의 결과 위생서비스의 수준이 우수하다고 인정되는 영업소에 대하여 포상을 실시할 수 있다.

(2) 위생관리등급

① 위생관리등급의 구분

최우수업소	녹색등급
우수업소	황색등급
일반관리대상 업소	백색등급

② 위생관리등급의 판정을 위한 세부항목, 등급결정 절차와 기타 위생서비스평가에 필요한 구체적인 사항은 보건복지부장관이 정한다.

(3) 위생관리등급에 따른 위생감시

① 시·도지사 또는 시장·군수·구청장은 위생서비스평가의 결과에 따른 위생관리등급별로 영업소에 대한 위생감시를 실시하여야 한다.

② 영업소에 대한 출입·검사와 위생감시의 실시주기 및 횟수 등 위생관리등급별 위생감시기준은 보건복지부령으로 정한다.

8 보수교육

1. 위생교육

(1) 교육 주기와 시간

① 주기 : 매년 위생교육을 받아야 한다.
② 시간 : 교육시간은 3시간
③ 방법 : 집합교육과 온라인 교육을 병행하여 실시

(2) 교육 내용

① 「공중위생관리법」 및 관련 법규
② 소양교육(친절 및 청결에 관한 사항을 포함)
③ 기술교육
④ 그 밖에 공중위생에 관하여 필요한 내용

(3) 교육 대상

① 영업신고를 하고자 하는 자는 미리 위생교육을 받아야 한다.

② 6개월 이내에 위생교육을 받을 수 있는 경우
　㉠ 천재지변, 본인의 질병・사고, 업무상 국외출장 등의 사유로 교육을 받을 수 없는 경우
　㉡ 교육을 실시하는 단체의 사정 등으로 미리 교육을 받기 불가능한 경우

(4) 위생교육의 면제, 대체 등
① 위생교육 대상자 중 보건복지부장관이 고시하는 섬・벽지지역에서 영업을 하고 있거나 하려는 자에 대하여는 교육교재를 배부하여 이를 익히고 활용하도록 함으로써 교육에 갈음할 수 있다.
② 위생교육 대상자 중 휴업신고를 한 자에 대해서는 휴업신고를 한 다음 해부터 영업을 재개하기 전까지 위생교육을 유예할 수 있다.
③ 위생교육을 받은 자가 위생교육을 받은 날부터 2년 이내에 위생교육을 받은 업종과 같은 업종의 영업을 하려는 경우에는 해당 영업에 대한 위생교육을 받은 것으로 본다.

2. 위생교육기관
- 보건복지부장관이 허가한 단체
- 공중위생 영업자단체

9 공중위생관리 업무의 위임 및 위탁

(1) 보건복지부장관은 이 법에 의한 권한의 일부를 대통령령이 정하는 바에 의하여 시・도지사 또는 시장・군수・구청장에게 위임할 수 있다.

(2) 보건복지부장관은 대통령령이 정하는 바에 의하여 관계 전문기관 등에 그 업무의 일부를 위탁할 수 있다.

10 벌칙

1. 벌칙

(1) 벌칙의 종류

1년 이하의 징역 또는 1천만 원 이하의 벌금	• 공중위생영업 신고를 하지 아니하고 영업을 한 자 • 영업정지명령 또는 일부 시설의 사용중지명령을 받고도 그 기간 중에 영업을 하거나 그 시설을 사용한 자 또는 영업소 폐쇄명령을 받고도 계속하여 영업을 한 자
6월 이하의 징역 또는 500만 원 이하의 벌금	• 중요사항의 변경신고를 하지 아니한 자 • 공중위생영업자의 지위를 승계한 자로서 신고를 하지 아니한 자 • 건전한 영업질서를 위하여 공중위생영업자가 준수하여야 할 사항을 준수하지 아니한 자
300만 원 이하의 벌금	• 다른 사람에게 이용사 또는 미용사의 면허증을 빌려주거나 빌린 사람 • 이용사 또는 미용사의 면허증을 빌려주거나 빌리는 것을 알선한 사람 • 면허의 취소 또는 정지 중에 이용업 또는 미용업을 한 사람 • 면허를 받지 아니하고 이용업 또는 미용업을 개설하거나 그 업무에 종사한 사람

(2) 양벌규정 : 법인의 대표자나 법인 또는 개인의 대리인, 사용인, 그 밖의 종업원이 그 법인 또는 개인의 업무에 관하여 위의 위반행위를 하면 그 행위자를 벌하는 외에 그 법인 또는 개인에게도 해당 조문의 벌금형을 과(科)한다.

2. 과태료

(1) 과태료의 종류

300만 원 이하의 과태료	• 규정에 의한 보고를 하지 아니하거나 관계공무원의 출입·검사 기타 조치를 거부·방해 또는 기피한 자 • 개선명령에 위반한 자 • 신고를 하지 않고 이용업소표시등을 설치한 자
200만 원 이하의 과태료	• 이·미용업소의 위생관리의무를 지키지 아니한 자 • 영업소 외의 장소에서 이용 또는 미용 업무를 행한 자 • 위생교육을 받지 아니한 자

(2) 과태료는 보건복지부장관 또는 시장·군수·구청장이 부과·징수한다.

11 이용업 행정처분

1. 일반기준

(1) 위반행위가 2 이상인 경우로서 그에 해당하는 각각의 처분기준이 다른 경우에는 그중 중한 처분기준에 의하되, 2 이상의 처분기준이 영업정지에 해당하는 경우에는 가장 중한 정지처분기간에 나머지 각각의 정지처분기간의 2분의 1을 더하여 처분한다.

(2) 행정처분의 절차가 진행되는 기간 중에 반복하여 같은 사항을 위반한 때에는 그 위반횟수마다 행정처분기준의 2분의 1씩 더하여 처분한다.

(3) 위반행위의 차수에 따른 행정처분기준은 최근 1년간 같은 위반행위로 행정처분을 받은 경우에 이를 적용한다. 이 경우 기간의 계산은 위반행위에 대하여 행정처분을 받은 날과 그 처분 후 다시 같은 위반행위를 하여 적발된 날을 기준으로 한다.

(4) 행정처분권자는 위반사항의 내용으로 보아 그 위반 정도가 경미하거나 해당 위반사항에 관하여 검사로부터 기소유예의 처분을 받거나 법원으로부터 선고유예의 판결을 받은 때에는 개별기준에 불구하고 그 처분기준을 다음의 기준에 따라 경감할 수 있다.
   ① 영업정지 및 면허정지의 경우에는 그 처분기준 일수의 2분의 1의 범위 안에서 경감할 수 있다.
   ② 영업장 폐쇄의 경우에는 3월 이상의 영업정지처분으로 경감할 수 있다.

(5) 영업정지 1월은 30일을 기준으로 하고, 행정처분기준을 가중하거나 경감하는 경우 1일 미만은 처분기준 산정에서 제외한다.

2. 이용업의 행정처분기준

위반행위	근거 법조문	행정처분기준			
		1차 위반	2차 위반	3차 위반	4차 이상 위반
1. 영업신고를 하지 않거나 시설과 설비기준을 위반한 경우	법 제11조 제1항 제1호				
1) 영업신고를 하지 않은 경우		영업장 폐쇄명령			
2) 시설 및 설비기준을 위반한 경우		개선명령	영업정지 15일	영업정지 1월	영업장 폐쇄명령
① 이용업소 안에 별실 그 밖에 이와 유사한 시설을 설치한 경우		영업정지 1월	영업정지 2월	영업장 폐쇄명령	

위반사항	관련법규	1차위반	2차위반	3차위반	4차위반
② 그 밖에 시설 및 설비가 기준에 미달한 경우		개선명령	영업정지 15일	영업정지 1월	영업장 폐쇄명령
2. 변경신고를 하지 않은 경우	법 제11조 제1항 제2호				
1) 신고를 하지 않고 영업소의 명칭 및 상호 또는 영업장 면적의 3분의 1 이상을 변경한 경우		경고 또는 개선명령	영업정지 15일	영업정지 1월	영업장 폐쇄명령
2) 신고를 하지 않고 영업소의 소재지를 변경한 경우		영업정지 1월	영업정지 2월	영업장 폐쇄명령	
3. 지위승계신고를 하지 않은 경우	법 제11조 제1항 제3호	경고	영업정지 10일	영업정지 1월	영업장 폐쇄명령
4. 공중위생영업자의 위생관리의무 등을 지키지 않은 경우	법 제11조 제1항 제4호				
1) 소독을 한 기구와 소독을 하지 않은 기구를 각각 다른 용기에 넣어 보관하지 않거나 1회용 면도날을 2인 이상의 손님에게 사용한 경우		경고	영업정지 5일	영업정지 10일	영업장 폐쇄명령
2) 이용업 신고증 및 면허증 원본을 게시하지 않거나 업소 내 조명도를 준수하지 않은 경우		경고 또는 개선명령	영업징지 5일	영업정지 10일	영업장 폐쇄명령
3) 개별 이용서비스의 최종지급가격 및 전체 이용서비스의 총액에 관한 내역서를 이용자에게 미리 제공하지 않은 경우		경고	영업정지 5일	영업정지 10일	영업정지 1월
5. 불법카메라나 기계장치를 설치한 경우	법 제11조 제1항 제4호의2	영업정지 1월	영업정지 2월	영업장 폐쇄명령	
6. 면허정지 및 면허취소 사유에 해당하는 경우	법 제7조 제1항				
1) 면허증을 다른 사람에게 대여한 경우		면허정지 3월	면허정지 6월	면허취소	
2) 「국가기술자격법」에 따라 이용사자격이 취소된 경우		면허취소			
3) 「국가기술자격법」에 따라 자격정지처분을 받은 경우(「국가기술자격법」에 따라 자격정지처분 기간에 한정한다)		면허정지			
4) 이중으로 면허를 취득한 경우(나중에 발급받은 면허를 말한다)		면허취소			
5) 면허정지처분을 받고도 그 정지기간 중 업무를 한 경우		면허취소			

7. 영업소 외의 장소에서 이용 업무를 한 경우	법 제11조 제1항 제5호	영업정지 1월	영업정지 2월	영업장 폐쇄명령	
8. 보고를 하지 않거나 거짓으로 보고한 경우 또는 관계공무원의 출입, 검사 또는 공중위생영업 장부 또는 서류의 열람을 거부·방해하거나 기피한 경우	법 제11조 제1항 제6호	영업정지 10일	영업정지 20일	영업정지 1월	영업장 폐쇄명령
9. 개선명령을 이행하지 않은 경우	법 제11조 제1항 제7호	경고	영업정지 10일	영업정지 1월	영업장 폐쇄명령
10. 「성매매알선 등 행위의 처벌에 관한 법률」, 「풍속영업의 규제에 관한 법률」, 「청소년 보호법」, 「아동·청소년의 성보호에 관한 법률」 또는 「의료법」을 위반하여 관계 행정기관의 장으로부터 그 사실을 통보받은 경우	법 제11조 제1항 제8호				
1) 손님에게 성매매알선 등 행위 또는 음란행위를 하게 하거나 이를 알선 또는 제공한 경우					
① 영업소		영업정지 3월	영업장 폐쇄명령		
② 이용사		면허정지 3월	면허취소		
2) 손님에게 도박 그 밖에 사행행위를 하게 한 경우		영업정지 1월	영업정지 2월	영업장 폐쇄명령	
3) 음란한 물건을 관람·열람하게 하거나 진열 또는 보관한 경우		경고	영업정지 15일	영업정지 1월	영업장 폐쇄명령
4) 무자격안마사로 하여금 안마사의 업무에 관한 행위를 하게 한 경우		영업정지 1월	영업정지 2월	영업장 폐쇄명령	
11. 영업정지처분을 받고도 그 영업정지 기간에 영업을 한 경우	법 제11조 제2항	영업장 폐쇄명령			
12. 공중위생영업자가 정당한 사유 없이 6개월 이상 계속 휴업하는 경우	법 제11조 제3항 제1호	영업장 폐쇄명령			
13. 공중위생영업자가 「부가가치세법」 제8조에 따라 관할 세무서장에게 폐업신고를 하거나 관할 세무서장이 사업자 등록을 말소한 경우	법 제11조 제3항 제2호	영업장 폐쇄명령			

PART 06 핵심체크문제

01 공중위생관리법은 국민의 _____에 기여함을 목적으로 한다. 빈칸에 들어갈 말로 옳은 것은?
① 건강 증진 ② 내집마련
③ 소득수준 향상 ④ 일자리 창출

> **해설**
> 공중위생관리법은 공중이 이용하는 영업의 위생관리 등에 관한 사항을 규정함으로써 위생수준을 향상시켜 국민의 건강 증진에 기여함을 목적으로 한다.

02 공중위생영업에 해당하지 않는 것은?
① 세탁업 ② 숙박업
③ 요식업 ④ 이·미용업

> **해설**
> 공중위생영업은 숙박업, 목욕장업, 이용업, 미용업, 세탁업, 건물위생관리업이 있다.

03 영업신고를 하는 데에 필요한 서류로 적합하지 않은 것은?
① 영업시설 및 설비개요서
② 면허증 원본
③ 위생교육수료증
④ 이용사자격증

> **해설**
> 영업신고에 필요한 서류는 영업시설 및 설비개요서, 면허증 원본, 위생교육수료증, 임대차계약서이다.

04 영업장의 폐업신고는 폐업한 날부터 며칠 이내여야 하는가?
① 7일 ② 10일
③ 15일 ④ 20일

> **해설**
> 영업장의 폐업신고는 폐업한 날부터 20일 이내에 시장·군수·구청장에게 해야 한다.

05 다른 사람에게 면허증을 대여한 때의 1차 위반 행정처분기준은?
① 면허정지 3월 ② 면허정지 6월
③ 면허정지 1년 ④ 면허취소

> **해설**
> 면허증을 다른 사람에게 대여한 때
> • 1차 위반 – 면허정지 3월
> • 2차 위반 – 면허정지 6월
> • 3차 위반 – 면허취소

06 면허정지처분을 받고 정지기간에 업무를 한 때의 행정처분으로 옳은 것은?
① 면허취소 ② 벌금 300만 원
③ 과태료 300만 원 ④ 기간 연장

> **해설**
> 면허정지처분을 받고도 그 정지기간 중에 업무를 한 경우의 행정처분은 면허취소이다.

정답 01 ① 02 ③ 03 ④ 04 ④ 05 ① 06 ①

07 다음 중 청문을 진행하는 사유가 아닌 것은?
① 면허취소
② 면허정지
③ 영업소 폐쇄명령
④ 영업장의 폐업

해설
▶ 청문사유 : 면허취소, 면허정지, 영업정지명령, 영업소 폐쇄명령, 일부 시설의 사용중지명령

08 위생서비스수준의 평가 주기는 몇 년마다 이루어지는가?
① 1년   ② 2년
③ 3년   ④ 4년

해설
위생서비스수준의 평가는 2년마다 실시한다.

09 영업개시 후 6개월 이내에 위생교육을 받을 수 있는 사유로 옳은 것은?
① 가족의 질병 혹은 사고
② 업무상 국내출장
③ 기상악화
④ 교육을 실시하는 단체의 사정

해설
- 천재지변, 본인의 질병·사고, 업무상 국외출장 등의 사유로 교육을 받을 수 없는 경우
- 교육을 실시하는 단체의 사정 등으로 미리 교육을 받기가 불가능한 경우

10 위생교육에 관한 기록을 보관하고 관리하여야 하는 기간은 얼마 이상인가?
① 1년   ② 2년
③ 3년   ④ 4년

해설
위생교육에 관한 기록은 2년 이상 보관·관리하여야 한다.

정답 07 ④ 08 ② 09 ④ 10 ②

Barber & Master Barber

이용사
기출복원문제

01_2016년 3회 기출복원문제
02_2017년 3회 기출복원문제
03_2018년 2회 기출복원문제
04_2019년 2회 기출복원문제
05_2020년 1회 기출복원문제
06_2020년 2회 기출복원문제
07_2021년 2회 기출복원문제
08_2021년 3회 기출복원문제
09_2022년 1회 기출복원문제
10_2022년 2회 기출복원문제
11_2023년 1회 기출복원문제
12_2023년 4회 기출복원문제

이용사 01 — 2016년 3회 기출복원문제

01 "목덜미"와 가장 관련이 있는 두상 포인트는?
① Cape Point ② Gate Point
③ Nape Point ④ Safe Point

해설
Nape Point는 목덜미 부분에서 머리가 나기 시작하는 지점을 의미한다.

02 두꺼운 비듬이 1[mm] 두께로 두피에 누적되어 있다면 어떤 방법으로 세발하는 것이 가장 적합한가?
① 샴푸 후 올리브유를 발라준다.
② 45[℃]의 물로 20분간 불려서 샴푸한다.
③ 두피에 상처가 나지 않도록 빗으로 비듬을 제거한 다음 샴푸한다.
④ 두피에 올리브유를 발라 매뉴얼테크닉을 행하고 스팀타월로 찜질을 한 다음 샴푸한다.

해설
스팀타월은 피부의 각질과 노폐물, 메이크업 잔여물을 제거하고 피부에 수분을 공급해준다.

03 일반적인 좌식 세발 시 문지르기(Manipulation) 순서로 가장 적합한 것은?
① 두정부 → 전두부 → 측두부 → 후두부
② 전두부 → 두정부 → 측두부 → 후두부
③ 후두부 → 전두부 → 두정부 → 측두부
④ 두정부 → 측두부 → 후두부 → 전두부

해설
두정부 → 전두부 → 측두부 → 후두부의 순서이다.

04 면도기의 종류와 특징 중 칼 몸체의 핸들이 일자형으로 생긴 것은?
① 일도 ② 양도
③ 스틱핸드 ④ 펜슬

해설
일(一)자 형으로 생겼다 하여 '일도'라고 부른다.

05 이용이 의료업에서 분리 독립된 때는?
① 미합중국 독립 시기
② 나폴레옹시대
③ 로마시대
④ 르네상스시대

해설
이용은 본래 외과의사들이 담당하는 것이었으나, 나폴레옹시대에 분리되었다.

정답 01 ③ 02 ④ 03 ① 04 ① 05 ②

06 전기바리캉(Clipper) 선택 시 고려해야 할 사항에 대한 설명으로 틀린 것은?

① 작동 시 소음이 적은 것
② 전기에 감전이 안 되고 열이 없는 것
③ 평면으로 보았을 때 윗날의 동요가 없는 것
④ 위에서 보았을 때 아랫날, 윗날이 똑바로 겹치는 것

> **해설**
> 전기바리캉은 윗날이 움직이고, 아랫날이 고정된다.

07 염모 시술 후 피부에 이상 현상이 발생했을 경우 조치해야 할 사항은?

① 백반을 용해한 물로 씻는다.
② 계란으로 이상이 발생한 부위에 마사지한다.
③ 피부과 의사에게 진찰을 받는다.
④ 2~3일 기다려 본다.

> **해설**
> 염모 시술 후 피부에 이상반응이 생겼을 경우 의사에게 진단을 받는 것이 좋다.

08 장발형 고객이 각진 스포츠머리 형태를 원할 때 조발 시 가이드 설정 지점으로 가장 적합한 곳은?

① 센터 포인트   ② 탑 포인트
③ 골든 포인트   ④ 백 포인트

> **해설**
> 탑 포인트는 두상에서 가장 높은 윗머리 부분의 명칭이다.

09 이발기인 바리캉의 어원은 어느 나라에서 유래되었는가?

① 독일   ② 미국
③ 일본   ④ 프랑스

> **해설**
> 프랑스의 기계 제작 회사인 바리캉 마르 제작소에서 만들었다 하여 바리캉이란 이름이 붙여졌다.

10 두부의 명칭 중 크라운(Crown)은 어느 부위를 말하는가?

① 전두부   ② 후두부
③ 측두부   ④ 두정부

> **해설**
> 크라운(Crown)은 두정부를 뜻한다.

11 모량을 감소시키는 도구는?

① 세팅기   ② 컬링 아이론
③ 틴닝가위   ④ 와인더

> **해설**
> 틴닝가위를 이용하면 모량이 줄어든다.

12 2 : 8 가르마가 어울리는 얼굴형은?

① 각진 얼굴형   ② 긴 얼굴형
③ 둥근 얼굴형   ④ 삼각형 얼굴형

> **해설**
> 2 : 8 가르마가 어울리는 얼굴형은 긴 얼굴형이다.

정답 06 ③ 07 ③ 08 ② 09 ④ 10 ④ 11 ③ 12 ②

13 스캘프 트리트먼트의 목적이 아닌 것은?

① 먼지나 비듬을 제거한다.
② 두피나 두발에 영양을 공급하고 염증을 치료한다.
③ 두발에 지방을 공급하고 윤택함을 준다.
④ 혈액순환과 두피 생리 기능을 원활하게 한다.

해설
스캘프 트리트먼트의 목적으로는 먼지나 비듬 등의 제거, 두발에 지방 공급과 윤택함 부여, 혈액순환과 두피 생리 기능을 원활하게 함 등이 있다.

14 일반적인 매뉴얼테크닉 방법이 아닌 것은?

① 경찰법   ② 유연법
③ 진동법   ④ 구강법

해설
매뉴얼테크닉의 방법에는 경찰법, 유연법, 고타법, 강찰법, 압박법, 진동법 등이 있다.

15 조발 시술 전 두발에 물을 충분히 뿌리는 근본적인 이유는?

① 조발을 편하게 하기 위해서
② 두발 손상을 방지하기 위해서
③ 두발을 부드럽게 하기 위해서
④ 기구의 손상을 방지하기 위해서

해설
고객의 머리에 물을 뿌리는 이유는 두발의 손상을 방지하기 위해서이다.

16 뒷머리 부분이 도면과 같이 제비초리이다. 장교 조발로 자르려고 하면 어떻게 작업하는 것이 좋은가?

① 고객의 머리를 숙이게 하고 뒷부분을 짧게 조발한다.
② 고객의 머리를 좌측 어깨 쪽으로만 돌려놓고 조발한다.
③ 고객의 머리를 우측 어깨 쪽으로만 돌려놓고 조발한다.
④ 고객의 머리를 좌측 어깨 쪽과 우측 어깨 쪽으로 돌려 조발한다.

해설
고객의 머리를 좌측 어깨 쪽과 우측 어깨 쪽으로 돌려 조발하는 것이 좋다.

17 블로 드라이 스타일링으로 정발 시술을 할 때 도구의 사용에 대한 설명으로 적합하지 않은 것은?

① 블로 드라이어와 빗이 항상 같이 움직여야 한다.
② 블로 드라이어는 열이 필요한 곳에 댄다.
③ 블로 드라이어는 빗으로 세울 만큼 세워서 그 부위에 드라이어를 댄다.
④ 블로 드라이어는 작품을 만든 다음 보정작업으로도 널리 사용된다.

해설
블로 드라이어는 열이 필요한 곳에만 가져다 대어 열을 주어야 한다.

18 면도 작업 후 스킨(토너)을 사용하는 주목적은?

① 안면부를 부드럽게 하기 위하여
② 안면부의 소독과 피부 수렴을 위하여
③ 안면부를 건강하게 하기 위하여
④ 안면부의 화장을 하기 위하여

해설
스킨(토너)에 함유된 알코올 성분이 피부를 소독해준다.

19 두발 염색 시 주의사항에 대한 설명으로 틀린 것은?

① 두피에 상처나 질환이 있을 때는 염색을 해서는 안 된다.
② 퍼머넌트 웨이브와 두발 염색을 하여야 할 경우 두발 염색부터 반드시 먼저 해야 한다.
③ 유기합성 염모제를 사용할 때에는 패치 테스트를 해야 한다.
④ 시술 시 이용사는 반드시 보호 장갑을 착용해야 한다.

해설
퍼머넌트 웨이브와 염색을 같이 해야 할 경우 퍼머넌트 웨이브를 먼저 실시한다.

20 이용기구의 부분 명칭 중 모지공, 소지걸이, 다리 등의 명칭이 쓰이는 기구는?

① 가위   ② 빗
③ 면도   ④ 아이론

해설
모지공, 소지걸이, 다리 등은 가위의 부위별 명칭이다.

21 가모 패턴 제작에서 '고객에게 적합하도록 고객의 모발과 매치, 인모색상, 재질, 컬 등을 고려'하는 과정은?

① 가모 피팅   ② 가모 린싱
③ 테이핑   ④ 가모 커트

해설
가모 피팅 작업이라고 한다.

22 블로 드라이 스타일링 후 스프레이를 도포하는 주된 이유는?

① 모발의 질을 강화시키기 위하여
② 모발의 향기를 오래 지속시키기 위하여
③ 두발의 질을 부드럽게 하기 위하여
④ 스타일을 고정시키고 유지시간을 연장시키기 위하여

해설
헤어스프레이는 모발을 고정시켜주어 스타일링의 유지시간을 연장시키는 제품이다.

23 가발 사용 시 주의사항으로 틀린 것은?

① 샴푸 시 강하게 빗질하거나 거칠게 비비지 않는다.
② 정전기를 발생시키거나 손으로 자주 만지지 않는다.
③ 가발 빗질 시 자연스럽게 힘을 적게 주고 빗질한다.
④ 가발 보관 시에는 습기와 온도에 상관없이 보관한다.

해설
가발을 잘못 보관할 경우 온도나 습기 등에 의해 가발의 수명이 단축되거나 탈색이 될 수 있다.

정답 18 ② 19 ② 20 ① 21 ① 22 ④ 23 ④

24 일반적으로 건강한 사람의 1일 평균 탈모 개수는?

① 약 50~60개 ② 약 70~80개
③ 약 80~90개 ④ 약 90~100개

해설
건강한 사람 기준 하루 탈모량은 약 50~60개 정도이다.

25 둥근 얼굴에 가장 알맞은 두발 가르마의 기준선은?

① 5 : 5 ② 6 : 4
③ 7 : 3 ④ 8 : 2

해설
5 : 5는 역삼각형 얼굴, 6 : 4는 모난 얼굴과 각진 얼굴, 8 : 2는 긴 얼굴과 달걀형 얼굴에 각각 어울리는 가르마 형태이다.

26 다음 중 표피의 노화현상을 초래하는 외적인 요인은?

① 자외선 조사 ② 교원섬유 퇴행
③ 탄력섬유 퇴행 ④ 광물질 침착

해설
피부가 햇빛에 장시간 노출될 경우 자외선에 의한 광노화가 일어날 수 있다.

27 바이러스 감염에 의한 피부병변이 아닌 것은?

① 단순포진 ② 사마귀
③ 홍반 ④ 대상포진

해설
홍반은 여러 외적, 내적인 자극에 의해서 가장 흔하게 발생하는 피부의 반응이다.

28 다음 중 표피층에서 핵을 포함하고 있는 층은?

① 유극층 ② 과립층
③ 각질층 ④ 투명층

해설
유극층은 핵을 포함하고 있는 유핵세포이다.

29 민감성 피부에 대한 설명으로 가장 적합한 것은?

① 피지의 분비가 적어서 거친 피부
② 어떤 물질이나 반응에 즉시 반응을 일으키는 피부
③ 땀이 많이 나는 피부
④ 멜라닌 색소가 많은 피부

해설
민감성 피부는 어떤 물질이나 반응에 즉시 민감한 반응을 일으키는 피부이며, 외부의 자극에 주의해야 한다.

30 항산화 비타민으로 아스코르빈산(Ascorbic Acid)으로 불리는 것은?

① 비타민 A ② 비타민 B
③ 비타민 C ④ 비타민 D

해설
비타민 C는 대표적인 항산화 물질로 아스코르빈산이라고도 불린다.

정답 24 ① 25 ③ 26 ① 27 ③ 28 ① 29 ② 30 ③

31 원발진에 속하지 않는 것은?
① 구진　　② 농포
③ 반흔　　④ 종양

> **해설**
> 원발진의 종류에는 결절, 반점, 구진, 종양, 수포, 팽진, 농포 등이 있다.

32 경피흡수의 경로가 아닌 것은?
① 각질층을 통과하는 경로
② 세포와 세포 사이를 통과하는 경로
③ 모공이나 한공을 통과하는 경로
④ 모세혈관을 통과하는 경로

> **해설**
> 경피흡수의 경로는 각질층을 통과하거나 세포와 세포 사이, 또는 모공이나 한공을 통과하는 경로 등이 있다.

33 병원체에 감염되었으나 임상증상이 전혀 없는 보균자로 감염병 관리상 중요한 대상은?
① 무증상보균자
② 만성보균자
③ 잠복기보균자
④ 회복기보균자

> **해설**
> 무증상보균자는 병원균 자체에는 영향을 받지 않지만 병원균을 배출한다. 색출이 불가능하여 관리가 가장 어려운 대상이기도 하다.

34 공중보건학에서 가장 널리 통용되고 있는 Winslow의 공중보건 정의에 해당하지 않는 것은?
① 감염성 질병 예방
② 개인위생에 대한 보건교육
③ 환경위생 관리
④ 유전자 치료 연구

> **해설**
> 공중보건은 환경의 위생, 감염의 방지, 개인위생에 관한 각자의 교육, 질병의 조기진단과 예방을 위한 치료 및 간호서비스의 조직 및 건강 유지에 필요한 생활수준을 각자에게 보장하는 사회적 기구의 정비를 목적으로 한다.

35 하수의 오염지표로 주로 이용하는 것은?
① dB　　② BOD
③ CO_2　　④ 염소

> **해설**
> 하수의 오염지표로 주로 쓰이는 것은 BOD이다.

36 통조림이나 밀봉식품이 주로 원인이 되는 식중독은?
① 포도상구균 식중독
② 무스카린 식중독
③ 비브리오 식중독
④ 보툴리누스 식중독

> **해설**
> 보툴리누스 식중독은 보툴리누스 세균이 생산하는 보툴로톡신으로 오염된 식품을 먹어 생기는 식중독이다.

정답 31 ③　32 ④　33 ①　34 ④　35 ②　36 ④

37 간헐적으로 유행할 가능성이 있어 지속적으로 그 발생을 감시하고 방역대책의 수립이 필요한 감염병은?

① 말라리아   ② 콜레라
③ 디프테리아   ④ 유행성이하선염

해설
말라리아(Malaria)는 모기를 매개로 하여 전파된 학질원충에 의해 감염되는 기생충병의 일종이다.

38 다음 중 일본뇌염의 중간숙주가 되는 것은?

① 돼지   ② 쥐
③ 소   ④ 벼룩

해설
▶ 일본뇌염의 중간숙주 : 모기, 돼지 등

39 다음 중 겨울철에 가장 적당한 감각 온도(Optimum Effective Temperature)는?

① 5~8[℃]   ② 9~12[℃]
③ 13~16[℃]   ④ 18~20[℃]

해설
겨울철에 가장 적당한 감각 온도는 약 18~20[℃] 정도이다.

40 열을 가하지 않는 살균방법은?

① 고압증기 멸균법
② 유통증기 멸균법
③ 건열 멸균법
④ 초음파 멸균법

해설
초음파 멸균법은 매초 8,800사이클의 음파를 세균 부유액에 작용시켜 균체를 파괴하는 소독법이다.

41 석탄산, 알코올, 포르말린 등의 소독제가 가지는 소독의 주된 원리는?

① 균체 원형질 중의 탄수화물 변성
② 균체 원형질 중의 지방질 변성
③ 균체 원형질 중의 단백질 변성
④ 균체 원형질 중의 수분 변성

해설
석탄산, 알코올, 포르말린 등의 소독제는 균체 원형질 중의 단백질을 변성시킨다.

42 소독약품 사용 시 주의사항이 아닌 것은?

① 소독약품의 사용 허용 농도를 정확히 확인한다.
② 소독약품의 유효기간을 확인한다.
③ 소독력을 상승시키기 위해 농도를 기준 이상 올린다.
④ 소독약품의 환경오염 문제를 확인한다.

해설
소독약품을 사용할 때는 적절한 농도와 유효기간 등을 정확히 확인해야 하며, 환경에 문제를 일으킬 우려에 대해 확인해야 한다.

정답 37 ①   38 ①   39 ④   40 ④   41 ③   42 ③

43 이·미용 도구의 올바른 소독방법이 아닌 것은?

① 가위 – 70[%] 에탄올에 적신 솜으로 닦는다.
② 면도날 – 염소계 소독제는 부식시킬 수 있으므로 주의한다.
③ 빗 – 미온수의 0.5[%] 역성비누액 또는 세제액에 담근 후 세척한다.
④ 에머리보드 – 차아염소산나트륨으로 닦는다.

해설
에머리보드는 손톱의 모양을 다듬는 데 쓰이는 네일아트 도구이다.

44 음식물을 냉장하는 이유로 거리가 가장 먼 것은?

① 미생물의 증식 억제
② 자기소화의 억제
③ 신선도 유지
④ 멸균

해설
냉장보관만으로는 균을 사멸하기 어렵다.

45 에탄올 소독에 가장 적합하지 않은 대상은?

① 가죽
② 가위
③ 레이저(Razor)
④ 핀, 클립

해설
가위나 레이저(Razor), 핀, 클립 등은 에탄올로 소독이 가능하다.

46 소독액의 농도 표시법에 있어서 소독액 1,000[mL] 중에 포함되어 있는 소독약의 양[g]을 나타낸 단위는?

① 퍼센트[%]   ② 퍼밀[‰]
③ 피피엠[ppm]   ④ 푼

해설
- 푼 – 1/10
- 퍼센트[%] – 1/100
- 퍼밀[‰] – 1/1,000
- 피피엠[ppm] – 1/1,000,000

47 다음 중 가장 무거운 벌칙기준에 해당하는 경우는?

① 영업신고를 하지 아니하고 영업한 자
② 변경신고를 하지 아니하고 영업한 자
③ 면허의 정지 중에 이·미용업을 한 자
④ 면허를 받지 아니하고 이·미용업을 개설한 자

해설
영업신고를 하지 아니하고 영업한 자는 1년 이하의 징역 또는 1천만 원 이하의 벌금에 처한다.

48 청문을 실시하여야 하는 사항과 거리가 먼 것은?

① 이·미용사의 면허취소 또는 면허정지
② 영업정지명령
③ 영업소 폐쇄명령
④ 과태료 징수

해설
과태료 징수의 경우에는 청문을 실시하지 않는다.

정답 43 ④ 44 ④ 45 ① 46 ② 47 ① 48 ④

이용사·이용장

49 이·미용업의 시설 및 설비기준 중 틀린 것은?

① 이용업의 경우, 응접장소와 작업장소를 구획하는 커튼·칸막이를 설치할 수 있다.
② 소독기·자외선살균기 등 기구를 소독하는 장비를 갖추어야 한다.
③ 소독을 한 기구와 소독을 하지 아니한 기구를 구분하여 보관할 수 있는 용기를 비치하여야 한다.
④ 이용업의 경우, 영업소 안에는 별실 그 밖에 이와 유사한 시설을 설치하여서는 아니 된다.

해설
응접장소와 작업장소 또는 의자와 의자를 구분하는 커튼, 칸막이 등을 설치할 수 없다.

50 영업신고 전에 위생교육을 받아야 하는 자 중에서 영업신고 후에 위생교육을 받을 수 있는 경우에 해당하지 않는 것은?

① 천재지변으로 위생교육을 받을 수 없는 경우
② 본인의 질병·사고로 위생교육을 받을 수 없는 경우
③ 업무상 국외출장으로 위생교육을 받을 수 없는 경우
④ 교육장소와의 거리가 멀어서 위생교육을 받을 수 없는 경우

해설
▶ 영업신고 후에 위생교육을 받을 수 있는 경우
 • 천재지변으로 위생교육을 받을 수 없는 경우
 • 업무상 국외출장이 있는 경우
 • 본인의 질병이나 사고가 있는 경우
 • 교육을 실시하는 단체의 사정으로 미리 교육을 받을 수 없는 경우

51 다음 중 면허의 취소사유가 아닌 것은?

① 이중으로 면허를 취득한 때
② 금치산자(피성년후견인)에 해당한 때
③ 면허증을 다른 사람에게 대여하여 1차 위반한 때
④ 면허의 정지기간 중 계속하여 영업을 한 때

해설
면허증을 다른 사람에게 대여한 경우 3차 위반 시 면허취소처분이 내려진다.

52 공중이용시설의 소유자가 지켜야 하는 위생관리 의무에 해당하는 것은?

① 시설이용자의 건강을 해할 우려가 있는 오염물질이 발생하지 않도록 한다.
② 실내공기는 환경부령이 정하는 위생관리기준에 적합하도록 유지한다.
③ 공중이용시설에 대하여 위생관리를 하여야 하지만 화장실은 대상에서 제외한다.
④ 오염물질의 종류와 오염허용기준은 대통령령으로 정한다.

해설
공중이용시설의 소유자는 시설 내에 이용자의 건강을 해할 우려가 있는 오염물질이 발생하지 않도록 해야 하며, 실내공기 또한 위생관리기준에 적합토록 유지해야 한다. 또한 화장실을 포함한 모든 시설에 철저한 위생관리를 하여야 한다.

정답 49 ① 50 ④ 51 ③ 52 ①

53 면허증을 다른 사람에게 대여한 때의 2차 위반 행정처분기준은?

① 면허정지 6월 ② 면허정지 3월
③ 영업정지 3월 ④ 영업정지 6월

▶ 해설
면허증을 다른 사람에게 대여한 때의 행정처분기준은 1차 면허정지 3월, 2차 면허정지 6월, 3차 면허취소이다.

54 기능성 화장품의 종류와 그 범위에 대한 설명으로 틀린 것은?

① 주름개선제품 : 피부탄력 강화와 표피의 신진대사를 촉진한다.
② 미백제품 : 피부 색소침착을 방지하고 멜라닌 생성 및 산화를 방지한다.
③ 자외선 차단제품 : 자외선을 차단 및 산란시켜 피부를 보호한다.
④ 보습제품 : 피부에 유·수분을 공급하여 피부의 탄력을 강화한다.

▶ 해설
보습제품은 기초 화장품의 종류이다.

55 팩의 주요 기능이 아닌 것은?

① 보습작용   ② 청정작용
③ 혈행촉진작용 ④ 얼굴축소작용

▶ 해설
팩은 피부에 수분을 공급해주며 피부를 깨끗하게 만들어주고, 혈행을 촉진시키는 데에 도움을 준다.

56 기능성 화장품에 대한 설명 중 틀린 것은?

① 기능성 주성분을 표시할 의무가 있다.
② 식약처의 허가가 필요하지 않다.
③ 기능성 효능을 광고할 수 있다.
④ 항목 중 표시 및 기재사항에 기능성 화장품이라 표기가 가능하다.

▶ 해설
기능성 화장품은 식약처의 허가를 받아야 하며 기능성 주성분을 표시할 의무가 있고 그 효능에 대해 광고할 수 있다. 또한 표시 및 기재사항에 기능성 화장품임을 표기해야 한다.

57 아로마 오일을 피부에 효과적으로 침투시키기 위해 사용하는 식물성 오일은?

① 에센셜 오일   ② 캐리어 오일
③ 트랜스 오일   ④ 미네랄 오일

▶ 해설
캐리어 오일은 베이스 오일이라고도 하는데, 이동을 시키는 도구의 의미로서 아로마 오일을 피부에 효과적으로 침투시키기 위해 사용하는 식물성 오일을 말한다.

58 다음에서 설명하는 화장품 성분은?

> 오일, 지방, 당의 분해에 의해 형성되는 단맛·무색·무향의 시럽상 피부유연제이며, 큐티클 오일, 크림, 로션의 주요 성분이다.

① 에센셜 오일   ② 콜라겐
③ 글리세린   ④ 윤활제

▶ 해설
글리세린은 투명하고 향이 없는 것이 특징이다.

정답 53 ① 54 ④ 55 ④ 56 ② 57 ② 58 ③

59 기초 화장품의 사용 목적이 아닌 것은?
① 세안 ② 색상 표현
③ 피부 보호 ④ 피부 정돈

> **해설**
> 색상 표현은 색조 화장품의 사용 목적이다.

60 다음 중 모발 디자인용 화장품이 아닌 것은?
① 세트로션 ② 포마드
③ 헤어린스 ④ 헤어스프레이

> **해설**
> 헤어린스는 모발의 세정 후 머릿결의 정돈을 위해 사용된다.

이용사 02 — 2017년 3회 기출복원문제

01 다음 중 공중위생감시원의 직무에 해당되지 않는 것은?
① 시설 및 설비의 확인
② 위생교육 이행 여부의 확인
③ 위생지도 및 개선명령 이행 여부의 확인
④ 시설 및 종업원에 대한 위생관리 이행 여부의 확인

[해설]
▶ 공중위생감시원의 업무범위
- 시설 및 설비의 확인
- 공중위생영업자의 위생관리의무 및 영업자 준수사항 이행 여부 확인
- 위생지도 및 개선명령 이행 여부 확인
- 공중위생영업소의 영업의 정지, 일부 시설의 사용중지 또는 영업소 폐쇄명령 이행 여부 확인
- 위생교육 이행 여부 확인

02 다음 중 소독에 필요한 인자와 가장 거리가 먼 것은?
① 물   ② 온도
③ 산소   ④ 자외선

[해설]
소독에 필요한 인자는 물, 온도, 자외선 등이다.

03 염모제의 보관 장소로 가장 적합한 곳은?
① 습도가 높고 어두운 곳
② 온도가 높고 어두운 곳
③ 온도가 낮고 어두운 곳
④ 건조하고 햇빛이 잘 들어오는 곳

[해설]
염모제는 온도가 낮고 어두운 곳에 보관하는 것이 좋다.

04 다음 중 공중위생영업자가 변경신고를 해야 하는 경우를 모두 고른 것은?

㉠ 대표자의 성명 또는 생년월일
㉡ 신고한 영업장 면적의 1/3 이상의 증감
㉢ 재산변동사항
㉣ 영업소의 명칭 또는 상호

① ㉠, ㉡   ② ㉠, ㉡, ㉣
③ ㉠, ㉡, ㉢, ㉣ ④ ㉠, ㉢

[해설]
▶ 공중위생영업자가 변경신고를 해야 하는 사항
- 영업소의 명칭 또는 상호
- 영업소의 주소
- 신고한 영업장 면적의 3분의 1 이상의 증감
- 대표자의 성명 또는 생년월일

05 표피에서 촉각을 감지하는 세포는?
① 멜라닌세포   ② 머켈세포
③ 각질형성세포   ④ 랑게르한스세포

[해설]
- 멜라닌세포 : 멜라닌 소체를 생성하여 분비하고 피부색을 이룸.
- 머켈세포 : 촉각을 인지함.
- 각질형성세포 : 새로운 세포 형성
- 랑게르한스세포 : 항원전달세포

정답 01 ④ 02 ③ 03 ③ 04 ② 05 ②

06 두발 1/2 길이 선에 노멀 테이퍼링 질감 처리를 하려고 할 때, 남성 조발 시 틴닝가위의 발 수는?

① 10~11발 ② 20~25발
③ 50~70발 ④ 40~45발

해설
이때의 틴닝가위의 발 수는 20~25발이 가장 적당하다.

07 기초 화장품의 사용 목적이 아닌 것은?

① 잡티 제거 ② 세안
③ 피부 정돈 ④ 피부 보호

해설
잡티의 제거는 기능성 화장품의 사용 목적에 속한다.

08 가발 샴푸에 관한 설명으로 가장 적합한 것은?

① 가발은 리퀴드 드라이 샴푸를 한다.
② 가발을 매일 샴푸하는 것이 가발 수명에 좋다.
③ 가발은 물로 샴푸해서는 안 된다.
④ 가발은 락스로 샴푸하는 것이 좋다.

해설
드라이 샴푸는 가발을 세척하기에 가장 용이하다.

09 다음 감염병 중 병원체가 기생충인 것은?

① 결핵 ② 백일해
③ 말라리아 ④ 일본뇌염

해설
결핵과 백일해는 세균성, 일본뇌염은 바이러스성이다.

10 대기오염으로 인한 건강장애 중 대표적인 것은?

① 위장질환 ② 신경질환
③ 호흡기질환 ④ 발육저하

해설
대기 중의 유해물질에 직접적으로 닿는 호흡기의 질환이 가장 대표적이다.

11 제3급 감염병에 속하지 않는 것은?

① 말라리아 ② 황열
③ 성홍열 ④ 파상풍

해설
성홍열은 제2급 감염병에 속한다.

12 보건행정에 대한 설명으로 가장 올바른 것은?

① 공중보건의 목적달성을 위해 공공의 책임하에 수행하는 행정활동
② 개인보건의 목적을 달성하기 위해 공공의 책임감에 수행하는 행정활동
③ 국가 간의 질병 교류를 막기 위해 책임감을 가지고 수행하는 행정활동
④ 공중보건의 목적달성을 위해 개인의 책임감을 가지고 수행하는 행정활동

해설
보건행정이란 공중보건의 목적달성을 위해 공공의 책임하에 수행하는 행정활동을 말한다.

정답 06 ② 07 ① 08 ① 09 ③ 10 ③ 11 ③ 12 ①

13 이·미용사 면허가 취소된 후 계속하여 업무를 행한 자에 대한 벌칙은?

① 100만 원 이하의 벌금
② 200만 원 이하의 벌금
③ 300만 원 이하의 벌금
④ 500만 원 이하의 벌금

해설
면허가 취소된 후에도 계속하여 업무를 행한 경우 300만 원 이하의 벌금에 처한다.

14 에그(흰자) 팩의 효과에 대한 설명으로 가장 적합한 것은?

① 수렴 및 표백작용
② 미백 및 보습작용
③ 영양 공급작용
④ 세정작용 및 잔주름 예방

해설
에그(흰자) 팩은 세정작용과 함께 잔주름을 예방해준다.

15 자외선 차단제에 대한 설명으로 옳은 것은?

① 일광의 노출 전에 바르는 것이 효과적이다.
② 피부병변이 있는 부위에 사용하여도 무관하다.
③ 사용 후 시간이 경과하여도 다시 덧바르지 않는다.
④ SPF 지수가 높을수록 민감한 피부에 적합하다.

해설
자외선 차단제는 기능성 화장품으로, 자외선에 노출되기 전에 미리 바르는 것이 좋다.

16 이용사가 지켜야 할 주의사항으로 가장 거리가 먼 것은?

① 항상 깨끗한 복장을 착용한다.
② 항상 손톱을 짧게 깎고 부드럽게 한다.
③ 이용사의 두발이나 용모를 화려하게 치장한다.
④ 고객의 의견이나 심리 등을 잘 파악해야 한다.

해설
이용사는 항상 용모를 단정하게 하고 깨끗한 복장을 착용해야 하며, 고객의 의견이나 심리 등을 잘 파악해야 한다.

17 다음 중 O/W형(수중유형) 제품으로 맞는 것은?

① 헤어 크림
② 클렌징 크림
③ 모이스처라이징로션
④ 나이트 크림

해설
O/W형 제품은 수중에 기름방울이 분산하고 있는 에멀전으로 도전성이 높고 물로 희석할 수 있다.

18 아로마 오일을 피부에 효과적으로 침투시키기 위해 사용하는 식물성 오일은?

① 에센셜 오일
② 트랜스 오일
③ 캐리어 오일
④ 미네랄 오일

해설
캐리어 오일은 매우 강한 오일을 희석시켜 피부에 효과적으로 침투시키기 위해 사용한다.

정답 13 ③ 14 ④ 15 ① 16 ③ 17 ③ 18 ③

이용사·이용장

19 지체 없이 시장·군수·구청장에게 면허증을 반납해야 하는 경우로 맞는 것은?
① 잃어버린 면허증을 찾은 때
② 위생교육을 수료하지 않았을 때
③ 이·미용 면허의 정지명령을 받은 때
④ 기재사항에 변경이 있는 때

해설
면허의 취소 또는 정지명령을 받은 자는 지체 없이 관할 시장·군수·구청장에게 면허증을 반납하여야 한다.

20 이용사가 지켜야 할 위생관리 항목이 아닌 것은?
① 소독한 기구와 소독하지 않은 기구는 각각 다른 용기에 보관할 것
② 조명은 75럭스 이상 유지되도록 할 것
③ 신고증과 함께 면허증 사본을 게시할 것
④ 1회용 면도날은 손님 1인에 한하여 사용할 것

해설
이용사는 영업소 내부에 면허증 원본을 게시하여야 한다.

21 가모의 조건으로 틀린 것은?
① 통풍이 잘되어 땀 등에서 자유로워야 한다.
② 착용감이 가벼워 산뜻해야 한다.
③ 색상이 잘 퇴색되어야 한다.
④ 장시간 착용에도 두피에 피부염 등의 이상이 없어야 한다.

해설
가모는 통풍이 잘되는 것이 좋고 착용감은 가벼워야 하며, 색상의 퇴색이 적고 장시간 착용에도 피부에 이상이 없어야 한다.

22 다음 과거에의 현성 또는 불현성 감염에 의하여 획득한 면역은?
① 자연능동면역 ② 자연수동면역
③ 인공능동면역 ④ 인공수동면역

해설
• 자연수동면역 : 태아성 또는 모유를 통해 생기는 면역
• 인공능동면역 : 예방접종을 통해 생기는 면역
• 인공수동면역 : 면역혈청

23 바이러스에 의해 발병되는 질병은?
① 장티푸스 ② 인플루엔자
③ 결핵   ④ 콜레라

해설
인플루엔자는 독감이라고도 하며, 인플루엔자 바이러스에 의한 급성 호흡기질환이다.

24 다음 중 두피 및 두발의 생리 기능을 높여주는 데 가장 적합한 샴푸는?
① 드라이 샴푸 ② 토닉 샴푸
③ 리퀴드 샴푸 ④ 오일 샴푸

해설
토닉 샴푸는 두피 및 두발의 생리 기능을 높여준다.

25 향수의 기본조건으로 틀린 것은?
① 확산성이 좋아야 한다.
② 향은 강하고 지속성이 짧아야 한다.
③ 향에 특징이 있어야 한다.
④ 시대성에 부합되어야 한다.

해설
향수의 지속성은 최소 1시간에서 최대 7시간까지 다양하다.

정답 19 ③ 20 ③ 21 ③ 22 ① 23 ② 24 ② 25 ②

26 우리나라에 단발령이 내려진 시기는?

① 조선 중엽부터　② 해방 후부터
③ 1895년　　　　④ 1990년

> **해설**
> 김홍집 내각에 의해서 1895년 단발령이 시행되었다.

27 인체에 발생하는 사마귀의 원인은?

① 박테리아　② 곰팡이
③ 악성증식　④ 바이러스

> **해설**
> 사마귀는 피부나 점막에 유두종 바이러스라고 불리는 HPV에 의해 발생한다.

28 헤어 컬러링 중 헤어 매니큐어(Hair Manicure)에 대한 설명으로 옳은 것은?

① 모발의 멜라닌 색소를 표백해서 모발을 밝게 하는 효과가 있다.
② 모발의 멜라닌 색소를 탈색시키고 원하는 색상을 표면에 착색시킨다.
③ 모발의 멜라닌 색소를 탈색시키고 원하는 색상을 침투시켜 착색시킨다.
④ 블리치 작용이 없는 검은 모발에는 확실한 효과가 없으나 백모나 블리치 된 모발에는 효과가 뛰어나다.

> **해설**
> 헤어 매니큐어는 모발 겉면을 코팅해주는 코팅제로, 흑모에 사용할 경우 효과가 미미하다.

29 인체에서 칼슘(Ca) 대사와 가장 밀접한 관계를 가지고 있는 비타민은?

① 비타민 A　② 비타민 C
③ 비타민 D　④ 비타민 E

> **해설**
> 비타민 D는 지용성 비타민으로 골격 형성에 필요한 칼슘을 대장과 콩팥에서 흡수시킨다.

30 관계공무원의 출입, 검사 또는 공중위생영업 장부 또는 서류의 열람을 거부·방해하거나 기피한 경우 1차 위반 시 행정처분기준은?

① 영업정지 10일
② 영업정지 20일
③ 경고 또는 개선명령
④ 영업장 폐쇄명령

> **해설**
> 1차 위반 시 영업정지 10일에 해당하는 처분이 내려진다.

31 고종황제의 어명으로 우리나라 최초로 이용 시술을 한 이용사는?

① 안종호　② 서재필
③ 김홍집　④ 김옥균

> **해설**
> 세종로 어귀에 안종호가 우리나라 최초로 이용원을 개설하였다.

정답 26 ③　27 ④　28 ④　29 ③　30 ①　31 ①

32 스컬프쳐 커트 스타일(Sculpture Cut Style)에 대한 설명으로 틀린 것은?
① 스컬프쳐 전용 레이저(Razer) 커트를 한다.
② 두발을 각각 세분하여 커트한다.
③ 두발을 각각 조각하듯 커트한다.
④ 두발 전체를 굴곡 있게 커트한다.

해설
스컬프쳐 레이저를 사용해서 마치 조각하는 것처럼 정교하게 커트하는 기법이다.

33 다음 기생충 중 산란과 동시에 감염능력이 있으며 저항성이 커서 집단감염이 가장 잘되는 기생충은?
① 회충
② 십이지장충
③ 광절열두조충
④ 요충

해설
요충은 야간에 취침 시에 산란하는 일이 많고, 산란을 끝낸 암컷은 그대로 죽는다. 몇 시간이 지나면 알 속에서 감염이 가능한 유충이 생긴다.

34 클리퍼(바리캉)를 사용하는 조발 시 일반적으로 클리퍼를 가장 먼저 사용하는 부위는?
① 전두부
② 후두부
③ 좌·우측두부
④ 두정부

해설
클리퍼를 사용하는 조발 시 일반적으로 후두부부터 클리퍼를 사용한다.

35 지성 피부의 특징에 대한 설명 중 틀린 것은?
① 과다한 피지 분비로 문제성 피부가 되기 쉽다.
② 여성보다 남성 피부에 많다.
③ 모공이 매우 크며, 유분이 겉돌아 번들거린다.
④ 피부결이 섬세하고 곱다.

해설
지성 피부는 피지 분비가 과다한 피부 유형으로, 유분으로 인해 피부가 번들거린다.

36 화장품의 4대 요건으로 적합하지 않은 것은?
① 안전성
② 유효성
③ 사용성
④ 치유성

해설
화장품의 4대 요건은 안전성, 안정성, 유효성, 사용성이다.

37 미생물의 발육을 정지시켜 음식물이 부패되거나 발효되는 것을 방지하는 작용은?
① 멸균
② 소독
③ 방부
④ 세척

해설
• 멸균 : 병원성, 비병원성 및 포자를 가진 것을 전부 사멸 또는 제거하는 것
• 소독 : 사람에게 유해한 미생물을 파괴하여 감염의 위험을 없애는 것
• 세척 : 깨끗이 씻는 것

정답 32 ④ 33 ④ 34 ② 35 ④ 36 ④ 37 ③

38 아이론 시술 시 탑이나 크라운 부분에 가상 볼륨을 만들 때 모발의 각도는?
① 45[°] ② 90[°]
③ 100[°] ④ 120[°]

해설
물결웨이브는 45[°], 컬링웨이브는 90[°], 볼륨웨이브는 120[°]의 각도로 시술한다.

39 노화 피부의 특징이 아닌 것은?
① 탄력이 없고, 수분이 많다.
② 피지 분비가 원활하지 못하다.
③ 색소침착 불균형이 나타난다.
④ 주름이 형성되어 있다.

해설
노화 피부는 탄력이 떨어지고 건조하며 피지 분비가 원활하지 못하다. 또한 색소침착 불균형이 나타나며 주름이 형성되어 있다.

40 다음 중 중온성균의 최적 증식 온도로 가장 적당한 것은?
① 10~15[℃] ② 15~25[℃]
③ 25~37[℃] ④ 40~60[℃]

해설
중온성균은 25~37[℃]에서 가장 원활하게 증식한다.

41 매뉴얼테크닉 기법 중 피부를 강하게 문지르면서 가볍게 원운동을 하는 동작은?
① 에플라지 ② 프릭션
③ 페트리사지 ④ 타포트먼트

해설
- 에플라지 : 경찰법
- 프릭션 : 강찰법
- 페트리사지 : 유연법
- 타포트먼트 : 고타법

42 음용수로 사용할 상수의 수질오염지표 미생물로 주로 사용되는 것은?
① 중금속 ② 일반세균
③ 대장균 ④ COD

해설
음용수로 사용할 상수의 수질오염지표 미생물은 대장균이다.

43 이용기술의 기본이 되는 두부를 구분한 명칭 중 옳은 것은?
① 크라운 – 측두부
② 탑 – 전두부
③ 네이프 – 두정부
④ 사이드 – 후두부

해설
크라운은 두정부, 네이프는 목의 중심점, 사이드는 옆쪽 지점을 의미한다.

정답 38 ④ 39 ① 40 ③ 41 ② 42 ③ 43 ②

44 위생교육을 받아야 하는 대상자가 아닌 것은?

① 공중위생영업의 승계를 받은 자
② 공중위생영업자
③ 면허증 취득 예정자
④ 공중위생영업 신고를 하고자 하는 자

해설
위생교육은 공중위생영업을 하고자 하거나, 하고 있는 자에 한하여 실시한다.

45 다음 중 갑상선의 기능장애와 가장 관계가 있는 것은?

① 칼슘
② 철분
③ 아이오딘
④ 나트륨

해설
체내에 아이오딘이 부족할 경우 티록신이 분비되지 않아 티록신의 분비를 촉진하는 호르몬이 분비되어 갑상선을 자극한다. 이로 인해 갑상선에 심한 부종이 나타나기도 한다.

46 면체 시 면도날을 잡는 기본적인 방법이 아닌 것은?

① 프리핸드
② 백핸드
③ 포핸드
④ 펜슬핸드

해설
면체 시 면도날을 잡는 방법에는 프리핸드, 펜슬핸드, 백핸드, 푸시핸드 등이 있다.

47 자비 소독의 방법으로 옳은 것은?

① 20분 이상 100[℃]의 끓는 물속에 직접 담그는 방법
② 100[℃]의 끓는 물에 승홍수(3[%])를 첨가하여 소독하는 방법
③ 끓는 물에 10분 이상 담그는 방법
④ 10분 이하 120[℃]의 건조한 열에 접촉하는 방법

해설
자비 소독은 100[℃] 끓는 물에 20분 이상 소독하는 것이 바람직하다.

48 둥근 얼굴형에 가장 잘 어울리는 가르마는?

① 5 : 5 가르마
② 7 : 3 가르마
③ 8 : 2 가르마
④ 9 : 1 가르마

해설
7 : 3 가르마는 눈동자를 기준으로 수직으로 갈라지는 가르마이다. 둥근 얼굴형에 가장 잘 어울린다.

49 진달래과의 월귤나뭇잎에서 추출한 하이드로퀴논 배당체로 멜라닌 활성을 도와주는 티로시나아제 효소의 작용을 억제하는 미백 화장품의 성분은?

① 감마-오리자놀
② 알부틴
③ AHA
④ 비타민 C

해설
알부틴은 월귤나무의 잎에서 추출한 하이드로퀴논 배당체이다. 미백 화장품의 성분으로 쓰인다.

정답 44 ③ 45 ③ 46 ③ 47 ① 48 ② 49 ②

50 머리숱이 많은 고객의 두발을 커트할 때 가장 적합하지 않은 방법은?

① 딥 테이퍼
② 스컬프처 커트
③ 레이저 커트
④ 블런트 커트

해설
블런트 커트는 모발의 끝을 뭉툭하게 일자로 커트하는 방식이다.

51 피부의 신진대사를 활발하게 함으로써 세포의 재생을 돕고 머리비듬, 입술 및 구강의 질병치료에도 좋으며 지루 및 민감한 염증성 피부에 관여하는 비타민은?

① 비타민 C
② 비타민 B_2
③ 비타민 P
④ 비타민 D

해설
비타민 B_2는 피부의 신진대사를 활발하게 하여 세포의 재생을 돕는다.

52 이·미용업 영업신고를 하지 않고 영업을 한 자에 해당하는 벌칙기준은?

① 6월 이하의 징역 또는 100만 원 이하의 벌금
② 6월 이하의 징역 또는 300만 원 이하의 벌금
③ 1년 이하의 징역 또는 500만 원 이하의 벌금
④ 1년 이하의 징역 또는 1,000만 원 이하의 벌금

해설
이·미용업 영업신고를 하지 않고 영업을 한 자는 1년 이하의 징역 또는 1,000만 원 이하의 벌금에 처한다.

53 두피관리 중 헤어토닉을 두피에 바르면 시원함을 느끼는데, 이것은 주로 어느 성분 때문인가?

① 붕산
② 알코올
③ 글리세린
④ 수산화칼륨

해설
헤어토닉의 알코올 성분이 두피 피부에 닿으면 시원함을 느끼게 해준다.

54 체내에 부족하면 괴혈병이 유발되며, 피부와 잇몸에서 피가 나고 빈혈이 생겨 피부가 창백해지는 비타민은?

① 비타민 A
② 비타민 D
③ 비타민 C
④ 비타민 K

해설
괴혈병은 비타민 C의 섭취 부족 혹은 소화흡수장애에 따른 결핍증이다.

55 탈모를 방지하기 위한 올바른 샴푸 방법은?

① 손톱 끝을 이용하여 두피에 자극을 주며 샴푸를 헹군다.
② 먼지 제거 정도로만 머리를 헹군다.
③ 손끝을 사용하여 두피를 부드럽게 문지르며 헹군다.
④ 샴푸를 할 때 브러시로 빗질을 하며 헹군다.

해설
두피에 과한 자극은 주지 않되, 세정을 꼼꼼히 하도록 한다.

이용사 · 이용장

56 피지선에 대한 내용으로 옳지 않은 것은?
① 진피층에 놓여 있다.
② 손바닥과 발바닥, 얼굴, 이마 등에 많다.
③ 사춘기 남성에게 집중적으로 분비된다.
④ 입술, 성기, 유두, 귀두 등에 독립피지선이 있다.

해설
손바닥과 발바닥은 투명층이므로 피지선이 존재하지 않는다.

57 정발술에서 드라이어보다 아이론을 사용하는 것이 가장 적당한 두발은?
① 흰 머리카락
② 곱슬 머리카락
③ 부드러운 머리카락
④ 짧고 뻣뻣한 머리카락

해설
짧고 뻣뻣한 머리카락은 드라이어보다는 아이론을 사용하여 정발하는 것이 좋다.

58 블로 드라이 스타일링으로 정발 시술을 할 때 도구의 사용에 대한 설명 중 적합하지 않은 것은?
① 블로 드라이어와 빗이 항상 같이 움직여야 한다.
② 열이 필요한 곳에 블로 드라이어를 댄다.
③ 블로 드라이어는 작품을 만든 다음 보정작업으로도 널리 사용된다.
④ 머리카락을 빗으로 세울 만큼 세운 후 그 부위에 블로 드라이어를 댄다.

해설
블로 드라이어의 시술 시 빗과 드라이어가 항상 같이 움직일 필요는 없으며, 열이 필요한 곳에만 쐬어주면 된다.

59 다음 중 영구적 염모제에 속하는 것은?
① 합성 염모제
② 컬러 린스
③ 컬러 파우더
④ 컬러 스프레이

해설
합성 염모제는 영구적인 염모제이며, 컬러 린스는 반영구적, 컬러 파우더와 컬러 스프레이는 일시적 염모제이다.

60 아이론 퍼머넌트 웨이브와 관련한 내용으로 가장 거리가 먼 것은?
① 콜드 퍼머넌트와 동일한 방법을 사용한다.
② 열을 가하여 고온으로 시술한다.
③ 아이론 퍼머넌트제는 1제와 2제로 구분된다.
④ 아이론의 직경에 따라 다양한 크기의 컬을 만들 수 있다.

해설
콜드 퍼머넌트는 열을 사용하지 아니하는 시술이다.

정답 56 ② 57 ④ 58 ① 59 ① 60 ①

이용사 03 — 2018년 2회 기출복원문제

01 블로 드라이 스타일링 후 스프레이를 도포하는 주된 이유는?
① 모발의 질을 강화시키기 위하여
② 모발의 향기를 오래 지속시키기 위하여
③ 모발의 질을 부드럽게 하기 위하여
④ 스타일을 고정시키고 유지시간을 연장시키기 위하여

해설 블로 드라이 스타일링 후 스프레이를 도포할 경우 스타일이 고정되며 형태의 지속시간이 늘어난다.

02 피부의 pH에 관한 설명 중 가장 옳은 것은?
① 피부의 pH의 상피 자체만의 pH를 말한다.
② 피부의 pH는 피부 온도와 가장 밀접한 관계가 있다.
③ 피부의 pH는 대개 약알칼리성이다.
④ 피부의 pH는 인종, 성별, 연령, 신체 부위 등에 따라서 각기 다르다.

해설 피부의 pH는 인종, 성별, 연령, 신체 부위 등에 따라 각기 다르다.

03 탄수화물이 풍부한 쌀, 보리, 옥수수에서 잘 발생하며, 동물실험 결과 발암성 물질로 알려져 있는 식중독의 원인 물질은?
① 삭시톡신
② 아플라톡신
③ 라이신
④ 베네루핀

해설 아플라톡신은 곰팡이 독소의 한 종류로, 쌀, 옥수수, 땅콩 등 곡식을 오염시킨다.

04 pH에 관한 설명 중 틀린 것은?
① 주어진 화학성분이나 화장품의 산성, 알칼리성의 정도를 말한다.
② pH가 3이면 산성이다.
③ 혈액의 pH는 5.5이다.
④ 피부의 pH는 약산성을 나타낸다.

해설 혈액의 pH는 약 7.4로 약한 알칼리성이다.

05 염색이나 블리치를 한 후 손상된 모발을 보호하기 위한 가장 올바른 방법은?
① 드라이 후 스프레이를 뿌려 손상된 모발을 고정시킨다.
② 샴푸 후 수분을 약 50[%]만 제거한 후 자연 건조시킨다.
③ 모발을 적당히 건조한 후 헤어로션을 두피에 묻지 않도록 주의하여 모발에 도포한다.
④ 모발을 적당히 건조한 후 헤어젤을 두피에 묻지 않도록 주의하여 모발에 도포한다.

해설 염색이나 블리치 후 손상된 모발을 보호하기 위해서는 모발을 적당히 건조한 뒤 헤어로션을 도포하는 것이 가장 좋다.

정답 01 ④ 02 ④ 03 ② 04 ③ 05 ③

06 원발진에 의하여 생기는 피부 변화에 해당되는 것은?
① 비듬   ② 가피
③ 미란   ④ 팽진

> **해설**
> 원발진에 의하여 생기는 피부 변화는 구진, 결절, 수포, 낭종, 팽진 등이 있다.

07 두발이 건조해지고 부스러지는 것을 방지하는 효과가 가장 큰 비타민은?
① 비타민 A   ② 비타민 C
③ 비타민 B   ④ 비타민 B_2

> **해설**
> 비타민 A는 두발이 건조해지고 부스러지는 것을 방지해 준다.

08 대기 환경오염에 대한 설명으로 옳은 것은?
① 광화학스모그의 생성은 황산화물의 결합과 관련된다.
② 자외선은 황산화물을 1단계 광화학 반응으로 유도한다.
③ 광화학스모그는 아황산가스가 원인이다.
④ 광화학스모그 발생기전은 저농도의 환원형 스모그에 기인한다.

> **해설**
> 광화학스모그의 발생은 아황산가스를 원인으로 한다.

09 공중보건학의 범위 중에서 질병관리 분야로 가장 적합한 것은?
① 역학   ② 환경위생
③ 보건행정   ④ 산업보건

> **해설**
> 공중보건학의 범위에서 질병관리 분야로 가장 적합한 것은 역학이다.

10 이용기술의 기본이 되는 두부를 구분한 명칭 중 옳은 것은?
① 크라운 – 후두부
② 탑 – 전두부
③ 네이프 – 측두부
④ 사이드 – 두정부

> **해설**
> • 전두부 : 탑(Top)
> • 두정부 : 크라운(Crown)
> • 후두부 : 네이프(Nape)
> • 측두부 : 사이드(Side)

11 가발의 샴푸에 관한 설명으로 가장 적합한 것은?
① 가발은 매일 샴푸하는 것이 가발 수명에 좋다.
② 가발은 미지근한 물로 샴푸해야 한다.
③ 가발은 물로 샴푸해서는 안 된다.
④ 가발은 락스로 샴푸하는 것이 좋다.

> **해설**
> 가발을 샴푸할 때는 미지근한 물로 샴푸하는 것이 가발의 손상을 줄일 수 있다.

정답 06 ④ 07 ① 08 ③ 09 ① 10 ② 11 ②

12 다음 중 피부색을 결정짓는 요인으로 가장 적합한 것은?

① 멜라닌의 분포
② 카로틴의 분포
③ 털의 분포
④ 케라토히알린의 분포

해설
피부색은 피부 속 멜라닌의 분포량에 따라 결정된다.

13 자외선B는 자외선A보다 홍반 발생능력이 몇 배 정도로 많은가?

① 10배　　② 100배
③ 1,000배　④ 10,000배

해설
자외선B는 자외선A보다 약 1,000배가량 많은 발생능력을 지니고 있다.

14 덧돌에 대한 설명 중 가장 적합한 것은?

① 덧돌에는 천연석과 인조석이 있다.
② 덧돌은 숫돌보다 약 2배 정도 크다.
③ 덧돌은 주로 가위를 연마할 때 사용한다.
④ 덧돌은 숫돌이 깨졌을 때 쓰는 비상용이다.

해설
덧돌은 천연석과 인조석이 있다. 오래 사용한 숫돌의 평면을 유지하기 위해 사용된다.

15 이용업소에서의 면도날 사용에 대한 다음 설명 중 가장 적합한 것은?

① 면도날은 면체술 외에는 일체 사용할 수 없다.
② 반드시 1회용 면도날을 1인에게 1회만 사용하고 사용 직후 폐기 처리한다.
③ 면도날은 한 번 사용한 후 깨끗이 소독하여 손님에게 계속 사용해도 무방하다.
④ 일자 면도날(일도)은 계속해서 매번 재사용하고, 1회용 면도날은 1회에 한해서 사용한다.

해설
1회용 면도날은 반드시 한 명의 손님에게만 사용하여야 한다. 사용 직후에는 폐기하는 것이 옳다.

16 다음 중 공중위생영업에 속하지 않는 것은?

① 식당조리업　② 숙박업
③ 이·미용업　④ 세탁업

해설
공중위생영업에는 숙박업, 이·미용업, 세탁업, 목욕장업 등이 있다.

17 제3급 감염병에 속하지 않는 것은?

① 말라리아　② 파상풍
③ 뎅기열　　④ 풍진

해설
제3급 감염병의 종류에는 파상풍, B형간염, 일본뇌염, 말라리아, 비브리오패혈증, 발진티푸스, 발진열, 쯔쯔가무시증, 렙토스피라증, 뎅기열 등이 있다.

정답 12 ① 13 ③ 14 ① 15 ② 16 ① 17 ④

18 다음 중 염모제의 보관 장소로 가장 적합한 곳은?
① 습도가 높고 어두운 곳
② 온도가 낮고 어두운 곳
③ 온도가 높고 어두운 곳
④ 건조하고 일광이 잘 드는 밝은 곳

해설
염모제는 온도가 낮고 어두운 곳에 보관하는 것이 가장 좋다.

19 우리나라에 단발령이 내려진 시기는?
① 1895년 ② 1990년
③ 1892년 ④ 1893년

해설
1895년 김홍집 내각에 의해 단발령이 시행되었다.

20 다음 중 두피 및 두발의 생리 기능을 높여주는 데 가장 적합한 샴푸는?
① 드라이 샴푸 ② 토닉 샴푸
③ 리퀴드 샴푸 ④ 오일 샴푸

해설
토닉 샴푸는 두피 및 두발의 생리 기능을 높여주는 데 적합한 샴푸의 종류이다.

21 기초 화장품의 사용 목적이 아닌 것은?
① 세안 ② 잡티 제거
③ 피부 정돈 ④ 피부 보호

해설
잡티를 제거해주는 것은 컨실러나 파운데이션 등과 같은 색조 화장품이다.

22 음용수로 사용할 상수의 수질오염지표 미생물로 주로 사용되는 것은?
① 중금속 ② 일반세균
③ 대장균 ④ COD

해설
음용수의 수질오염지표로 사용되는 것은 대장균이다.

23 1955년 프랑스 이용기술 고등연맹에서 발표한 장티욤라인 작품에 대한 설명으로 가장 적합한 것은?
① 전체 스타일을 스퀘어로 각을 강조하였다.
② 귀족을 의미하는 뜻으로 작품명을 정하였다.
③ 가르마를 기준으로 각각 원형을 이루도록 하였다.
④ 전체가 수평을 이루어 중년에 맞는 스타일이다.

해설
장티욤라인은 전체 스타일을 네모나게 하여 각을 강조한 것이 특징이다.

24 한 국가나 지역사회 간의 보건수준을 비교하는 데 사용되는 대표적인 3대 지표는?
① 영아사망률, 비례사망지수, 평균수명
② 영아사망률, 사인별 사망률, 평균수명
③ 유아사망률, 모성사망률, 비례사망지수
④ 유아사망률, 사인별 사망률, 영아사망률

해설
한 국가나 지역사회 간의 보건수준 평가의 3대 지표는 영아사망률, 비례사망지수, 평균수명이다.

정답 18 ② 19 ① 20 ② 21 ② 22 ③ 23 ① 24 ①

25 다음 ( ) 안에 알맞은 것은?

> 시장·군수·구청장은 공중위생영업의 정지 또는 일부 시설의 사용중지 등의 처분을 하고자 하는 때에는 ( )을 실시하여야 한다.

① 위생서비스수준의 평가
② 공중위생감시
③ 청문
④ 염탐

해설
시장·군수·구청장은 공중위생영업의 정지 또는 일부 시설의 사용중지 등의 처분을 하고자 하는 때에는 청문을 실시하여야 한다.

26 다음 중 하체 비만의 증상이 아닌 것은?

① 손발이 저리고 몸이 붓는다.
② 하지정맥의 원인이 된다.
③ 무릎 관절에 무리가 간다.
④ 혈액순환에 문제가 발생한다.

해설
하체가 비만할 경우 하지정맥의 원인이 될 수 있고, 혈액순환에 문제가 생길 위험이 높으며, 무릎 관절에 무리가 가기 쉽다.

27 비닐 모양의 죽은 피부세포가 엷은 회백색 조각이 되어 떨어져나가는 피부층은?

① 투명층
② 유극층
③ 기저층
④ 각질층

해설
피부에서 떨어져나간 비닐 모양의 죽은 회백색 피부세포는 각질이다.

28 뒷머리 부분이 도면과 같이 제비초리이다. 장교 조발로 자르려고 할 경우 어떻게 작업하는 것이 좋은가?

① 고객의 머리를 좌측 어깨 쪽과 우측 어깨 쪽으로 돌려 조발한다.
② 고객의 머리를 숙이게 하고 뒷부분을 짧게 조발한다.
③ 고객의 머리를 좌측 어깨 쪽으로만 돌려놓고 조발한다.
④ 고객의 머리를 우측 어깨 쪽으로만 돌려놓고 조발한다.

해설
고객의 머리를 좌측 어깨 쪽과 우측 어깨 쪽으로 돌려 조발하는 것이 좋다.

29 두피를 가볍게 문지르면서 왕복운동, 원운동을 하는 마사지 방법에 해당하는 것은?

① 경찰법
② 강찰법
③ 유연법
④ 고타법

해설
경찰법은 마사지에서 가장 많이 쓰이는 방법으로, 손으로 두피를 가볍게 문지르면서 왕복운동, 원운동을 하는 것이 특징이다.

정답 25 ③ 26 ① 27 ④ 28 ① 29 ①

이용사 · 이용장

30 세계적으로 통용되는 이용실의 사인볼은 어떤 색으로 되어 있는가?

① 청색, 황색, 백색
② 황색, 청색
③ 청색, 홍색, 백색
④ 홍색, 백색

> **해설**
> 이용실의 사인볼은 청색, 홍색, 백색으로 각각 정맥, 동맥, 붕대를 뜻한다.

31 염색 시 알레르기 반응을 알아보기 위해 패치 테스트를 할 경우 시험할 부위는?

① 귀 뒤쪽 아래 목 부분이나 팔꿈치 안쪽 부분
② 손등이나 팔등 쪽 부분
③ 얼굴이나 두피 쪽 부분
④ 염발할 부위

> **해설**
> 염색 시 행하는 패치 테스트는 가능한 흔적이 보이지 않는 부위인 귀 뒤, 목 뒤, 팔꿈치, 등에 하는 것이 좋다.

32 조발용 가위 정비술에 있어 가장 좋은 정비 확인 방법은?

① 머리카락 하나를 커트하여 본다.
② 물에 젖은 화장지를 커트하여 본다.
③ 신문용지를 커트하여 본다.
④ 스펀지를 커트하여 본다.

> **해설**
> 조발용 가위를 정비할 때 가장 좋은 정비 확인 방법은 물에 젖은 화장지를 잘라보는 것이다.

33 다음 중 바이러스 감염에 의한 피부병변이 아닌 것은?

① 단순포진　　② 사마귀
③ 홍반　　　　④ 대상포진

> **해설**
> 홍반은 여러 가지 외적 · 내적인 자극에 의해서 발생하는 가장 흔한 피부 반응 중 하나이며, 피부가 붉게 변하고 혈관의 확장으로 피가 많이 고이는 것을 의미한다. 작은 혈관들에 혈류가 많아지거나, 혈류가 많아지지 않더라도 주변 조직의 변화로 인하여 작은 혈관들이 우리 눈에 보이는 정도가 될 때 나타난다.

34 다음 (　) 안에 알맞은 것은?

> 공중위생영업을 하고자 하는 자는 공중위생영업의 종류별로 보건복지부령이 정하는 시설 및 설비를 갖추고 (　　　)에게 신고하여야 한다.

① 세무서장　　　② 시장 · 군수 · 구청장
③ 보건복지부장관　④ 고용노동부장관

> **해설**
> 공중위생영업을 하고자 하는 자는 보건복지부령이 정하는 시설 및 설비를 갖추고 시장 · 군수 · 구청장에게 신고하여야 한다.

35 소독의 정의로서 옳은 것은?

① 모든 미생물 일체를 사멸하는 것
② 모든 미생물을 열과 약품으로 완전히 죽이거나 또는 제거하는 것
③ 병원성 미생물의 생활력을 파괴하여 죽이거나 또는 제거하여 감염력을 없애는 것
④ 균을 적극적으로 죽이지 못하더라도 발육을 저지하고, 목적하는 것을 변화시키지 않고 보존하는 것

정답 30 ③　31 ①　32 ②　33 ③　34 ②　35 ③

> **해설**
> 소독이란 병원성 미생물의 생활력을 파괴하여 죽이거나 제거하여 감염력을 없애는 것이다.

36 기능성 화장품의 종류와 그 범위에 대한 설명으로 틀린 것은?

① 주름개선제품 : 피부탄력을 강화하고 표피의 신진대사를 촉진한다.
② 미백제품 : 피부의 색소침착을 방지하고 멜라닌 생성 및 산화를 방지한다.
③ 자외선 차단제품 : 자외선을 차단 및 산란시켜 피부를 보호한다.
④ 보습제품 : 피부에 유·수분을 공급하여 피부의 탄력을 강화한다.

> **해설**
> 보습제품은 기능성 화장품의 종류에 속하지 않는다.

37 용액 600[mL]에 용질 3[g]이 녹아있을 때 이 용액은 몇 배수로 희석된 용액인가?

① 100배 용액　② 200배 용액
③ 300배 용액　④ 600배 용액

> **해설**
> 용액 600[mL]에 용질 3[g]이 녹아있을 때 이 용액은 200배로 희석된 용액이다.

38 면도 작업 후 스킨(토너)을 사용하는 주목적은?

① 안면부를 부드럽게 하기 위하여
② 안면부의 소독과 피부 수렴을 위하여
③ 안면부를 건강하게 하기 위하여
④ 안면부의 화장을 하기 위하여

> **해설**
> 면도 작업 후 스킨(토너)을 사용할 경우 안면부를 소독하여 주고 피부 수렴에 도움을 준다.

39 다음 (　) 안에 알맞은 것은?

> 자외선 차단지수(SPF)란 자외선 차단제품을 사용했을 때와 사용하지 않았을 때의 (　　) 비율을 말한다.

① 최대 홍반량　② 최소 홍반량
③ 최대 흑화량　④ 최소 흑화량

> **해설**
> 자외선 차단지수(SPF)란 자외선 차단제품을 사용했을 때와 사용하지 않았을 때의 최소 홍반량을 말한다.

40 전기 아이론이 발명된 연도는?

① 1875년　② 1910년
③ 1920년　④ 1925년

> **해설**
> 1875년 프랑스의 마셀 그라또우가 처음 발명하였다.

41 질병 발생의 세 가지 요인으로 맞는 것은?

① 숙주, 병인, 환경
② 숙주, 병인, 유전
③ 숙주, 병인, 병소
④ 숙주, 병인, 저항력

> **해설**
> 질병 발생의 세 가지 요인은 숙주, 병인, 환경이다.

정답 36 ④　37 ②　38 ②　39 ②　40 ①　41 ①

이용사·이용장

42 정통 특수조발이란 어떤 기구를 사용한 조발인가?
① 클리퍼　② 레쟈
③ 가위　④ 트리머

> **해설**
> 정통 특수조발이란 가위만을 사용하는 조발이다.

43 화장품 품질 특성의 4대 조건은?
① 안전성, 안정성, 사용성, 유용성
② 안전성, 방부성, 방향성, 유용성
③ 발림성, 안정성, 방부성, 사용성
④ 방향성, 안정성, 발림성, 사용성

> **해설**
> 화장품 품질 특성의 4대 조건은 안전성, 안정성, 사용성, 유용성이다.

44 삼각형 얼굴에 가장 어울리는 두발 형태가 갖는 조발 방법은?
① 양측두부 하부 두발의 양은 줄이고 상부 양측두부의 모량을 살린다.
② 삼각형 얼굴에서 모량은 크게 고려하지 않는다.
③ 모량에 있어서는 하부는 그대로 두고 상부만 살린다.
④ 상하 측두부에서의 모량은 살린다.

> **해설**
> 삼각형 얼굴에 조발 시에는 양측두부 하부 두발의 양은 줄이고 상부 양측두부의 모량을 살리는 것이 좋다.

45 피부 본래의 표면에 알칼리성의 용액을 pH 환원시키는 표피의 능력을 무엇이라 하는가?
① 환원작용　② 알칼리 중화능
③ 산화작용　④ 산성 중화능

> **해설**
> 피부 본래의 표면에 알칼리성의 용액을 pH 환원시키는 표피의 능력은 알칼리 중화능이다.

46 다음 중 아이론의 사용에 있어서 가장 적합한 온도는?
① 140~160[℃]　② 110~130[℃]
③ 80~100[℃]　④ 60~80[℃]

> **해설**
> 110~130[℃]의 중간 온도가 가장 적합하다.

47 인구 구성 중 14세 이하가 65세 이상 인구의 2배 정도이며, 출생률과 사망률이 모두 낮은 형은?
① 피라미드형　② 종형
③ 항아리형　④ 별형

> **해설**
> 14세 이하 인구가 65세 이상 인구의 2배 정도인 종형은 인구정지형이라고도 불린다.

48 이·미용의 시설 및 설비의 개선명령에 위반한 자의 과태료기준은?
① 500만 원 이하　② 300만 원 이하
③ 200만 원 이하　④ 100만 원 이하

> **해설**
> 이·미용의 시설 및 설비의 개선명령에 위반한 자는 300만 원 이하의 과태료가 부과된다.

정답 42 ③　43 ①　44 ①　45 ②　46 ②　47 ②　48 ②

49 아이론의 구조 중 모발을 감거나 웨이브 형태를 만드는 부분의 명칭은?

① 프롱
② 그루브
③ 핸들
④ 피봇 스크루

> **해설**
> 프롱의 쇠막대기 부분으로 열이 전도되어 컬이 만들어진다.

50 다음 중 셰이핑 레이저와 관계가 있는 것은?

① 사용자의 숙련도가 높아야 한다.
② 사용상 안전도는 있으나 시간적으로 효율성이 떨어진다.
③ 세밀한 작업이 용이하다.
④ 지나치게 자를 우려가 있다.

> **해설**
> 셰이핑 레이저는 사용상 안전도가 있어 초보자도 사용이 가능하지만 시간적 효율성이 떨어진다는 단점이 있다.

51 진피에 함유되어 있는 성분으로 우수한 보습능력을 지녀 피부관리 제품에도 많이 함유되어 있는 것은?

① 알코올
② 콜라겐
③ 판테놀
④ 글리세린

> **해설**
> 콜라겐(Collagen)은 흔히 교원질이라고도 불린다. 대부분의 동물, 특히 포유동물에서 많이 발견되는 섬유 단백질로, 피부와 연골 등 체내의 모든 결합조직의 대부분을 차지한다.

52 기초 화장품에 대한 설명으로 가장 거리가 먼 것은?

① 피부를 청결히 한다.
② 피부의 모이스처 밸런스를 유지한다.
③ 피부의 신진대사를 활발하게 한다.
④ 피부의 결점을 보완하고 개성을 표현한다.

> **해설**
> 피부의 결점을 보완하고 개성을 표현하는 것은 색조 화장품이다.

53 영업소에서 무자격안마사로 하여금 손님에게 안마 행위를 하게 했을 때 1차 위반 시 행정처분기준은?

① 경고
② 영업정지 15일
③ 영업정지 1월
④ 영업장 폐쇄

> **해설**
> 무자격안마사로 하여금 안마사의 업무에 관한 행위를 하게 하였을 때 1차 위반 시 행정처분기준은 영업정지 1월이다.

54 공중위생영업자의 지위를 승계한 자가 시장·군수·구청장에게 신고해야 하는 기간은?

① 15일 이내
② 1개월 이내
③ 3개월 이내
④ 6개월 이내

> **해설**
> 공중위생영업자의 지위를 승계한 자는 1월 이내에 시장·군수·구청장에게 신고하여야 한다.

정답 49 ① 50 ② 51 ② 52 ④ 53 ③ 54 ②

55 다음의 병원균 중 보통 자비 소독으로 사멸되지 않는 것은?

① 아메바성 이질 ② 살모넬라균
③ 유행성간염   ④ 결핵균

> **해설**
> 유행성간염은 자비 소독으로는 사멸이 불가능하다.

56 고압증기 멸균에 적절한 압력, 온도, 시간은?

① 5[lbs], 100[℃], 60분
② 10[lbs], 121[℃], 20분
③ 15[lbs], 100[℃], 60분
④ 20[lbs], 121[℃], 60분

> **해설**
> 고압증기 멸균법은 15[lbs]의 압력으로 100[℃]에서 60분간 행하는 것이 좋다.

57 이·미용사의 면허가 취소된 후 계속하여 업무를 행한 자에 대한 벌칙은?

① 1년 이하의 징역 또는 1,000만 원 이하의 벌금
② 6월 이하 징역 또는 500만 원 이하 벌금
③ 500만 원 이하 벌금
④ 300만 원 이하 벌금

> **해설**
> 이·미용사의 면허가 취소된 후 계속하여 업무를 행한 자는 300만 원 이하의 벌금이 부과된다.

58 자외선 산란제로 가장 많이 쓰이는 것은?

① 산화철   ② 이산화티탄
③ 울트라 마린 ④ 산화알루미늄

> **해설**
> 자외선 산란제로 가장 많이 쓰이는 것은 이산화티탄이다.

59 유리 산소가 존재하면 유해작용을 받아 증식이 되지 않는 세균은?

① 미호기성 세균
② 편성호기성 세균
③ 통성혐기성 세균
④ 편성혐기성 세균

> **해설**
> 편성혐기성 세균은 산소가 있으면 생육을 못하는 세균으로 황산염 환원 세균, 메탄 생성 세균과 대부분의 광합성 세균 따위가 있다.

60 열탕 소독(자비 소독)에 관한 설명으로 틀린 것은?

① 세균포자, 간염바이러스의 살균에 효과적이다.
② 금속성 기자재가 녹이 스는 것을 방지하기 위해 끓는 물에 탄산나트륨을 1~2[%] 넣어준다.
③ 면도날, 가위 등은 거즈로 싸서 끓는 물에 소독한다.
④ 100[℃] 이상의 물속에 10분 이상 끓여준다.

> **해설**
> 열탕 소독은 100[℃] 이상의 물속에 10분 이상 끓이는 것을 원칙으로 하며, 간염바이러스 등의 살균에는 효과가 없다.

정답 55 ③ 56 ③ 57 ④ 58 ② 59 ④ 60 ①

2019년 2회 기출복원문제

이용사 04

---

01 피부의 감각 중 가장 둔한 것은?

① 통각　　② 온각
③ 냉각　　④ 촉각

해설
> 피부의 감각 전달 순서 : 통각 → 촉각 → 냉각 → 온각

---

02 사람의 피부로 감염되는 기생충은?

① 요충
② 십이지장충(구충)
③ 편충
④ 회충

해설
십이지장충의 유충이 입으로 들어가거나 피부와 접촉하여 혈관이나 림프관을 통해 폐로 간다. 피를 빨아먹으므로 철분결핍성 빈혈증을 일으킨다.

---

03 결핵환자가 사용한 침구류 및 의류에 대한 가장 간편한 소독방법은?

① 석탄산 소독　　② 자비 소독
③ 일광 소독　　　④ 크레졸 소독

해설
결핵환자가 사용한 물건을 따로 소독할 필요는 없으며 결핵환자의 물건을 함께 사용해도 무방하다. 가장 간편한 소독은 일광 소독이다.

---

04 에탄올 소독 대상물로서 적당한 것을 모두 고르시오.

| ㉠ 가위 | ㉡ 플라스틱 용품 |
| ㉢ 면도칼 | ㉣ 주사바늘 |

① ㉠
② ㉠, ㉡
③ ㉠, ㉡, ㉢
④ ㉠, ㉢, ㉣

해설
에탄올 소독으로 적당한 것은 가위, 면도칼, 주사바늘 등이다.

---

05 알코올 소독 내용 중 부적당한 것은?

① 70~75[%] 농도가 소독 효과가 좋다.
② 포자균에 효과가 좋다.
③ 수지, 피부, 가위, 칼, 솔 소독에 이용된다.
④ 사용이 간편하다.

해설
알코올 소독은 무포자균에 효과가 있다.

---

06 경구감염(經口感染)을 일으키지 않는 기생충으로만 묶인 것은?

① 폐흡충, 아메바성 이질
② 회충, 요충
③ 사상충, 말라리아
④ 유구조충, 편충

해설
트라코마, 파상풍, 일본뇌염, 사상충, 말라리아 등은 경피감염이다.

정답 01 ②　02 ②　03 ③　04 ④　05 ②　06 ③

07 건강의 정의를 가장 잘 설명한 것은?

① 신체적으로 안녕한 상태
② 육체적, 정신적, 사회적으로 안녕한 상태
③ 질병이 없고, 허약하지 않은 상태
④ 정신적으로 안녕한 상태

해설
건강이란 육체적, 정신적, 사회적으로 안녕한 상태이다.

08 인공능동면역에 의한 예방접종이 실시되고 있는 것은?

① AIDS   ② 파상풍
③ 식중독   ④ 아메바성 이질

해설
▶ DPT 백신 : D(디프테리아), P(백일해), T(파상풍)

09 공중위생영업자의 지위를 승계한 자는 몇 개월 이내에, 누구에게 신고해야 하는가?

① 1개월 이내 → 시장·군수·구청장에게 신고
② 1개월 이내 → 시·도지사에게 신고
③ 2개월 이내 → 시장·군수·구청장에게 신고
④ 2개월 이내 → 시·도지사에게 신고

해설
1개월 이내에 시장·군수·구청장에게 신고해야 한다.

10 가청주파 영역을 넘는 주파수를 이용하여 미생물을 비활성화시킬 수 있는 소독방법은?

① 전자파 멸균법   ② 초음파 멸균법
③ 방사선 멸균법   ④ 고압증기 멸균법

해설
가청주파는 정상적인 사람의 귀로 들을 수 있는 범위의 주파수로 20~20,000헤르츠의 초음파를 활용한 멸균법이다.

11 자외선에 과도하게 노출되거나 칼슘이 부족할 경우, 뒤따를 수 있는 피부 유형은?

① 여드름성 피부   ② 민감성 피부
③ 복합성 피부   ④ 지성 피부

해설
자외선에 과도하게 노출되거나 칼슘이 부족할 경우 민감한 피부 유형이 될 수 있다.

12 비말감염(飛沫感染)이나 진애(먼지)감염이 되지 않는 것은?

① 유행성 일본뇌염   ② 디프테리아
③ 성홍열   ④ 백일해

해설
비말감염이란 기침이나 재채기를 할 때 날아다니는 미세한 침방울을 통한 감염이다.

13 두발 염색 시 주의사항에 대한 설명으로 틀린 것은?

① 두피에 상처가 있을 때는 염색을 금한다.
② 염색제는 혼합 후 곧바로 사용한다.
③ 두발이 젖은 상태에서 염색하여야 효과적이다.
④ 금속성 용구나 빗의 사용을 금한다.

해설
두발이 젖은 상태에서는 염색능력이 떨어질 수 있다.

정답 07 ② 08 ② 09 ① 10 ② 11 ② 12 ① 13 ③

14 혈청이나 당 등과 같이 열에 불안정한 액체의 멸균에 주로 이용되는 방법은?

① 습열 멸균법 ② 간헐 멸균법
③ 여과 멸균법 ④ 초음파 멸균법

> **해설**
> 액체의 멸균에 주로 사용되는 소독법은 여과 멸균법이다.

15 마사지 시술 시 등, 어깨, 팔을 주물러서 푸는 마사지 방법에 해당되는 것은?

① 경찰법 ② 유연법
③ 진동법 ④ 압박법

> **해설**
> 마사지 시작할 때 뭉친 근육을 풀기 위해 유연법을 사용한다.

16 조선시대 말 18세에 등과하여 정삼품의 벼슬로 강원에 봉직하다 고종황제의 어명으로 우리나라에서 최초로 이용 시술을 한 사람은?

① 안종호 ② 김옥균
③ 서재필 ④ 박영효

> **해설**
> 우리나라 최초의 이발사는 안종호이다.

17 수축력이 가장 강하고 잔주름을 없애는 데 효과가 있는 팩은?

① 오일 팩 ② 우유 팩
③ 왁스 마스크 팩 ④ 에그 팩

> **해설**
> 왁스 마스크 팩은 수축력이 가장 강하고 잔주름을 없애는 데 효과가 있다.

18 염모제로 헤나를 진흙에 혼합하여 두발에 바르고 태양광선에 건조시켜 사용했던 최초의 고대국가는?

① 에티오피아 ② 로마
③ 그리스 ④ 이집트

> **해설**
> 이집트에서 최초로 헤나를 염모제로 사용하였다.

19 장시간 동안의 여행이나 난로에 오래 앉아 있으면 세포 내 무엇이 감소하는가?

① 피부의 혈액순환 ② 피부의 각질화
③ 피부의 보습량 ④ 피부의 탄력감

> **해설**
> 피부의 보습량이 감소하여 피부가 건조하고 당기는 느낌을 받게 된다.

20 갑상선과 부신의 기능을 활성화시켜 피부를 건강하게 해주며 모세혈관의 기능을 정상화시키는 것은?

① 나트륨 ② 마그네슘
③ 철분 ④ 요오드

> **해설**
> 갑상선과 부신의 기능을 활성화시키는 성분은 요오드이다.

21 과산화수소(H_2O_2)의 특성이 아닌 것은?

① 표백력이 없다.
② 살균력이 있다.
③ 창상이나 피부 소독에 쓰인다.
④ 무색 투명하다.

> **해설**
> 보통 2.5~3.5[%]의 농도를 사용하는 과산화수소는 표백, 탈취, 살균 등의 작용을 하며 상처 부위 소독, 구내염, 인두염, 입안 세척 등에 사용된다.

정답 14 ③ 15 ② 16 ① 17 ③ 18 ④ 19 ③ 20 ④ 21 ①

22 무균실에서 사용되는 기구에 대한 가장 적합한 소독법은?

① 고압증기 멸균법
② 자외선 소독법
③ 자비 소독법
④ 소각 소독법

> **해설**
> 무균실에서 사용하는 기구의 경우 고압증기 멸균법을 사용한다.

23 대기오염 방지와 연관성이 가장 적은 것은?

① 생태계 파괴 방지
② 경제적 손실 방지
③ 사연환경의 악화 방지
④ 직업병의 발생 방지

> **해설**
> 직업병과 대기오염의 상관관계는 거리가 있다.

24 소독에 관한 설명으로 가장 올바른 것은?

① 소독, 멸균, 방부는 같은 의미로 사용된다.
② 소독은 멸균된 상태를 뜻한다.
③ 소독으로 방부가 가능하지만 멸균을 의미하지 않는다.
④ 소독과 방부는 같은 뜻으로 사용된다.

> **해설**
> 소독과 멸균은 다른 의미이다.

25 두피 마사지(Scalp Manipulation)의 효과에 해당되지 않는 것은?

① 신경을 자극하여 흥분케 한다.
② 두발이 건강하게 자라도록 도와준다.
③ 근육을 자극하여 단단한 두피를 부드럽게 한다.
④ 두피의 혈액 순환을 촉진시킨다.

> **해설**
> 두피 마사지는 신경을 자극하지 않는다.

26 에틸렌옥사이드(Ethylene Oxide) 가스 멸균법과 관계가 있는 것은?

① 가열에 변질이 잘되는 재료 소독에 적합하다.
② 멸균시간이 짧다.
③ 경제적이다.
④ 단기간만 보존할 수 있다.

> **해설**
> 가열에 변형이 잘되는 재료 등의 소독에 적합한 소독법이다.

27 공중위생영업자가 당국으로부터 통보받은 위생관리등급의 표지를 관리하는 내용으로 가장 옳은 것은?

① 영업소 내 다른 게시물과 같이 반드시 게시한다.
② 영업소 내 게시물과 분리하여 게시해야만 한다.
③ 관계공무원의 지도, 감독 시 게시만 하면 된다.
④ 영업소 명칭과 함께 출입구에 부착할 수 있다.

> **해설**
> 위생관리등급의 표지는 영업소 명칭과 함께 출입구에 부착할 수 있다.

정답 22 ① 23 ④ 24 ③ 25 ① 26 ① 27 ④

28 이용원의 간판 사인볼 색으로 세계적으로 공통적인 것은?

① 적색, 백색
② 황색, 청색
③ 청색, 황색, 백색
④ 청색, 적색, 백색

해설
청색 – 정맥, 적색 – 동맥, 백색 – 붕대

29 얼굴 앞면을 차례대로 구획한 선은?

① S.C.P → F.S.P → T.P → S.P → S.C.P
② N.S.P → S.C.P → T.P → S.C.P → N.S.P
③ S.C.P → S.P → C.P → S.P → S.C.P
④ N.S.P → S.C.P → G.P → S.C.P → N.S.P

해설
S.C.P : 귀 앞 지점, S.P : 옆쪽 지점, C.P : 얼굴 중심점, F.S.P : 정면 옆쪽 지점, N.S.P : 목 옆쪽 지점, T.P : 두정점, G.P : 머리 꼭짓점

30 두발을 틴닝가위로 잘랐을 때 나타나는 현상은?

① 두발 끝의 단면이 뭉툭해진다.
② 두발 끝이 갖는 길이가 일정하다.
③ 두발의 양이 많아 보인다.
④ 두발 끝이 갖는 길이가 일정하지 않아 자연스럽다.

해설
두발 끝이 일정하지만 뭉툭하게 잘리는 것은 블런트가위이다.

31 가위나 레이저로 두발을 자연스러운 장단을 만들어서 두발 끝부분에 갈수록 붓의 끝같이 되도록 커트하는 것은?

① 클리핑
② 틴닝
③ 싱글링
④ 테이퍼링

해설
• 클리핑 : 클리퍼나 가위를 이용하여 삐져나온 두발을 자르는 커트 기법
• 틴닝 : 두발 길이의 변화 없이 숱만 감소시키는 기법
• 싱글링 : 빗을 대고 가위를 동시에 올려치면서 커트하는 기법

32 안면 면체 시 습포를 하는 주된 목적은?

① 수염과 피부가 유연해져 면도의 시술 효과를 높이기 위하여
② 표피를 수축시켜 탄력성을 주기 위하여
③ 차가운 면도기를 피부에 접촉하기 전에 따뜻한 감을 주기 위하여
④ 손님의 긴장감을 풀어주기 위하여

해설
습포에 의해 수염과 피부가 부드러워진다.

33 일반적으로 블로 드라이어를 이용한 정발 순서로 가장 적합한 것은?

① 가르마 부분 → 측두부 → 후두부
② 측두부 → 가르마 부분 → 후두부
③ 후두부 → 측두부 → 가르마 부분
④ 측두부 → 후두부 → 가르마 부분

해설
이용에서 정발 순서는 가르마 부분 → 측두부 → 후두부이다.

정답 28 ④ 29 ③ 30 ④ 31 ④ 32 ① 33 ①

34 면도 시 비누거품을 칠하는 목적으로 맞지 않는 것은?
① 깎인 털과 수염이 날리는 것을 예방한다.
② 피부 및 털과 수염을 유연하게 한다.
③ 면도날의 움직임을 원활하게 하고 운행을 쉽게 한다.
④ 모공이 확장되게 하기 위해 사용한다.

해설
비누거품을 도포하여 피부와 털, 수염 등을 유연하게 하고 면도날의 운행이 수월하도록 도와주며 깎인 털과 수염이 날리는 것을 방지한다

35 염색 시술 후 드라이는 몇 시간 지난 뒤에 하는 것이 적합한가?
① 염색 후 바로 가능
② 염색 후 1시간
③ 염색 후 2시간
④ 염색 후 1주일

해설
염색 시술 후 2시간 이후에 하는 것이 좋다.

36 유연 화장수에 대한 설명으로 옳은 것은?
① 알코올의 함량은 수렴 화장수에 비해서 많은 편이다.
② 피지 분비 및 수렴작용을 한다.
③ 지성이나 복합 피부에 사용하면 효과적이다.
④ 피부가 거칠어짐을 예방하고 피부 표면의 pH 조절의 역할을 한다.

해설
피부가 거칠어짐을 예방하고 피부 표면의 pH 조절을 하는 것이 유연 화장수이다.

37 모발이 건조해지고 부스러지는 것은 어떤 비타민의 부족 때문인가?
① 비타민 A ② 비타민 B_2
③ 비타민 C ④ 비타민 E

해설
비타민 A가 부족하면 피부와 모발이 건조해진다.

38 모발의 케라틴 단백질은 pH에 따라 물에 대한 팽윤성이 변한다. 다음 중 가장 낮은 팽윤성을 나타내는 pH는?
① 1~2 ② 4~5
③ 7~9 ④ 10~12

해설
pH가 약산성일 때 낮은 팽윤성을 갖는다.

39 유리 산소가 존재하면 유해작용을 받아 증식이 되지 않는 세균은?
① 미호기성 세균
② 편성호기성 세균
③ 통성혐기성 세균
④ 편성혐기성 세균

해설
• 미호기성균 : 산소의 분압이 낮을 때에만 성장이 가능한 미생물이다.
• 편성호기성균 : 산소호흡을 하는 세균으로, 증식에 유리 산소를 반드시 필요로 한다.
• 통성혐기성균 : 산소가 존재하는 호기성이나 산소가 없는 혐기성 모두에서 살아갈 수 있다.
• 편성혐기성균 : 유리 산소가 있는 곳에서는 살아갈 수 없다.

정답 34 ④ 35 ③ 36 ④ 37 ① 38 ② 39 ④

40 가장 이상적인 인구의 구성형태는?

① 종형(Bell form)
② 항아리형(Pot form)
③ 피라미드형(Pyramid form)
④ 기타형(Guitar form)

해설
- **종형** : 가장 이상적인 인구 구성형으로 출생률과 사망률이 둘 다 낮은 형
- **항아리형** : 인구감퇴형으로 출생률이 사망률보다 낮은 형
- **피라미드형** : 후진국형으로 출생률이 높고 사망률이 낮은 형
- **기타형** : 인구유출형으로 농촌 지역의 인구 구성형
- **별형** : 인구유입형으로 도시 지역의 인구 구성형

41 유행성출혈열에 관한 설명이 잘못된 것은?

① 들쥐를 매개체로 하는 바이러스성 전염병이다.
② 들쥐의 배설물과 분비물 등에서 바이러스가 발생한다.
③ 치사율은 5[%] 미만이다.
④ 사람 간의 접촉에도 전파된다.

해설
들쥐의 배설물이나 들쥐에 기생하는 진드기에 의해 전파된다.

42 다음 중 상호 관계가 없는 것으로 연결된 것은?

① 상수오염의 생물학적 지표 – 대장균
② 실내공기오염의 지표 – CO_2
③ 대기오염의 지표 – SO_2
④ 하수오염의 지표 – 탁도

해설
하수오염의 지표는 생물학적 산소요구량과 용존산소량과 관계있다.

43 주로 7~9월 사이에 많이 발생되며 어패류가 원인이 되어 발병, 유행하는 식중독은?

① 포도상구균 식중독
② 살모넬라 식중독
③ 보툴리누스균 식중독
④ 장염 비브리오 식중독

해설
어패류가 원인이 되어 발병, 유행하는 식중독은 장염 비브리오 식중독이다.

44 다음 중 공중위생관리법의 궁극적인 목적으로 가장 알맞은 것은?

① 공중위생영업 종사자의 위생 및 건강관리
② 공중위생영업소의 위생관리
③ 공중위생수준을 향상시켜 국민의 건강 증진에 기여
④ 공중위생영업의 위생 향상

해설
공중위생관리법은 공중위생의 수준을 향상시켜 국민의 건강 증진에 기여하고자 하는 목적을 가지고 있다.

45 이·미용사의 면허가 취소된 후 계속하여 업무를 행한 자에 대한 벌칙은?

① 1년 이하의 징역 또는 1,000만 원 이하의 벌금
② 6월 이하의 징역 또는 500만 원 이하의 벌금
③ 500만 원 이하의 벌금
④ 300만 원 이하의 벌금

해설
면허의 취소 또는 정지 중에 이·미용업을 한 자는 300만 원 이하의 벌금에 처한다.

이용사·이용장

46 염색이나 블리치를 한 후 손상된 모발을 보호하기 위한 가장 올바른 방법은?

① 드라이 후 스프레이를 뿌려 손상된 모발을 고정시킨다.
② 샴푸 후 수분을 약 50[%]만 제거한 후 자연 건조시킨다.
③ 모발을 적당히 건조한 후 헤어로션을 두피에 묻지 않도록 주의하여 모발에 도포한다.
④ 모발을 적당히 건조한 후 헤어젤을 두피에 묻지 않도록 주의하여 모발에 도포한다.

해설
헤어로션을 두피에 묻지 않도록 주의하여 모발에 도포한다.

47 우리나라에서 처음으로 이용사 시험이 국가에서 시행하는 자격시험제도로 실시된 것은 언제인가?

① 1895년 ② 1923년
③ 1961년 ④ 1986년

해설
1923년에 우리나라 최초로 국가자격시험 제도를 시행하였다.

48 스컬프처 커트(Sculpture Cut)는 어떠한 것인가?

① 틴닝가위로만 사용하여 조발하며 빗만 사용하여 정발한 작품
② 미니가위로 조발하며 아이론으로 정발한 작품
③ 조발용 면도로만 조발하며 브러시로 정발한 작품
④ 스컬프처 레이저를 사용하며 브러시로 정발한 작품

해설
스컬프처 커트란 스컬프처 전용 레이저로 커트하고 브러시로 세팅하는 디자인으로, 남성 클래식 커트에 해당하는 커트 유형이다.

49 일반적인 좌식 세발 시 두부 내 문지르기의 순서로 가장 적합한 것은?

① 두정부 → 전두부 → 측두부 → 후두부
② 전두부 → 두정부 → 측두부 → 후두부
③ 후두부 → 전두부 → 두정부 → 측두부
④ 두정부 → 측두부 → 후두부 → 전두부

해설
두정부 → 전두부 → 측두부 → 후두부의 순서이다.

50 덧돌에 대한 설명 중 가장 적합한 것은?

① 덧돌에는 천연석과 인조석이 있다.
② 덧돌은 숫돌보다 약 2배 정도 크다.
③ 덧돌은 주로 가위를 연마할 때 사용한다.
④ 덧돌은 숫돌이 깨졌을 때 쓰는 비상용이다.

해설
덧돌에는 천연석과 인조석이 있으며 가장 작은 돌이다.

51 화장품 품질 특성의 4대 조건은?

① 안전성, 안정성, 사용성, 유용성
② 안전성, 방부성, 방향성, 유용성
③ 발림성, 안정성, 방부성, 사용성
④ 방향성, 안전성, 발림성, 사용성

해설
▶ 화장품 품질의 4대 특성 : 안전성, 안정성, 사용성, 유용성

정답 46 ③ 47 ② 48 ④ 49 ① 50 ① 51 ①

52 수정커트 중에서 찔러깎기 기법은 어느 경우에 사용되어야 가장 적합한가?

① 면체라인 수정 시
② 뭉쳐 있는 두발 숱 부분의 색채 수정 시
③ 전두부 수정 시
④ 천정부 수정 시

> **해설**
> 찔러깎기는 뭉쳐 있는 두발의 색채를 수정할 때 사용된다.

53 자외선 중 홍반을 주로 유발시키는 것은?

① UV-A ② UV-B
③ UV-C ④ UC-D

> **해설**
> UV-B를 과다하게 쬘 경우 홍반이나 물집, 염증 등을 일으킬 수 있다.

54 1955년 프랑스 이용기술 고등연맹에서 발표한 장티옴라인 작품 설명으로 가장 적합한 것은?

① 전체 스타일을 스퀘어로 각을 강조하였다.
② 귀족을 의미하는 뜻으로 작품명을 정하였다.
③ 가르마를 기준으로 각각 원형을 이루도록 하였다.
④ 전체가 수평을 이루어 중년에 맞는 스타일이다.

> **해설**
> 전체 커트 형태를 스퀘어로 하여 각을 강조하는 스타일이다.

55 보건기획이 전개되는 과정으로 옳은 것은?

① 전제 - 예측 - 목표설정 - 구체적 행동계획
② 전제 - 평가 - 목표설정 - 구체적 행동계획
③ 평가 - 환경분석 - 목표설정 - 구체적 행동계획
④ 환경분석 - 사정 - 목표설정 - 구체적 행동계획

> **해설**
> 보건기획의 전개 과정 : 전제 - 예측 - 목표설정 - 구체적 행동계획

56 이·미용사의 업무범위에 대한 나열이 옳지 않은 것은? (단, 본 시험의 접수일 당일 자격을 취득한 자로서 이·미용사 면허를 받은 자 기준)

① 이용사 : 이발, 아이론, 면도, 머리피부 손질, 머리카락 염색 및 머리감기
② 미용사(일반) : 파마, 머리카락 자르기, 머리카락 모양내기, 머리피부 손질, 머리카락 염색, 머리감기, 의료기기나 의약품을 사용하지 아니하는 눈썹손질
③ 미용사(피부) : 의료기기나 의약품을 사용하지 아니하는 피부상태 분석, 피부관리, 제모, 눈썹손질
④ 미용사(네일) : 손톱과 발톱의 손질 및 화장, 의료기기나 의약품을 사용하지 아니하는 눈썹손질

> **해설**
> 눈썹을 손질하는 것은 미용사(일반)의 업무범위이다.

정답 52 ② 53 ② 54 ① 55 ① 56 ④

57 기능성 화장품의 종류와 그 범위에 대한 설명으로 틀린 것은?

① 주름개선제품 : 피부탄력 강화와 표피의 신진대사를 촉진한다.
② 미백제품 : 피부 색소침착을 방지하고 멜라닌 생성 및 산화를 방지한다.
③ 자외선 차단제품 : 자외선을 차단 및 산란시켜 피부를 보호한다.
④ 보습제품 : 피부에 유·수분을 공급하여 피부의 탄력을 강화한다.

해설
피부에 유·수분을 공급하는 것은 기초 화장품의 기능에 속한다.

58 다음 중 피부 상재균의 증식을 억제하는 항균 기능을 가지고 있고, 발생한 체취를 억제하는 기능을 가진 것은?

① 바디샴푸   ② 데오드란트
③ 샤워코롱   ④ 오데토일렛

해설
데오드란트의 주요 성분은 알루미늄클로로하이드레이트의 활성성분으로 땀 분비를 억제하는 동시에 냄새를 제거하는 기능이 있다.

59 호상 블리치(Bleach Agent)와 관련된 설명으로 틀린 것은?

① 탈색 과정을 눈으로 볼 수 없다.
② 과산화수소수의 조제상태가 풀과 같은 점액상태이다.
③ 두발에 대한 탈색작용이 빠르다.
④ 블리치제를 바르는 양의 조절이 쉽다.

해설
▶ 호상 블리치의 특징
• 딜색 과정을 눈으로 볼 수 없다.
• 과산화수소수의 조제상태가 풀과 같은 점액상태이다.
• 모발 속 멜라닌 색소를 표백해서 모발을 밝게 하는 효과가 있다.
• 두 번 칠할 필요가 없다.
• 기술 도중 과산화수소가 마를 염려가 없다.
• 두발의 탈색 정도를 알기 어렵다.

60 박하(Peppermint)에 함유된 시원한 느낌의 혈액 순환 촉진성분은?

① 자일리톨(Xylitol)
② 멘톨(Menthol)
③ 알코올(Alcohol)
④ 마조람 오일(Majoram Oil)

해설
페퍼민트의 멘톨성분이 청량감을 주고 혈액순환을 돕는다.

정답 57 ④ 58 ② 59 ③ 60 ②

이용사 05 — 2020년 1회 기출복원문제

01 세계 최초의 이용원을 설립한 사람의 이름은?
① 장 바버
② 바리캉 마르
③ 마셀 그라또우
④ 샘 스미스

해설
프랑스의 장 바버가 1800년대 이용원을 처음 설립하였다. 바버숍이라는 이름의 유래이기도 하다.

02 공중위생법이 처음 공포된 연도는?
① 1986년
② 1988년
③ 1990년
④ 1992년

해설
우리나라의 공중위생법이 처음 공포된 시기는 1986년이다.

03 이용사의 업무범위가 아닌 것은?
① 수염 다듬기
② 아이론
③ 모발관리
④ 눈썹문신

해설
이용사의 업무범위 : 「공중위생관리법」 제8조 제3항에 따른 이용사의 업무범위는 이발, 아이론, 면도, 머리피부 손질, 머리카락 염색 및 머리감기로 한다.

04 국산 화장품 제조허가 제1호 품목으로 옳은 것은?
① 박가분
② 콜드 크림
③ 서가분
④ 머릿기름

해설
1922년 국산 화장품 제조허가 제1호로 출범한 제품은 박가분이다.

05 표피의 두께는?
① 0.01~0.05[mm]
② 0.03~1[mm]
③ 0.1~0.3[mm]
④ 0.08~5[mm]

해설
표피 : 0.1~0.3[mm]이며 표피와 진피를 합친 부피는 2.4~3.6[L]이며 무게는 4[kg]에 달한다.

06 각각의 균과 증식 온도가 알맞게 짝지어진 것은?
① 저온균 - 15~20[℃]
② 저온균 - 0~5[℃]
③ 중온균 - 20~40[℃]
④ 고온균 - 55~70[℃]

해설
- 저온균 : 15~20[℃]
- 중온균 : 27~35[℃]
- 고온균 : 50~65[℃]

정답 01 ① 02 ① 03 ④ 04 ① 05 ③ 06 ①

이용사 · 이용장

07 이용업 시설의 필수 설비기준으로 알맞지 않은 것은?
① 소독장비를 구비할 것
② 소독한 기구와 소독하지 않은 기구를 구분하여 보관할 것
③ 영업장 내 별실을 설치하지 말 것
④ 상담실 칸막이를 설치할 것

해설
이용업 시설의 설비 시 영업장 내에 별실이나 칸막이 등을 설치하여서는 안 된다.

08 세계보건기구(WHO)가 창설된 연도는?
① 1945년　② 1946년
③ 1947년　④ 1948년

해설
WHO는 1948년 스위스 제네바에 본부를 두고 창설되었다.

09 크레졸 소독의 단점으로 알맞은 것은?
① 세균 소독에 효과가 미미하다.
② 피부 자극성이 강하다.
③ 유기물에 소독 효과가 약화된다.
④ 냄새가 강하다.

해설
크레졸 소독은 경제적이며 소독력이 강해 거의 모든 세균에 효과가 있다는 장점이 있지만, 냄새가 강하고 물에 잘 녹지 않는다는 단점이 있다.

10 고무제품이나 의류를 소독하는 것은?
① 승홍수　② 역성비누
③ 생석회　④ 포르말린

해설
▶ 포르말린 : 의류, 도자기, 목제품, 가죽, 고무제품, 방부제, 선박 등의 소독에 사용된다.

11 모발 끝의 질감 처리로 인해 가벼운 움직임과 자연스러움을 표현할 수 있지만 모발 끝이 세로로 갈라지는 단점이 있는 시술 도구는?
① 클리퍼　② 장가위
③ 틴닝가위　④ 레이저

해설
머리카락의 가벼운 질감을 표현하기 위해 사용하는 레이저는 머리카락의 단면이 사선으로 잘려지면서 세로로 갈라지는 단점이 있다.

12 전강가위의 뜻은?
① 날 부분과 협신부가 서로 다른 재질을 접합시켜 만들어진 가위
② 전체가 특수강으로 만들어진 가위
③ 일부가 특수강으로 만들어진 가위
④ 모발의 숱을 치는 용도의 가위

해설
날 부분과 협신부가 서로 다른 재질로 되어 있는 가위는 착강가위이다. 또한 모발의 숱을 치는 용도의 가위는 틴닝가위이다. 전강가위는 날 전체가 특수강으로 이루어져 있다.

정답　07 ④　08 ④　09 ④　10 ④　11 ④　12 ②

13 중상고형의 네이프라인은 클리퍼 작업 시 몇 [cm]로 조형하는가?

① 2[cm] 이하 ② 3[cm] 이하
③ 4[cm] 이하 ④ 5[cm] 이하

해설
- 하상고형 : 클리퍼 라인이 없음.
- 중상고형 : 3[cm] 이하
- 둥근스포츠 : 4[cm] 이하

14 표피세포의 2~8[%]를 차지하며 유극층에 존재하는 별 모양의 세포질 돌기를 가진 세포는?

① 각질형성세포
② 멜라닌형성세포
③ 랑게르한스세포
④ 머켈세포

해설
랑게르한스세포는 방추형의 세포 돌기를 가진 것으로 유극층에 대부분 존재한다.

15 인구 피라미드 형태 중 표주박형의 특징으로 알맞은 것은?

① 출생률이 높고 사망률이 높은 형
② 출생률이 낮고 사망률이 낮은 형
③ 생산연령인구의 전입이 늘어나는 형
④ 생산연령인구의 전출이 늘어나는 형

해설
▶ 표주박형(호로형) : 농촌형, 인구유출형

16 포유동물의 신체를 구성하고 있는 성분 중 대략 70[%]를 차지하는 것은?

① 혈액   ② 물
③ 단백질 ④ 마그네슘

해설
물은 신체의 약 70[%]를 차지한다.

17 물이나 합성세제 같은 강한 알칼리성 물질에 의한 자극으로 생성되는 피부질환은?

① 유아습진 ② 태열
③ 주부습진 ④ 변연형 습진

해설
설거지나 빨래를 많이 하는 주부에게서 많이 생긴다 하여 주부습진이라 한다.

18 미생물의 증식환경에서 산소가 있을 때 성장하는 균을 나타내는 단어는?

① 호기성균 ② 혐기성균
③ 통기성균 ④ 산소성균

해설
호기성균은 산소가 있어야 증식을 한다(곰팡이, 효모, 식초산균).

19 미생물이 발육하는 최적의 수소이온농도는?

① 약산과 약알칼리 pH 3~5 사이
② 강산과 강알칼리 pH 6~8 사이
③ 약산과 약알칼리 pH 6~8 사이
④ 약산과 약알칼리 pH 9~10 사이

해설
pH 6.0~8.0 사이 중성에서 미생물이 발육하기에 최적이다.

정답 13 ② 14 ③ 15 ④ 16 ② 17 ③ 18 ① 19 ③

20 관련법상 면허 결격자가 아닌 것은?

① 피성년후견인 ② 정신질환자
③ 약물중독자   ④ 당뇨병 환자

> **해설**
> ▶ 피성년후견인 : 질병, 장애, 노령, 그 밖의 사유로 인한 정신적 제약으로 사무를 처리할 능력이 지속적으로 결여된 사람

21 pH 5.0의 저자극성 샴푸로 약하거나 손상된 모발, 화학 시술에 노출된 모발에 적합한 샴푸는?

① 산성 샴푸   ② 중성 샴푸
③ 알칼리성 샴푸 ④ 약알칼리성 샴푸

> **해설**
> • 산성 샴푸 : pH 5로 저자극성 샴푸로 화학 시술한 모발에 적합하며, 약한 모발에 사용한다.
> • 중성 샴푸 : pH 7로 화학 시술 전에 사용한다.
> • 알칼리성 샴푸 : pH 7.5~8.5로 세정력이 뛰어난 일반적인 샴푸이다.

22 유화 효과가 강하여 유화제로 사용되는 계면활성제의 종류는?

① 음이온성   ② 양이온성
③ 양쪽성   ④ 비이온성

> **해설**
> 유화제로서는 HLB(Hydrophile-Lipophile Balance, 친수성-친유성 밸런스) 8~16인 것은 O/W형 에멀전에, 3~6은 W/O형 에멀전에 적합하다고 하는데, 일반적으로 계면활성제의 친수기가 수화성 및 이온성이 강할수록 O/W형 에멀전에 적합하고, 이와 반대로 친유성이 강할수록 W/O형 에멀전에 적합하다. 유화 효과가 강한 것은 비이온성의 종류이다.

23 샴푸 시 적당한 물의 온도는?

① 20~28[℃]   ② 30~35[℃]
③ 38~40[℃]   ④ 45~50[℃]

> **해설**
> 샴푸 시 적당한 물의 온도는 38~40[℃]이다.

24 다음 중 식물성이 아닌 것은?

① 올리브 오일   ② 에뮤 오일
③ 로즈힙 오일   ④ 아몬드 오일

> **해설**
> 에뮤는 새의 한 종류이다.

25 세안을 하고 난 후 일시적으로 씻겨 제거되는 피부 표면의 천연보호막을 인공적인 방법으로 보충하여주는 기초 화장품은?

① 크림   ② 에멀전
③ 토너   ④ 세럼

> **해설**
> 크림은 인공적인 피부 보호막 역할을 한다.

26 영업소의 폐쇄 및 영업정지 사유로 옳은 것은?

① 시설과 설비기준을 위반한 경우
② 중요사항을 과도하게 변경하는 경우
③ 청소년을 직원으로 고용한 경우
④ 당뇨환자를 직원으로 고용한 경우

> **해설**
> ▶ 영업소의 폐쇄 및 영업정지 사유
> • 영업신고를 하지 않거나 시설과 설비기준을 위반한 경우
> • 중요사항의 변경신고를 하지 않은 경우
> • 지위승계신고를 하지 않은 경우
> • 위생관리의무 등을 지키지 않은 경우 등

정답 20 ④ 21 ① 22 ④ 23 ③ 24 ② 25 ① 26 ①

27 오일 성분이 없는 세안제로 산뜻하고 가벼운 사용감을 가지고 있어 옅은 화장상태나 지성 피부에 적합한 세정 화장품은?

① 클렌징 크림 ② 클렌징 로션
③ 클렌징 워터 ④ 클렌징 젤

> **해설**
> 클렌징 워터는 지성 피부에 적합하여 산뜻하고 가벼운 사용감을 부여한다.

28 공중위생감시원을 임명하는 자는?

① 보건복지부장관
② 대통령
③ 시장·군수·구청장
④ 동사무소직원

> **해설**
> 시·도지사 또는 시장·군수·구청장은 소속 공무원 중에서 공중위생감시원을 임명한다.

29 면도기를 잡는 기술로 올바르지 않은 것은?

① 프리핸드 ② 서브핸드
③ 스틱핸드 ④ 푸시핸드

> **해설**
> 프리핸드, 스틱핸드, 펜슬핸드, 푸시핸드, 백핸드가 있다.

30 면도기를 검지와 중지 사이에 끼워 연필을 잡듯이 칼머리 부분을 밑으로 향하게 하여 잡는 면도 방법은?

① 프리핸드 ② 펜슬핸드
③ 스틱핸드 ④ 푸시핸드

> **해설**
> 연필을 잡는 것 같다고 하여 펜슬핸드라는 명칭이 붙여졌다.

31 아이론에서 열을 배출하는 부위를 가리키는 명칭은?

① 그루브 ② 핸들
③ 회전체 ④ 프롱

> **해설**
> 아이론의 열 배출은 프롱에서 이루어진다.

32 일본뇌염을 일으키는 병원소는?

① 고양이 ② 토끼
③ 벼룩 ④ 모기

> **해설**
> 일본뇌염의 병원소는 돼지, 모기의 바이러스에 의해 감염된다.

33 홍역에 대한 설명으로 옳은 것은?

① 매개체를 통하여 간접적으로 전파한다.
② 제2급 감염병이다.
③ 말라리아와 같은 감염병 분류단계로 분류되어 있다.
④ 풍진보다 한 단계 위의 감염병 분류단계로 분류되어 있다.

> **해설**
> 홍역은 제2급으로 분류된 감염병으로 발열, 발진, 귀 염증 등 오염된 물품이나 감염자와의 비말감염으로 예방접종이 중요하다.

정답 27 ③ 28 ③ 29 ② 30 ② 31 ④ 32 ④ 33 ②

34 영구 염모제의 특징이 아닌 것은?
① 금속성 염모제가 이에 포함된다.
② 가장 많이 사용되는 것은 산화염모제이다.
③ 모발이 손상되는 단점이 있다.
④ 모발을 밝고 선명하게 연출할 수는 없다.

> **해설**
> 영구 염모제는 모발을 밝고 선명하게 연출하여 주지만, 모발이 손상되는 단점이 있다.

35 헤어스타일을 정돈한 후 유지력을 높이기 위해 얇은 피막을 형성토록 분사하여 고정시켜주는 모발 화장품의 종류는?
① 포마드
② 헤어오일
③ 헤어스프레이
④ 헤어젤

> **해설**
> 헤어스타일을 유지와 피막을 형성시켜 고정시키도록 하는 분사 도구는 헤어스프레이다.

36 헤어 아이론의 목적이 아닌 것은?
① 곱슬머리의 교정
② 풍성한 볼륨 형성
③ 화상 우려가 없는 안전한 시술
④ 거친 모발 및 모류의 교정

> **해설**
> 헤어 아이론은 직접 열을 가하여 시술하기 때문에 자칫 화상의 우려가 있다.

37 영업자는 매년 몇 시간의 위생교육을 이수하여야 하는가?
① 1시간
② 2시간
③ 3시간
④ 4시간

> **해설**
> 영업자는 법적으로 매년 3시간의 위생교육을 이수해야 한다.

38 네일 에나멜의 피막 위에 덧발라서 내구성을 높이거나 광택을 내게 할 목적으로 사용하는 제품의 이름은?
① 베이스 코트
② 네일 보강제
③ 네일 에나멜 리무버
④ 탑 코트

> **해설**
> 탑 코트는 매니큐어를 바르고 난 후에 덧발라주어 투명한 광택을 더해주는 역할을 한다. 컬러 매니큐어 위에 탑 코트를 바르면 매니큐어의 색상이 더욱 선명해 보이고 컬러가 벗겨지지 않게 보호해주어서 색상을 오래 유지할 수 있다.

39 선충류가 아닌 것은?
① 요코가와흡충
② 회충
③ 요충
④ 십이지장충

> **해설**
> 요코가와흡충은 흡충류이다.

정답 34 ④ 35 ③ 36 ③ 37 ③ 38 ④ 39 ①

40 이·미용업소의 안전사고 예방대책으로 가장 알맞은 것은?

① 시술장의 조명은 어두워도 괜찮다.
② 시술 도구의 소독과 위생점검은 가끔씩 시행한다.
③ 시술장의 청결상태와 위생은 겉으로 티가 나지 않으면 괜찮다.
④ 전기 및 화재 안전수칙을 준수하여야 한다.

해설
이·미용업소의 조명은 75럭스 이상으로 유지하여야 하며, 시술 도구는 주기적으로 소독하여 청결하게 관리하여야 한다. 또한 감전과 화재 등의 사고에 항상 대비하여 안전수칙을 준수하여야 한다.

41 공중위생영업소를 개설하고자 하는 자는 원칙적으로 언제까지 위생교육을 받아야 하는가?

① 개설 후 1년 이내
② 개설 후 6개월 이내
③ 개설 후 1달 이내
④ 개설하기 전

해설
공중위생영업소를 개설하고자 하는 자는 영업신고 전 미리 위생교육을 받아야 한다.

42 6월 이하의 징역 또는 500만 원 이하의 벌금을 부과하는 위반행위가 아닌 것은?

① 공중위생영업의 변경신고를 하지 않은 자
② 공중위생영업자의 지위를 승계한 자로서 1개월 이내에 신고를 하지 않은 자
③ 건전한 영업질서를 위하여 준수해야 할 사항을 준수하지 아니한 자
④ 공중위생영업의 신고를 하지 아니한 자

해설
▶ 6월 이하의 징역 또는 500만 원 이하의 벌금
• 공중위생영업의 변경신고를 하지 아니한 자
• 공중위생영업자의 지위를 승계한 자로서 신고를 아니한 자
• 건전한 영업질서를 위하여 준수해야 할 사항을 준수하지 아니한 자

43 이·미용사가 일회용 면도날을 여러 손님에게 사용했을 때의 2차 위반 행정처분기준은?

① 영업정지 1월   ② 영업정지 10일
③ 영업정지 5일   ④ 영업장 폐쇄명령

해설
• 1차 위반 – 경고
• 2차 위반 – 영업정지 5일
• 3차 위반 – 영업정지 10일
• 4차 위반 – 영업장 폐쇄명령

44 관계공무원의 출입, 검사 또는 공중위생영업 장부 또는 서류의 열람을 거부, 방해하거나 기피한 경우의 3차 위반 행정처분기준은?

① 영업정지 10일   ② 영업정지 20일
③ 영업정지 1월   ④ 영업장 폐쇄명령

해설
• 1차 위반 – 영업정지 10일
• 2차 위반 – 영업정지 20일
• 3차 위반 – 영업정지 1월
• 4차 위반 – 영업장 폐쇄명령

45 두피가 건조하며 각질이 쌓여 두피의 색상이 탁한 두피의 상태는?

① 정상 두피   ② 건성 두피
③ 지성 두피   ④ 비듬성 두피

해설
건성 두피에는 각질이 쌓여 원래의 두피 색상보다 탁하게 보이는 경우가 있다.

정답 40 ④ 41 ④ 42 ② 43 ③ 44 ③ 45 ②

46 다음 중 모주기가 제일 짧은 것은?
① 수염 ② 음모
③ 눈썹 ④ 솜털

> **해설**
> - 수염 : 2~3년
> - 음모 : 1~2년
> - 눈썹 : 4~5개월
> - 솜털 : 2~4개월

47 단파장으로(290[nm] 이하) 가장 강한 자외선의 종류는?
① UV-A ② UV-B
③ UV-C ④ UV-D

> **해설**
> - UV-C의 파장 : 200~290[nm]
> - UV-B의 파장 : 290~320[nm]
> - UV-A의 파장 : 320~400[nm]

48 일반적인 성인의 기초 칼로리는?
① 500~700[kcal]
② 1,000~1,300[kcal]
③ 1,600~1,800[kcal]
④ 2,100~2,500[kcal]

> **해설**
> 성인의 기초 칼로리는 1,600~1,800[kcal] 정도이다.

49 염모제의 알레르기 반응을 확인하는 방법은?
① 패치 테스트 ② 스트랜드 테스트
③ 컬러 테스트 ④ 헤어 테스트

> **해설**
> 염모제의 알레르기 반응을 확인하기 위해선 귀 뒤나 팔꿈치 안쪽에 패치 테스트를 실시하는 것이 좋다.

50 가발 제작 과정을 올바르게 나열한 것은?
① 상담 - 패턴 제작 - 가발 디자인 선정 - 가발 제작
② 상담 - 가발 디자인 선정 - 패턴 제작 - 가발 제작
③ 가발 디자인 선정 - 패턴 제작 - 상담 - 가발 제작
④ 패턴 제작 - 가발 디자인 선정 - 상담 - 가발 제작

> **해설**
> ▶ 가발의 제작 과정 : 상담 - 가발 디자인 선정 - 패턴 제작 - 가발 제작 순이다.

51 면체라인과 구레나룻 부분의 연모를 제거할 때 사용하는 클리퍼의 종류는?
① 소밀 클리퍼 ② 파상모용 클리퍼
③ 일반 클리퍼 ④ 핸드 클리퍼

> **해설**
> 소밀 클리퍼를 사용하여 잔털들을 제거한다.

52 정당한 사유 없이 6개월 이상 계속 휴업하는 경우의 행정처분기준은?
① 경고 ② 면허정지
③ 영업장 폐쇄명령 ④ 면허취소

> **해설**
> 시장·군수·구청장은 공중위생영업자가 정당한 사유 없이 6개월 이상 계속 휴업하는 경우에는 영업소 폐쇄를 명할 수 있다.

정답 46 ④ 47 ③ 48 ③ 49 ① 50 ② 51 ① 52 ③

53 다음 중 피부의 감각기관인 촉각점이 가장 적게 분포되어 있는 곳은?
① 손가락 끝
② 혀 끝
③ 입술
④ 발바닥

해설
촉각점의 분포가 가장 적은 신체 부위는 발바닥이다.

54 조명의 종류 중 눈의 보호를 위해 가장 좋은 조명은 무엇인가?
① 전체조명
② 부분조명
③ 직접조명
④ 간접조명

해설
▶ 조명의 종류
- **전체조명** : 실내 전체를 밝혀주는 조명
- **부분조명** : 실내의 일부분만 밝히는 조명
- **직접조명** : 비추고자 하는 면에 광원(光源)에서 나온 빛을 직접 모아 비추는 조명
- **간접조명** : 광원(光源)에서 나온 빛을 벽이나 천장 따위에 비추고 반사시켜 부드럽게 만든 후 그 반사광을 이용하는 조명

55 도구 및 기기의 소독기준 및 방법으로 알맞지 않은 것은?
① 자외선 소독 – 1[cm^2]당 85[μW] 이상의 자외선을 20분 미만으로 쬐어준다.
② 증기 소독 – 100[℃] 이상의 습한 열에 20분 이상 쬐어준다.
③ 석탄산수 소독 – 석탄산수(석탄산 3[%], 물 97[%]의 수용액)에 10분 이상 담가둔다.
④ 크레졸 소독 – 크레졸수(크레졸 3[%], 물 97[%]의 수용액)에 10분 이상 담가둔다.

해설
자외선 소독은 1[cm^2]당 85[μW] 이상의 자외선을 20분 이상 쬐어준다.

56 혐기성균의 종류로 알맞은 것은?
① 보툴리누스균
② 백일해균
③ 살모넬라균
④ 결핵균

해설
혐기성균은 산소가 있으면 증식하지 않는 균이다. 보툴리누스균이 대표적인 혐기성균이다.

57 과일의 껍질을 압착하여 에센셜 오일을 얻는 향료의 추출방식은?
① 압착법
② 온침법
③ 냉침법
④ 증류법

해설
시트러스(Citrus) 계열의 오렌지, 레몬, 베르가모트, 그레이프루트 등 감귤류 열매의 과육은 빼고 껍질을 송곳이나 절개를 통해 구멍을 내거나 껍질을 눌러 짜내는 방법이 압착법이다.

58 알코올의 특징으로 알맞지 않은 것은?
① 에틸알코올은 주당의 원료로 쓰이고 인체에 무해하다.
② 소독용으로 70~75[%]를 사용한다.
③ 정제수에 섞어 3[%] 수용액으로 사용한다.
④ 수지, 피부, 가위, 칼, 솔 등 소독에 사용한다.

해설
알코올은 인체에 무해하며, 피부나 칼 또는 가위 등을 소독하는 데에 70~75[%] 농도로 쓰인다.

정답 53 ④ 54 ④ 55 ① 56 ① 57 ① 58 ③

59 샴푸 시 유의사항으로 알맞지 않은 것은?

① 적당한 물의 온도를 지켜 고객이 불편하지 않도록 하여야 한다.
② 두피 손상이 오지 않도록 손톱이 아닌 손가락 끝을 이용하여야 한다.
③ 두피 자극을 최소화할 수 있는 중성 샴푸제를 사용하는 것이 좋다.
④ 린스제는 두피까지 도포하는 것이 머릿결에 좋다.

> **해설**
> 린스제는 두피에 최대한 닿지 않도록 하는 것이 좋다.

60 아플라톡신을 발생시키는 원인 식품으로 알맞은 것은?

① 살구씨　　② 굴의 내장
③ 산패한 호두　④ 홍합

> **해설**
> ▶ 아플라톡신 : 산패한 호두, 땅콩, 캐슈넛, 피스타치오 등의 견과류에 의한다.

정답　59 ④　60 ③

이용사 06 — 2020년 2회 기출복원문제

01 다음 중 건강한 두발의 pH 범위는?
① pH 3~4
② pH 4.5~5.5
③ pH 8~9
④ pH 9~10

해설
건강한 두피와 피부의 pH 범위는 약산성의 범위인 pH 4.5~5.5의 범위이다.

02 보건복지부령이 정하는 변경신고 시, 중요사항이 아닌 것은?
① 영업소의 명칭 및 상호
② 영업소의 소재지
③ 영업장 내 상품의 가격
④ 대표자의 성명 또는 생년월일

해설
메뉴나 상품의 가격은 중요하지 않다.

03 공중위생영업에 해당하지 않는 것은?
① 세탁업
② 숙박업
③ 요식업
④ 이·미용업

해설
공중위생영업은 숙박업, 목욕장업, 이용업, 미용업, 세탁업, 건물위생관리업이 있다.

04 화장의 기원으로 올바르지 않은 것은?
① 장식설
② 신체보호설
③ 계급설
④ 수명연장설

해설
수명연장설은 화장의 기원이 아니다.

05 습열에 의한 소독법이 아닌 것은?
① 자비 소독법
② 고압증기 살균법
③ 유통증기 멸균법
④ 화염 멸균법

해설
화염 멸균법은 불꽃에 접촉시키는 방식이다.

06 퍼머넌트 웨이브의 전처리 과정 중 하나로, 손상모 제거 및 와인딩에 적합한 길이로의 커트를 위한 과정은?
① 두피 및 모발진단
② 프레 샴푸
③ 프레 커트
④ 프레 트리트먼트

해설
프레의 뜻은 미리 전처리 커트를 한다는 뜻으로 프레 커트라고 한다.

정답 01 ② 02 ③ 03 ③ 04 ④ 05 ④ 06 ③

07 영업장의 폐업신고는 폐업한 날로부터 며칠 이내여야 하는가?
① 7일
② 10일
③ 15일
④ 20일

> **해설**
> 폐업신고는 20일 이내이다.

08 우리나라에서 처음으로 국가적 이용사 자격시험이 시행된 연도는?
① 1923년
② 1933년
③ 1943년
④ 1953년

> **해설**
> 우리나라의 이용사 자격시험은 1923년에 시행되었다.

09 화장품의 품질 특성으로 옳지 않은 것은?
① 지속성
② 안전성
③ 유효성
④ 안정성

> **해설**
> 화장품의 품질 특성은 안전성, 안정성, 사용성, 유효성이다.

10 클리퍼에 대한 설명으로 맞지 않는 것은?
① 1920년경 일본을 통해 국내로 보급되었다.
② 고정된 밑날과 윗날이 좌우로 교차하면서 모발을 절단시킨다.
③ 몸체, 모터, 배터리, 커트날로 구성된다.
④ 프랑스의 바리캉 마르가 처음 제작하였다.

> **해설**
> 클리퍼가 우리나라에 최초로 들어온 시기는 1910년이다.

11 표피의 구조상 가장 아래에 위치한 것은?
① 투명층
② 각질층
③ 과립층
④ 기저층

> **해설**
> 각질층 - 투명층 - 과립층 - 유극층 - 기저층의 순서로 이루어져 있다.

12 표피의 구성세포가 아닌 것은?
① 멜라닌세포
② 림프구
③ 랑게르한스세포
④ 각질형성세포

> **해설**
> 표피의 구성세포는 멜라닌세포, 머켈세포, 랑게르한스세포, 각질형성세포이다.

13 패치 테스트를 실시하는 부위가 아닌 곳은?
① 귀 뒤
② 팔꿈치 안쪽
③ 등
④ 손등

> **해설**
> 패치 테스트를 실시하는 부위는 귀 뒤, 팔꿈치 안쪽, 등이다.

14 이용사 면허를 받지 않은 자가 할 수 있는 업무는?
① 이·미용사의 감독을 받는 직접적인 시술
② 이·미용사의 감독을 받는 보조업무
③ 이용업장의 개설
④ 이용업장의 대표자로 등록

> **해설**
> 이용사 면허가 없는 사람은 이용업을 개설하거나 그 업무에 종사할 수 없지만, 이용사, 미용사의 감독을 받아 이용, 미용의 보조업무는 가능하다.

정답 07 ④ 08 ① 09 ① 10 ① 11 ④ 12 ② 13 ④ 14 ②

15 다음 중 피부색을 결정하는 요소가 아닌 것은?
① 각질층의 두께 ② 멜라닌
③ 티록신 ④ 혈관 분포와 혈색소

> **해설**
> 멜라닌, 카로틴, 헤모글로빈으로 티록신은 갑상선의 치료를 담당한다.

16 단단하고 불규칙한 그물 모양의 결합조직으로 진피의 대부분을 이루고 있는 층은?
① 유두층 ② 망상층
③ 각질층 ④ 과립층

> **해설**
> 그물망으로 되어 있는 망상층은 진피의 대부분을 차지한다.

17 공중위생감시원을 임명하는 자는?
① 보건복지부장관 ② 대통령
③ 시·도지사 ④ 동사무소직원

> **해설**
> 시·도지사 또는 시장·군수·구청장은 소속 공무원 중에서 공중위생감시원을 임명한다.

18 이용업소에서 시술하여도 법적 처벌을 받지 아니한 것은?
① 문신 ② 점빼기
③ 면도 ④ 귓볼뚫기

> **해설**
> ▶ 문신, 점빼기, 귓볼뚫기
> • 1차 위반 - 영업정지 2월
> • 2차 위반 - 영업정지 3월
> • 3차 위반 - 영업장 폐쇄명령

19 머리를 감을 때마다 조금씩 퇴색되며 코팅 컬러와 산성 컬러가 속해 있는 염모제의 종류는?
① 일시적 염모제 ② 반영구 염모제
③ 영구 염모제 ④ 천연 염모제

> **해설**
> 반영구 염모제는 강한 컬러감을 부여하지만, 색이 조금씩 퇴색되는 단점이 있다.

20 정발제로 사용하는 모발 화장품이 아닌 것은?
① 헤어린스 ② 포마드
③ 헤어스프레이 ④ 헤어젤

> **해설**
> 헤어린스는 샴푸 후에 사용하여 머릿결을 부드럽게 가꿔주는 모발용 제품이다.

21 국가 간이나 지역사회의 보건수준을 비교하는 3대 건강지표에 해당하지 않는 것은?
① 고령화지수 ② 평균수명
③ 영아사망률 ④ 비례사망지수

> **해설**
> 평균수명, 영아사망률, 비례사망지수는 국가 간이나 지역사회의 보건수준을 비교하는 3대 건강지표이다.

22 질병이 발생되는 요인을 순서대로 잘 나열한 것은?
① 숙주 - 병원체 - 유전
② 숙주 - 유전 - 저항력
③ 숙주 - 병원체 - 병소
④ 숙주 - 병원체 - 환경

> **해설**
> 질병이 발생되기 위해서는 숙주, 병원체, 환경의 요인이 되어야 한다.

정답 15 ③ 16 ② 17 ③ 18 ③ 19 ② 20 ① 21 ① 22 ④

23 발병 전 잠복기간에 병원체를 배출하는 보균자를 무엇이라고 하는가?

① 건강보균자　② 잠복기보균자
③ 회복기보균자　④ 배출보균자

해설
발병 전 잠복기간에 병원체를 배출하는 보균자를 잠복기보균자라 한다.

24 통기성균의 뜻으로 올바른 것은?

① 산소가 있을 때 성장하는 균
② 산소가 없을 때 생육하는 균
③ 산소의 유무에 관계없이 증식하는 균
④ 산소의 유무에 받는 영향이 때에 따라 다른 균

해설
산소의 유무에 상관없이 증식하는 균을 통기성균이라 한다.

25 이발 시술 과정을 올바르게 나열한 것은?

① 소재 - 구상 - 보정 - 제작
② 제작 - 보정 - 소재 - 구상
③ 소재 - 제작 - 구상 - 보정
④ 소재 - 구상 - 제작 - 보정

해설
소재 - 구상 - 제작 - 보정의 순서이다.

26 올바른 커트 기법이 아닌 것은?

① 거칠게깎기　② 지간깎기
③ 두껍게깎기　④ 수정깎기

해설
커트 기법의 종류 : 거칠게깎기, 지간깎기, 연속깎기, 밀어깎기, 끌어깎기, 떠내깎기, 소밀깎기, 수정깎기

27 다른 사람에게 면허증을 대여한 때의 2차 위반 시 행정처분기준은?

① 영업정지 3월　② 면허정지 6월
③ 영업정지 1년　④ 면허취소

해설
• 1차 위반 - 면허정지 3월
• 2차 위반 - 면허정지 6월
• 3차 위반 - 면허취소

28 영업소의 폐쇄 및 영업정지 사유로 옳은 것은?

① 시설과 설비기준을 위반한 경우
② 중요사항을 과도하게 변경하는 경우
③ 청소년을 직원으로 고용한 경우
④ 도로교통법 위반자를 직원으로 고용한 경우

해설
시설과 설비기준을 위반한 경우 1차 위반은 개선명령, 2차 위반은 영업정지 15일, 3차 위반은 영업정지 1월, 4차 이상 위반은 영업장 폐쇄명령이다.

29 역성비누 소독법에 대한 설명으로 알맞지 않은 것은?

① 이·미용사의 손 소독에 적합하다.
② 계면활성제 중 가장 항균 활성이 높다.
③ 피부에 자극이 없고 소독력이 높다.
④ 2.5~3.5[%] 농도를 사용한다.

해설
역성비누는 양이온 계면활성제로 세정력보다 살균력이 좋다. 희석하여 사용하지 않는다.

30 소독 대상과 소독제가 올바르게 짝지어지지 않은 것은?

① 대소변, 토사물 – 생석회분말
② 고무제품, 피혁, 모피 – 포르말린
③ 이·미용실 실내 소독 – 크레졸
④ 금속제품 – 승홍수

해설
승홍수는 금속을 부식시키고 인체 피부점막에 자극을 준다.

31 용존산소량에 대한 설명으로 틀린 것은?

① 물속에 녹아 있는 산소량
② 단위는 ppm
③ DO가 낮을수록 물의 오염도가 낮다.
④ DO가 높을수록 깨끗한 물이다.

해설
▶ 용존산소량(DO) : 물속에 녹아 있는 산소량이 낮을수록 물의 오염도가 높다.

32 다음 중 기능성 화장품의 효과와 가장 거리가 먼 것은?

① 염증성 피부의 치료 효과
② 자외선을 차단하는 효과
③ 피부의 주름을 개선하는 효과
④ 피부를 희게 가꾸는 미백 효과

해설
기능성 화장품은 치료의 개념은 없다.

33 샴푸의 구비조건으로 알맞지 않은 것은?

① 거품이 풍부하게 발생하여야 한다.
② 세정력과 모발의 건조함은 비례하여야 한다.
③ 안정성이 있어야 한다.
④ 피부에 자극적이지 않아야 한다.

해설
세정력과 모발의 건조함이 비례하지 않아야 한다.

34 샴푸 테크닉의 순서로 알맞은 것은?

① 전두부 – 후두부 – 측두부 – 두정부
② 후두부 – 측두부 – 두정부 – 전두부
③ 측두부 – 두정부 – 전두부 – 후두부
④ 전두부 – 측두부 – 두정부 – 후두부

해설
전두부 – 측두부 – 두정부 – 후두부 순으로 한다.

35 면도기를 잡는 기술로 올바르지 않은 것은?

① 프리핸드   ② 서브핸드
③ 스틱핸드   ④ 푸시핸드

해설
프리핸드, 스틱핸드, 펜슬핸드, 푸시핸드, 백핸드가 있다.

36 아포크린선의 특징으로 옳지 않은 것은?

① 체취선 혹은 대한선이라고도 불린다.
② 사춘기 이후에 기능이 시작된다.
③ 손바닥, 발바닥에 가장 많이 분포되어 있다.
④ 흑인에게 가장 많다.

해설
아포크린선은 겨드랑이, 음부, 유두에 발달된 땀샘이다.

정답 30 ④ 31 ③ 32 ① 33 ② 34 ④ 35 ② 36 ③

37 병원성 미생물의 종류로 옳지 않은 것은?

① 티푸스균 ② 곰팡이균
③ 결핵균 ④ 이질균

해설
병원성 미생물은 바이러스, 세균, 기생충, 리케차, 원생동물 등 사람이나 동물의 체내에서 병을 일으키는 미생물을 가리킨다.

38 다음 용어와 정의가 알맞게 짝지어지지 않은 것은?

① 소독 – 병원미생물의 생활력을 파괴하여 감염력을 없애는 것이다.
② 멸균 – 생활력은 물론 미생물 자체를 완전히 없애는 것이다.
③ 살균 – 원인균의 발육 및 그 작용을 정지시키는 것이다.
④ 감염 – 병원체가 인체에 침투하여 발육, 증식하는 것이다.

해설
• 소독 : 생활력을 파괴하여 감염력을 없애는 것
• 멸균 : 병원균의 생활력과 미생물 자체를 없애는 것
• 살균 : 원인균을 죽이는 것
• 감염 : 병원체가 인체에 침투하여 발육, 증식하는 것

39 영업신고를 하는 데에 필요한 서류로 적합하지 않은 것은?

① 영업시설 및 설비개요서
② 면허증 원본
③ 교육수료증
④ 이용사자격증

해설
영업신고에 필요한 서류는 영업시설 및 설비개요서, 면허증 원본, 위생교육수료증, 임대차계약서이다.

40 조발용 가위 정비술에 있어 가장 좋은 정비 확인 방법은?

① 머리카락 하나를 커트하여 본다.
② 물에 젖은 화장지를 커트하여 본다.
③ 복사용지를 커트하여 본다.
④ 옷감을 커트하여 본다.

해설
가위를 정비할 때는 물에 젖은 화장지를 커트해본다.

41 다음 중 지성 피부의 관리에 알맞은 크림은?

① 바니싱 크림 ② 에몰리언트 크림
③ 콜드 크림 ④ 나이트 크림

해설
바니싱 크림은 피부에 바르면 피부 속에 거의 흡수되어 배니시(vanish : 사라지다)라는 명칭이 붙었다.

42 히팅 퍼머넌트 웨이브의 시술 시 로드에 가하는 열의 온도는?

① 40~60[℃] ② 60~80[℃]
③ 80~100[℃] ④ 100~120[℃]

해설
가열된 로드의 온도는 80~100[℃]의 온도로 웨이브 시술한다.

정답 37 ② 38 ③ 39 ④ 40 ② 41 ① 42 ③

43 자외선 차단 효과가 가장 높은 것은?

① SPF 15　　② SPF 20
③ SPF 30　　④ SPF 45

> **해설**
> SPF 지수가 높을수록 자외선의 차단 효과가 높다.

44 스크럽의 효과가 아닌 것은?

① 메이크업 잔여물을 제거한다.
② 혈관과 신경을 자극하여 혈액순환을 촉진한다.
③ 피부의 진정에 도움을 준다.
④ 노화된 각질을 제거하여 피부 톤이 맑아진다.

> **해설**
> 스크럽의 효과는 세정, 혈행 촉진, 각질 제거의 기능을 한다.

45 인구 구성형태의 특성 중 피라미드형의 특징으로 알맞은 것은?

① 출생률이 높고 사망률이 낮은 형
② 출생률보다 사망률이 높은 형
③ 인구증가형 선진국형
④ 생산연령인구의 전출이 늘어나는 형

> **해설**
> ▶ 피라미드형 : 인구증가형 후진국형, 출생률이 높고 사망률이 낮은 형

46 역성비누의 특징으로 알맞지 않은 것은?

① 피부에 자극이 없고 소독력이 높다.
② 이·미용사의 손 세정에 적당하다.
③ 계면활성제 중 가장 항균 활성이 높다.
④ 독성이 강하고 금속을 부식시킨다.

> **해설**
> 역성비누란 수용액 속에서 이온화하여 생성된 양이온 부분이 계면활성 작용을 하는 비누로, 세척력은 약하지만 살균력이 보통비누보다 강하다.

47 공중위생영업소를 개설하고자 하는 자는 원칙적으로 언제까지 위생교육을 받아야 하는가?

① 개설 후 1년 이내
② 개설 후 6개월 이내
③ 개설 후 1달 이내
④ 개설하기 전

> **해설**
> 공중위생영업소를 개설하고자 하는 자는 영업신고 전 미리 위생교육을 받아야 한다.

48 위생등급에 따른 업소 분류 중 우수업소는 어떠한 등급에 해당하는가?

① 백색등급　　② 녹색등급
③ 황색등급　　④ 적색등급

> **해설**
> • 최우수업소 : 녹색등급
> • 우수업소 : 황색등급
> • 일반관리대상 업소 : 백색등급

정답 43 ④　44 ③　45 ①　46 ④　47 ④　48 ③

이용사·이용장

49 6월 이하의 징역 또는 500만 원 이하의 벌금을 부과하는 위반행위가 아닌 것은?

① 공중위생영업의 변경신고를 하지 않은 자
② 공중위생영업자의 지위를 승계한 자로서 1개월 이내에 신고를 하지 않은 자
③ 건전한 영업질서를 위하여 준수해야 할 사항을 준수하지 아니한 자
④ 공중위생영업의 신고를 하지 아니한 자

해설
▶ 6월 이하의 징역 또는 500만 원 이하의 벌금
• 공중위생영업의 변경신고를 하지 않은 자
• 공중위생영업자의 지위를 승계한 자로서 신고를 아니한 자
• 건전한 영업질서를 위하여 준수해야 할 사항을 준수하지 아니한 자

50 크레졸 소독의 단점으로 알맞은 것은?

① 세균 소독에 효과가 미미하다.
② 피부 자극성이 강하다.
③ 유기물에 소독 효과가 약화된다.
④ 냄새가 강하다.

해설
크레졸 소독은 자극적인 냄새가 강하다.

51 다음 중 가장 부향률이 높은 것은?

① 퍼퓸　② 오드퍼퓸
③ 오드뚜알렛　④ 오드코롱

해설
퍼퓸 > 오드퍼퓸 > 오드뚜알렛 > 오드코롱 순이다.

52 바디크림의 특징으로 옳은 것은?

① 피부에 발랐을 때 수분이 증발하면서 차가운 느낌이 든다.
② 마사지할 때 손동작을 원활하게 한다.
③ 친유성 크림으로 콜드 크림의 일종이다.
④ 목욕이나 샤워 후 전신에 발라주는 제품이다.

해설
바디크림은 목욕이나 샤워 후 전신 피부에 수분 및 유분을 공급하여 피부가 건조해지는 것을 예방해주는 크림이다.

53 가발 세정에 탁월한 샴푸제는?

① 리퀴드 드라이 샴푸
② 토닉 샴푸
③ 핫오일 샴푸
④ 에그 샴푸

해설
가발 세정에는 리퀴드 드라이 샴푸가 좋다.

54 헤어 디자인의 형태를 만든 후에 추가로 다듬고 정돈하는 스타일 기법은 무엇인가?

① 트리밍　② 싱글링
③ 포인팅　④ 틴닝

해설
스타일 완성 후 추가로 다듬고 보정하는 행위를 트리밍이라고 한다.

정답 49 ④　50 ④　51 ①　52 ④　53 ①　54 ①

55 다음 중 광절열두조충(긴촌충)의 제1중간숙주는?

① 다슬기　　② 물벼룩
③ 우렁이　　④ 따개비

해설
▶ 광절열두조충
・ 제1중간숙주 : 물벼룩
・ 제2중간숙주 : 송어, 연어

56 두피 마사지의 기본 동작 중 강한 자극으로 이마에서 후두부까지 두피를 쓰다듬는 방법은?

① 강찰법　　② 경찰법
③ 유연법　　④ 마찰법

해설
강찰법은 강한 자극으로 피부를 쓰다듬는 기법이다.

57 면허정지처분을 받고 정지기간에 업무를 수행한 때의 행정처분기준으로 옳은 것은?

① 면허취소
② 벌금 300만 원
③ 과태료 300만 원
④ 기간 연장

해설
면허정지처분을 받고 정지기간에 업무를 수행한 때의 행정처분기준은 면허취소이다.

58 공중위생감시원의 업무범위가 아닌 것은?

① 시설 및 설비의 확인
② 공중이용시설의 위생상태 확인・검사
③ 위생관리의무 및 준수사항 이행 여부 확인
④ 공중위생관리법 위반에 대한 과태료 부과

해설
과태료 부과는 보건복지부장관 또는 시장・군수・구청장이 한다.

59 모발 끝에서 1/3 지점을 테이퍼링 하는 기법은?

① 노멀 테이퍼링
② 엔드 테이퍼링
③ 딥 테이퍼링
④ 라이트 테이퍼링

해설
모발 끝의 1/3 지점을 테이퍼링 하는 것을 엔드 테이퍼링이라 한다.

60 기포작용과 세정작용이 뛰어나 샴푸나 비누, 바디워시 등에 쓰이는 계면활성제는?

① 음이온성 계면활성제
② 양이온성 계면활성제
③ 양쪽성 계면활성제
④ 비이온성 계면활성제

해설
기포작용과 세정작용이 뛰어난 계면활성제는 음이온 계면활성제이다.

정답　55 ②　56 ①　57 ①　58 ④　59 ②　60 ①

2021년 2회 _ 기출복원문제

이용사 07

01 땀샘의 기능이 아닌 것은?
① 피지 분비   ② 땀 분비
③ 체온 조절   ④ 수분 조절

해설
피지 분비는 모공에서 이루어진다.

02 공중위생관리법규의 궁극적 목표는?
① 국민의 건강 증진에 기여
② 복지수준 향상
③ 소득수준 향상
④ 삶의 질 향상

해설
공중위생관리법은 공중이 이용하는 영업의 위생관리 등에 관한 사항을 규정함으로써 위생수준을 향상시켜 국민의 건강 증진에 기여함을 목적으로 한다.

03 다음 중 고압증기 소독법의 사용이 알맞지 않은 것은?
① 의류   ② 고무제품
③ 분말   ④ 기구

해설
고압증기 소독법은 주로 열이 통하기 어려운 기구나 의류, 주사기, 수술용 기구 등의 소독에 사용한다. 또한 유상(油狀)인 것, 분말, 열에 약한 것은 이 방법으로는 멸균할 수 없다.

04 아로마 에센셜 오일에 관한 설명으로 올바르지 않은 것은?
① 점막이나 점액 부위에 직접 사용하여야 한다.
② 피부의 진정 효과와 부드러움을 준다.
③ 지용성으로 지방과 오일에 잘 녹는다.
④ 빛이나 열에 약하므로 갈색 유리병에 담아 냉암소에 보관한다.

해설
아로마 에센셜 오일은 농축액으로 피부에 직접 사용해서는 안 된다.

05 BCG 접종은 어느 질병의 예방법인가?
① 홍역   ② 소아마비
③ 결핵   ④ 천연두

해설
BCG 접종은 결핵 예방접종이다.

06 군집독 예방에 가장 좋은 방법은?
① 백신   ② 실내환기
③ 개인위생 점검   ④ 손 소독

해설
군집독은 실내에 많은 사람이 밀집되어 있을 때 환기가 부족할 경우 나타나는 질환이다.

정답 01 ① 02 ① 03 ③ 04 ① 05 ③ 06 ②

07 이용업자의 시설 및 설비의 관리기준이 아닌 것은?

① 이용기구는 소독을 한 기구와 소독하지 아니한 기구를 분리하여 보관한다.
② 면도기는 1회용 면도날만을 손님 1인에 한하여 사용한다.
③ 이용사 면허증을 영업소 안에 게시할 것
④ 면도날을 주기적으로 소독하여 사용한다.

> **해설**
> 이용업소에서 사용하는 면도날은 무조건 1회용이어야 하며, 한 번 사용한 것은 다른 손님에게 재사용할 수 없다.

08 모기가 매개하는 질병이 아닌 것은?

① 말라리아   ② 일본뇌염
③ 이질   ④ 황열

> **해설**
> 이질은 파리의 분변에 의해 감염된다.

09 시장·군수·구청장에게 면허증을 반납해야 하는 경우는?

① 면허가 취소된 때
② 기재사항에 변경이 있는 때
③ 잃어버린 면허증을 찾은 때
④ 영업정지명령이 내려졌을 때

> **해설**
> 면허의 취소 또는 정지명령이 내려진 때에 면허를 반납하여야 한다.

10 알코올로 소독을 하려고 할 때 일반적으로 가장 많이 사용되는 농도는?

① 30~35[%]   ② 50~65[%]
③ 70~75[%]   ④ 100[%]

> **해설**
> 일반적으로 사용되는 알코올의 농도는 70[%] 정도이다.

11 우리나라에서 처음 단발령이 처음 시작된 연도는?

① 1890년   ② 1895년
③ 1900년   ④ 1905년

> **해설**
> 1895년 김홍집 내각에 의해 단발령이 시행되었다.

12 다음 중 매뉴얼테크닉 방법이 아닌 것은?

① 경찰법   ② 유연법
③ 진동법   ④ 구타법

> **해설**
> 매뉴얼테크닉의 방법은 경찰법, 유연법, 고타법, 강찰법, 압박법, 진동법 등이 있다.

13 청문을 실시하여야 하는 사항과 거리가 먼 것은?

① 이·미용사 면허취소 또는 면허정지
② 영업정지명령
③ 영업소 폐쇄명령
④ 과태료 징수

> **해설**
> 과태료 징수는 청문을 실시해야 하는 사항이 아니다.

정답 07 ④   08 ③   09 ①   10 ③   11 ②   12 ④   13 ④

14 위생서비스평가계획에 따라 관할지역별 세부평가계획을 수립한 후 공중위생영업소의 위생서비스 수준을 평가하여야 하는 자는?

① 고용노동부장관
② 보건복지부장관
③ 시·도지사
④ 시장·군수·구청장

해설
시장·군수·구청장은 위생서비스평가계획에 따라 관할지역별 세부평가계획을 수립한 후 공중위생영업소의 위생서비스수준을 평가하여야 한다.

15 두발 끝을 붓 끝처럼 가늘어지게 하는 커트 기법은?

① 틴닝   ② 싱글링
③ 테이퍼링 ④ 클리핑

해설
Taper는 '폭이 점점 가늘어지다'라는 의미를 가지고 있다.

16 염색 시술 후 손상된 모발을 보호하기 위한 가장 적합한 방법은?

① 드라이 후 스프레이를 뿌려 손상된 모발을 고정시킨다.
② 샴푸 후 뜨거운 바람으로 모발을 바싹 건조시킨다.
③ 모발을 적당히 건조한 후 헤어에센스를 두피에 묻지 않도록 주의하며 모발에 도포한다.
④ 모발을 적당히 건조한 후 헤어젤을 두피에 묻혀가며 모발에 도포한다.

해설
손상된 모발의 보호는 헤어에센스를 두피에 닿지 않게 도포해주어야 한다.

17 화장품에 배합되는 계면활성제 중에서 피부자극이 가장 큰 것은?

① 양이온성 계면활성제
② 음이온성 계면활성제
③ 양쪽성 계면활성제
④ 비이온성 계면활성제

해설
양이온성 계면활성제는 계면활성제 중 피부에 대한 자극이 가장 크다.

18 컬리 아이론(Curly Iron) 시술 과정 중 틀린 것은?

① 아이론 시술은 가르마선(Parting line)에서 먼 쪽부터 시작한다.
② 아이론 시술의 적정 온도는 일정하게 유지한다.
③ 환원제 도포 시 두피에 닿지 않도록 모발에 골고루 도포한다.
④ 컬을 위한 와인딩(Winding)이 끝나면 그물망을 씌우고 산화제를 분무한다.

해설
아이론 와인딩은 가르마선에서 가까운 쪽부터 시작한다.

19 아이론 시술 시 적정 온도는?

① 100~120[℃]   ② 120~140[℃]
③ 140~160[℃]   ④ 160~180[℃]

해설
아이론 시술 시 120~140[℃] 정도로 온도를 설정하는 것이 좋다.

정답 14 ④ 15 ③ 16 ③ 17 ① 18 ① 19 ②

20 다음 중 이·미용업소의 실내 바닥 소독에 가장 적합한 소독제는?

① 알코올   ② 과산화수소
③ 크레졸수   ④ 염소

해설
크레졸비누액은 크레졸 냄새를 가진 적갈색의 액체로, 상처 부위나 손가락의 소독(1~2[%]), 기구, 실내의 소독(3~5[%]), 배설물의 소독(5~10[%]) 등에 이용한다.

21 영업소 폐쇄명령을 받고도 계속하여 영업한 자에게 적용되는 벌칙은?

① 1년 이하의 징역 또는 1천만 원 이하의 벌금
② 6월 이하의 징역 또는 1천만 원 이하의 벌금
③ 3월 이하의 징역 또는 500만 원 이하의 벌금
④ 3월 이하의 징역 또는 300만 원 이하의 벌금

해설
영업소 폐쇄명령을 받고도 계속하여 영업한 자는 1년 이하의 징역 또는 1천만 원 이하의 벌금에 처한다.

22 다음 중 바리캉에 관한 설명으로 틀린 것은?

① 윗날과 밑날의 접촉이 원활한 것이 좋다.
② 날 끝 폭과 날 하나하나의 길이가 윗날과 밑날이 균등해야 한다.
③ 날 부분을 위에서 보았을 때 윗날과 밑날이 똑바로 겹쳐져 있는 것이 좋다.
④ 일제 강점기 때 일본에 의해 개발되었다.

해설
프랑스의 바리캉 마르라는 회사에서 개발한 것이다.

23 각질에 관한 설명으로 틀린 것은?

① 죽은 세포이다.
② 피부의 망상층에 존재한다.
③ 단백질로 이루어져 있다.
④ 비늘 모양을 하고 있다.

해설
각질은 피부의 각질층에 존재한다.

24 피부가 반복적인 자극을 받아 중심부에 원뿔 모양의 과각화된 중심핵을 형성하는 질환으로 연성과 경성이 있는 것은?

① 무좀   ② 사마귀
③ 티눈   ④ 굳은살

해설
티눈은 병변의 기저부는 피부 표면이고, 첨단부가 피부 안쪽으로 향하며 중심부에 원뿔 모양의 과각화가 된 중심핵을 형성하여 통증이나 염증을 유발하는 피부질환이다.

25 공중위생감시원의 업무범위가 아닌 것은?

① 규정에 의한 위생교육 이행 여부의 확인
② 공중이용시설의 위생상태 확인·검사
③ 영업의 정지, 시설의 사용중지 이행 여부 확인
④ 공중위생영업소의 위생관리계획 수립 및 위생서비스수준 평가

해설
▶ 공중위생감시원의 업무범위
- 시설 및 설비의 확인
- 공중위생영업 관련 시설 및 설비의 위생상태 확인·검사, 공중위생영업자의 위생관리의무 및 영업자 준수사항 이행 여부의 확인
- 위생지도 및 개선명령 이행 여부의 확인
- 공중위생영업소의 영업정지, 일부 시설의 사용중지 또는 영업소 폐쇄명령 이행 여부의 확인
- 위생교육 이행 여부의 확인

정답 20 ③ 21 ① 22 ④ 23 ② 24 ③ 25 ④

이용사·이용장

26 기능성 화장품이 아닌 것은?
① 피부의 미백에 도움을 주는 제품
② 피부의 주름개선에 도움을 주는 제품
③ 피부를 자외선으로부터 보호하는 데 도움을 주는 제품
④ 피부에 수분을 적절하게 공급하는 데 도움을 주는 제품

해설
기능성 화장품은 화이트닝 제품, 링클케어 제품, 자외선 차단제이다.

27 에센셜 오일의 추출방법이 아닌 것은?
① 증류법
② 냉압착법
③ 고체법
④ 이산화탄소 추출법

해설
에센셜 오일의 추출법에는 증류법, 용매추출법, 냉압착법, 이산화탄소 추출법 등이 있다.

28 네일 화장품이 아닌 것은?
① 네일 폴리시
② 네일 에나멜
③ 네일 티슈
④ 네일 리무버

해설
네일 티슈는 네일 화장품의 종류가 아니다.

29 기생충과 제2중간숙주의 연결이 틀린 것은?
① 간디스토마 - 잉어, 붕어
② 폐디스토마 - 붕어, 숭어
③ 요코가와흡충 - 은어, 숭어
④ 광절열두조충 - 송어, 연어

해설
간디스토마의 제2중간숙주는 붕어, 요코가와흡충의 제2중간숙주는 은어, 광절열두조충의 제2중간숙주는 송어 등이 있다.

30 다음 중 적정 온도와 습도가 알맞게 짝지어진 것은?
① 실내 온도 22[℃] - 습도 80[%]
② 침실 온도 15[℃] - 습도 80[%]
③ 병실 온도 23[℃] - 습도 70[%]
④ 병실 온도 19[℃] - 습도 70[%]

해설
적정 실내 온도는 18~22[℃] 정도이며, 적정 습도는 70~75[%]이다.

31 다음 중 셰이핑 레이저와 관계가 없는 것은?
① 작업속도가 느리다.
② 잘리는 두발 부위가 적다.
③ 사용상 안전도는 있으나 시간적으로 효율이 떨어진다.
④ 사용자의 숙련도가 높아야 한다.

해설
셰이핑 레이저는 일반적인 레이저에 보호기구를 씌운 것으로 초보자가 작업하기에 용이하지만, 시간 소모가 적지 않다는 단점이 있다.

32 다음 중 커트 시 고객의 뒤 둘레를 돌려 깎을 때 사용하는 기법은?
① 연속깎기
② 끌어깎기
③ 돌려깎기
④ 고정깎기

해설
고객의 후두부는 돌려깎기 기법을 사용한다.

정답 26 ④ 27 ③ 28 ③ 29 ② 30 ④ 31 ④ 32 ③

33 다음 중 자외선의 파장이 긴 순서로 배열된 것은?

① UV-A > UV-B > UV-C
② UV-C > UV-B > UV-A
③ UV-A > UV-C > UV-B
④ UV-B > UV-A > UV-C

> **해설**
> • UV-A의 파장 : 320~400[nm]
> • UV-B의 파장 : 290~320[nm]
> • UV-C의 파장 : 200~290[nm]

34 한 나라의 위생관리수준을 나타내는 지표 중 알파인덱스(α-index)가 있다. 알파인덱스가 얼마에 가까울 때 선진국이라고 보는가?

① 0.1~1일 때   ② 1일 때
③ 1~2일 때   ④ 2~3일 때

> **해설**
> 알파인덱스란 생후 1년 미만의 사망수(영아사망수)를 생후 28일 미만의 사망수(신생아사망수)로 나눈 값이다. 그 원인이 선천적 요인만 있다면 그 값은 1에 가깝다.

35 우리나라에서 최초로 이발을 시행한 때는?

① 조선시대 흥선대원군 때
② 순종황제 때
③ 8·15 광복 이후에
④ 1895년 김홍집 내각 때

> **해설**
> 1895년 김홍집 내각 때 처음 단발령을 시행하여 안종호가 세종로 어귀에 우리나라 최초의 이용원을 창설하였다.

36 이용 기술용어 중에서 라디안(Radian) 알(R)의 두발 상태를 가장 잘 설명한 것은?

① 두발이 웨이브 모양으로 된 상태
② 두발이 원형으로 구부려진 상태
③ 두발이 반달 모양으로 구부려진 상태
④ 두발이 직선으로 펴진 상태

> **해설**
> 라디안이란 원둘레 위에서 반지름의 길이와 같은 길이를 갖는 호에 대응하는 중심각의 크기이다.

37 공중보건학에서 가장 널리 통용되고 있는 Winslow의 공중보건 목적이 아닌 것은?

① 질병 예방
② 소득수준 향상
③ 수명 연장
④ 신체적·정신적 건강 및 효율의 증진

> **해설**
> 공중보건학이란 조직화된 지역사회의 노력을 통해 질병을 예방하고 인간의 수명을 연장하며 건강과 효율을 증진시키는 기술이자 과학이다.

38 조발 시술 전 두발에 물을 충분히 뿌리는 이유는?

① 조발을 편하게 시술하기 위해서
② 두발의 손상을 방지하기 위해서
③ 두발을 부드럽게 하기 위해서
④ 기구의 손상을 방지하기 위해

> **해설**
> 머리카락이 손상되는 것을 방지하기 위해선 시술 전 두발에 물을 충분히 도포하는 것이 좋다.

정답 33 ① 34 ② 35 ④ 36 ③ 37 ② 38 ②

39 다음 중 비말에 의한 전염병으로 옳은 것은?
① 장티푸스 ② 일본뇌염
③ 인플루엔자 ④ 이질

해설
일본뇌염은 모기를 통해 전파하며, 이질과 장티푸스는 분변에 오염된 물건이나 음식 등으로 감염된다.
인플루엔자는 감염된 사람의 재채기나 기침에서 나온 분비물 흡입에 의한 감염이다.

40 노화 피부의 특징이 아닌 것은?
① 탄력이 없고, 수분이 많다.
② 피지 분비가 원활하지 못하다.
③ 색소침착 불균형이 나타난다.
④ 주름이 형성되어 있다.

해설
노화 피부는 탄력이 떨어지고 푸석푸석하다. 또한 피지 분비가 원활하지 못하며 색소침착이 나타나고 주름이 형성된다.

41 면도 시 스티밍(찜 타월)의 방법 및 효과에 대한 설명 중 틀린 것은?
① 찜 타월과 안면 사이에 밀착되지 않도록 한다.
② 수염을 유연하게 한다.
③ 면도날에 의한 자극을 줄여준다.
④ 피부의 먼지와 이물질 등을 비눗물과 함께 닦아낸다.

해설
찜 타월 사용 시 안면에 빈틈없이 밀착되도록 한다.

42 다음 중 두피 및 두발의 생리 기능을 높여주는 데 가장 적합한 샴푸는?
① 드라이 샴푸 ② 토닉 샴푸
③ 리퀴드 샴푸 ④ 오일 샴푸

해설
토닉 샴푸는 두피의 생리 기능을 활성화하여 건강하게 한다.

43 네일 폴리시가 갖추어야 할 요건에 대한 설명 중 틀린 것은?
① 손톱에 도포하기 쉬운 적당한 점도가 있어야 한다.
② 손톱에 바른 후 건조된 막에 핀홀(Pin hole)이 남아야 하며, 현탁이 없어야 한다.
③ 안료가 균일하게 분산되고 일정한 색조와 광택을 유지해야 한다.
④ 가능한 신속히 건조하고 균일한 막을 형성하여야 한다.

해설
네일아트 시술 시 손톱에 바른 폴리시의 단면이 매끈해야 하며 핀홀 등 요철이 없어야 한다.

44 대기오염으로 인해 나타나는 질병으로 옳은 것은?
① 군집독 ② 매독
③ 장티푸스 ④ 파라티푸스

해설
다수의 사람들이 밀집되어 있는 실내에 환기가 부족할 경우 군집독이 발생한다.

정답 39 ③ 40 ① 41 ① 42 ② 43 ② 44 ①

45 큐티클 오일(Cuticle oil)의 역할은?

① 상조피를 유연하게 하여 제거를 돕는다.
② 손톱에 광택이 나게 돕는다.
③ 네일 폴리시(Nail polish)의 제거를 돕는다.
④ 천연손톱이 상하지 않게 보호해준다.

해설
큐티클 오일은 손톱이나 발톱 주변의 각질층에 바르는 영양제이다.

46 아이론에 대한 설명 중 틀린 것은?

① 1875년 마셀 그라또우가 그 사용법을 발표했다.
② 1925년 전기 아이론이 발명되었다.
③ 적당한 온도는 200[℃] 이상이어야 한다.
④ 열을 이용하므로 모발손상에 주의해야 한다.

해설
아이론의 적정 온도는 120~140[℃]이다.

47 용액 600[mL]에 용질 3[g]이 녹아 있을 때 이 용액은 몇 배수로 희석된 용액인가?

① 100배 용액
② 200배 용액
③ 300배 용액
④ 600배 용액

해설
600[mL]÷3[g] = 200배 용액

48 다음 중 전기바리캉(Clipper)의 선택 시 고려해야 할 사항이 아닌 것은?

① 작동 시 소음이 적은 것
② 전기에 감전이 안 되고 열이 없는 것
③ 평면으로 보았을 때 윗날의 동요가 없는 것
④ 위에서 보았을 때 아랫날, 윗날이 똑바로 겹치는 것

해설
클리퍼는 밑날판이 고정이고, 윗날판이 움직이며 커트되는 것이다.

49 다음의 설명에 해당하는 캐리어 오일은?

액상 왁스에 속하며, 인체 피지와 지방산의 조성이 유사하므로 피부친화력이 좋다. 다른 식물성 오일에 비해 쉽게 산화되지 않으므로 보존, 안정성이 높으며 독소 배출, 노폐물 배출, 림프 배출 등의 효과가 있다.

① 아몬드 오일
② 맥아 오일
③ 호호바 오일
④ 아보카도 오일

해설
호호바 오일은 뛰어난 피부 친화력과 흡수성을 가져 피부의 모낭과 표피층까지 도달한다. 미네랄과 비타민 E 등 단일 불포화지방산이 풍부하며 보습작용이 뛰어나다.

50 알칼리제로 붕사와 열을 이용하여 열펌 시술을 개발한 사람은?

① 마셀 그라또우
② 찰스 네슬러
③ 아스트 버리
④ 스피크 만

해설
1905년 찰스 네슬러가 붕사와 열을 이용한 퍼머넌트 웨이브를 개발하였다.

정답 45 ④ 46 ③ 47 ② 48 ④ 49 ③ 50 ②

51 다음 가위 재질에 따른 분류 중 착강가위에 대한 설명으로 옳은 것은?

① 전체가 특수강으로 되어 있다.
② 전체가 협신부로 되어 있다.
③ 협신부와 날 부분이 서로 다른 재질로 되어 있다.
④ 협신부가 특수강으로 되어 있다.

해설 착강가위는 협신부(연강)와 날 부분이 서로 다른 재질로 되어 있는 가위를 뜻한다.

52 수인성 감염병에 대한 설명으로 옳지 않은 것은?

① 2차 환자 발생률이 높다.
② 계절과 관계없이 발생한다.
③ 성별, 연령 차이가 없다.
④ 환자 발생은 급수지역 내에 한정되어 있다.

해설 수인성 감염병이란 병원성 미생물에 오염된 물에 의해 매개되는 전염병으로 설사, 복통, 구토 등이 나타나는 소화기계 질환이다.

53 다음 중 감염병 관리상 가장 관리하기 어려운 자는?

① 회복기보균자   ② 잠복기보균자
③ 건강보균자   ④ 만성보균자

해설 건강보균자는 색출이 어려워 가장 관리가 힘들다.

54 인공능동면역에 의한 예방접종이 실시되고 있는 것은?

① 파상풍   ② 수족구병
③ 식중독   ④ 세균성이질

해설 인공능동면역이란 면역 혈청 또는 항독소 따위를 주사하여 인위적으로 얻은 후천적인 면역을 말한다.

55 다음 중 O/W형(수중유형) 제품으로 맞는 것은?

① 헤어크림
② 클렌징 크림
③ 모이스처라이징로션
④ 나이트 크림

해설 모이스처라이징은 피부 각층에 수분을 주어 피부 표면을 다듬는 작용을 하는 것이다.

56 다음 중 소독용 알코올의 가장 적합한 사용 농도는?

① 30[%]   ② 50[%]
③ 70[%]   ④ 95[%]

해설 소독용 알코올의 적정 사용 농도는 70~75[%]이다.

57 이·미용실에서 사용하는 가위 등의 금속제품 소독으로 적합하지 않은 것은?

① 에탄올   ② 승홍수
③ 석탄산수 ④ 역성비누액

해설 승홍수는 이염화 수은의 수용액으로 강력한 살균력이 있어 기물의 살균이나 피부 소독에는 0.1[%] 용액, 매독성 질환에는 0.2[%] 용액을 쓰며, 점막이나 금속 기구를 소독하는 데는 적당하지 않다.

정답 51 ③ 52 ① 53 ③ 54 ① 55 ③ 56 ③ 57 ②

58 혈액의 pH 농도는 얼마인가?

① 3.35~3.45 ② 5.35~5.45
③ 7.35~7.45 ④ 9.35~9.45

해설
혈액의 pH 농도는 7.35~7.45이다.

59 이·미용업소 이외의 장소에서 이·미용을 할 수 있는 경우는?

① 일반 가정에서 초청이 있을 때
② 학교 등 단체의 인원을 대상으로 할 때
③ 혼례에 참석하는 자에 대하여 그 직전에 행할 때
④ 영업상 특별한 서비스가 필요할 때

해설
▶ 이·미용업소 이외의 장소에서 이·미용을 할 수 있는 경우
1. 질병·고령·장애나 그 밖의 사유로 영업소에 나올 수 없는 자에 대하여 이용 또는 미용을 하는 경우
2. 혼례나 그 밖의 의식에 참여하는 자에 대하여 그 의식 직전에 이용 또는 미용을 하는 경우
3. 「사회복지사업법」에 따른 사회복지시설에서 봉사활동으로 이용 또는 미용을 하는 경우
4. 방송 등의 촬영에 참여하는 사람에 대하여 그 촬영 직전에 이용 또는 미용을 하는 경우
5. 1부터 4까지의 경우 외에 특별한 사정이 있다고 시장·군수·구청장이 인정하는 경우

60 염·탈색의 원리에 대한 내용으로 틀린 것은?

① 염모제 1제의 알칼리 성분은 모발의 모표피를 팽윤·연화시킨다.
② 모표피를 통해 염모제 1제와 2제의 혼합액이 침투한다.
③ 산화제 2제는 과산화수소가 멜라닌을 파괴하고 이산화탄소를 발생시킨다.
④ 염모제 1제의 염료는 산화중합반응을 일으켜 고분자의 염색 분자가 된다.

해설
과산화수소는 멜라닌을 파괴하고 산소를 발생한다.

08 이용사 2021년 3회 _ 기출복원문제

01 이용사가 영업소 외의 장소에서 이용 업무를 한 경우 2차 위반의 행정처분으로 맞는 것은?

① 영업정지 20일
② 영업장 폐쇄
③ 영업정지 2월
④ 영업정지 30일

해설
▶ 영업소 외의 장소에서 이용 업무를 한 경우
- 1차 위반 – 영업정지 1월
- 2차 위반 – 영업정지 2월
- 3차 위반 – 영업장 폐쇄명령

02 많은 양의 머리카락을 손쉽게 자르고 빠르게 작업이 가능한 이용 도구는?

① 클리퍼   ② 무홈가위
③ 틴닝가위 ④ 레이저

해설
클리퍼는 가위보다 쉽고 빠르며 많은 양의 머리카락을 자를 수 있는 장점이 있다.

03 디자인에 따른 레이어의 형태에 대한 다음 설명 중 다른 것은?

① 인크리스 레이어 : 탑의 길이보다 네이프로 갈수록 길어지는 스타일의 커트 방법이다.
② 스퀘어 레이어 : 두상 하부에서만 사각의 형태로 커트한다.
③ 유니폼 레이어 : 두상 곡면과 같은 각도로 커트하며 전체가 동일한 길이를 얻는다.
④ 그라데이션 : 네이프에서 탑으로 갈수록 길이감이 증가하여 무게감이 형성된다.

해설
스퀘어 레이어는 두상에서 사각의 형태로 커트한다.

04 면도기를 잡는 방법에 대한 설명으로 다른 것은?

① 스틱핸드는 막대 잡듯이 일자로 쥐고 진행함.
② 펜슬핸드는 연필 잡듯이 쥐고 날 중심으로 진행함.
③ 푸시핸드는 날 부분이 앞을 향하여 밀어내는 형태임.
④ 스틱핸드는 막대 잡듯이 일자로 쥐고 진행함.

해설
펜슬핸드는 연필 잡듯이 쥐고 날끝으로 진행한다.

05 모발에 대한 설명으로 다른 것은?

① 모수질은 모발의 가장 바깥쪽에 위치한다.
② 모간은 모발이 모근에서 나온 상태이다.
③ 모발은 모표피, 모피질, 모수질로 되어 있다.
④ 모발은 개인의 건강상태, 인종, 성별, 연령에 따라 다르다.

해설
모수질은 모발의 가장 안쪽 중심에 위치해 있다.

정답 01 ③ 02 ① 03 ② 04 ② 05 ①

06 퍼머넌트 웨이브에 대한 설명으로 맞는 것은?

① 퍼머는 화학적 물리적 시술을 함으로써 모발의 구조를 변화시켜 웨이브를 만든다.
② 영국의 찰스 네슬러가 1900년에 스파이럴식을 선보였다.
③ 중화제는 염화작용으로 시스틴 결합을 끊어 퍼머를 완성시킨다.
④ 과산화수소는 1제이다.

해설
- 영국의 찰스 네슬러가 1905년에 스파이럴식을 선보였다.
- 중화제는 산화작용에 의해 시스틴을 재결합시켜 웨이브를 형성한다.
- 과산화수소는 퍼머제품 2제이다.

07 색의 3속성에 대해 맞지 않는 것은?

① 색의 3속성으로 보색, 무채색, 명도가 있다.
② 채도는 색의 맑고 탁한 정도이다.
③ 눈에 보여지는 색은 색상이다.
④ 명도는 색의 밝고 어두운 정도이다.

해설
색의 3속성은 색상, 명도, 채도이다.

08 가발에 대한 설명으로 맞는 것은?

① 가발 원사의 종류로 인모 + 고열사만 있다.
② 부분가발로 착탈식, 고정식이 있다.
③ 액세서리 기능으로 기능가발이 있다.
④ 기능가발은 모발을 튀어 보이게 하며 자연스럽다.

해설
- 가발 원사의 종류로 인모, 고열사, 일반사, 인모 + 고열사가 있다.
- 패션가발은 액세서리의 기능으로 이미지 연출을 위한 가발이다.
- 기능가발은 탈모를 커버하고 모발의 양이 많아 보이게 하며 자연스러운 스타일을 연출한다.

09 손톱의 건강에 대한 설명으로 맞지 않는 것은?

① 세균에 감염되지 않은 상태를 유지하여야 한다.
② 손톱은 결이 없이 윤기가 있어야 한다.
③ 5~8[%]의 수분을 가져야 하며 탄성이 있어야 한다.
④ 핑크빛을 띠고 있으며 아치 형태를 가져야 한다.

해설
손톱은 12~18[%]의 수분을 가져야 하며, 탄력이 있어야 건강한 손톱이다.

10 표피에 속하는 것이 아닌 것은?

① 투명층   ② 가시층
③ 과립층   ④ 유두층

해설
표피에는 각질층, 투명층, 과립층, 유극층(가시층), 기저층이 있다.

11 기름샘이 없는 곳에 속하지 않는 것은?

① 손등   ② 발바닥
③ 손바닥   ④ 아랫입술

해설
기름샘이 없는 곳은 손바닥, 발바닥, 아랫입술이다.

이용사 · 이용장

12 다음 설명 중 틀린 것은?
① 무기질(미네랄)이란 조절 영양소로 미량 존재하며 결핍될 경우 질병을 유발하는 중요한 영양소이다.
② 무기질에는 다량 무기질과 미량 무기질이 있다.
③ 다량 무기질에는 칼슘, 인이 속한다.
④ 미량 무기질에는 철, 아연, 구리, 요오드, 유황이 있다.

> **해설**
> 미량 무기질에는 철, 아연, 구리, 요오드, 크로뮴(크롬), 셀레늄이 있다.

13 물리적 피부질환에 대한 설명으로 다른 것은?
① 굳은살은 지속적인 자극으로 국소적인 과각화증이다.
② 욕창은 움직이지 못하는 환자의 경우 지속적으로 압력이 되는 부위의 피부염로 인하여 발생하는 종양이다.
③ 기계적 손상에 의한 요인에 굳은살이 속한다.
④ 티눈은 사마귀와 구별되며 중심핵을 가지고 있어 통증이 있다.

> **해설**
> 욕창은 움직이지 못하는 환자의 경우 지속적으로 압력이 되는 부위의 허혈로 인하여 발생하는 궤양이다.

14 화장품에 대한 설명으로 다른 것은?
① 화장품의 원료에는 정제수, 보습제, 오일 등이 들어간다.
② 에센스, 클렌징, 팩은 기초 화장품이다.
③ 방향 화장품으로 바디오일, 바디로션, 샤워코롱이 속한다.
④ 색조 화장품에 메이크업 베이스와 립스틱이 있다.

> **해설**
> 방향 화장품에는 퍼퓸, 오데코롱, 샤워코롱이 속한다.

15 캐리어 오일에 대한 설명으로 맞지 않는 것은?
① 아보카도 오일은 비타민 C와 천연보습인자의 함량이 높아 건성, 민감, 노화 피부에 좋다.
② 캐롯 오일은 노화 방지와 상처 치유에 효과적이다.
③ 스위트 아몬드 오일은 산성 피부의 pH 수치를 중화한다.
④ 포도씨 오일은 비타민 E가 풍부히여 항산화작용과 노화 방지, 피부 진정 효과에 좋다.

> **해설**
> 아보카도 오일은 비타민 D_3 올레인산 영양성분의 특징으로 건조, 습진, 노화 피부에 효과가 있다.

16 미생물의 역사와 관련 있지 않은 것은?
① 로버트 훅은 잉글랜드의 화학자, 물리학자, 천문학자이다.
② 레벤후크는 미생물을 "미소동물"이라 명하였다.
③ 로버트 코흐가 현미경을 개발하였다.
④ 파스퇴르는 저온 살균법, 광견병, 닭 콜레라의 백신을 발명하였다.

> **해설**
> 로버트 코흐는 탄저병(1877년), 콜레라(1885년)의 구체적 원인물질이 병원균인 탄저균과 콜레라균임을 명확히 규명하였다. 1882년에 결핵균을 최초로 발견하였다.

정답 12 ④ 13 ② 14 ③ 15 ① 16 ③

17 자비 소독에 대한 설명으로 다른 것은?
① 식기, 도자기류 소독이 가능하다.
② 주사기, 의류, 금속제품 소독이 가능하다.
③ 끓는 물(100[℃])에서 15~20분간 처리한다.
④ 포자형성균에 완전 멸균이 된다.

해설
포자형성균은 내열성이 강해 효과가 없으며, 완전 멸균이 안 된다.

18 다음 소독에 대한 설명으로 다른 것은?
① 결핵환자의 객담은 소각법으로 한다.
② 매트리스, 시트, 담요는 고압증기 멸균을 하지 않는다.
③ 서적, 종이는 포름알데히드 소독을 한다.
④ 채소류 및 과일류는 클로르칼크 소독을 한다.

해설
매트리스, 시트, 담요는 에틸렌 가스, 포름알데히드, 고압증기 멸균을 한다.

19 전염병에 대한 설명으로 다른 것은?
① 잠복기가 가장 긴 전염병은 콜레라이다.
② 전염력이 가장 강한 전염병은 홍역이다.
③ 영구면역을 가지는 것은 폴리오, 천연두, 홍역이다.
④ 검역 감염병으로 분류되는 것은 페스트, 두창, 황열, 콜레라이다.

해설
잠복기가 가장 짧은(1~5일, 평균 3일) 전염병은 콜레라이다.

20 일반세균은 1[mL] 중 어느 수치를 넘지 않아야 하는가?
① 100[CFU]   ② 10,000[CFU]
③ 1,000[CFU]   ④ 10[CFU]

해설
일반세균은 1[mL] 중 100[CFU]를 넘지 아니하여야 한다.

21 하수처리에 대한 설명으로 다른 것은?
① 순서는 본처리-예비처리-오니처리이다.
② 순서는 예비처리-본처리-오니처리이다.
③ 하수처리에는 본처리가 들어 있다.
④ 하수처리에는 오니처리와 본처리가 있다.

해설
하수처리방법으로는 예비처리 - 본처리 - 오니처리가 있다.

22 동물 병원소에 속하지 않는 것은?
① 양 : 파상열
② 쥐 : 콜레라
③ 소 : 살모넬라
④ 고양이 : 톡소플라스마

해설
쥐 : 페스트, 살모넬라, 서교열, 발진열, 렙토스피라증, 쯔쯔가무시병

23 WHO 감시대상 감염병에 속하지 않는 것은?
① 바이러스성 출혈열
② 중증급성호흡기증후군
③ 원숭이두창
④ 콜레라

해설
WHO 감시대상 감염병에 속하는 9종은 두창, 폴리오, 신종 인플루엔자, 중증급성호흡기증후군(SARS), 콜레라, 폐렴형 페스트, 황열, 바이러스성 출혈열, 웨스트나일열이 있다.

정답 17 ④ 18 ② 19 ① 20 ① 21 ① 22 ② 23 ③

24 기생충 매개물에 의한 분류 설명으로 다른 것은?
① 돼지고기는 유구조충, 선모충, 쇠고기는 무구조충이 있다.
② 접촉매개성으로 요충, 트리코모나스가 있다.
③ 어패류매개성 기생충은 회충, 편충, 십이지장충, 동양모양선충이 있다.
④ 모기매개성으로 사상충, 말라리아가 있다.

해설
회충, 편충, 십이지장충, 동양모양선충은 토양매개성이다.

25 노인보건에 대한 설명으로 맞는 것은?
① 노령화 지수가 7[%] 이상을 고령화사회라 한다.
② 고령사회는 노령화지수가 10[%] 이상을 말한다.
③ 초고령사회는 노령화지수가 5[%] 이상이다.
④ 노인이란 신체적, 정신적으로 기능은 정상이나 심리적인 변화가 일어나 자기유지 기능과 사회적 역할 기능이 약화되는 사람을 한다.

해설
고령화사회는 노령화지수가 7[%] 이상, 고령사회는 노령화지수가 14[%] 이상, 초고령사회는 노령화지수가 20[%] 이상이다.

26 WHO가 정의한 식품위생의 영역에 속하지 않는 것은?
① 식품의 재배, 생산, 제조, 판매
② 식품의 재배, 생산, 제조, 유통
③ 식품의 유통, 방부, 제조, 생산
④ 식품의 방부, 보존, 판매, 영양

해설
WHO가 정의한 식품위생의 영역으로는 식품의 재배, 생산, 제조, 유통이 있다.

27 영업소 개설 후 미리 위생교육을 받을 수 없다면 영업 개시 후 언제까지 위생교육을 받아야 하는가?
① 6개월 이내   ② 3개월 이내
③ 1개월 이내   ④ 1년 이내

해설
영업 개시 후 6개월 내에 위생교육을 받아야 한다.

28 지용성 비타민에 속하지 않는 것은?
① E   ② K   ③ A   ④ F

해설
지용성 비타민은 비타민 A, D, E, K이다.

29 모자보건에 대한 설명으로 다른 것은?
① 모성사망의 3대 요인은 단백질 부족, 티아민 부족, 고혈압이다.
② 모성사망의 3대 증상에 부종이 들어간다.
③ 모성사망의 가장 큰 원인은 임신중독증이다.
④ 모성사망의 3대 증상에 단백뇨가 들어간다.

해설
모성사망의 3대 요인은 단백질 부족, 티아민 부족, 빈혈이다.

30 조발에 대한 설명으로 다른 것은?
① 모히칸은 스포츠 조발에 속한다.
② 보통 조발의 순서는 좌측 → 우측 → 후두부 순으로 커트한다.
③ 특수 조발은 가모나 인모를 이용한 피스, 가발로 민두나 두상에 고정 후 커트하는 기법이다.
④ 화려하고 젊은 스타일로 왁스, 젤, 스타일링을 하는 것을 영스타일 조발술이라 한다.

해설
조발은 후두부 → 좌측 → 우측 순으로 커트한다.

정답 24 ③ 25 ① 26 ② 27 ① 28 ④ 29 ① 30 ②

31 기기를 이용한 미안술로 영양 침투에 속하지 않는 것은?

① 스티머   ② 파라핀
③ 갈바닉   ④ 적외선

해설
스티머는 클렌징 기기이다.

32 면도에 대한 설명으로 다른 것은?

① 면도날의 각도는 45도 이상으로 하지 않는다.
② 면도솔의 각도는 15도로 한다.
③ 스팀타월의 효과로 온타월은 온열감이 모공을 확장시켜준다.
④ 면도는 얼굴의 부위에 따라 면도기를 각기 다른 방법으로 잡는다.

해설
면도솔의 각도는 45도이다.

33 모발 관리에 대한 설명으로 다른 것은?

① 유·수분 밸런스를 유지하며 두피 청결에 힘쓰는 것은 건강모이다.
② 지성모는 두피가 항상 청결하게 샴푸를 자주 한다.
③ 건성모는 광물성 오일로 두피 마사지를 해주면 좋다.
④ 손상모는 샴푸 후 트리트먼트를 해주며 모발에 영양 팩을 해준다.

해설
건성모는 건성용 샴푸제를 사용하며 천연오일로 두피 마사지를 해주면 좋다.

34 역학의 설명으로 다른 것은?

① 보건사업의 기획과 평가자료 제공 역할
② 질병 발생과 유행의 감시·치료·조사 역할
③ 질병의 자연사를 연구하는 역할
④ 임상분야에 활용하는 역할

해설
질병 발생과 유행의 감시 역할이다.

35 자연독에 대한 연결이 잘못된 것은?

① 솔라닌 – 감자
② 무스카린 – 독버섯
③ 아미그달린 – 살구씨
④ 고니오톡신 – 모시조개

해설
고니오톡신 – 섭조개, 검은조개

36 신체의 구성성분에 대한 설명으로 다른 것은?

① 유기물 지방 약 10[%]
② 유기물 단백질 약 15[%]
③ 무기물 약 5[%]
④ 수분 약 65[%]

해설
● 신체의 구성성분
  • 유기물 : 약 30[%](단백질(15[%]), 지방(14[%]), 탄수화물(1[%]))
  • 무기물 : 약 5[%]
  • 수분 : 약 65[%]

정답 31 ① 32 ② 33 ③ 34 ② 35 ④ 36 ①

37 이용업은 폐업 후 ( )일 이내 ( )에게 신고해야 하는가?

① 30일, 구청장
② 10일, 보건복지부장관
③ 15일, 시장·군수·구청장
④ 20일, 시장·군수·구청장

해설
이용업은 폐업한 날부터 20일 이내에 시장·군수·구청장에게 신고해야 한다.

38 공기의 자정작용으로 다른 것은?

① 희석, 산화, 세정, 보존 작용
② 분해, 탄소동화, 재생 작용
③ 희석, 세정, 산화, 살균, 교환 작용
④ 세정, 산화, 분해, 교환 작용

해설
공기의 자정작용에는 희석, 세정, 산화, 살균, 교환(탄소동화) 작용이 있다.

39 구충에 대한 설명으로 다른 것은?

① 밭에 분변 사용을 금하고 맨발작업을 금하는 것도 구충감염 예방책이다.
② 기생충란의 제거를 위한 가장 좋은 야채류 세척법은 물에 담가 5회 이상 씻는다.
③ 구충감염 예방책으로 청정채소 섭식, 인분을 사용한 밭에서의 피부 보호가 있다.
④ 유충은 간상유충을 거쳐 사상유충으로 된다.

해설
기생충란의 제거를 위한 가장 좋은 야채류 세척법은 흐르는 물에 5회 이상 씻는다.

40 제4급 감염병에 대한 설명으로 다른 것은?

① 유행 여부 조사를 위한 표본감시 활동이 필요한 감염병 23종을 말한다.
② 24시간 이내 신고한다.
③ 인플루엔자가 속한다.
④ 수족구병, 임질이 속한다.

해설
제4급 감염병은 7일 이내 신고하여야 한다.

41 면역에 대한 설명으로 틀린 것은?

① 인공능동면역은 백신 접종 후 면역으로 항독소가 있다.
② 자연능동면역은 질병 이완 후 면역이다.
③ 수동면역에 자연수동면역, 인공수동면역이 있다.
④ 사균백신에 장티푸스, 파라티푸스가 속한다.

해설
인공능동면역은 백신 접종 후 면역으로 톡소이드가 속한다.

42 물리적 작업환경에 의한 장애에 대한 설명으로 다른 것은?

① 물리적 작업환경에 의한 장애 중 저압에 의해 항공병이 발생한다.
② 물리적 작업환경에 의한 장애 중 분진에 의해 규폐증, 석면폐증이 생긴다.
③ 물리적 작업환경에 의한 장애 중 고온에 의해 열중증, 열사병이 생긴다.
④ 물리적 작업환경에 의한 장애 중 고열에 의해 레이노병이 발생한다.

해설
물리적 작업환경에 의한 장애 중 진동에 의해 레이노병이 발생한다.

정답 37 ④ 38 ③ 39 ② 40 ② 41 ① 42 ④

43 성인병에 속하지 않은 것은?

① 당뇨병 ② 동맥경화증
③ 폐부종 ④ 고혈압

해설
성인병의 3대 질환은 고혈압, 동맥경화증, 당뇨병이다.

44 WHO의 3대 건강지표는 무엇인가?

① 평균여명, 조사망률, 비례수명지수
② 비례사망지수, 조사망률, 산후사망률
③ 조사망률, 비례사망지수, 영아사망률
④ 평균수명, 조사망률, 비례사망지수

해설
WHO의 3대 건강지표는 평균수명, 조사망률, 비례사망지수이다.

45 은 화합물에 대한 설명으로 다른 것은?

① 저농도에서 살균력을 가진다.
② 은 화합물은 액체 형태의 살균제로 사용된다.
③ 방광과 요도 세척 시에는 0.01[%]의 용액을 사용한다.
④ 은설파다이아진은 유기화합물로서 화상, 창상의 치료 예방약으로 쓰인다.

해설
은 화합물은 분말, 연고, 용액의 형태의 살균제로 사용된다.

46 병원성 미생물에 대한 설명으로 다른 것은?

① 원생동물 : 쯔쯔가무시, 발진티푸스가 있다.
② 진균 : 병원성 진균은 무좀, 백선이다.
③ 바이러스 : 미생물 중에서 크기가 가장 작다.
④ 세균 : 구균, 나선균, 간균이 있다.

해설
원생동물 : 말라리아, 아메바성 이질, 질염, 수면병, 리슈마니아증이 있다.

47 오일에 대한 설명으로 다른 것은?

① 실리콘 오일은 광물성 오일이다.
② 스쿠알렌은 동물성 오일이다.
③ 유동파라핀은 광물성 오일이다.
④ 밀배아는 식물성 오일이다.

해설
실리콘 오일은 합성 오일이다.

48 바이러스성 피부질환에 속하지 않는 것은?

① 비립종 ② 사마귀
③ 대상포진 ④ 수두

해설
비립종은 진균성 피부질환에 속한다.

49 원발진에 대한 설명으로 맞지 않는 것은?

① 구진은 무정형의 물질이 진피 내에 침착되어 생기는 진피성 구진이다.
② 낭종은 중증의 여드름의 형태로 피하지방층까지 침범해서 통증을 유발한다.
③ 농포는 화농으로 인한 결절로 1[cm] 미만의 농을 포함하며 표면에 고름이 있다.
④ 반점은 구진에서 변형된 것으로 몽고반점이 속한다.

해설
반점은 주근깨, 기미, 자반, 노화반점, 오타모반, 백반, 몽고반점 등이 속한다.

정답 43 ③ 44 ④ 45 ② 46 ① 47 ① 48 ① 49 ④

50 영양소에 대한 설명으로 다른 것은?

① 5대 영양소는 탄수화물, 단백질, 지방 + 비타민, 무기질이다.
② 열량 영양소는 탄수화물, 지방, 단백질(에너지원)이다.
③ 7대 영양소는 탄수화물, 단백질, 지방 + 비타민, 유기질 + 물 + 섬유소이다.
④ 조절 영양소는 비타민, 무기질, 물(생리 기능과 대사 조절 기능)이다.

> **해설**
> 7대 영양소는 탄수화물, 단백질, 지방 + 비타민, 무기질 + 물 + 섬유소이다.

51 피부의 기능에 속하는 것은?

① 흡수, 차단, 재생
② 재생, 흡혈, 조절
③ 호흡, 흡수, 보호
④ 보호, 감각, 조절

> **해설**
> 피부의 기능에는 보호, 조절, 배설, 흡수, 재생, 감각이 있다.

52 네일의 구조로 다른 것은?

① 반월은 조체의 반달 모양의 흰 부분이다.
② 조상은 손톱 밑을 받치는 피부이며 신경조직과 모세혈관이 있다.
③ 손톱의 실질적 뿌리는 조상이다.
④ 조체는 손톱을 말한다.

> **해설**
> 조근은 손톱의 실질적 뿌리에 해당한다.

53 염·탈색에 대한 설명으로 다른 것은?

① 유기 염료에 일시적 염색제가 있다.
② 반영구적 염색제에는 산성 염모제가 있다.
③ 석탄에서 추출한 디아민 계열의 가루 타입이다.
④ 식물성 염료로 헤나가 속한다.

> **해설**
> 석탄에서 추출한 디아민 계열의 크림 타입으로 산화염모제이다.

54 무채색에 대한 설명으로 맞는 것은?

① 회색, 흰색
② 검정, 흰색, 회색
③ 빨강, 파랑, 흰색
④ 검정, 흰색

> **해설**
> 무채색이란 흰색, 회색, 검은색이다.

55 웨이브를 만드는 종류에 대한 설명으로 맞는 것은?

① 세로 방식의 와인딩 기법은 다이애거널 기법이다.
② 호리존탈은 사선 방식의 와인딩 기법이다.
③ 크로키놀식은 모선의 끝에서 모근의 방향으로 말아서 와인딩한다.
④ 버티컬은 가로 방식의 와인딩 기법이다.

> **해설**
> 호리존탈은 가로 방식의 와인딩 기법, 버티컬은 세로 방식의 와인딩 기법, 다이애거널은 사선 방식의 와인딩 기법이다.

정답 50 ③ 51 ④ 52 ③ 53 ③ 54 ② 55 ③

56 팩에 대한 설명으로 맞지 않는 것은?

① 천연 팩을 얼굴에 도포할 때는 볼 – 이마 – 코 – 턱 – 볼 순으로 바른다.
② 팩은 주 1~2회가 적당하다.
③ 천연 팩은 미리 만들어 두지 않는다.
④ 색소침착에는 오이 팩이 좋다.

해설
팩은 넓은 부위부터 도포하며, 볼 → 턱 → 볼 → 이마 → 코 → 인중 순이다.

57 헤어커트 테크닉의 설명이 다른 것은?

① 밀어깎기 : 빗살 끝이 두피 면에 닿은 상태로 밀어가며 깎는 방법
② 떠내깎기 : 아래에서 위로 떠올려가며 커트하는 방법
③ 끌어깎기 : 가위의 날끝을 왼쪽 엄지손가락에 지지해 당기면서 표면을 정리하는 방법
④ 거칠게깎기 : 커트의 중간작업으로 많은 모량을 줄여야 할 때 사용

해설
거칠게깎기는 초벌작업으로 많은 모량을 줄여야 할 때 사용된다.

58 샴푸제의 성질에 대한 설명으로 틀린 것은?

① 향료 : 좋은 샴푸일수록 특수향을 사용한다.
② 점증제 : 샴푸의 점도를 형성한다.
③ 오일 : 좋은 샴푸일수록 좋은 오일을 사용한다.
④ 방부제 : 샴푸의 유통기한을 연장한다.

해설
향료는 좋은 샴푸일수록 천연향을 사용한다.

59 프랑스의 모네사가 산화염모제를 특허 출원한 연도는?

① 1881년 ② 1880년
③ 1882년 ④ 1883년

해설
근대의 이용 역사로 1883년 프랑스의 모네사가 산화염모제를 특허 출원하였다.

60 이용사가 다른 사람에게 면허증을 빌려주었다. 이때 받게 되는 처분으로 맞는 것은?

① 200만 원 이하의 벌금
② 300만 원 이하의 과태료
③ 300만 원 이하의 벌금
④ 200만 원 이하의 과태료

해설
이·미용사가 면허증을 빌려주거나 빌리는 것을 알선할 경우 300만 원 이하의 벌금을 받게 된다.

정답 56 ① 57 ④ 58 ① 59 ④ 60 ③

이용사 09 2022년 1회 _ 기출복원문제

01 곡선으로 약간 휘어 있는 가위로 세밀한 부분의 수정이나 곡선 처리를 하는 가위는?

① R-가위　　② 미니가위
③ 커팅가위　　④ 장가위

해설
R-가위는 R-커브가위라고도 하며, 가위가 굴곡이 있는 형태로 굴곡이 심한 구간을 커트할 때 사용된다.

02 착강가위의 설명으로 맞는 것은?

① 가위 바디가 연강이다.
② 협신과 날 부분이 서로 다른 재질이다.
③ 가위 전체가 특수강이다.
④ 날이 연한 강철이고 협신부가 강한 철이다.

해설
바디(특수강)와 협신(연강) 부분이 다른 철로 되어 있다.

03 과산화수소에 대한 설명이 아닌 것은?

① 농도에 따라 기포의 발생이 다르다.
② 모발의 멜라닌 색소를 파괴한다.
③ 과산화수소는 3[%], 6[%], 9[%], 12[%]가 있다.
④ 과산화수소의 농도와 손상도는 비례하지 않는다.

해설
과산화수소의 농도가 높을수록 모발에 손상작용이 크다.

04 수렴 화장품과 유연 화장품의 차이에 대한 설명이 맞는 것은?

① 수렴 화장품은 부드럽고 촉촉하다.
② 수렴 화장품은 산성이며, 유연 화장품은 알칼리이다.
③ 수렴 화장품은 알칼리이며, 유연 화장품은 산성이다.
④ 유연 화장품으로 토닝로션이 있다.

해설
수렴 화장품은 약산성으로 시원하고 가벼운 느낌으로 토닝로션이 있으며 수분 공급과 모공수축을 돕는다. 유연 화장품은 약알칼리성이며, 촉촉하고 노화된 각질을 부드럽게 유지시켜준다.

05 비례사망지수에 대한 설명으로 옳은 것은?

① (1년간의 총 사망자 수 / 50세 이상의 사망자 수) × 1,000
② (50세 이상의 사망자 수 / 연중 50세 미만의 사망자 수) × 100
③ (50세 이상의 사망자 수 / 연간 총 사망자 수) × 100
④ (1년간의 총 사망자 수 / 중앙인구) × 1,000

해설
지수가 높을수록 건강수준이 높고, 높은 연령의 인구가 많다는 것이다.

정답 01 ①　02 ②　03 ④　04 ②　05 ③

06 정중선에 대한 설명으로 옳은 것은?
① C.P – T.P – G.P – B.P – N.P
② C.P – F.S.P – S.P – S.C.P – E.P
③ E.B.P – T.P – E.B.P
④ E.P – B.P – E.P

해설
코를 중심으로 두부 전체를 수직으로 내린 선을 정중선이라 한다.

07 면도에 대한 설명으로 다른 것은?
① 턱을 펜슬핸드로 할 수 있다.
② 볼을 푸시핸드로 할 수 있다.
③ 볼은 프리핸드로 한다.
④ 인중은 백핸드로 한다.

해설
인중은 펜슬핸드, 프리핸드로 한다.

08 샴푸의 조건으로 다른 것은?
① 자극성이 없어야 한다.
② 안전성이 좋아야 한다.
③ 용해성이 없어야 한다.
④ 기포성이 좋아야 한다.

해설
용질이 특정 용매에 대하여 녹는 성질을 용해성이라 한다.

09 드라이 샴푸에 대한 설명이 다른 것은?
① 가발 샴푸가 가능
② 에그 샴푸
③ 리퀴드 드라이 샴푸
④ 파우더 드라이 샴푸

해설
에그 샴푸는 손상된 모발, 영양분이 필요한 모발에 사용하며 드라이 샴푸가 아니다.

10 가발에 대한 설명으로 맞는 것은?
① 인조모 가발도 펌은 가능하다.
② 헤어피스는 두부 전체를 덮는 가발이다.
③ 리퀴드 드라이 샴푸를 하고 응달에 말린다.
④ 30도 전후의 온도에서 브러싱 없이 샴푸한다.

해설
브러싱 후 미지근한 물로 세척하며 열풍건조를 피하고, 그늘에서 완전히 말려주어야 한다.

11 스캘프 매니플레이션의 정의로 맞는 것은?
① 스티밍 작업을 해주어 모공을 열어준다.
② 청결하고 상쾌한 느낌이 들도록 스크럽한다.
③ 두피 트리트먼트를 하여 화학제품의 흡수를 돕는다.
④ 마사지로 두피를 부드럽게 하며 혈액순환을 촉진시킨다.

해설
스캘프 매니플레이션은 손가락 압력으로 경혈점을 자극하며 마사지하고 몸의 혈액의 흐름을 좋게 하며 신체 기능을 활성화시켜준다.

정답 06 ① 07 ④ 08 ③ 09 ② 10 ③ 11 ④

이용사·이용장

12 둥근형에 맞는 가르마는?
① 3 : 7
② 4 : 6
③ 8 : 2
④ 5 : 5

> **해설**
> 안구를 중심으로 가르마를 3 : 7로 나눈다.

13 다음 중 바이러스인 것은?
① 파상풍
② 결핵
③ 말라리아
④ 홍역

> **해설**
> 파상풍균, 결핵균, 말라리아균, 홍역바이러스

14 포자를 사멸할 수 있는 소독법은?
① 에틸렌 가스 소독
② 고압증기 멸균
③ 건열 소독법
④ 태양광선

> **해설**
> 고압증기 멸균법은 미생물을 사멸시키는 확실한 멸균법이다.

15 원주상 세포로 단층이면서 표피에서 가장 깊은 층에 있는 것은?
① 각질층
② 가시층
③ 기저층
④ 망상층

> **해설**
> 기저층은 표피에서 가장 깊이 있으며 진피층과 가까이 있다.

16 감각 분포도가 가장 많은 것은?
① 촉각
② 냉각
③ 온각
④ 통각

> **해설**
> 통점 > 촉점 > 냉점 > 온점

17 피지선에 대한 설명으로 맞는 것은?
① 피부 표면에 살균 소독 기능을 하는 막을 만든다.
② 하루 약 4[g]이 만들어진다.
③ 손바닥에 존재한다.
④ 볼과 턱에 많고 복합성 피부에서 많이 보인다.

> **해설**
> 피지선은 손·발바닥을 제외하고 전신에 있으며 피부 표면에 피지막을 만들어 피부를 보호하고 모발에 유연, 탄력, 광택을 나게 한다.

18 영업자의 지위승계에 해당하지 않는 것은?
① 위생교육
② 법인의 합병
③ 상속
④ 영업양도

> **해설**
> 위생교육은 지위승계가 되지 않는다.

19 지루성 두피에 대한 설명이 다른 것은?
① 헤어토닉이 효과적이다.
② 비타민 B_6의 부족
③ 교감신경의 안정
④ 남성호르몬 과잉

> **해설**
> 지루성 두피는 스트레스(자율신경과 교감신경의 불안정)에 의해 심해질 수 있다.

정답 12 ① 13 ④ 14 ② 15 ③ 16 ④ 17 ① 18 ① 19 ③

20 모발이 건조하거나 부스러질 때 필요한 비타민은 어느 것인가?

① A   ② C
③ E   ④ K

> **해설**
> 비타민 A는 지용성 비타민이며 모발 성장에 핵심적 역할을 한다.

21 다음 중 세균의 모양에 따른 명칭이 아닌 것은?

① 나선균   ② 진균
③ 간균   ④ 구균

> **해설**
> 세균의 모양에는 구균, 나선균, 간균이 있다.

22 석탄산 90배 희석약과 소독제 135배 희석용액이 같은 살균력이라면 이 소독제의 석탄산계수는?

① 1   ② 0.5
③ 2   ④ 1.5

> **해설**
> 소독제 희석배수 ÷ 석탄산 희석배수 = 석탄산계수

23 금속 빗을 자비 소독할 때 맞는 것은?

① 간염바이러스에 효과가 있다.
② 120도의 물에 30분간 담근다.
③ 끓고 난 뒤 넣는다.
④ 처음부터 넣고 가열한다.

> **해설**
> 자비 소독은 100도에서 20분간 끓인다.

24 환자가 입었던 옷의 소독방법으로 옳은 것은?

① 초음파 소독기   ② 머큐로크롬
③ 간헐 멸균법   ④ 포르말린증기

> **해설**
> 의류나 침구류에 포르말린증기, 에틸렌 가스, 고압증기 멸균법을 사용한다.

25 질소에 대한 설명이 다른 것은?

① 공기 중 32[%]를 차지한다.
② 감압병을 발생시킨다.
③ 대기 중 질소 과다 시 산소부족증이 생긴다.
④ 일정 농도 이하의 질소는 인체에 무해하다.

> **해설**
> 공기 중 질소는 78[%]를 차지한다.

26 기후의 3대 요소가 아닌 것은?

① 기온   ② 기압
③ 기류   ④ 기습

> **해설**
> 기후의 3대 요소는 기온, 기습, 기류이다.

27 아이론에 대한 설명이 다른 것은?

① 프롱이 위로 가게 잡는다.
② 150~160도로 사용한다.
③ 곱슬 머리카락을 교정할 수 있다.
④ 모발의 흐름을 변경할 수 있다.

> **해설**
> 아이론 사용의 적정 온도는 120~140도이다.

정답   20 ①   21 ②   22 ④   23 ③   24 ④   25 ①   26 ②   27 ②

28 돼지고기를 익혀 먹어 예방할 수 있는 것은?
① 갈고리촌충　② 민촌충
③ 재귀열　　　④ 긴촌충

해설
갈고리촌충은 유구조충이라고도 하며, 돼지고기를 익혀 먹으면 예방할 수 있다.

29 병원 증세가 없으나 병원체를 가지고 있는 보균자 중 가장 위험한 보균자는?
① 회복기보균자　② 잠복기보균자
③ 건강보균자　　④ 만성보균자

해설
임상적 증상이 전혀 없고 보균상태를 지속하고 있는 자를 말하며, 건강보균자가 많은 질환에서 환자의 격리에 의미가 없고 환경개선과 예방접종이 우선이다.

30 질병에 감염되고 생기는 면역을 무엇이라 하는가?
① 자연능동면역　② 인공능동면역
③ 인공수동면역　④ 자연수동면역

해설
질병에 걸린 후 자기 자신의 면역체계로 발현한다.

31 BOD와 DO의 설명이 맞는 것은?
① DO는 BOD와 반비례한다.
② BOD가 높을수록 DO도 높다.
③ BOD와 DO는 항상 같다.
④ BOD는 수질오염지표이다.

해설
수질오염의 지표는 DO이다. BOD가 높으면 DO는 낮고, DO가 높으면 BOD는 낮아진다.

32 모기의 구제가 필요한 질병은?
① 발진열　② 디프테리아
③ 일본뇌염　④ 폴리오

해설
모기가 전파하는 질병은 말라리아, 일본뇌염, 뎅기열, 황열 등이 있다.

33 자외선에 대한 것으로 옳은 것은?
① 노화 예방
② 화학선
③ 긴 파장
④ 림프와 혈액순환을 방해

해설
자외선을 화학선이라고도 하며, 적외선을 열선이라고 한다.

34 자외선 살균법에 대한 설명으로 바른 것은?
① 병원에서 소독 시 자외선 자체를 사용한다.
② 미생물 살균에 좋다.
③ 단시간 소독에도 제품에 변형이 올 수 있다.
④ 밀폐된 제품 내부의 소독이 가능한 장점이 있다.

해설
미생물 살균에 오존 살균법, 자외선 살균법, 가열법 등이 있다.

35 물에 용해되고 이온화되지 않으면서 자극이 적은 계면활성제는?
① 음이온 계면활성제　② 양이온 계면활성제
③ 비이온 계면활성제　④ 양쪽성 계면활성제

해설
비이온 표면활성제라고도 하며 친수기 물에서 이온화되지 않는다. 피부자극이 적어 순한 화장품에 속한다.

36 BCG 접종이란?

① 볼거리 ② 두창
③ 파상풍 ④ 결핵

해설
결핵을 예방하며 경피용과 피내용이 있고, 생후 1개월 이내에 접종을 권하고 있다.

37 공중위생감시원의 업무범위가 아닌 것은?

① 위생관리 업소에 위생등급 부여
② 업소 일부 시설의 사용중지 이행 여부의 확인
③ 개선명령 이행 여부의 확인
④ 규정에 의한 위생교육 이행 여부의 확인

해설
위생등급은 시장·군수·구청장이 평가한다.

38 단백질에 대한 설명이 다른 것은?

① 세포막의 구성성분이다.
② 요독증과 관련 없다.
③ 비타민과 무기질의 소모
④ 콰시오커 질병

해설
요독증은 신장에 문제(신부전)가 생길 때 나타나며 단백질, 인, 나트륨의 섭취에 주의해야 한다.

39 변경신고를 해야 하는 경우가 아닌 것은?

① 영업소의 명칭 변경
② 대표자의 생년월일, 성명의 변경
③ 바닥 면적의 5분의 1 이상의 증감
④ 영업소의 소재지 변경

해설
영업소 바닥 면적의 3분의 1 이상의 변경이 있을 때이다.

40 면허의 정지 중에 이용업을 한 사람의 벌칙은?

① 300만 원 이하의 벌금
② 300만 원 이하의 과태료
③ 200만 원 이하의 과태료
④ 500만 원 이하의 벌금

해설
면허의 취소 또는 정지 중에 이용업 또는 미용업을 한 사람은 300만 원 이하의 벌금에 처한다.

41 신고를 하지 않고 영업소의 소재지를 변경한 경우 2차 처분으로 맞는 것은?

① 영업정지 15일
② 영업정지 1월
③ 영업정지 2월
④ 영업정지 10일

해설
1차 위반은 영업정지 1월, 2차 위반은 영업정지 2월, 3차 위반은 영업장 폐쇄명령이다.

42 공중위생업자가 받아야 할 위생교육은?

① 매년 1시간 ② 매년 3시간
③ 매년 6시간 ④ 2년에 1번

해설
위생교육은 1년에 1번씩 3시간 교육을 받는다.

정답 36 ④ 37 ① 38 ② 39 ③ 40 ① 41 ③ 42 ②

이용사·이용장

43 공중위생감시원의 자격, 임명, 업무범위 등은 어느 사람의 명으로 정하는가?
① 시장·군수·구청장
② 보건복지부
③ 대통령
④ 보건복지부장관

해설
대통령령으로 자격, 임명, 업무범위를 받는 공중위생감시원은 특별시·광역시·도 및 시·군·구에 둔다.

44 이용사 면허를 받을 수 있는 사람은?
① 보건복지부령이 정한 감염병 환자
② 마약성 약물중독자
③ 피성년후견인
④ 심장병 환자

해설
금치산자, 정신질환자, 감염병 환자, 약물중독자, 면허취소 후 1년이 경과되지 않은 자는 이용사 면허를 받을 수 없다.

45 화장품의 4대 조건이 아닌 것은?
① 변질, 변색은 무방하다.
② 알레르기나 독성이 없어야 한다.
③ 부드럽게 잘 스며들어야 한다.
④ 자외선 차단, 미백 효과가 있다.

해설
화장품의 4대 조건에 안전성, 사용성, 안정성, 유효성이 있으며 변질, 변색이 되지 않아야 한다.

46 화장수는 어떠한 제품을 말하는가?
① 가용화 제품이다.   ② 유화 제품이다.
③ 분산 제품이다.   ④ 계면활성 제품이다.

해설
화장품의 종류 중 피부를 청결하게 하고 건강을 유지시켜 주는 가용화는 화장수이다.

47 헤어 트리트먼트의 설명이 다른 것은?
① 고분자 실리콘 성분이 함유된다.
② 모발에 유분과 수분 공급을 해주게 된다.
③ 모발의 손상을 예방하고 손상모발을 회복시킨다.
④ 모발에 윤기를 주고 모발 성장을 촉진시킨다.

해설
헤어 트리트먼트는 모발에 영양을 주며, 윤기를 주고 모발 성장을 촉진시켜주는 것은 양모제이다.

48 엠파이어라인의 발표 연도는?
① 1962년   ② 1966년
③ 1968년   ④ 1955년

해설
• 1962년 – 폴로라인
• 1966년 – 엠파이어라인
• 1968년 – 숏스라인
• 1955년 – 장티옴라인

49 이·미용업소에서 사용하는 수건이 불결할 때 걸릴 수 있는 질환은?
① 발진열   ② 페스트
③ 트라코마   ④ 파상풍

해설
트라코마는 박테리아의 한 종류로 눈의 결막질환이다.

정답 43 ③ 44 ④ 45 ① 46 ① 47 ④ 48 ② 49 ③

50 면허증이 분실돼서 재발급받았을 때, 다시 찾게 된 면허증은 누구에게 반납해야 하는가?
① 보건복지부
② 경찰서
③ 우체국
④ 반납하지 않아도 된다.

해설
2019.12.31. 개정된 내용
제9조 제1항, 제10조 제2항
분실한 면허증을 재발급 시 면허증 반환의무는 없다.

51 면허취소에 해당하지 않는 것은?
① 면허정지 기간에 업무를 한 때
② 면허증을 대여한 때
③ 이중으로 면허를 취득한 때
④ 위생교육을 이수하지 않았을 때

해설
위생교육을 받지 않았을 때는 200만 원 이하의 과태료를 받는다.

52 로션에 대한 설명이 바른 것은?
① 유분량 15[%]이면 모이스처, 밀크로션이다.
② 유분량 50[%]이면 에몰리언트 로션이다.
③ 로션은 두 가지의 피부 타입별로 구분된다.
④ 로션의 청량감과 수분감이 장점이다.

해설
• 유분이 3~8[%] : 화장수에 가까운 로션
• 유분이 10~20[%] : 밀크로션, 모이스처
• 유분이 20~30[%] : 클렌징 로션

53 전체적으로 단차가 심하면서 밑머리 길이가 윗머리보다 긴 형태의 커트 기법을 무엇이라 하는가?
① 스퀘어스포츠형
② 샤기 커트
③ 원랭스 커트
④ 그라데이션 커트

해설
샤기 커트는 층이 많고 가벼운 느낌의 질감을 가지고 있으며 주로 레이저나 틴닝으로 질감 처리를 많이 한다.

54 염색에 대한 설명으로 옳은 것은?
① 두피 트러블은 염색 시술에 무방하다.
② 펌과 염색 동시 시술 시 염색이 먼저다.
③ 염색 후 드라이는 2시간 뒤에 한다.
④ 염모제의 혼합 후 1시간은 무방하다.

해설
• 염색 전 패치 테스트를 하며, 염색과 펌 시술 시 펌이 먼저이다.
• 1제와 2제 염모제를 혼합 후 30분이 지난 뒤 사용하면 모발에 얼룩이 지게 되므로 폐기시켜야 한다.

55 결핍 시 피부가 청백해지고 빈혈을 일으키는 비타민은?
① B_{12}
② B_6
③ A
④ C

해설
비타민 C는 세포결합조직에 좋으며 수용성 비타민이다.

정답 50 ④　51 ④　52 ①　53 ②　54 ③　55 ④

56 폐기물 처리에 속하지 않는 것은?
① 화학법   ② 매립법
③ 소각법   ④ 비료화법

해설
폐기물 처리에는 매립법, 소각법, 비료법을 주로 쓴다.

57 손님에게 도박 그 밖에 사행행위를 한 때 2차 위반 시 행정처분기준은?
① 영업정지 10일
② 영업정지 2월
③ 영업정지 1월
④ 영업정지 15일

해설
• 1차 위반 – 영업정지 1월
• 2차 위반 – 영입정지 2월
• 3차 위반 – 영업장 폐쇄명령

58 알파하이드록시산(AHA)에 속하지 않는 것은?
① 사과산   ② 구연산
③ 아미산   ④ 주석산

해설
각질을 부드럽고 정돈되게 하는 물질이다. 구연산, 글리콜산, 락트산, 사과산, 타르타르산(주석산), 하이드록시카프릴산, 하이드록시데센산이 있다.

59 UV-C에 해당하는 것은?
① 색소침착   ② 피부암
③ 일광화상   ④ 잔주름 형성

해설
UV-C는 단파장으로 피부암을 유발한다.

60 네일 에나멜의 주성분은?
① 레이크
② 니트로셀룰로오스
③ 아세톤
④ 파라핀

해설
필름형성제인 니트로셀룰로오스가 네일 에나멜의 수성분이다.

정답 56 ① 57 ② 58 ③ 59 ② 60 ②

이용사 10 — 2022년 2회 기출복원문제

01 지방에 대한 설명으로 다른 것은?
① 단순지질과 복합지질, 유도지질로 구분한다.
② 신체 체온을 조절한다.
③ 피지선의 기능을 조절한다.
④ 1[g]당 7[kcal]의 에너지원이다.

> **해설**
> 지방 1[g]당 9[kcal]의 에너지원이다.

02 면도에 대한 설명 중 다른 것은?
① 면도의 자극을 없애기 위하여 스티밍과 안면처치는 필수이다.
② 면도기의 종류는 일도, 이도, 양도가 있으며 시술자의 편의에 따라 사용하게 된다.
③ 면도날의 각도는 20도 각도로도 사용 가능하다.
④ 면도기 잡는 방법은 총 5가지가 있다.

> **해설**
> 면도기의 종류에는 일도와 양도가 있다.

03 린스제의 작용에 대한 설명으로 다른 것은?
① 두피에 영양분을 주어 튼튼한 모근을 만들고 윤기 있는 머릿결을 만든다.
② 펌이나 염색 후 잔존하는 알칼리 성분을 중화시킨다.
③ 정전기 발생을 억제하고 자외선을 차단한다.
④ 머리카락의 엉킴을 방지하며 먼지가 달라붙지 않게 한다.

> **해설**
> 린스는 모근에 영양분을 주는 것이 아니라 대전 방지와 머리카락에 윤기를 준다.

04 비타민 B_2의 설명으로 바른 것은?
① 골다공증, 구루병
② 신선한 야채, 과일
③ 항피부염, 피부진정
④ 지용성 비타민

> **해설**
> 비타민 B_2는 수용성 비타민으로 항피부염과 피부 진정을 시켜준다. 부족 시 구각염, 각막염이 생기게 되며 소간, 치즈, 등 푸른 생선, 아몬드의 섭취가 도움이 된다.

05 지용성 비타민이 아닌 것은?
① 비타민 E   ② 비타민 K
③ 비타민 C   ④ 비타민 D

> **해설**
> 비타민 C는 항산화, 미백효과를 주는 수용성 비타민이다.

06 원발진에 속하지 않는 것은?
① 종양   ② 찰상
③ 결절   ④ 낭종

> **해설**
> 찰상은 기계적 외상의 마찰로 생기는 속발진이다.

정답 01 ④   02 ②   03 ①   04 ③   05 ③   06 ②

07 속발진에 속하지 않는 것은?
① 미란 ② 태선화
③ 반흔 ④ 팽진

> **해설**
> 팽진은 일종의 두드러기로 일시적인 부종이며 가려움증이 동반된다.

08 감염성 피부질환이 아닌 것은?
① 봉소염 ② 절종
③ 농가진 ④ 지루성 피부염

> **해설**
> 지루성 피부염은 피지선이 발달한 부위에 나타나는 염증성 질환이다.

09 바이러스성 피부질환이 아닌 것은?
① 풍진 ② 혈관종
③ 대상포진 ④ 수두

> **해설**
> 혈관종이란 혈관의 이상증식으로 덩어리가 된 질환이다.

10 자외선의 긍정적인 효과가 아닌 것은?
① 비타민 D 형성 ② 수면 증진
③ 색소침착 ④ 자극성 감소

> **해설**
> 자외선의 부정적인 효과로 광노화, 색소침착, 피부암, 홍반 등이 있다.

11 적외선의 긍정적인 효과로 맞는 것은?
① 살균 효과
② 피부 깊숙이 온열감을 줌.
③ 피부염에 영향
④ 안구건조증

> **해설**
> 피부 깊숙이 온열감을 주는 건강한 광선으로 원적외선을 이용한 미용기기로는 적외선등, 마사지기가 있다.

12 후천적 면역에 대한 설명이 잘못된 것은?
① 자연능동면역 : 병원체에 노출된 후 얻어진 방어 기능
② 자연수동면역 : 선천적 방어기전
③ 인공능동면역 : B형간염 접종
④ 인공수동면역 : 코로나바이러스 접종

> **해설**
> • 자연수동면역 : 모자면역
> • 자연능동면역 : 감염 이후 생성
> • 인공수동면역 : 항체 이입
> • 인공능동면역 : 예방접종

13 피부노화현상이 아닌 것은?
① 기미, 노인성 반점이 생긴다.
② 천연보습인자에는 변화가 없다.
③ 교원섬유가 저하되어 있다.
④ 각질이 늘어나 있다.

> **해설**
> 천연보습인자와 콜라겐이 감소하며, 피부건조증상이 생긴다.

정답 07 ④ 08 ④ 09 ② 10 ③ 11 ② 12 ④ 13 ②

14 피부노화의 관리방법으로 다른 것은?
① 에탄올이 함유된 스킨을 사용한다.
② 자외선 차단제를 발라준다.
③ 규칙적인 생활습관을 유지하며 흡연과 음주를 하지 않는다.
④ 피부탄력을 위해 마사지를 해준다.

> **해설**
> 노화 피부에는 보습을 유지시켜주는 스킨을 사용한다. 고보습 히알루론산 제품과 비타민 A, E를 복용해주는 것이 좋다.

15 화장품의 4대 요건에 대한 설명이 아닌 것은?
① 기호에 맞고, 사용감이 만족스러워야 한다.
② 사용 후 피부에 작용 효과가 있어야 한다.
③ 사용의 유용성이 속한다.
④ 보관 시 변질, 변색, 변취, 오염이 없어야 한다.

> **해설**
> 화장품은 기호에 맞고 사용감이 만족스러워야 하며 피부의 작용 효과가 있어야 하고 보관 시 변질, 변색, 변취, 오염이 없어야 한다.

16 화장품의 4대 요건에 속하지 않는 것은?
① 안정성   ② 사용성
③ 유용성   ④ 안전성

> **해설**
> 화장품의 4대 요건은 안정성, 안전성, 사용성, 유효성이 있다.

17 다음 중 기초 화장품이 아닌 것은?
① 에멀젼   ② 로션
③ 클렌징   ④ 트리트먼트

> **해설**
> 트리트먼트는 모발용 화장품이다.

18 화장품의 원료에 들어가지 않는 것은?
① 정제수   ② 계면활성제
③ 방부제   ④ 이지멀티그레인

> **해설**
> 화장품 원료에 들어가는 것은 정제수, 보습제, 오일, 계면활성제, 방부제, 향료, 활성성분 등이다.

19 비이온성 화장품에 속하는 것은?
① 화장수   ② 클렌징 폼
③ 비누   ④ 트리트먼트

> **해설**
> 비이온성 화장품은 피부자극이 덜하며 화장수, 기초 화장품, 메이크업제품이 있다. 클렌징 폼, 비누, 샴푸는 음이온성 화장품이고, 트리트먼트, 린스는 양이온성 화장품이다.

20 화장품 제품의 점도를 조절하는 것은?
① 계면활성제   ② 방부제
③ 점증제   ④ 왁스

> **해설**
> 점증제는 제품의 점도를 조절해준다.

21 세안용 화장품에 들어가지 않는 것은?
① 화장수   ② 페이셜 스크럽
③ 클렌징 젤 ④ 비누

> **해설**
> 화장수는 피부의 보습과 수렴작용을 한다.

정답 14 ① 15 ③ 16 ③ 17 ④ 18 ④ 19 ① 20 ③ 21 ①

이용사·이용장

22 로션의 설명이 다른 것은?
① O/W – 가볍고 산뜻한 감촉을 준다.
② W/O – 보습 효과가 뛰어나다.
③ W/S – 무거운 사용감, 흡수가 산뜻하다.
④ W/O/W – 발림성과 보습력이 좋다.

> **해설**
> W/S는 가벼운 사용감과 안정성이 있다.

23 화장품에 대한 설명으로 "피부에 영양을 부여하고 보습과 재생에 도움을 준다."는 어느 제품을 설명한 것인가?
① 마사지 크림   ② 영양 크림
③ 아이 크림   ④ 콜드 크림

> **해설**
> 영양 크림은 성분이나 효과에 따라 에몰리언트 크림, 화이트닝 크림 등이 있다.

24 팩의 종류 중 워시 오프 타입은?
① 머드, 클레이 타입으로 안면에 바르고 20분 뒤에 물로 씻어낸다.
② 팩을 바른 후 건조된 피막을 떼어내는 타입으로 피부에 탄력을 준다.
③ 얼굴에 바르고 10~15분 뒤 티슈로 닦아낸다.
④ 패치 형태로 오염물과 피지 제거에 용이하다.

> **해설**
> 워시 오프 타입은 물을 사용하여 씻어내 상쾌한 사용감을 느낄 수 있고, 여름철에 사용하기 효과적이다.

25 여드름을 유발시키지 않는 화장품은?
① 페이셜 스크럽 화장품
② 논 코메도제닉 화장품
③ 알파하이드록시산 화장품
④ 선블록 화장품

> **해설**
> Non Comedogenic이란 여드름 유발성 물질이 함유되지 않은 화장품을 말한다.

26 메이크업 베이스의 사용 목적이 아닌 것은?
① 피부에 청량감을 준다.
② 파운데이션의 색소침착을 방지한다.
③ 파운데이션의 밀착을 돕는다.
④ 인공피지막을 형성해 피부를 보호한다.

> **해설**
> 메이크업 베이스는 화장을 잘 받게 해주고 들뜨는 것을 방지한다.

27 모발에 대한 설명으로 다른 것은?
① 모표피는 친유성이며 광물성 오일을 많이 흡수한다.
② 모발은 염모제를 사용했을 때 산성이 된다.
③ 모피질은 작은 섬유다발의 구조로 되어 있다.
④ 모발은 각각 독립적인 모발사이클을 가지고 있다.

> **해설**
> 염모제를 사용한 모발은 알칼리성이 된다.

정답 22 ③ 23 ② 24 ① 25 ② 26 ① 27 ②

28 모발 화장품의 종류가 다른 것은?
① 헤어젤
② 헤어스프레이
③ 헤어무스
④ 헤어코트

해설
- 헤어젤, 헤어스프레이, 헤어무스는 모발을 고정하는 화장품이다.
- 헤어코트는 모발 끝에 손상된 부위를 회복시켜주는 헤어트리트먼트 제품이다.

29 향수에 대한 설명으로 올바른 것은?
① 탑 노트 : 알코올이 날아가고 난 뒤 가장 마지막 향을 나타낸다.
② 탑 노트 : 휘발성이 강한 향료로 되어 있으며 주로 시트러스 계열을 쓴다.
③ 베이스 노트 : 휘발성이 높고 주로 우디나 무스크 계열을 사용한다.
④ 미들 노트 : 휘발성이 낮고 주로 시트러스 계열을 사용한다.

해설
탑 노트는 향수의 첫 향을 나타내며 휘발성이 강하고 싱그러운 향으로 이루어져 있다.

30 펌제의 성분이 다른 하나는?
① 브롬산염
② 모노에탄올아민
③ 시스테인
④ 티오글리콜산

해설
브롬산염은 산화제에 속하며 펌제의 2제이다.

31 아로마 오일의 주의사항으로 다른 것은?
① 피부에 직접 바르지 않는다.
② 용량을 지켜야 한다.
③ 개봉 후 2년 안에 사용한다.
④ 감광성에 주의한다.

해설
아로마 오일은 개봉 후 6개월~1년 안에 사용하며 광선에 노출하지 말아야 한다.

32 모든 피부에 사용 가능하며 노화 방지, 탄력, 보습에 효과적인 오일은?
① 광물성 오일
② 코코넛 오일
③ 포도씨 오일
④ 쌀눈 오일

해설
코코넛 오일은 에센셜 오일에 자극을 낮추고 약용성 성분을 피부에 침투하기 위한 캐리어 오일에 속한다.

33 WHO의 건강지표가 아닌 것은?
① 영아사망률
② 평균수명
③ 조사망률
④ 비례사망지수

해설
영아사망률은 한 나라의 공중보건을 평가하는 대표적인 자료이다.

34 우리나라가 세계보건기구인 WHO에 가입한 연도는?
① 1939년
② 1949년
③ 1929년
④ 1919년

해설
대한민국은 1949년도에 65번째로 태평양지역사무국 소속으로 정식 가입하였다.

정답 28 ④ 29 ② 30 ① 31 ③ 32 ② 33 ① 34 ②

35 모자보건의 지표가 아닌 것은?
① 모성사망률
② 모성사망비
③ 주산기사망률
④ 영유아사망비

해설
모자보건의 지표에는 영아사망률, 주산기사망률, 모성사망비, 모성사망률이 있다.

36 모성보건사업에 속하지 않는 것은?
① 유산관리
② 수유관리
③ 산전관리
④ 분만관리

해설
모성보건산업에는 산전관리, 분만관리, 산후관리, 수유관리가 있다.

37 다음 중 병원체가 아닌 것은?
① 세균
② 바이러스
③ 리케차
④ 환자

해설
병원체는 세균, 바이러스, 리케차, 기생충이 있다.

38 병원체의 전파에 속하지 않는 것은?
① 소화전파
② 공기전파
③ 직접전파
④ 간접전파

해설
병원체의 전파에는 직접전파, 간접전파, 공기전파가 있다.

39 DPT에 속하지 않는 것은?
① 디프테리아
② 파상풍
③ 페스트
④ 백일해

해설
DPT는 디프테리아(Diphtheria), 백일해(Pertussis), 파상풍(Tetanus)을 말한다.

40 홍역에 대한 설명으로 맞는 것은?
① 모기의 구제와 예방접종이 중요하다.
② BCG 예방접종에 속한다.
③ 제1급 감염병이다.
④ 감염력이 가장 강하다.

해설
홍역은 제2급 감염병으로 감염력이 강하며, 발열과 발진을 동반하는 특징이 있다. 감염자와의 직접접촉이나 비말감염으로 감염된다.

41 두창에 대한 설명으로 틀린 것은?
① 영구면역을 얻을 수 있다.
② 검역 감염병이 아니다.
③ 병원체 보유자와 격리가 필요하다.
④ 사망률이 높다.

해설
검역 감염병으로 두창, 황열, 콜레라, 페스트가 있다.

42 국내에서 감염률이 높은 기생충은?
① 구충
② 원충
③ 회충
④ 요충

해설
회충은 선충류에 속하며, 오염된 손이나 음식, 생야채 섭취 등으로 감염이 된다.

정답 35 ④ 36 ① 37 ④ 38 ① 39 ③ 40 ④ 41 ② 42 ③

43 폐디스토마의 숙주인 것은?
① 게
② 은어
③ 외우렁이
④ 민물고기

해설
폐디스토마의 제1숙주는 다슬기이며, 제2숙주는 게와 가재이다.

44 기후의 3대 요소로 맞지 않는 것은?
① 기압
② 기온
③ 기류
④ 기습

해설
기후의 3대 요소는 기온, 기습, 기류이다.

45 세균의 형태가 아닌 것은?
① 구균
② 바균
③ 나선균
④ 간균

해설
세균은 하나의 세포로 된 미생물로 구균, 나선균, 간균의 형태로 있다.

46 인수공통감염병의 연결이 다른 것은?
① 얼룩소 – 탄저
② 하얀쥐 – 서교증
③ 앵무새 – 살모넬라
④ 들고양이 – 파상열

해설
고양이 – 살모넬라, 톡소플라스마

47 인공능동면역에 속하지 않는 것은?
① 수두
② 장티푸스
③ 콜레라
④ 폴리오

해설
수두는 자연능동면역이며 영구면역이다. 자연능동면역이란 질병이 이완된 후 얻게 되는 면역을 말한다.

48 정상 공기의 체적 백분율이 다른 것은?
① 이산화탄소 0.03[%]
② 질소 78.10[%]
③ 산소 20.93[%]
④ 이산화탄소 0.5[%]

해설
정상 공기의 체적 백분율은 이산화탄소 0.03[%], 산소 20.93[%], 질소 78.10[%]이다.

49 온열조건의 4요소에 속하지 않는 것은?
① 기온
② 기류
③ 복사열
④ 기압

해설
온열조건의 4대 요소는 기온, 기습, 기류, 복사열이다.

50 공기의 자정작용에 속하지 않는 것은?
① 희석작용
② 분해작용
③ 산화작용
④ 살균작용

해설
공기의 자정작용으로는 희석, 세정, 산화, 교환, 살균 작용이 있다.

정답 43 ① 44 ① 45 ② 46 ④ 47 ① 48 ④ 49 ④ 50 ②

51 센물이란?

① 연수라고 하며 칼슘이온이 없다.
② 경도 10도 이하의 물을 말하며 비누거품이 잘 생긴다.
③ 세탁이 가능한 물로 수돗물이 속한다.
④ 경도 20도 이상의 물이며 비누거품이 잘 생기지 않는다.

> **해설**
> 센물은 빗물, 샘물이다. 경도 20도 이상의 금속성 성분을 함유한 물로 비누거품이 잘 생기지 않는다.

52 상수도 정수과정으로 맞는 것은?

① 소독 – 여과 – 침전 – 급수
② 여과 – 소독 – 침전 – 급수
③ 침전 – 여과 – 소독 – 급수
④ 소독 – 침전 – 여과 – 급수

> **해설**
> 상수도의 정수과정은 침전 → 여과 → 염소 소독 → 급수 이다.

53 단백질의 설명으로 다른 것은?

① 노년이 될수록 공급 제한이 필요하다.
② 소장에서 아미노산의 형태로 흡수된다.
③ 발육 성장에 도움을 준다.
④ 몸에서 물 다음으로 많이 차지하고 있다.

> **해설**
> 노년이 될수록 공급 제한이 필요한 것은 지방이며, 노년일수록 근감소가 생기므로 단백질 섭취가 권장된다.

54 미네랄에 속하지 않는 것은?

① 비타민   ② 철
③ 칼슘   ④ 식염

> **해설**
> 무기질(미네랄)에 속하는 것은 식염, 칼슘, 철, 인이다.

55 다음 ( ) 안에 알맞은 것은?

> 공중위생의 규칙은 ( )령으로 한다.

① 대통령   ② 보건복지부
③ 공중위생장관 ④ 공중위생감시원

> **해설**
> 공중위생규칙은 보건복지부령으로 한다.

56 아포가 형성되는 균으로 잠복기간이 10~12시간이며 구토, 설사를 유발하는 식중독은?

① 살모넬라균   ② 포도상구균
③ 웰치균   ④ 보툴리누스균

> **해설**
> 독소형 식중독인 웰치균은 육류의 위생을 철저히 하고 충분히 가열해야 한다.

57 자연독에 대한 연결이 잘못된 것은?

① 리신 – 피마자
② 무스카린 – 조개
③ 테트로도톡신 – 복어
④ 에르고톡신 – 맥각

> **해설**
> 무스카린은 광대버섯, 독버섯과 관련된 유독성 알칼로이드의 하나인 자연독을 말한다.

정답 51 ④ 52 ③ 53 ① 54 ① 55 ② 56 ③ 57 ②

58 영업소 폐쇄에 대한 설명으로 다른 것은?

① 변경신고를 하지 않은 경우이다.
② 공중위생영업자가 사유 없이 6개월 이상 휴업하는 경우이다.
③ 시장·군수·구청장은 공중위생영업자에게 3개월 이내 기간을 정해 영업의 정지, 시설중지, 폐쇄 등을 명할 수 있다.
④ 지위승계신고를 하지 않은 경우이다.

해설
시장·군수·구청장은 공중위생영업자에게 6월 이내의 기간을 정해 영업의 정지, 일부 시설의 사용중지, 영업소 폐쇄 등을 명할 수 있다.

59 공중위생감시원의 업무범위가 아닌 것은?

① 규정에 의한 위생교육 이행 여부의 확인
② 업소의 영업정지, 일부 시설의 사용중지 이행 여부의 확인
③ 개선명령 이행 여부의 확인
④ 위생관리 업소에 위생등급 부여

해설
시장·군수·구청장이 위생서비스평가 결과에 따라 영업자에게 공표하고, 시·도지사 또는 시장·군수·구청장이 포상을 실시할 수 있다.

60 면허 없이 업무에 종사한 자의 벌칙은?

① 500만 원 이하의 벌금
② 300만 원 이하의 벌금
③ 200만 원 이하의 벌금
④ 100만 원 이하의 벌금

해설
면허를 받지 않고 이·미용업을 개설하거나 업무에 종사한 사람은 300만 원 이하의 벌금에 처한다.

정답 58 ③ 59 ④ 60 ②

이용사 11회 2023년 1회 _ 기출복원문제

01 다음 중 동물성 오일인 것은?
① 아보카도 ② 라놀린
③ 윗점 오일 ④ 올리브

해설
라놀린은 양털에서 추출한 오일이다.

02 이용사의 손 소독 중 알맞지 않은 것은?
① 알코올로 소독한다.
② 비누로 씻는다.
③ 락스에 담근다.
④ 크레졸로 소독한다.

해설
▶ 크레졸의 적정 용량
- 손, 피부의 소독 : 1~2[%]
- 수술 부위의 피부 소독 : 1~2[%]
- 의료용구의 소독 : 1~2[%]
- 배설물의 소독 : 3[%]
- 수술실, 병실, 기구, 물품 등의 소독 : 1~2[%]

03 건성 피부의 특징으로 가장 근본적인 원인인 것은?
① 피지 분비의 부족으로 인한 수분 소실이다.
② 피부의 수분 함유량이 10~30[%] 이상이다.
③ 잔주름보다는 깊은 주름이 생긴다.
④ 피부는 탄력적이고 섬세하다.

해설
건성 피부는 피지 분비 부족으로 인한 수분 소실, 또 그로 인한 피부건조증이 특징이다. 피부의 함유된 수분이 10[%]가 채 되지 않아서 피부탄력이 저하되고 주름이 잘 생기며 피부가 갈라지기도 한다.

04 다음 중 모발에 영향을 주지 않는 화장품은 무엇인가?
① 헤어로션
② 헤어에센스
③ 헤어토닉
④ 헤어포마드

해설
헤어토닉은 두피 기능을 정상화시키고 두피의 혈액순환을 양호하게 하는 작용을 할 뿐 아니라 비듬 및 가려움 방지 효과 및 처방에 따라서는 탈모 방지의 효능도 있다.

05 HLB 값은 W/O에 대하여 얼마의 지수를 나타내는가?
① 1~3
② 3~6
③ 13~16
④ 16~20

해설
HLB 값(Hydrophile-Lipophile Balance, 친수성-친유성 밸런스)이란 1949년과 1954년 윌리엄 그리핀이 처음 만든 값으로 계면활성제의 친수성 및 친유성 정도를 나타내는 척도이다.
- 10 이하 : 지용성(소수성)
- 10 이상 : 수용성(지질 불용성)
- 1~3 : 소포제
- 3~6 : 유중수적형 유화제
- 7~9 : 습윤 및 확산제
- 8~16 : 수중유적형 유화제
- 13~16 : 세정제
- 16~18 : 가용화제 혹은 향수성 물

정답 01 ② 02 ③ 03 ① 04 ③ 05 ②

06 남자머리에서 커머셜 헤어스타일은 어떤 의미를 가지는가?
① 차분한 펌스타일
② 화려한 상업적 스타일
③ 고전적 스타일
④ 전통스타일

> 해설
> 커머셜 헤어스타일은 상업적인 파티, 경조사, 결혼식 등에서 화려하게 하는 스타일을 의미한다.

07 다음 중 가발을 세정하는 방법이 올바른 것은?
① 100[℃]의 샴푸물에 담구어 모발을 소독한다.
② 브러시를 이용하여 세게 빗질을 하여 세척한다.
③ 벤젠이나 알코올에 6시간 이상 담근다.
④ 샴푸를 푼 미지근한 물에 가볍게 흔들어준다.

> 해설
> 가발은 샴푸를 푼 미지근한 물에 가볍게 흔들어준 다음 형이 틀어지지 않도록 수건 위에 가발을 놓고 손바닥으로 눌러 물기를 제거한 후 전용 틀에서 자연 건조한다.

08 다음 보기 중 다른 것은?
① 케라틴　② 기질
③ 엘라스틴　④ 콜라겐

> 해설
> 진피를 구성하는 세포에는 무코다당류인 기질과 탄력섬유인 엘라스틴, 교원섬유인 콜라겐을 가지고 있다.

09 피부의 표피에서 기저층에 존재하지 않는 것은?
① 각질형성세포
② 기질세포
③ 멜라닌생성세포
④ 랑게르한스세포

> 해설
> 기질세포는 진피의 결합섬유와 세포 사이를 채우고 있는 물질이므로 표피가 아닌 진피에 존재한다.

10 혐기성균의 화학적 소독법으로 가장 적합한 것은?
① 석탄산(Phenol) : 단백질 응고, 용해작용 또는 효소작용
② 알코올법 : 70[%] 에탄올
③ 염소화합물법 : 활성산소의 산화, 차아염소산나트륨(NaOCl)
④ 요오드화합물법 : 높은 침투성 및 살균력

> 해설
> 차아염소산나트륨은 활성산소에 의하여 혐기성균을 소독한다.

11 이용원의 적정한 실내 습도는?
① 20~40[%]　② 30~50[%]
③ 40~60[%]　④ 50~70[%]

> 해설
> 상업공간의 적정한 실내 습도는 40~60[%]이다.

정답　06 ②　07 ④　08 ①　09 ②　10 ③　11 ③

12 염소 소독의 장점이 아닌 것은?

① 소독력이 강하다.
② 냄새가 없다.
③ 잔류효과가 우수하다.
④ 조작이 쉽고 저렴하다.

해설
▶ 염소 소독의 단점
• 냄새가 있다.
• 염소의 독성이 있다.
• 바이러스는 죽이지 못한다.
• THM(트리할로메탄, 발암물질)이 생성된다.

13 단발령을 실시한 해와 달은?

① 1881년 11월   ② 1891년 8월
③ 1895년 11월   ④ 1894년 5월

해설
단발령은 김홍집 내각이 고종 32년인 1895년 11월 15일에 공포한, 성년 남자의 상투를 자르고 서양식 머리를 하라는 내용의 고종의 칙령이다.

14 건강한 손톱의 조건이 아닌 것은?

① 손톱의 색이 노란색이어야 한다.
② 손톱 표면이 매끄럽고 광택이 난다.
③ 세균의 감염이나 상처가 없어야 한다.
④ 네일베드가 단단하게 붙어 있어야 한다.

해설
손톱 표면이 반투명한 핑크빛을 띠고 있어야 한다.

15 블런트 커트를 할 경우에 사용하는 도구로 맞는 것은?

① 틴닝가위   ② 트리머
③ 장가위   ④ 레이저

해설
블런트 커트는 장가위를 이용하여 모발을 뭉툭하고 일직선상으로 커트하는 기법이다.

16 다음 중 고타법에 속하지 않는 것은?

① 비팅   ② 해킹
③ 처킹   ④ 태핑

해설
처킹은 유연법으로 피부를 상하로 움직이는 동작이다.

17 니코틴산과 관련된 비타민은 무엇인가?

① B_1 ② B_2
③ B_3 ④ B_5

해설
니아신아마이드로도 알려진 니코틴아마이드는 식품에서 발견되며, 식이 보충제 및 약물로 사용되는 비타민 B_3의 한 형태이다.

18 다음 중 현대사회에서 가장 높은 사망 원인은?

① 폐렴   ② 암
③ 동맥경화   ④ 당뇨병

해설
현대사회에서 가장 높은 3대 사망 원인은 악성신생물(암), 심장질환, 폐렴이 전체의 43.1[%]이며, 그중 1위는 암(악성신생물)이다.

정답 12 ② 13 ③ 14 ① 15 ③ 16 ③ 17 ③ 18 ②

19 사인보드가 처음으로 사용되었던 용도는 무엇인가?

① 고대 이집트의 이용소
② 미국의 외과병원
③ 프랑스의 병원 간판
④ 일본의 병원 간판

해설
이용원의 사인보드가 최초로 쓰이기 시작한 용도는 프랑스의 외과병원 간판이었다.

20 마셀 그라또우가 처음 개발한 것으로 알맞은 것은?

① 가위　　　　② 클리퍼
③ 전기 아이론　④ 전기 면도기

해설
1875년 프랑스에서 마셀 아이론을 처음 개발하고 그것을 이용한 마셀 웨이브를 창시하였다.

21 결절열모증에 대한 설명으로 옳은 것은?

① 두피에 피지가 과다하여 생기는 현상이다.
② 모발의 수분량과는 관계가 없다.
③ 과도한 드라이어 사용이 원인 중 하나이다.
④ 세발 후 머리는 최대한 자연 건조하는 것이 좋다.

해설
결절열모증이란 모발 끝이 손상되어 갈라지는 것으로, 과도한 드라이어 사용이 원인 중 하나로 작용할 수 있다.

22 둥근형 얼굴에 맞는 조발 방법은?

① 어떻게 조발하여도 상관없다.
② 측면의 모발량을 늘린다.
③ 두정부의 모발량을 늘리고 측면의 모발량을 감소시킨다.
④ 전체적으로 숱을 감소시킨다.

해설
둥근형 얼굴의 경우 두정부의 모발량을 늘리고 측면의 모발량을 감소시키는 조발 방법이 좋다.

23 청문을 실시하는 사항이 아닌 것은?

① 영업정지
② 영업소 폐쇄
③ 시설물 사용중지
④ 개선명령

해설
영업정지명령, 일부 시설의 사용중지명령 또는 영업소 폐쇄명령의 처분을 하려면 청문을 하여야 한다.

24 다음 중 이·미용사의 면허를 받을 수 없는 자는?

① 미성년자　　② 전과자
③ 마약중독자　④ 신용불량자

해설
▶ 결격사유(「공중위생관리법」 제6조 제2항)
1. 피성년후견인
2. 「정신건강증진 및 정신질환자 복지서비스 지원에 관한 법률」 제3조 제1호에 따른 정신질환자(전문의가 이용사 또는 미용사로서 적합하다고 인정하는 사람은 제외)
3. 공중의 위생에 영향을 미칠 수 있는 감염병 환자로서 보건복지부령이 정하는 자(비감염성인 경우는 제외)
4. 마약 기타 대통령령으로 정하는 약물중독자(대마 또는 향정신성 의약품의 중독자)
5. 「공중위생관리법」 제7조 제1항 제2호, 제4호, 제6호 또는 제7호의 사유로 면허가 취소된 후 1년이 경과되지 않은 자

정답 19 ③　20 ③　21 ③　22 ③　23 ④　24 ③

25 고산병이 발생할 수 있는 직업은?
① 광부
② 페인트공
③ 잠수부
④ 비행기조종사

해설
높은 고도의 산을 등반하거나 비행하는 등산가나 조종사의 경우 저기압에 의한 고산병이 발생할 수 있다.

26 영업소 외의 장소에서 이·미용 업무가 가능한 경우가 아닌 것은?
① 혼례 및 기타 의식에 참여하는 자에 대하여
② 사회복지시설에서의 봉사활동
③ 방송 등 촬영에 임하는 사람에 대하여
④ 간곡한 부탁이 있을 시

해설
혼례 및 기타 의식에 참여하거나 방송 등 촬영에 임하는 자에 대하여 또는 사회복지시설에서의 봉사활동 등의 경우에는 영업소 외의 장소에서 이·미용 업무가 가능하다.

27 리케차의 특징으로 옳은 것은?
① 미생물 중에서 크기가 가장 작다.
② 백선, 무좀 등을 발생시킨다.
③ 홍역, 폴리오 등의 병원체이다.
④ 발진티푸스, 발진열, 쯔쯔가무시증 등의 병원체이다.

해설
리케차는 세균과 바이러스의 중간에 속하는 미생물이며, 발진티푸스, 발진열, 쯔쯔가무시증 등의 병원체이다.

28 혐기성균의 종류로 알맞은 것은?
① 보툴리누스균
② 디프테리아균
③ 백일해균
④ 결핵균

해설
혐기성균은 산소가 있을 경우 증식하지 않는 균이다. 디프테리아균, 백일해균, 결핵균 등은 산소가 있을 경우 증식하는 호기성균이다.

29 가위의 종류와 그 쓰임새가 올바르게 짝지어지지 않은 것은?
① 커팅가위 : 두발을 자르는 일반적인 가위
② 틴닝가위 : 모발 길이는 자르지 않고 숱을 감소시키기 위해 사용하는 가위
③ 전강가위 : 날 일부가 특수강으로 만들어진 가위
④ 착강가위 : 날 부분과 협신부가 서로 다른 재질로 접합시켜 만들어진 가위

해설
선강가위란 가위의 날 전체가 특수강으로 만들어진 가위를 일컫는 말이다.

30 정발 시 제일 먼저 작업하는 곳은?
① 가르마
② 전두부
③ 측두부
④ 후두부

해설
정발 시 가장 먼저 작업해야 하는 곳은 가르마이다.

31 블로 드라이 후 스프레이를 분사하는 목적은?
① 헤어스타일의 유지력을 높이기 위해
② 머릿결을 찰랑거리게 하기 위해
③ 모발의 양을 많아 보이게 하기 위해
④ 모발을 가볍게 만들기 위해

해설
블로 드라이 후 스프레이를 분사하는 이유는 헤어스타일의 유지력을 높이기 위해서이다.

정답 25 ④ 26 ④ 27 ④ 28 ① 29 ③ 30 ① 31 ①

32 소독한 기구와 소독하지 아니한 기구를 분리하지 않은 때의 1차 위반 시 행정처분은?

① 경고
② 영업정지 1월
③ 영업정지 2월
④ 영업정지 3월

> **해설**
> 소독한 기구와 소독하지 아니한 기구를 분리하지 않은 경우 1차 경고조치가 내려질 수 있다.

33 장발형의 고객을 단발형으로 조발할 경우 우선적으로 해야 하는 것은?

① 떠내깎기
② 지간잡기
③ 싱글링
④ 수정깎기

> **해설**
> 장발형의 고객을 단발형으로 조발하기 위해선 먼저 지간잡기를 실시하여야 한다.

34 모발에 영양을 주지 않는 것은?

① 헤어로션
② 헤어에센스
③ 트리트먼트
④ 헤어토닉

> **해설**
> 헤어토닉은 두피에 영양을 주는 제품이다.

35 피부 감각의 분포도가 가장 적은 것은?

① 통각
② 촉각
③ 냉각
④ 온각

> **해설**
> 통각 > 촉각 > 냉각 > 온각

36 태양광의 60[%]를 차지하는 것은?

① 적외선
② 자외선
③ 가시광선
④ 감마선

> **해설**
> 태양광의 60[%]를 차지하는 것은 적외선이다.

37 이·미용사의 면허가 취소된 자가 계속해서 영업을 할 경우의 처벌기준은?

① 1년 이하의 징역 또는 1,000만 원 이하의 벌금
② 6월 이하의 징역 또는 500만 원 이하의 벌금
③ 500만 원 이하의 벌금
④ 300만 원 이하의 벌금

> **해설**
> 면허의 취소 또는 정지 중에 이·미용업을 한 자는 300만 원 이하의 벌금에 처한다.

38 화장품의 4대 기능이 아닌 것은?

① 안전성
② 안정성
③ 진정성
④ 유용성

> **해설**
> 화장품의 4대 기능은 안전성, 안정성, 사용성, 유용성이다.

39 시트러스 계열 향수의 원액 추출법으로 옳은 것은?

① 증류법
② 압착법
③ 용매 추출법
④ 냉침법

> **해설**
> 시트러스(감귤류) 계열 향수의 원액을 추출할 경우에는 압착법을 사용하는 것이 가장 좋다.

정답 32 ① 33 ② 34 ④ 35 ④ 36 ① 37 ④ 38 ③ 39 ②

40 이용사가 지켜야 할 사항이 아닌 것은?

① 항상 친절하고, 구상 위생 등에 철저해야 한다.
② 손님의 의견과 심리를 존중한다.
③ 이용사 본인의 건강에 유의하면서 감염병 등에 주의한다.
④ 이용 도구는 특별한 경우에만 소독을 한다.

해설
이용 도구는 감염 등의 예방을 위해 가능한 자주 소독을 해주는 것이 좋으며, 소독한 기구와 소독하시 않은 기구는 따로 보관하여야 한다.

41 조발용 가위에 대한 설명 중 틀린 것은?

① 날의 견고함이 양쪽 골고루 같아야 한다.
② 시술 시 떨어지지 않도록 손가락을 넣는 구멍이 작아야 한다.
③ 날의 두께가 얇고 허리 부분이 강한 것이 좋다.
④ 잠금 나사가 느슨하지 않아야 한다.

해설
조발용 가위에서 손가락을 넣는 구멍은 모두에게 잘 맞을 수 있도록 너무 크거나 작지 않은 적합한 크기로 제작되어야 한다.

42 탈색제가 모발에 끼치는 영향으로 맞지 않는 것은?

① 멜라닌 색소를 빼준다.
② 머릿결이 나빠지지 않는다.
③ 모발의 굵기가 얇아진다.
④ 큐티클이 손상된다.

해설
모발에 탈색제를 도포할 경우 모발의 멜라닌 색소가 파괴되는 과정에서 머리카락이 얇아지고 머릿결과 큐티클이 손상된다.

43 다음 중 자연능동면역으로 감염되어야만 획득하게 되는 면역은?

① 디프테리아 ② B형간염
③ 장티푸스   ④ 홍역

해설
자연능동면역은 자연적으로 감염이 된 후에 면역을 획득하는 것으로 수두, 홍역, 볼거리 등이 이에 해당한다.

44 피부에 나타나는 증상 중 하나인 주사와 관련이 없는 것은?

① 보통 30~50세의 사람들에게 나타난다.
② 작은 뾰루지의 원인이 될 수 있다.
③ 항생제를 피부에 도포하여 치료할 수 있다.
④ 피부에 핏기가 사리져 피부색이 잿빛이 된다.

해설
주사의 증상에는 얼굴 피부가 붉어지거나 볼과 코에 작은 뾰루지가 나며, 주로 30~50세에게 나타난다. 항생제를 피부에 도포하거나 경구약을 복용하여 치료가 가능하다.

45 세발 시 적당한 물의 온도는?

① 44~46[℃] ② 38~40[℃]
③ 34~36[℃] ④ 28~30[℃]

해설
세발 시에는 38~40[℃]의 따뜻한 물로 샴푸하는 것이 좋다.

46 이용업소에서 세안 시 사용하는 물은?

① 석탄산수 ② 수돗물
③ 경수   ④ 연수

해설
일반적으로 세안 시 사용하는 물은 연수이다.

47 전염병 감염자를 발견하였다. 다음 중 법정 감염병 분류 체계에 의거하여 발견 6시간 이내 신고하여야 하는 감염병은?

① 디프테리아 ② 콜레라
③ 파상풍 ④ 장티푸스

> **해설**
> 디프테리아는 제1급 감염병으로 치명률이 높거나 집단 발생의 우려가 커 발생 또는 유행 즉시 신고하여야 하는 감염병이다. 그 외 제2급, 제3급 감염병은 24시간 이내 신고를 원칙으로 한다.

48 염색 시 주의사항으로 옳지 않은 것은?

① 두피까지 염색되지 않도록 한다.
② 패치 테스트를 실시하여 알레르기 반응이 없는지 확인토록 한다.
③ 염색약은 상처 부위에 도포하여도 상관없다.
④ 머리가 젖은 상태에서 염색약을 도포할 경우 염색 효과가 미미할 수 있다.

> **해설**
> 염색약을 상처 부위에 도포할 경우 상처 부위가 덧나거나 감염 등의 문제가 발생할 수 있다.

49 결핍 시 얼굴에 회색빛이 돌고 괴혈병이 발생하는 영양소는?

① 비타민 A ② 비타민 D
③ 비타민 C ④ 비타민 K

> **해설**
> 체내 비타민 C가 부족할 경우 괴혈병이 발생할 수 있다.

50 팩의 목적이 아닌 것은?

① 노폐물의 제거와 피부 정돈
② 영양과 수분 공급
③ 혈액순환 및 신진대사 촉진
④ 각종 피부질환의 치료와 개선

> **해설**
> 팩의 목적은 피부를 깨끗하게 관리하고자 함에 있다. 이미 발생한 질환에 대해 치료를 하는 것은 아니다.

51 소지걸이와 엄지환 명칭이 있는 도구는?

① 빗 ② 클리퍼
③ 가위 ④ 아이론

> **해설**
> 가위의 부위 중 엄지손가락을 끼워 넣을 수 있는 구멍을 엄지환, 새끼손가락을 걸 수 있는 받침대를 소지걸이라 일컫는다.

52 2 : 8 가르마에 어울리는 얼굴형은?

① 둥근 얼굴형 ② 긴 얼굴형
③ 각진 얼굴형 ④ 역삼각형 얼굴형

> **해설**
> 2 : 8 가르마에 어울리는 얼굴형은 긴 얼굴형이다.

53 패치 테스트 후 알레르기 반응이 있을 경우 대처해야 하는 방법은?

① 약간의 알레르기 반응은 상관없다.
② 염색을 중단한다.
③ 양을 반으로 줄여서 사용한다.
④ 트리트먼트를 섞어서 사용한다.

> **해설**
> 패치 테스트 후 알레르기 반응이 있을 경우 염색을 중단하는 것이 좋다.

정답 47 ① 48 ③ 49 ③ 50 ④ 51 ③ 52 ② 53 ②

54 가발을 보관하는 장소로 적합한 곳은?
① 어둡고 서늘한 곳
② 직사광선이 풍부한 곳
③ 덥고 습한 곳
④ 따뜻하고 환기가 안 되는 곳

해설
가발은 햇빛이 들지 않는 어둡고 서늘한 곳에 보관하는 것이 좋다.

55 감각 온도의 세 가지 요소가 아닌 것은?
① 기온 ② 기류
③ 기습 ④ 기압

해설
감각 온도의 세 가지 온도는 기온, 기류, 기습이다.

56 이용사의 기본적인 기술이 아닌 것은?
① 정발 ② 세발
③ 면도 ④ 문신

해설
이용업소에서 문신 시술을 하는 것은 불법이다.

57 미생물의 크기는 약 몇 [mm]인가?
① 0.01[mm] ② 0.1[mm]
③ 1[mm] ④ 10[mm]

해설
미생물의 크기는 약 0.1[mm] 이하이다.

58 유아의 머리를 조발할 때 어느 부분부터 조발하는가?
① 성인조발과 순서가 같다.
② 우측두부에서 좌측으로 자른다.
③ 좌측두부에서 후두부로 자른다.
④ 움직이는 동작에 따라 자른다.

해설
유아의 머리를 조발할 때는 유아의 움직임에 따라 맞춰가는 것이 좋다.

59 정중선에 위치한 부위를 목 부분부터 나열한 것은?
① N.P – B.P – G.P – T.P – C.P
② B.P – C.P – N.P – G.P – T.P
③ C.P – T.P – G.P – N.P – B.P
④ N.P – G.P – B.P – C.P – T.P

해설
N.P – B.P – G.P – T.P – C.P의 순서이다.

60 이용사가 손질할 수 있는 것을 모두 모은 것은?
① 머리카락, 얼굴, 손톱, 발톱
② 머리카락, 수염, 손, 발
③ 머리카락, 얼굴 피부, 수염
④ 머리카락, 속눈썹, 눈썹

해설
이용사가 손질할 수 있는 부위는 손님의 머리카락과 피부, 수염 등이다.

정답 54 ① 55 ④ 56 ④ 57 ② 58 ④ 59 ① 60 ③

이용사 12 — 2023년 4회 기출복원문제

01 현대이용의 사인보드는 바버샵을 의미하는데, 1616년 이전의 의미는 무엇인가?
① 외과병원 ② 종합병원
③ 바버샵 ④ 장바버

해설
삼색등은 중세 시대에는 외과의 상징이었다. 빨간색과 파란색은 동맥과 정맥을, 흰색은 붕대를 의미한다.

02 조발가위 중 R-커브가위의 특징으로 맞는 것은?
① 블런트커트 시에 사용한다.
② 포인트커트 시에 사용한다.
③ 굴곡이 심한 구간을 커트할 때 사용한다.
④ 평평한 구간의 싱글링 시에 사용한다.

해설
R-커브가위는 굴곡이 심한 부위를 커트하고자 할 때 사용한다.

03 많은 양의 머리카락을 자르고자 할 때 사용하기 좋은 도구는?
① 장가위 ② 틴닝가위
③ 클리퍼 ④ 레이져

해설
많은 양의 모발을 한 번에 자르고자 할 때에는 클리퍼로 작업하는 것이 좋다.

04 좋은 샴푸제의 특징이 아닌 것은?
① 크림타입으로 거품이 많은 것
② 천연향의 좋은 냄새가 나는 것
③ 모발의 유분을 전부 제거할 수 있는 것
④ 두피의 비듬과 각질을 제거하는 세정력이 좋은 것

해설
좋은 샴푸제는 두피 및 모발의 지나친 탈지 현상을 억제하고 적당한 세정력을 갖추어야 한다.

05 헤어커트 시 제비초리의 커트 방법은?
① 고객의 머리를 좌, 우로 돌리게 한 후 조발한다.
② 고객의 머리를 숙이게 한 후 조발한다.
③ 고객의 머리를 뒤로 제친 후 조발한다.
④ 고객의 머리를 똑바로 세우게 한 후 조발한다.

해설
제비초리의 커트 방법은 고객의 머리를 좌·우로 돌리게 한 후 조발한다.

06 면도시에 얼굴 부위 중 면도기 잡는 방법이 틀린 것은?
① 오른쪽 볼 – 프리 핸드
② 왼쪽 볼 – 푸시 핸드
③ 이마 – 프리 핸드
④ 아래턱 – 백 핸드

해설
아래턱은 푸시 핸드 혹은 프리 핸드의 방법이 좋다.

정답 01 ① 02 ③ 03 ③ 04 ③ 05 ① 06 ④

07 둥근 얼굴형은 어떤 가르마가 어울리는가?
① 2 : 8 가르마 ② 3 : 7 가르마
③ 6 : 4 가르마 ④ 5 : 5 가르마

해설
안구를 중심으로 가르마를 나눈 3:7 가르마는 둥근형에 어울린다.

08 다음의 피부 중 한선이 존재하지 않는 곳은?
① 손·발바닥 ② 겨드랑이
③ 이마 ④ 아랫입술

해설
한선은 땀샘을 말하며, 특히 손바닥, 발바닥, 겨드랑이, 이마에 많다.

09 다음의 결핍시 빈혈, 기미가 생기는 비타민은?
① 비타민 A ② 비타민 B
③ 비타민 C ④ 비타민 D

해설
비타민 C가 결핍되면 괴혈병, 빈혈, 기미가 생긴다.

10 다음 중 원발진의 종류가 아닌 것은?
① 농포 ② 구진
③ 반점 ④ 인설

해설
▶ 원발진 : 농포, 구진, 반점, 팽진, 수포, 종양, 결절
(농구반 팽수가 종결했다~)

11 다음 중 기능성 화장품의 종류가 아닌 것은?
① 셀프 태닝 제품
② 알부틴 성분의 미백제품
③ 레티놀 성분의 주름개선 화장품
④ 콜라겐 성분의 탄력 크림

해설
기능성 화장품의 종류는 주름, 미백, 자외선 차단제(태닝제 포함)이다.

12 건조한 상태에서 오랫동안 가장 잘 견디는 것은?
① 페스트 ② 장티푸스
③ 결핵균 ④ 백일해

해설
건조한 환경에서 강한 균은 아포균, 결핵균이 있다.

13 다음 중 소독의 의미로 맞는 것은?
① 소독 – 병원성 미생물의 성장을 제어 또는 정지시킨다.
② 방부 – 인체에 유해한 미생물을 파괴하고 제거하여 감염력을 없앤다.
③ 멸균 – 병원성 및 비병원성 미생물과 포자를 가진 것 모두를 사멸, 제거하는 것이다.
④ 멸균 – 살아있는 미생물을 여러 형태의 물리적, 화학적 작용을 통해 사멸시키는 것이다.

해설
- **방부** : 병원성 미생물의 성장을 제어 또는 정지시킨다.
- **소독** : 인체에 유해한 미생물을 파괴하고 제거하여 감염력을 없앤다.
- **멸균** : 병원성 및 비병원성 미생물과 포자를 가진 것 모두를 사멸, 제거하는 것이다.
- **살균** : 살아있는 미생물을 여러 형태의 물리적, 화학적 작용을 통해 사멸시키는 것이다.

정답 07 ② 08 ④ 09 ③ 10 ④ 11 ① 12 ③ 13 ③

14 다음 중 석탄산 소독제의 소독 대상물로 맞는 것은?

① 주사바늘, 메스실린더
② 금속제품, 고무제품
③ 피부, 기구제품
④ 오물, 배설물

> **해설**
> 석탄산의 소독 대상물 : 실험대, 용기, 오물, 배설물, 토사물, 방역용 소독제로 균체 단백의 응고작용을 한다.

15 국가 간이나 지역사회의 보건수준 평가의 3대 지표가 아닌 것은?

① 영아사망률   ② 비례사망지수
③ 조사망률   ④ 평균수명

> **해설**
> 조사망률 : WHO에서 규정하는 3대 지표로 나라의 인구 1000명당 1년간의 사망자 수

16 우리나라의 세계보건기구(WHO) 태평양지역사무국으로 가입한 연도는?

① 1895년   ② 1949년
③ 1948년   ④ 1965년

> **해설**
> 대한민국은 WHO 태평양지역사무국 소속으로 1949년 65번째로 가입하였다.

17 감염병의 분류와 감염병이 잘못 연결된 것은?

① 제1급 감염병 - 에볼라바이러스병
② 제1급 감염병 - 원숭이두창
③ 제2급 감염병 - 코로나바이러스-19
④ 제2급 감염병 - 결핵

> **해설**
> 원숭이두창과 천연두는 오르토폭스바이러스라는 바이러스군의 일부이다. 이는 수두-대상포진 바이러스로 인해 발생하는 법정 감염병 제2급에 속한다.

18 자연독의 분류 중 식물성 식중독의 분류가 아닌 것은?

① 에르고톡신 - 맥각
② 솔라닌 - 감자
③ 무스카린 - 버섯
④ 데트로도톡신 - 살구씨

> **해설**
> • 식물성 자연독 : 솔라닌(감자), 에르고톡신(맥각), 무스카린(버섯), 아미그달린(살구씨, 덜 익은 매실), 리신(피마자)
> • 동물성 식중독 : 데트로도톡신(복어), 베네루핀(모시조개), 고니오톡신(섭조개, 검은 조개)

19 표피의 세포 중 항원(면역) 기능을 담당하는 세포는 무엇인가?

① 멜라닌세포   ② 랑게르한스세포
③ 각질형성세포   ④ 머켈세포

> **해설**
> 랑게르한스세포는 피부의 세포 중 가장 강력한 항원 전달 세포이다.

20 청문을 실시하는 사항이 아닌 것은?

① 벌금부과
② 면허정지
③ 일부시설의 사용중지명령
④ 영업소 폐쇄명령

> **해설**
> 청문사유 : 면허취소, 면허정지, 영업소 폐쇄명령, 영업소 시설의 사용중지

정답 14 ④ 15 ③ 16 ② 17 ② 18 ④ 19 ② 20 ①

이용사·이용장

21 이·미용사의 면허를 받을 수 있는 자는?
① 금치산자　② 미성년자
③ 결핵환자　④ 마약환자

> **해설**
> • 금치산자(피성년후견인) : 치매환자, 혼수상태에 있는 사람, 정신장애가 심한 사람
> • 한정치산자 : 종교에 재산을 마구 기부하는 자, 극도의 낭비벽이 심한 자, 도박 중독 등으로 가정 경제 파탄자, 정신장애인, 지적장애인

22 인구의 형태 중 종형에 대한 사항이 맞는 것은?
① 농촌형 - 생산연령층의 인구가 감소하는 인구 유출형
② 후진국형 - 출생률이 높고 사망률이 낮은 인구 증가형
③ 인구정지형 - 저출산, 저사망률로 인구 증가가 정지되는 형
④ 도시형 - 생산연령층이 모여드는 인구유입형

> **해설**
> • 피라미드형 : 후진국형　• 인구정지형 : 종형
> • 표주박형 : 농촌형　• 별형 : 도시형
> • 항아리형 : 선진국형

23 정중선을 목부터 전두부까지 연결했을 때 맞는 것은?
① C·P - T·P - G·P - B·P – N·P
② N·P - B·P - G·P - T·P - C·P
③ S·P - E·P - B·P - E·P - S·P
④ N·P - B·P - E·P - T·P - C·P

> **해설**
> 네이프 포인트 - 백 포인트 - 골든 포인트 - 탑 포인트 - 센터 포인트

24 이용실의 조명으로 가장 적합한 것은?
① 좌측 상방향에서 빛을 비춘다.
② 부분적으로 포인트되는 곳을 비춘다.
③ 조명이 직접적으로 들게 한다.
④ 눈의 보호를 위하여 간접적으로 들게 한다.

> **해설**
> 간접조명은 고객에게 편안함과 안락함을 주며 눈의 피로를 줄여준다.

25 각화가 심한 중심핵을 지니고 있으며 통증이 있는 피부질환은?
① 굳은살　② 켈로이드
③ 티눈　④ 욕창

> **해설**
> 티눈은 원뿔 형태의 국한성 각질 비후증이다. 통증이 있거나 압박이 가해질 때 아플 수 있다.

26 다음의 물질 중 연관성이 없는 다른 물질은?
① 나이아신아마이드
② 레조시놀
③ 하이드록시데센산
④ 알부틴

> **해설**
> • 나이아신아마이드 : 멜라닌 생성을 억제
> • 레조시놀 : 티로시나아제를 억제하여 멜라닌 합성을 억제
> • 하이드록시데센산 : 로열젤리에 포함된 불포화지방산
> • 알부틴 : 멜라닌 생성을 억제

정답 21 ②　22 ③　23 ②　24 ④　25 ③　26 ③

27 다음 조발 중 샤기 커트의 특징이 맞는 것은?

① 층이 없는 무거운 형태의 커트이다.
② 90°의 레이어 형태의 커트이다.
③ 45°의 볼륨을 표현하는 커트이다.
④ 깃털같이 층이 많은 가벼운 형태이다.

> **해설**
> Shaggy : 털투성이, 보풀이 일어난 깃털같이 가벼운 형태의 커트이다.

28 면허증의 갱신 대상이 아닌 것은?

① 면허증을 잃어버린 때
② 면허증이 헐어서 못쓰게 된 때
③ 면허증의 기재사항에 변경이 있을 때
④ 면허증의 사진을 바꾸고자 할 때

> **해설**
> 면허증의 갱신 대상은 면허증을 잃어버린 때, 면허증이 헐어서 못쓰게 된 때, 면허증의 기재사항에 변경이 있을 때이다.

29 두발이 갈라지고 피부가 건조하며 부스럼이 생길 때 보충할 수 있는 비타민은?

① 비타민 A   ② 비타민 B
③ 비타민 C   ④ 비타민 D

> **해설**
> 비타민 A는 우리 몸을 보호하는 역할을 하여 겉으로는 피부 재생을 촉진하고, 내부로는 기관지, 폐, 위, 장 등의 점막을 튼튼하게 유지해준다.

30 생명표란 특정 개체군의 (a)와 (b)를 연령 구간별로 나타낸 것이다. 다음 빈칸에 들어갈 말로 알맞게 짝지어진 것은?

① a - 기대수명, b - 평균수명
② a - 사망률, b - 출생률
③ a - 기대수명, b - 사망수
④ a - 영아사망률, b - 조사망률

> **해설**
> 생명표는 한 개체군 내의 사망률과 출생률의 연령계급별 개체수를 쉽게 알아볼 수 있도록 꾸민 표이다.

31 B림프구라고도 하며, 백혈구의 일종인 B세포는 무엇을 만드는 세포인가?

① 항산화물질
② 항체(면역글로불린)
③ 아미노산
④ 포도당

> **해설**
> 림프구 중 항체를 생산하는 세포이다. 면역 반응에서 외부로부터 침입하는 항원에 대항하여 항체를 만들어낸다.

32 하루 1600[kcal]를 소비하는 성인이 몸무게 1[kg]당 소비하는 하루 칼로리는 얼마인가?

① 약 55[kcal]   ② 약 25[kcal]
③ 약 90[kcal]   ④ 약 15[kcal]

> **해설**
> 보통 가벼운 활동을 하는 사람은 표준체중[kg]에 25~30 칼로리[kcal]를 곱하여 하루 필요량을 산정하고 있다.

정답 27 ④ 28 ④ 29 ① 30 ② 31 ② 32 ②

33 다음 헤어스타일 중 장발형 솔리드의 형태가 아닌 것은?
① 이사도라　② 스파니엘
③ 원랭스　　④ 레이어드

해설
이사도라, 스파니엘, 원랭스는 단발형의 헤어스타일이다.

34 다음 중 멜라닌 색소에 의한 질환과 관계없는 것은 무엇인가?
① 기미　　② 오타모반
③ 몽고반점　④ 검버섯

해설
몽고반점은 아기의 진피 내의 색소세포의 침착에 의해 푸른색으로 나타나는 청색모반으로 생후 4~5살 이후 점차 사라진다.

35 태양광선 중 일광소독에 관여하는 광선은 무엇인가?
① 자외선　② 적외선
③ 가시광선　④ 감마선

해설
자외선은 화학선, 도르노선이라고 하며 태양광선 중 가장 강력한 살균작용을 하는 천연소독 방법이다.

36 일반적인 금속성 염모제의 염색시간으로 맞는 것은?
① 1~3분　　② 7~15분
③ 25분~30분　④ 30분~40분

해설
일반적인 금속성 염모제의 염색시간은 10분 내외이다.

37 화장품법에서 말하는 정의가 아닌 것은?
① 인체의 청결, 보호, 미화를 목적으로 한다.
② 매력을 더하고 용모를 변화시킨다.
③ 인체에 대한 작용이 확실한 것이다.
④ 피부, 모발의 건강 유지 또는 증진을 위한 물품이다.

해설
인체의 청결, 보호, 미화를 목적으로 매력을 더하고 용모를 변화시키거나 피부, 모발의 건강 유지 또는 증진을 위한 물품으로 인체에 대한 작용이 경미한 것이다.

38 가위소독으로 알맞은 것은?
① 승홍수　② 머큐로크롬
③ 에탄올　④ E·O 소독

해설
금속제품의 소독으로는 자비 소독, 증기 소독, 자외선, 에탄올 등이 있다.

39 과산화수소의 작용으로 틀린 것은?
① 표백작용을 한다.　② 탈취작용을 한다.
③ 살균작용을 한다.　④ 탈수작용을 한다.

해설
탈수작용으로는 식염 설탕, 포르말린, 알코올이 있다.

40 클리퍼의 밑날판의 두께가 1분기일 때 몇 [mm]인가?
① 1[mm]　② 2[mm]
③ 5[mm]　④ 8[mm]

해설
• 5리기 : 1[mm]　• 1분기 : 2[mm]
• 2분기 : 5[mm]　• 3분기 : 8[mm]

정답 33 ④　34 ③　35 ①　36 ②　37 ③　38 ③　39 ④　40 ②

41 샴푸시 알맞은 물의 온도는?
① 30[℃] 전후   ② 38[℃] 전후
③ 45[℃] 전후   ④ 50[℃] 전후

해설
38[℃] 전후가 적당하다.

42 아이론의 구조 중 홈이 들어가 있는 부분의 명칭은?
① 프롱로드   ② 그루브
③ 핸들   ④ 회전체

해설
아이론의 홈이 들어간 부분은 그루브이다.

43 화장품의 4대 조건이 아닌 것은?
① 안정성   ② 안전성
③ 사용성   ④ 효과성

해설
화장품의 4대 조건은 안전성, 안정성, 사용성, 유효성이다.

44 피부의 구조 중 엘라스틴이 존재하는 피부층이 맞는 것은?
① 유극층   ② 망상층
③ 과립층   ④ 유두층

해설
엘라스틴은 진피의 유두층에 존재한다.

45 아이론에 대해 설명한 것 중 맞지 않는 것은?
① 일정한 온도의 유지가 가능하다.
② 그루브가 위를 향해 있다.
③ 프롱이 위를 향해 있다.
④ 프롱에서 열을 배출한다.

해설
아이론은 일정한 온도의 유지가 가능하다. 열을 배출하는 곳을 '프롱'이라 하며 프롱을 덮고 있는 굴곡진 부분은 '그루브'라고 일컫는다.

46 탄수화물의 최종분해산물은?
① 아미노산   ② 포도당
③ 전해질   ④ 나트륨

해설
탄수화물의 최종분해산물은 포도당이다.

47 피부의 색소인 멜라닌(melanin)은 어떤 아미노산으로부터 합성되는가?
① 티로신(tyrosine)
② 글리신(glycine)
③ 알라닌(alanine)
④ 글루탐산(glutamic acid)

해설
티로신을 분해하여 멜라닌 색소를 만든다.

48 '커머셜 스타일'이란 무엇을 의미하는가?
① 단정한 스타일   ② 상업적인 스타일
③ 일상적인 스타일 ④ 편한 스타일

해설
커머셜 스타일 : 파티장이나 결혼식 등의 장소에서 행하여지는 상업적인 스타일이다.

정답 41 ② 42 ② 43 ④ 44 ④ 45 ③ 46 ② 47 ① 48 ②

49 영구적인 염모제(Permanent color)의 설명으로 틀린 것은?
① 염모 제1제와 산화 제2제를 혼합하여 사용한다.
② 지속력은 다른 종류의 염모제보다 영구적이다.
③ 백모 커버율은 100[%] 된다.
④ 로우라이트(Low light)만 가능하다.

> **해설**
> 영구적 염모제는 명도에 상관없이 가능하다.

50 태양광선의 약 50[%]를 차지하고 있는 광선은 무엇인가?
① 가시광선 ② 감마선
③ 적외선 ④ 자외선

> **해설**
> 태양광 중에서 자외선 광량은 전체의 약 5[%]에 지나지 않으며 가시광선(약 50[%])과 적외선(약 45[%])이 대부분을 차지하고 있다.

51 메이크업 브러시의 관리법으로 옳지 않은 것은?
① 세척 후 응달에 건조시킨다.
② 브러시는 주기적으로 세척하여 준다.
③ 포르말린수에 소독한다.
④ 너무 힘을 주어 세척할 경우 모가 손상될 수 있다.

> **해설**
> 포르말린은 피부에 대한 자극성과 냄새 때문에 기구 및 실내 소독용으로 쓰인다.

52 3[%]의 크레졸 수용액 1500[mL]를 만들 때 들어가는 물과 크레졸의 양은 각각 얼마인가?
① 1440[mL], 60[mL] ② 1445[ml], 55[mL]
③ 1450[mL], 50[mL] ④ 1455[ml], 45[mL]

> **해설**
> 1500÷100×3=45이므로 총 크레졸의 양은 45[ml]이다.

53 다음 중 가발의 종류로 옳지 않은 것은?
① 네이프 ② 폴
③ 위글렛 ④ 레프트

> **해설**
> 네이프 : 목 뒤 라인을 뜻하는 용어이다.

54 훈증 소독법으로도 사용할 수 있는 약품인 것은?
① 포르말린 ② 과산화수소
③ 염산 ④ 나프탈렌

> **해설**
> 포르말린을 훈증 소독에 사용하는 방법은 파라포르말린을 태워서 훈증가스를 발생시켜 소독하는 방법으로서 밀폐상태에서 7~24시간 동안 처리하여야 소독 효과가 난다.

55 석탄산의 소독작용과 관계가 가장 먼 것은?
① 균체 단백질 응고작용
② 균체 효소의 불활성화 작용
③ 균체의 삼투압 변화작용
④ 균체의 가수분해작용

> **해설**
> 가수분해(hydrolysis)는 특정 결합에 물을 끼워 넣어서 쪼개는 화학반응이다.

정답 49 ④ 50 ① 51 ③ 52 ④ 53 ① 54 ① 55 ④

56 백발화의 촉진 원인이 되는 쇼크와 스트레스를 예방해 주는데 가장 효과가 있는 비타민은?

① 비타민 C
② 비타민 B_1
③ 비타민 D
④ 비타민 F

해설
▶ 비타민 C : 쇼크와 스트레스의 예방에 가장 효과가 좋다.

57 수염의 종류 중 수염의 끝을 꼬아서 위로 올라간 스타일의 수염은 무엇인가?

① 고티(Gostee)
② 친 커튼(Chin curtain)
③ 가리발디(Garibaldi)
④ 카이저(Kaiser Moustache)

해설
- 고티(Gostee) : 염소를 본따 콧수염과 턱수염이 연결되어 입주변을 따라 동그랗게 난 스타일
- 친 커튼(Chin curtain) : 구렛나루에서 턱라인까지 연결되는 에이브러햄 링컨의 수염
- 가리발디(Garibaldi) : 이탈리아 통일을 주도한 주세페 가리발디의 이름에서 따온 수염
- 카이저(Kaiser Moustache) : 독일제국의 카이저 빌헬름 2세의 수염 스타일이라 '카이저'라는 이름이 붙었다. 수염의 끝을 위로 꼬아서 올린 스타일이다.

58 화장품 성분의 표시기준 및 표시방법으로 잘못된 것은?

① 글자의 크기는 5포인트 이상으로 한다.
② 화장품제조에 사용된 함량이 많은 것부터 기재·표시한다.
③ 1퍼센트 이하로 사용된 성분, 착향제는 순서에 맞게 기재한다.
④ 혼합원료는 혼합된 개별 성분의 명칭을 기재·표시한다.

해설
1퍼센트 이하로 사용된 성분, 착향제 또는 착색제는 순서에 상관없이 기재한다.

59 보기를 보고 알맞은 답을 고르시오?

> 어떤 사람이 야외에 10분간 있다가 홍반이 일어났다. 그래서 'SPF 15' 선크림을 발랐다. 이 사람에게 지속되는 선크림의 시간은 어느 정도일까?

① 50분
② 150분
③ 300분
④ 500분

해설
SPF는 자외선 B를 차단하는 지수이며 1당 15분~20분의 유지력을 나타낸다.
(SPF 15 = 20분 × 15 = 300분)

60 다음 중 피부색을 결정하는 요소가 아닌 것은?

① 각질층의 두께
② 멜라닌
③ 티록신
④ 혈관 분포와 혈색소

해설
티록신은 갑상선에서 분비되는 호르몬으로 요오드를 다량 함유하고 있으며 체내에서 세포 호흡 등의 물질대사를 촉진하는 작용을 한다.

정답 56 ① 57 ④ 58 ③ 59 ③ 60 ③

이용사 13 — 2024년 1회 기출복원문제

01 클리퍼를 처음 발명한 나라는?
① 독일　　② 영국
③ 일본　　④ 프랑스

바리캉 마르라는 프랑스의 회사에서 개발한 것이다.

02 우리나라에서 처음으로 국가적 이용사 자격시험이 시행된 연도는?
① 1923년　　② 1933년
③ 1943년　　④ 1953년

우리나라의 이용사 자격시험은 1923년에 시행되었다.

03 이용사의 업무범위가 아닌 것은?
① 수염 다듬기　　② 아이론
③ 모발관리　　　④ 눈썹문신

제14조(업무범위) ①법 제8조제3항에 따른 이용사의 업무범위는 이발·아이론·면도·머리피부 손질·머리카락 염색 및 머리감기로 한다.

04 두상의 분할 라인이 아닌 것을 고르시오.
① 정중선　　② 측중선
③ 수직선　　④ 측두선

수직선은 두상의 명칭에 해당하는 라인이 아니다.

05 가위를 구성하고 있는 구조물의 명칭으로 올바르지 않은 것을 고르시오.
① 정날　　　② 동날
③ 약지걸이　④ 엄지환

정날, 동날, 엄지환, 소지걸이, 바디, 협신부로 명칭한다.

06 클리퍼에 대한 설명으로 맞지 않는 것은?
① 1920년경 일본을 통해 국내로 보급되었다.
② 고정된 밑날과 윗날이 좌우로 교차하면서 모발을 절단시킨다.
③ 몸체, 모터, 배터리, 커트날로 구성된다.
④ 프랑스의 바리캉 마르가 처음 제작하였다.

해설
1890년대 양수기라는 이름으로 우리나라에 클리퍼가 처음 보급되었다.

07 모발 끝의 질감 처리로 인해 가벼운 움직임과 자연스러움을 표현할 수 있지만 모발 끝이 세로로 갈라지는 단점이 있는 시술 도구는?
① 클리퍼　　② 장가위
③ 틴닝가위　④ 레이저

해설
샤기커트는 깃털처럼 가벼움을 표현하는 커트의 형태로 주로 레이저를 사용하여 커트를 하는 도구이지만 머리카락의 단면이 사선으로 잘려지면서 세로로 갈라지는 단점이 있다.

정답　01 ④　02 ①　03 ④　04 ③　05 ③　06 ①　07 ④

08 이발 작업자의 안구에서 유지해야 하는 작업 대상자와의 거리로 가장 올바른 것은?
① 10~20[cm]   ② 25~35[cm]
③ 35~45[cm]   ④ 40~50[cm]

해설
작업자의 안구에서 25~35[cm], 이용사와 이발의자와는 주먹 한 개의 간격을 유지한다.

09 고객의 개성에 맞게 구상한 디자인을 전체적으로 표현하는 것을 무엇이라고 하는가?
① 소재   ② 구상
③ 제작   ④ 보정

해설
제작은 구상한 디자인을 전체적으로 표현하는 단계이다.

10 가위 테크닉의 명칭과 기법이 올바르게 짝지어진 것은?
① 블런트커트 : 커트용 가위를 이용하여 직선으로 커트하는 기법
② 스트로크커트 : 레이저로 모발 끝을 감소시켜 불규칙한 흐름을 연출하는 기법
③ 테이퍼링 : 곡선 날 가위로 테이퍼링 하여 불규칙한 흐름을 연출하는 기법
④ 틴닝 : 커트용 가위로 모발의 양은 변화를 주지 않고 모발의 길이를 줄이는 방법

해설
블런트커트 : 머리 끝 선을 층이 없이 직선으로 뭉툭하게 자르는 기법이다.

11 공중보건학의 의미를 정의 내린 사람의 이름을 고르시오.
① 파스퇴르   ② 스팔란차니
③ 윈슬로우   ④ 히포크라테스

해설
윈슬로우는 공중보건학의 정의를 내린 사람이다.

12 보건행정 중 일반보건행정에 해당하지 않는 보기를 고르시오.
① 질병국   ② 보건국
③ 가정복지국   ④ 위생국

해설
일반보건행정(보건복지부 담당) : 보건국, 가정복지국, 위생국

13 세계보건기구(WHO)가 창설된 연도는?
① 1945년   ② 1946년
③ 1947년   ④ 1948년

해설
WHO는 1948년 스위스 제네바에 본부를 두고 창설되었다.

14 국가 간이나 지역사회의 보건수준을 비교하는 3대 건강지표에 해당하지 않는 것은?
① 고령화지수   ② 평균수명
③ 영아사망률   ④ 비례사망지수

해설
세계보건기구의 3대 건강지표 : 조사망률(보통사망률), 영아사망률, 비례사망지수

정답 08 ②　09 ③　10 ①　11 ③　12 ①　13 ④　14 ①

15 모자보건의 지표가 아닌 것을 고르시오.
① 영아출생률 ② 영아사망률
③ 모성사망비 ④ 모성사망률

> **해설**
> 모자보건의 지표 : 영아사망률, 모성사망률, 모성사망비

16 영유아 사망의 3대 원인이 아닌 것을 고르시오.
① 폐렴 ② 인플루엔자
③ 위병 ④ 장티푸스

> **해설**
> 영유아 사망의 3대 원인 : 폐렴, 장티푸스, 위병

17 인구구성 형태의 특성 중 피라미드형의 특징으로 알맞은 것은?
① 출생률이 높고 사망률이 낮은 형
② 출생률보다 사망률이 높은 형
③ 인구증가형 선진국형
④ 생산연령인구의 전출이 늘어나는 형

> **해설**
> 피라미드형 : 인구증가형 후진국형, 출생률이 높고 사망률이 낮은 형

18 보건지표의 비례사망지수에서 퍼센트(%)로 표시하는 사망자 수의 나이대는 몇 세 이상인가?
① 40세 이상 ② 50세 이상
③ 30세 이상 ④ 60세 이상

> **해설**
> 비례사망지수는 50세 이상 사망자 수의 백분율을 나타낸다.

19 감염병의 3대 요인이 아닌 것은?
① 감염원 ② 감염경로
③ 감염체 ④ 감수성숙주

> **해설**
> 감염병의 3대 요인은 감염원, 감염경로, 감수성숙주(병원체에 반응하는 성질)이다.

20 바이러스의 특징으로 옳은 것을 고르시오.
① 세균과 유사하다.
② 작대기 모양이다.
③ 살아있는 조직세포에서 증식한다.
④ 둥근 모양이다.

> **해설**
> 바이러스는 살아 있는 세포 안에서 기생하며 증식한다.

21 리케차의 특징으로 옳은 것은?
① 미생물 중에서 크기가 가장 작다.
② 백선, 무좀 등을 발생시킨다.
③ 홍역, 폴리오 등의 병원체이다.
④ 발진티푸스, 발진열, 쓰쓰가무시병 등의 병원체이다.

> **해설**
> 리케차는 세균과 바이러스의 중간에 속하는 미생물이며, 발진티푸스, 발진열, 쓰쓰가무시병 등의 병원체이다.

정답 15 ① 16 ② 17 ① 18 ② 19 ③ 20 ③ 21 ④

22 대부분의 병원균이 가장 왕성하게 증식하는 온도는?

① 0~18[℃]   ② 18~28[℃]
③ 28~38[℃]   ④ 38~48[℃]

해설
병원균의 왕성한 증식 온도는 28~38[℃]이다.

23 전염의 형식을 접촉에 의한 것, 매개체에 의한 것, 일정한 거리를 두고 전염되는 것의 3가지로 분류한 제미나리아설을 주장한 사람은?

① 코페르니쿠스
② 히포크라테스
③ 아리스토텔레스
④ 프라카스트로

해설
프라카스트로는 감염의 형식을 접촉에 의한 것, 매개에 의한 것, 일정 거리에서도 감염되는 것의 세 가지로 분류하였다.

24 자비소독은 100[℃]의 끓는 물에서 (   )분간 처리한다. 빈칸에 들어갈 말로 알맞은 것은?

① 5~10분   ② 10~15분
③ 15~20분   ④ 20~25분

해설
자비소독은 100[℃]의 끓는 물에서 15~20분간 끓이는 것이다.

25 석탄산을 사용한 화학적 소독법의 장점으로 옳지 않은 것은?

① 취기와 독성이 강하다.
② 살균력이 강하다.
③ 고온일수록 소독효과가 크다.
④ 값이 저렴하다.

해설
석탄산의 단점은 취기와 독성이 강하다는 것이다. 장점은 살균력이 강하고, 고온일수록 소독효과가 크며, 유기물에도 효과가 있고, 가격이 저렴하며 안정적이다.

26 과산화수소를 이용한 화학적 소독 시 알맞은 농도는?

① 1.5~2.0[%]   ② 2.5~3.5[%]
③ 4.0~5.5[%]   ④ 6.0~7.5[%]

해설
과산화수소는 2.5~3.5[%]의 농도로 사용한다.

27 역성비누 소독법에 대한 설명으로 알맞은 것은?

① 이·미용사의 손 소독에 적합하다.
② 냄새가 심해 점막을 자극한다.
③ 2.5~3.5[%]의 농도를 이용한다.
④ 수지소독엔 사용하지 않는다.

해설
이·미용사의 손 소독제로 널리 쓰이는 양이온 계면활성제이다.

정답 22 ③ 23 ④ 24 ③ 25 ① 26 ② 27 ①

28 병원 미생물의 크기를 순서대로 알맞게 나열한 것을 고르시오.

① 스피로헤타 > 세균 > 리케차 > 바이러스
② 세균 > 스피로헤타 > 바이러스 > 리케차
③ 바이러스 > 리케차 > 세균 > 스피로헤타
④ 리케차 > 세균 > 스피로헤타 > 바이러스

해설
스피로헤타 > 세균 > 리케차 > 바이러스 순의 크기이다.

29 살균작용의 기전에 따른 종류 중 산화작용과 연관이 없는 것은?

① 과산화수소　② 염소
③ 알칼리　　　④ 오존

해설
산화작용과 연관성이 없는 것은 알칼리이다.

30 고무제품이나 의류를 소독하는 것은?

① 승홍수　② 역성비누
③ 생석회　④ 포르말린

해설
포르말린은 의류, 도자기, 목제품, 가죽, 고무제품 등의 소독에 사용된다.

31 피부의 생리 기능으로 알맞지 않은 것을 고르시오.

① 체온 조절 기능
② 세균, 미생물의 침입 시 방어·억제하는 기능
③ 외부의 압력, 충격, 마찰을 받아들인다.
④ 화학적 영향으로부터 보호

해설
외부의 압력, 충격, 마찰을 받아들이는 것이 아니라 완화한다.

32 건강한 피부의 각화주기는?

① 약 일주일　② 약 한 달
③ 약 6개월　　④ 약 1년

해설
건강한 피부의 각화주기는 약 28~30일이다. (약 한 달)

33 투명층이 존재하는 부위는?

① 발바닥　② 눈꺼풀
③ 허벅지　④ 귀

해설
우리 몸에 투명층이 존재하는 부위는 손바닥과 발바닥이다.

34 아포크린선의 특징으로 옳지 않은 것은?

① 체취선 혹은 대한선이라고도 불린다.
② 사춘기 이후에 기능이 시작된다.
③ 손바닥, 발바닥 등에서 가장 풍부하다.
④ 흑인에게 가장 많다.

해설
아포크린선은 겨드랑이, 음부, 유두에 발달된 땀샘이다. (손바닥, 발바닥에는 에크린선이 풍부하다.)

정답 28 ① 29 ③ 30 ④ 31 ③ 32 ② 33 ① 34 ③

35 정상 피부의 특징이 아닌 것은?
① 피부 결이 거칠고 푸석하다.
② 피부에 탄력이 있어 화장의 지속력이 좋다.
③ 가장 이상적인 피부이다.
④ 피부의 저항력이 있다.

해설
정상 피부는 가장 이상적인 피부로서 유수분 밸런스가 좋고 탄력이 있다.

36 지성 피부의 관리법으로 알맞지 않은 것은?
① 세안을 철저히 한다.
② 당분과 지방이 다량 함유된 식품을 먹는다.
③ 피부에 유수분을 알맞게 공급한다.
④ 스팀타월로 모공 속 피지를 녹이고 죽은 세포층을 제거한다.

해설
지성 피부는 지방과 당분이 많은 음식은 가급적 피하는 것이 좋다.

37 민감성 피부의 일시적인 원인으로 알맞지 않은 것은?
① 계절의 변화 ② 유전
③ 생리   ④ 임신

해설
민감성 피부는 일시적으로 계절의 변화나 호르몬의 변화, 심리적·외적변화에 원인을 가지며, 유전은 선천적 원인에 가깝다.

38 3대 영양소에 포함되지 않는 것을 고르시오.
① 탄수화물 ② 단백질
③ 지방   ④ 무기질

해설
무기질은 비타민과 함께 5대 영양소에 들어간다. 3대 영양소는 탄수화물, 단백질, 지방이다.

39 지방 1[g]은 몇 [kcal]인가?
① 4[kcal]   ② 6[kcal]
③ 7[kcal]   ④ 9[kcal]

해설
지방은 9[kcal], 탄수화물과 단백질은 4[kcal]의 열량을 낸다.

40 다음 중 지용성 비타민이 아닌 것은?
① 비타민 A ② 비타민 D
③ 비타민 C ④ 비타민 E

해설
비타민 C는 수용성이다. (지용성 비타민은 A, D, E, K이다.)

41 화장품의 4대 요건으로 옳지 않은 것은?
① 안전성 ② 안정성
③ 유효성 ④ 지속성

해설
화장품의 4대 요건은 안전성, 안정성, 사용성, 유효성이다.

정답 35 ① 36 ② 37 ② 38 ④ 39 ④ 40 ③ 41 ④

42 조선시대 화장의 역사로 옳은 것은?

① 연분을 제조하였다.
② 홍화와 돼지기름을 혼합하여 만든 연지를 사용하였다.
③ 귀천에 관계없이 여성들이 향낭을 차고 귓불을 뚫어 귀걸이를 달았다.
④ 피부 손질 위주의 소박하고 수수한 화장을 하였다.

> **해설**
> 유교의 영향으로 짙은 화장은 기생의 문화로 보며 천시하는 경향이 있었다.

43 프랑스의 미셸 메나르(Michelle Ménard)는 자동차를 도색할 때 쓰는 고광택 페인트를 응용하여 래커와 에나멜 계열의 매니큐어를 개발하였는데, 그 시기는?

① 1910년대 ② 1940년대
③ 1920년대 ④ 1980년대

> **해설**
> 1920년대에 개발된 이 매니큐어의 성분들은 오늘날까지 네일의 성분으로 쓰여지고 있다.

44 표피의 구조상 가장 아래에 위치한 것은?

① 투명층 ② 과립층
③ 유극층 ④ 기저층

> **해설**
> 각질층 > 투명층 > 과립층 > 유극층 > 기저층의 순서이다.

45 단단하고 불규칙한 그물모양의 결합조직으로 진피의 대부분을 이루고 있는 층은?

① 유두층 ② 망상층
③ 각질층 ④ 과립층

> **해설**
> 망상층은 단단하고 불규칙한 그물모양의 결합조직으로 진피의 대부분을 이루고 있다.

46 피지선에 대한 설명으로 알맞지 않은 것은?

① 모낭샘이라고도 한다.
② 일반적으로 남성보다 여성이 크고 피지량도 많다.
③ 분비된 피지는 땀과 혼합되며 피지막을 형성한다.
④ 과다한 피지의 분비는 여드름 발생의 원인이 되기도 한다.

> **해설**
> 피지선은 남성에게 더 많이 발달되어 있다.

47 아포크린선에 대한 설명 중 맞지 않는 것은?

① 대한선이라고도 한다.
② pH 5.5~7 정도의 약산성인 무색, 무취의 땀이 분비된다.
③ 에크린선보다 크다.
④ 체온을 유지하는 기능을 한다.

> **해설**
> 아포크린선은 에크린선보다 크기가 큰 것이 특징이다. 아포크린선은 대한선이라고 불리며, 체온 조절 기능을 하고, pH 3.8~5.6 정도의 땀이 분비된다.

정답 42 ④ 43 ③ 44 ④ 45 ② 46 ② 47 ②

48 벌집에서 추출한 것으로 가장 오래된 화장품 원료 중의 하나인 것은?

① 밀랍   ② 라놀린
③ 파라핀   ④ 바셀린

해설
밀랍은 벌집에서 얻은 납을 정제하여 얻은 것이다.

49 한 분자 내에 음이온과 양이온을 모두 가지고 있는 계면활성제는?

① 음이온성 계면활성제
② 양이온성 계면활성제
③ 양쪽성 계면활성제
④ 비이온성 계면활성제

해설
양쪽성 계면활성제는 양이온 전하와 음이온 전하를 한분자 내에 함께 가지고 있다.

50 오일 성분이 없는 세안제로 산뜻하고 가벼운 사용감을 가지고 있어 옅은 화장 상태나 지성 피부에 적합한 세정 화장품은?

① 클렌징 크림   ② 클렌징 로션
③ 클렌징 워터   ④ 클렌징 젤

해설
클렌징워터는 오일 성분이 없어 지성 피부에 적합하고 산뜻하고 가벼운 사용감을 부여한다.

51 이용업에 대한 설명으로 알맞은 것은?

① 여성의 머리카락 또는 손톱을 깎거나 다듬는 방법으로 용모를 단정하게 하는 영업이다.
② 손님의 머리카락 또는 수염을 깎거나 다듬는 방법으로 용모를 단정하게 하는 영업이다.
③ 남성의 머리카락 또는 수염을 깎거나 다듬는 방법으로 용모를 화려하게 하는 영업이다.
④ 손님의 머리카락 또는 수염을 깎거나 다듬는 방법으로 외모를 깔끔하게 하는 영업이다.

해설
손님의 머리카락 또는 수염을 깎거나 다듬는 방법으로 용모를 단정하게 하는 영업이다.

52 공중위생영업을 신고하려면 보건복지부령이 정하는 시설과 설비를 갖추어야 한다. 빈칸에 들어갈 말로 알맞은 것은?

① 보건복지부령   ② 대통령령
③ 시·군·구청장령   ④ 국무총리령

해설
공중위생영업의 신고를 하려면 보건복지부령이 정하는 시설과 장비를 갖추고 시장·군수·구청장에게 신고하여야 한다.

53 이용사가 매년 받아야 할 위생교육 시간은?

① 1시간   ② 2시간
③ 3시간   ④ 4시간

해설
이용사는 공중위생법에 따르면 1년에 3시간 위생교육을 받아야 한다.

54 영업장의 폐업신고는 폐업한 날로부터 며칠 이내여야 하는가?

① 7일   ② 10일
③ 15일   ④ 20일

해설
영업장의 폐업신고는 폐업한 날로부터 20일 안에 시장·군수·구청장에게 해야 한다.

정답 48 ① 49 ③ 50 ③ 51 ② 52 ① 53 ③ 54 ④

이용사·이용장

55 영업신고사항 변경 시 중요사항의 변경신고를 어디에 하는가?
① 보건복지부장관
② 국회의원
③ 시·군·구청장
④ 동사무소직원

해설
영업신고사항의 변경 시 중요사항의 변경 신고는 시, 군, 구청장에게 하여야 한다.

56 이·미용사의 면허 발급 자격으로 알맞지 않은 것을 고르시오.
① 전문대학 또는 교육부 장관이 인정하는 학교의 이·미용 관련 학과를 졸업한 자
② 학점은행제 학점으로 이·미용 학위를 취득한 자
③ 관련 고등학교의 1년 이상의 과정을 이수한 자
④ 이·미용사 자격증 필기시험 합격자

해설
면허 발급 자격은 전문대학 미용 관련 학과 졸업자, 관련 고등학교의 1년 이상 과정 이수자, 학점은행제 이·미용 학위 취득자 등이며, 필기시험 합격만으로는 면허가 발급되지 않는다.

57 다른 사람에게 면허를 대여한 때의 1차 위반 행정처분 기준은?
① 영업정지 3개월   ② 영업정지 6개월
③ 영업정지 1년   ④ 면허취소

해설
면허를 다른 사람에게 대여한 때의 1차 위반은 면허정지 3개월이다.

58 면허를 다른 사람에게 대여한 때의 2차 위반 행정처분은?
① 정지 3개월   ② 정지 6개월
③ 정지 1년   ④ 면허취소

해설
면허를 다른 사람에게 대여한 때의 2차 위반 행정처분은 면허정지 6개월이다.

59 이용사 면허를 받지 않은 자가 할 수 있는 업무는?
① 이·미용사의 감독을 받는 직접적인 시술
② 이·미용사의 감독을 받는 보조 업무
③ 이용업장의 개설
④ 이용업장의 대표자로 등록

해설
이용사 면허가 없는 사람은 이용업을 개설하거나 그 업무에 종사할 수 없지만 이용사, 미용사의 감독을 받아 이용, 미용의 보조 업무는 가능하다.

60 영업소의 폐쇄 및 정지 사유로 옳은 것을 고르시오.
① 시설과 설비 기준을 위반한 경우
② 중요사항을 과도하게 변경하는 경우
③ 청소년을 직원으로 고용한 경우
④ 당뇨병 환자를 직원으로 고용한 경우

해설
영업소의 폐쇄 및 정지 사유에는 영업신고를 하지 않거나 시설과 설비기준을 위반한 경우, 중요사항의 변경 신고를 하지 않은 경우 등이 포함된다.

정답 55 ③ 56 ④ 57 ① 58 ② 59 ② 60 ①

이용사 14 — 2024년 4회 기출복원문제

01 고대 이용의 역사와 가장 거리가 먼 것을 고르시오.
① 기원전 1894년 유럽의 헤브라이족 족장이 죄인을 벌할 때 두발을 삭발하게 한 것에서 이용의 유래를 찾는다.
② 고대 이집트에서는 금, 은, 동으로 면도칼을 만들어 사용한 것으로 추정된다.
③ 두피의 탈모를 방지하고 유지하기 위한 치료법이 연구되었다.
④ 로마 시대부터 이발사의 흔적을 찾아볼 수 있다.

[해설] 두피관리와 탈모방지에 대한 치료법은 현대에서 연구·개발되고 있다.

02 공중위생법이 처음 공포된 연도는?
① 1986년 ② 1988년
③ 1990년 ④ 1992년

[해설] 우리나라의 공중위생법이 처음 공표된 시기는 1986년이다.

03 C.P의 위치는?
① 두상의 앞쪽   ② 두상의 윗부분
③ 두상의 뒷부분 ④ 귀 옆 구레나룻

[해설] C.P : 전두부 라인의 중심에 있는 두상의 앞쪽

04 전강가위의 뜻은?
① 날부분과 협신부가 서로 다른 재질을 접합시켜 만들어진 가위
② 전체가 특수강으로 만들어진 가위
③ 일부가 특수강으로 만들어진 가위
④ 모발의 숱을 치는 용도의 가위

[해설] 날부분과 협신부가 서로 다른 재질로 되어 있는 가위는 착강가위이다. 또한 모발의 숱을 치는 용도의 가위는 틴닝가위이다. 전강가위는 날 전체가 특수강으로 이루어져 있다.

05 클리퍼가 처음 만들어진 시기는?
① 1871년 ② 1881년
③ 1891년 ④ 1901년

[해설] 클리퍼가 처음 만들어진 시기는 1871년 프랑스의 '바리캉 마르' 제작소에서, 바리캉에 의해 고안되어 제작되었다.

06 모발 끝에서 1/3 지점을 테이퍼링 하는 기법은?
① 노멀 테이퍼링   ② 엔드 테이퍼링
③ 딥 테이퍼링   ④ 라이트 테이퍼링

[해설] 모발 끝을 기준으로 엔드 테이퍼링 1/3, 노멀 테이퍼링 2/3, 딥 테이퍼링 3/3이다.

정답 01 ③ 02 ① 03 ① 04 ② 05 ① 06 ②

07 빗을 대고 가위를 개폐하면서 빗에 끼어 있는 모발을 커트하는 기법은?

① 포인팅 ② 싱글링
③ 트리밍 ④ 클리핑

해설
싱글링 : 빗살골에 나와 있는 머리카락을 가위의 연속동작으로 커트해 가는 기법이다.

08 클리퍼로 네이프 라인 4[cm] 이하, 사이드라인 3[cm] 이하로 올려 깎기 한 후 탑 부분에 2~3[cm]로 가위 커트하는 모발의 종류는?

① 보통머리형 ② 상고머리형
③ 둥근 스포츠형 ④ 장교머리형

해설
보통머리 - 8, 6, 7, 상고머리형 - 7, 5, 6, 둥근 스포츠 - 4, 3, 4(CP → TP → GP 순서)이다.

09 기포작용과 세정작용이 뛰어나 샴푸나 비누, 바디워시 등에 쓰이는 계면활성제는?

① 음이온성 계면활성제
② 양이온성 계면활성제
③ 양쪽성 계면활성제
④ 비이온성 계면활성제

해설
음이온성 계면활성제는 샴푸, 비누, 클렌징폼 등에 사용된다.

10 샴푸제에 들어가는 첨가제가 아닌 것은?

① 점증제 ② 기포억제제
③ 방부제 ④ pH조정제

해설
샴푸제에는 점증제, 기포증진제, 방부제, 살균제, pH조정제 등이 들어간다. 기포억제제는 첨가제가 아니다.

11 세계보건기구(WHO)가 창설된 국가는?

① 미국 ② 영국
③ 네덜란드 ④ 스위스

해설
세계보건기구는 스위스 제네바에서 창설되었다.

12 다음 중 학교보건행정을 담당하는 기관은?

① 환경부 ② 교육부
③ 식약처 ④ 보건복지부

해설
학교보건행정은 교육부 담당이다.

13 보건교육에 해당하지 않는 말을 고르시오.

① 개인 또는 집단의 건강을 유지하고 향상시키기 위한 학습수행 과정이다.
② 잘못된 태도나 행위를 고쳐나간다.
③ 다른 보건 사업의 기초가 된다.
④ 공중보건사업이 지역사회에 접근하기 힘들다.

해설
공중보건사업은 지역사회에 접근하여 교육이 이루어진다.

정답 07 ② 08 ③ 09 ① 10 ② 11 ④ 12 ② 13 ④

14 영아사망률의 계산법으로 옳은 것을 고르시오.
① (1년간의 생후 1년 이상의 사망지수÷그 해의 출생아 수)×100
② (1년간의 생후 1년 미만의 사망지수÷그 해의 출생아 수)×100
③ (1년간의 생후 6개월 미만의 사망지수÷그 해의 출생아 수)×100
④ (1년간의 생후 2년 미만의 사망지수÷그 해의 출생아 수)×100

> **해설**
> 영아사망률은 생후 1년 미만의 사망지수를 근거로 한다.

15 모성사망의 주요 원인이 아닌 것을 고르시오.
① 임신중독증 ② 자궁외임신
③ 산후우울증 ④ 유산

> **해설**
> 모성사망의 주요 원인은 임신중독증, 자궁외임신, 유산이 있다. 산후우울증은 주요 사망원인으로 보지 않는다.

16 인구 피라미드 형태 중 표주박형의 특징으로 알맞은 것은?
① 출생률이 높고 사망률이 높은 형
② 출생률이 낮고 사망률이 낮은 형
③ 생산연령인구의 전입이 늘어나는 형
④ 생산연령인구의 전출이 늘어나는 형

> **해설**
> 표주박형(호로형)은 농촌형, 인구유출형의 특징을 가진다.

17 보건지표에서 평균수명을 설명한 것으로 가장 알맞은 것은?
① 출생자가 향후 생존할 것으로 기대하는 평균 생존 연수
② 일정 기간 동안의 평균 인구 1,000명에 대한 사망자 수
③ 연간 총 사망지수에 대한 50세 이상의 사망자 수를 퍼센트(%)로 표시한 지수
④ 동년에 사망한 사람들의 평균 사망 나이

> **해설**
> 출생자가 향후 생존할 것으로 기대하는 평균 생존 연수를 평균수명으로 보건지표에서 말한다.

18 질병 발생의 3요소가 아닌 것은?
① 병인 ② 리케차
③ 환경 ④ 숙주

> **해설**
> 질병 발생의 3요소는 병인, 환경, 숙주이다. 리케차는 세균의 일종이다.

19 진균, 사상균이 일으키는 감염병의 종류로 옳은 것을 보기에서 모두 고르시오.

| ㉠ 무좀 | ㉡ 피부병 |
| ㉢ 임질 | ㉣ 장티푸스 |

① ㉠, ㉡
② ㉠, ㉡, ㉢, ㉣
③ ㉠, ㉡, ㉣
④ ㉠, ㉣

> **해설**
> 무좀은 피부진균, 피부사상균에 의해 발생되는 피부병이다.

정답 14 ② 15 ③ 16 ④ 17 ① 18 ② 19 ①

20 병원소의 종류가 아닌 것을 고르시오.

① 인간병원소
② 동물병원소
③ 무생물병원소
④ 식물병원소

> **해설**
> 식물병원소는 병원소의 종류가 아니다. 병원소의 종류는 인간병원소, 동물병원소, 무생물병원소이다.

21 각각의 균과 증식온도가 알맞게 짝지어진 것을 고르시오.

① 저온균 - 15~20[℃]
② 저온균 - 0~5[℃]
③ 중온균 - 20~40[℃]
④ 고온균 - 55~70[℃]

> **해설**
> • 저온균 : 15~20[℃]
> • 중온균 : 27~35[℃]
> • 고온균 : 50~65[℃]

22 다음 중 맞지 않는 것은?

① 모든 미생물 및 세균 번식에는 높은 습도가 필요하다.
② 모든 세균이 건조한 상태에서 쉽게 죽는다.
③ 아포균, 결핵균 등은 건조에 강하다.
④ 수막염균, 임균 등은 건조한 상태에서 쉽게 죽는다.

> **해설**
> 균마다 생존능력이 다르며 아포균, 결핵균 등은 건조에 강하다. 따라서 '모든 세균이 쉽게 죽는다'는 설명은 맞지 않는다.

23 소독의 정의로 알맞지 않은 것은?

① 소독은 병원 미생물의 생활력을 파괴하여 감염력을 없애는 것이다.
② 멸균은 생활력은 물론 미생물 자체를 완전히 없애는 것이다.
③ 살균은 원인균의 발육 및 그 작용을 정지시키는 것이다.
④ 감염은 병원체가 인체에 침투하여 발육, 증식하는 것이다.

> **해설**
> 살균 : 원인균을 죽이는 것이다. 원인균의 발육 및 그 작용을 정지시키는 것은 정균작용에 가깝다.

24 크레졸 소독 시 보통 몇 [%]의 농도를 사용하며, 100[cc] 기준 얼마의 크레졸 용액이 필요한가?

① 3[%], 3[cc]   ② 4[%], 4[cc]
③ 5[%], 5[cc]   ④ 6[%], 6[cc]

> **해설**
> 크레졸 소독은 보통 3[%] 용액을 사용하며, 100[cc] 기준 약 3[cc]이다.

25 승홍수의 특징으로 알맞지 않은 것은?

① 0.1[%] 농도로 사용한다.
② 무색・무취이며, 살균력이 강하다.
③ 단백질을 분해시킨다.
④ 금속을 부식시킨다.

> **해설**
> 승홍수(=염화제2수은)는 단백질을 응고시킨다.

정답 20 ④ 21 ① 22 ② 23 ③ 24 ① 25 ③

26 산화칼슘을 98[%] 이상 포함하고 있는 백색의 고체나 분말로 이루어져 있으며 토사물, 분변, 하수, 오물 등의 소독에 적당한 화학적 소독 방법은?

① 포르말린 ② 생석회
③ 역성비누 ④ 염소(Cl_2)

해설
생석회는 값이 싸고 독성이 적지만 공기에 오래 노출되면 살균력이 떨어지고 아포균에는 효력이 없다.

27 소독약을 취급할 때의 주의 사항으로 맞지 않는 것은?

① 인체에 해가 없어야 한다.
② 경제적이어야 한다.
③ 효과가 확실해야 한다.
④ 사용 방법은 까다로워도 상관없다.

해설
소독약은 사용법이 쉽고 인체에 해가 없어야 한다. 또한 효과가 확실하며 경제적이어야 한다.

28 병원 미생물의 형태에 대한 설명으로 맞지 않는 것을 고르시오.

① 구균은 둥근 모양이다.
② 간균은 매독균의 원인이다.
③ 나선균은 나사모양이다.
④ 구균, 간균, 나선균 총 3가지의 형태이다.

해설
간균은 막대기 모양의 바실러스로 연쇄성 간균이며, 매독균은 나선균에 속한다.

29 다음 보기 중 건열에 의한 소독법으로 알맞게 짝지어진 것을 고르시오.

| ㉠ : 화염멸균법 | ㉡ : 건열멸균법 |
| ㉢ : 간헐멸균법 | ㉣ : 소각법 |

① ㉠, ㉡
② ㉠, ㉡, ㉢, ㉣
③ ㉠, ㉡, ㉣
④ ㉠, ㉣

해설
건열에 의한 소독법은 화염멸균법, 건열멸균법, 소각법이 있다. 간헐멸균법은 습열소독법이다.

30 자비소독법은 어떠한 소독 방법인가?

① 습열에 의한 소독법
② 건열에 의한 소독법
③ 화학적 소독법
④ 기타 물리적 소독법

해설
자비소독법은 100[℃] 끓는 물에서 15~20분간 처리하는 방법으로 습열에 의한 소독법이다.

31 표피의 두께는?

① 0.01~0.05[mm]
② 0.03~1[mm]
③ 0.1~0.3[mm]
④ 0.08~5[mm]

해설
표피의 두께는 0.1~0.3[mm]이고, 표피와 진피를 합친 부피는 2.4~3.6[L]이며, 무게는 4[kg]에 달한다.

정답 26 ② 27 ④ 28 ② 29 ③ 30 ① 31 ③

32 표피에 존재하는 층이 아닌 것을 고르시오.
① 각질층   ② 과립층
③ 유두층   ④ 기저층

> **해설**
> 표피에 존재하는 층은 각질층, 투명층, 과립층, 유극층, 기저층 총 다섯 가지이며, 유두층은 진피층에 존재한다.

33 기저층의 특징으로 옳은 것은?
① 표피의 대부분을 차지한다.
② 그물 모양이다.
③ 손바닥, 발바닥에 존재한다.
④ 표피의 가장 깊은 곳에 위치해 있다.

> **해설**
> 기저층은 표피의 가장 아래쪽에 위치해 있다.

34 건성 피부의 특징을 고르시오.
① 피부 표면이 번들거린다.
② 피지와 땀이 과다하게 분비된다.
③ 가장 이상적인 피부 타입이다.
④ 세안 후 피부가 당기는 느낌이 든다.

> **해설**
> 건성 피부는 피지분비량이 적어서 세안 후에는 피부가 당기는 느낌이고 잔주름이 많이 생긴다.

35 넓은 의미에서 얼굴의 부위에 따라 서로 다른 피부 유형이 복합적으로 공존하는 피부 유형은?
① 건성   ② 중성
③ 지성   ④ 복합성

> **해설**
> 여러 유형이 복합적으로 공존하는 유형을 복합성 피부라고 한다.

36 민감성 피부의 사람이 섭취 시에 좋은 식품이 아닌 것을 고르시오.
① 매운 고추   ② 우유
③ 달걀   ④ 녹황색 채소

> **해설**
> 민감성 피부는 자극이 없는 음식을 섭취하는 것이 좋다.

37 골격과 치아의 주성분으로 옳은 것은?
① 철분   ② 단백질
③ 아이오딘   ④ 칼슘

> **해설**
> 칼슘은 뼈와 치아 형성과 혈액 응고, 신경 전달, 근육의 수축과 이완에 관여한다.

38 멜라닌 색소의 증식을 억제시켜 피부의 미백제 역할을 하는 비타민의 종류는?
① 비타민 A   ② 비타민 D
③ 비타민 C   ④ 비타민 E

> **해설**
> 비타민 C는 피부 미백에 효과가 있다.

39 포유동물의 신체를 구성하고 있는 성분 중 대략 70[%]를 차지하는 것은?
① 혈액   ② 물
③ 단백질   ④ 마그네슘

> **해설**
> 물은 신체의 약 70[%]를 차지한다.

정답 32 ③ 33 ④ 34 ④ 35 ④ 36 ① 37 ④ 38 ③ 39 ②

40 비만도가 올바르지 않게 표시된 것을 고르시오.

① 과체중 : 표준체중의 5[%] 이상
② 과체중 : 표준체중의 10[%] 이상
③ 비만 : 표준체중의 20[%] 이상
④ 비만증 : 표준체중의 30[%] 이상

해설
과체중은 표준체중의 10[%] 이상이다.

41 국산 화장품 제조허가 제1호 품목으로 옳은 것은?

① 박가분 ② 콜드크림
③ 서가분 ④ 머릿기름

해설
1922년 국산 화장품 제조 허가 제1호로 출범한 제품은 박가분이다.

42 눈 화장용 제품의 효능으로 틀린 것을 고르시오.

① 색채효과로 눈 주위를 아름답게 한다.
② 좋은 냄새가 나는 효과를 준다.
③ 눈썹, 속눈썹을 보호한다.
④ 눈화장을 지워준다.

해설
좋은 냄새를 부여하는 것은 방향 화장품에 속한다.

43 헤어용 화장품의 효능으로 올바르지 않은 것은?

① 머리카락에 윤기와 탄력을 준다.
② 두피 및 머리카락을 건강하게 유지시킨다.
③ 피부의 결점을 보완한다.
④ 두피 및 머리카락을 깨끗하게 씻어주고 비듬 및 가려움을 덜어준다.

해설
피부의 결점을 보완해주는 제품은 색조화장품에 속한다.

44 피하조직은 ( )의 아래에 있는 부분으로 ( )와 ( ) 사이에 위치하고 있다. 빈칸에 들어갈 말이 아닌 것은?

① 각질층 ② 진피
③ 근육   ④ 뼈

해설
피하조직은 '진피'의 아래에 있으며 '근육'이나 '뼈'와 인접해 있다. '각질층'은 표피의 가장 바깥층으로 피하조직과 거리가 멀다.

45 다음 중 식물성이 아닌 것을 고르시오.

① 올리브 오일 ② 에뮤 오일
③ 로즈힙 오일 ④ 아몬드 오일

해설
에뮤는 새의 한 종류이므로 에뮤 오일은 동물성 오일이다.

46 동물성 오일의 특징으로 옳은 것은?

① 피부 친화성이 좋다.
② 피부에 흡수되는 속도가 느리다.
③ 쉽게 산화된다.
④ 피부 친화성이 좋고 좋은 냄새가 난다.

해설
동물성 오일은 동물의 피하조직, 장기에서 추출되며 피부 친화성이 좋고 흡수가 빠르다.

정답 40 ① 41 ① 42 ② 43 ③ 44 ① 45 ② 46 ①

이용사·이용장

47 세안을 하고 난 후 일시적으로 씻겨 제거되는 피부 표면의 천연보호막을 인공적인 방법으로 보충하여 주는 기초화장품은?
① 크림 ② 에멀젼
③ 토너 ④ 세럼

해설
크림은 인공적인 피부보호막 역할을 한다.

48 다음 중 유연화장수의 특징이 아닌 것은?
① 보습제와 유연제가 함유되어 있다.
② 피부가 거칠어지는 단점이 있다.
③ 세안 후 일시적으로 알칼리성이 된 피부를 약산성으로 되돌려 놓는다.
④ 세균의 번식을 막아주는 역할을 한다.

해설
유연화장수는 피부의 거칠음을 예방해 주는 역할을 한다.

49 기초 화장품의 사용목적이 아닌 것은?
① 세안 ② 피부 보호
③ 피부 정돈 ④ 색조 부여

해설
색조를 부여하는 것은 색조 화장품의 사용목적이다.

50 팩의 효과로 알맞지 않은 것은?
① 보습작용 ② 청정작용
③ 혈액순환 촉진작용 ④ 세정작용

해설
세정작용은 청결을 위한 화장품(세안제 등)의 효과이다. 팩은 보습, 청정, 혈액순환 촉진 등의 효과가 있다.

51 이·미용업의 신고와 관련이 없는 것은?
① 시장 ② 군수
③ 구청장 ④ 대통령

해설
공중위생영업은 시장·군수·구청장에게 신고하여야 한다.

52 영업신고를 하는 데에 필요한 서류로 적합하지 않은 것을 고르시오.
① 영업시설 및 설비개요서
② 면허증 원본
③ 위생교육필증
④ 임대차계약서

해설
영업신고에 필요한 서류는 영업시설 및 설비개요서, 면허증 원본, 위생교육필증이다.

53 이용업 시설의 필수 설비 기준으로 알맞지 않은 것을 고르시오.
① 소독장비를 구비할 것
② 소독한 기구와 소독하지 않은 기구를 구분하여 보관할 것
③ 영업장 내 별실을 설치하지 말 것
④ 상담실 칸막이를 설치할 것

해설
이용업 시설의 설비 시 영업장 내에 별실이나 칸막이 등을 설치하여서는 안 된다. (상담실 칸막이 설치는 필수 설비 기준으로 알맞지 않다.)

정답 47 ① 48 ② 49 ④ 50 ④ 51 ④ 52 ④ 53 ④

54 보건복지부령이 정하는 변경신고 시, 중요사항이 아닌 것은?

① 영업소의 명칭 및 상호 변경
② 영업소의 소재지 변경
③ 영업장 내 상품의 가격
④ 대표자의 성명

[해설]
보건복지부령이 정하는 변경신고 시 중요사항은 영업소의 명칭이나 상호, 대표자의 성명, 영업소의 소재지 등이 있다. 영업장 내 상품의 가격은 중요사항이 아니다.

55 변경 시, 변경신고를 하여야 하는 영업장의 면적은 얼마 이상인가?

① 1/3 ② 1/4
③ 1/5 ④ 1/6

[해설]
이용업소의 1/3 이상 변경 시 변경 신고를 하여야 한다.

56 관련 법상 면허 결격자가 아닌 것을 고르시오.

① 피성년후견인 ② 정신질환자
③ 약물 중독자 ④ 당뇨병 환자

[해설]
당뇨병 환자는 관련 법상 면허 결격자가 아니다.

57 영업소 외의 장소에서 이용 업무가 가능한 경우가 아닌 것을 고르시오.

① 혼례 및 기타 의식에 참여하는 자에 대하여
② 사회복지시설에서의 봉사활동
③ 방송 등 촬영에 임하는 사람에 대하여
④ 주변 지인들에 한해서

[해설]
혼례 및 기타 의식에 참여하거나 방송 등 촬영에 임하는 자에 대하여 또는 사회복지시설에서의 봉사활동 등의 경우에는 영업소 외의 장소에서 업무가 가능하다. 주변 지인들에 한해서 하는 것은 불가능하다.

58 영업소 폐쇄를 위한 조치가 아닌 것을 고르시오.

① 사업자등록증 말소
② 간판 및 기타 영업 표지물 제거
③ 위법한 업소임을 알리는 게시물 부착
④ 필수불가결한 기구 또는 시설물의 봉인

[해설]
영업소 폐쇄를 위한 조치에는 간판 및 기타 표지물의 제거, 위법 업소임을 알리는 게시물의 부착, 기구 또는 시설물의 봉인 등이 있다. 사업자등록증 말소는 폐쇄를 위한 직접적인 조치가 아니다.

59 다음 중 청문을 진행하는 사유가 아닌 것은?

① 면허취소 ② 면허정지
③ 영업소 폐쇄 명령 ④ 영업장의 폐업

[해설]
청문사유 : 면허취소, 면허정지, 영업소 폐쇄명령, 영업소 시설의 사용중지 등이 있다. 영업장의 폐업은 청문 사유가 아니다.

60 공중위생감시원을 임명하는 자는?

① 보건복지부장관 ② 대통령
③ 시·군·구청장 ④ 동사무소 직원

[해설]
시·도지사, 시장·군수·구청장은 소속 공무원 중에서 공중위생감시원을 임명한다.

이용사 15 — 2025년 1회 기출복원문제

01 국가 자격증 실기시험의 모델이 실제 사람에서 마네킹으로 바뀐 연도는?

① 2010년 ② 2011년
③ 2013년 ④ 2014년

해설
이용사 실기시험에서 마네킹 모델이 채택된 연도는 2013년이다.

02 열과 바람을 이용하여 모발을 건조시키고 정발(헤어스타일링)하는 기기의 명칭으로 옳은 것을 고르시오.

① 아이론 ② 드라이어
③ 스티머 ④ 적외선기

해설
드라이어는 바람을 이용하여 모발의 건조와 정발을 하는 기구이다.

03 중상고형의 네이프라인은 클리퍼 작업 시 몇 [cm]로 조형하는가?

① 2[cm] 이하 ② 3[cm] 이하
③ 4[cm] 이하 ④ 5[cm] 이하

해설
중상고 사이드라인은 최대 3[cm] 이하로 시술하는 것이 좋다.

04 면도기 손잡이를 일직선으로 잡고 몸체와 손이 일직선으로 움직이게 하는 면도 방법은?

① 프리 핸드 ② 펜슬 핸드
③ 스틱 핸드 ④ 푸시 핸드

해설
몸체와 손이 일직선이 되는 것을 스틱핸드라고 한다.

05 퍼머넌트 웨이브 시술 시 필요한 도구가 아닌 것은?

① 블리치 파우더 ② 로드
③ 꼬리빗 ④ 고무줄

해설
블리치 파우더는 모발의 탈색 작업 시 사용한다.

06 가발 제작 과정을 올바르게 나열한 것은?

① 상담 – 패턴 제작 – 가발 디자인 선정 – 가발 제작
② 상담 – 가발 디자인 선정 – 패턴 제작 – 가발 제작
③ 가발 디자인 선정 – 패턴 제작 – 상담 – 가발 제작
④ 패턴 제작 – 가발 디자인 선정 – 상담 – 가발 제작

해설
가발의 제작 과정은 상담 > 가발 디자인 선정 > 패턴 제작 > 가발 제작 순서이다.

정답 01 ③ 02 ② 03 ② 04 ③ 05 ① 06 ②

07 소독기로 행할 수 있는 소독의 종류가 아닌 것은?
① 자외선 소독 ② 건열멸균 소독
③ 일광 소독 ④ 증기 소독

> **해설**
> 일광소독은 자연에 의한 소독이다.

08 평균적인 여성의 모발의 수명은 몇 년인가?
① 3~5년 ② 4~6년
③ 5~7년 ④ 6~8년

> **해설**
> 모발의 일반적인 수명 : 남성 – 3~5년, 여성 – 4~6년, 모발의 신축성 – 20~50[%]

09 사춘기 이후 분비되기 시작하는 땀샘으로 체취선이라고도 하는 것은?
① 소한선 ② 대한선
③ 피지선 ④ 임파선

> **해설**
> 대한선은 주로 음부나 겨드랑이에 존재하며 특유의 체취를 가진다.

10 다음 중 두피용 화장품의 종류가 아닌 것은?
① 포마드 ② 염색약
③ 샴푸 ④ 탈모 치료용 앰플

> **해설**
> 치료용은 화장품의 범주가 아니다.

11 공중보건학의 대상이 아닌 것은?
① 지역사회 주민 ② 개인
③ 인간 집단 ④ 국민 전체

> **해설**
> 공중보건학의 대상은 개인이 아닌 국민 전체의 주민을 대상으로 한다.

12 WHO에서 말하는 건강의 정의로 옳은 것은?
① 육체적 정신적 및 사회적 안녕이 완전한 상태를 말한다.
② 육체적 안녕이 완전한 상태를 말한다.
③ 육체적 정신적 안녕이 완전한 상태를 말한다.
④ 사회적 안녕이 완전한 상태를 말한다.

> **해설**
> 정의 : 단지 질병이 없거나 허약하지 않은 상태만을 의미하는 것이 아니라 육체적 정신적 및 사회적 안녕이 완전한 상태를 말한다.

13 홍역에 대한 설명으로 옳은 것을 고르시오.
① 매개체를 통하여 간접적으로 전파한다.
② 제2급 감염병이다.
③ 말라리아와 같은 감염병 분류단계로 분류되어 있다.
④ 풍진보다 한 단계 위의 감염병 분류단계로 분류되어 있다.

> **해설**
> 홍역은 제2급으로 분류된 전염병으로 발현 증상은 발열, 발진, 귀 염증 등이다. 주된 감염 경로는 오염된 물품이나 감염자와의 비말감염으로 예방접종이 중요하다.

정답 07 ③ 08 ② 09 ② 10 ④ 11 ② 12 ① 13 ②

14 병원체가 침입하여 증식·발육하고 다른 숙주에 전파될 수 있는 장소가 아닌 것은 무엇인가?
① 물
② 인간
③ 동물
④ 토양

해설
물속에선 병원체가 증식·발육하지 않는다.

15 대기 중 가장 많은 양을 차지하고 있는 물질은?
① 질소
② 산소
③ 아르곤
④ 이산화탄소

해설
질소 – 78[%], 산소 – 21[%], 아르곤 – 0.93[%], 이산화탄소 – 0.04[%]

16 음용수의 소독방법 중 상수도의 소독방법은?
① 자비소독
② 염소소독
③ 오존소독
④ 일광소독

해설
염소소독은 다른 소독방법에 비해 경제적이고, 잔류성이 있어 소독의 효과가 오래 유지되는 장점이 있다.

17 각 영양소와 과잉증상이 알맞게 짝지어진 것을 고르시오.
① 탄수화물 – 골다공증, 탈모
② 지방 – 신장결석, 체중감소
③ 비타민 A – 고혈압, 심신불안
④ 비타민 C – 속쓰림, 설사

해설
• 탄수화물 – 비만, 고지혈증
• 지방 – 고지혈증, 심장병
• 비타민 A – 탈모증
• 비타민 C – 속쓰림, 설사

18 한국의 WHO(세계보건기구) 가입 연도는?
① 1947년
② 1948년
③ 1949년
④ 1950년

해설
한국은 1949년 8월 17일 태평양지역 사무국으로 65번째로 가입하였다.

19 인구 피라미드의 형태 중 별형의 특징으로 옳은 것을 고르시오.
① 출생률이 사망률보다 높은 형
② 생산연령인구의 전입이 늘어나는 형
③ 생산연령인구의 전출이 늘어나는 형
④ 출생률과 사망률이 동일한 형

해설
별형 : 생산연령인구의 전입이 늘어나는 형으로 도시형에 속한다.

20 정신보건의 목적이 아닌 것은?
① 개인의 정신적 장애를 예방한다.
② 개인과 사회의 건전한 정신기능을 유지하고 증진시킨다.
③ 정신적 장애를 적절하게 치료한다.
④ 정신적 장애 치료 후에 사회와 격리시킨다.

해설
국민의 정신적 장애를 예방, 치료하고 건전한 정신건강을 유지하는 데 목적을 두고 있으며, 20세기 초 미국의 심리학자 비어스가 제창하였다.

정답 14 ① 15 ① 16 ② 17 ④ 18 ③ 19 ② 20 ④

21 다음 중 맞지 않는 것은?

① 세포막은 균체를 둘러싼 막이다.
② 간균은 삼각형 모양이다.
③ 세포질은 증식에 중요한 역할을 한다.
④ 편모는 세균의 운동기관이다.

해설
간균 – 긴 막대기 모양, 구균 – 둥근 모양, 나선균 – 나선 형태의 균

22 크레졸 소독의 단점으로 알맞은 것은?

① 세균 소독에 효과가 미미하다.
② 피부 자극성이 강하다.
③ 유기물에 소독효과가 약화된다.
④ 냄새가 강하다.

해설
크레졸 소독은 경제적이며 소독력이 강해 거의 모든 세균에 효과가 있다는 장점이 있지만, 냄새가 강하고 물에 잘 녹지 않는다는 단점이 있다.

23 물체 내부나 표면에 병원체가 붙어 있는 상태를 나타내는 말로 알맞은 것은?

① 오염 ② 감염
③ 발병 ④ 부패

해설
• 오염 : 물체 내부나 표면에 병원체가 붙어 있는 것
• 감염 : 병원체가 인체에 침투하여 발육·증식하는 것

24 광견병, 뇌염, 파상풍 등은 어떠한 전염경로를 통하여 감염되는가?

① 직접접촉 ② 경피감염
③ 진액접촉 ④ 비말접촉

해설
직접접촉에 의한 감염은 감염원과 직접적인 접촉 등에 의한 병원체의 전파이다.

25 미생물이 발육하는 최적의 수소이온농도는?

① 약산과 약알칼리 pH 3~5 사이
② 강산과 강알칼리 pH 6~8 사이
③ 약산과 약알칼리 pH 6~8 사이
④ 약산과 약알칼리 pH 9~10 사이

해설
pH 6.0~8.0 사이 중성에서 미생물이 발육하기에 최적이다.

26 에탄올 소독에 사용되는 에탄올 수용액은 에탄올 몇 [%]의 수용액인가?

① 50[%] ② 60[%]
③ 70[%] ④ 80[%]

해설
에탄올 70[%]는 주로 소독용으로 사용된다.

27 100[cc]의 크레졸 희석액에 크레졸 원액이 3[%] 들어갔다면 200[cc]에는 몇 [cc]가 들어가는가?

① 3[cc] ② 4[cc]
③ 5[cc] ④ 6[cc]

해설
200[cc]는 100[cc]의 두 배이므로 3[%]의 두 배인 6[%], 즉 6[cc]가 들어갔다.

정답 21 ② 22 ④ 23 ① 24 ① 25 ③ 26 ③ 27 ④

28 다음 중 무색무취의 소독제로 알맞은 것은?
① 크레졸
② 석탄산
③ 승홍수
④ 머큐로크롬

> **해설**
> 승홍수 : 무색, 무취, 살균력이 강하고 단백질을 응고시킨다.

29 화염멸균법에 대한 설명으로 옳은 것을 고르시오.
① 알코올램프, 천연가스 등을 이용하여 불꽃에 20초 이상 가열하여 미생물을 태우는 방법
② 병원 미생물에 오염된 물건을 불에 태우는 가장 안전한 소독법
③ 건열 멸균기 150~170[℃]에서 1~2시간 멸균 처리하는 방법
④ 100[℃] 끓는 물에 15~20분 처리하는 방법

> **해설**
> 화염멸균법이란 불꽃에 20초 이상 가열하여 미생물을 태우는 방식이다.

30 경피감염을 경로로 하는 병원성 미생물이 아닌 것을 고르시오.
① 광견병
② 십이지장충
③ 뇌염
④ 콜레라

> **해설**
> 콜레라의 감염경로는 수인성 감염이다.

31 피부의 구조를 이루고 있지 않은 것은?
① 뼈
② 표피
③ 진피
④ 피하조직

> **해설**
> 피부는 표피, 진피, 피하조직으로 구성되어 있다.

32 땀이 피부의 표면으로 분비되는 도중 땀샘 중간의 한 곳에서 배출되지 못한 땀이 쌓이는 것은?
① 땀띠
② 소한증
③ 다한증
④ 액취증

> **해설**
> 땀띠는 피부 표면으로 배출되지 않은 땀이 쌓인 것이다.

33 생활에 필수적인 에너지원으로, 피부의 건조를 방지하며 윤기 있는 피부를 만들어주는 영양소는?
① 무기질
② 탄수화물
③ 지방
④ 비타민

> **해설**
> 지방은 에너지원으로 1[g]당 9[kcal]의 열량을 발생시킨다.

34 셀룰라이트가 발생하는 부위가 아닌 것을 고르시오.
① 배꼽 아랫부분
② 엉덩이
③ 발목
④ 허벅지

> **해설**
> 셀룰라이트는 지방이 많이 생기는 하복부, 엉덩이, 허벅지 등에 발생한다.

정답 28 ③ 29 ① 30 ④ 31 ① 32 ① 33 ③ 34 ③

35 피부의 세포 형성이 이루어지는 곳으로 옳은 것은?
① 기저층　　② 과립층
③ 각질층　　④ 유극층

> **해설**
> 기저층은 진피의 유두층으로부터 영양을 공급받아 활발한 세포분열을 한다.

36 다음 중 피부의 감각기관인 촉감점이 가장 적게 분포되어 있는 곳은?
① 손가락 끝　　② 혀끝
③ 입술　　④ 발바닥

> **해설**
> 촉각점의 분포가 가장 적은 신체부위는 발바닥이다.

37 다음 중 한선에 대한 설명으로 틀린 것은?
① 체온 조절 기능이 있다.
② 진피와 피하지방의 경계 부위에 위치한다.
③ 입술에도 존재한다.
④ 에크린선이 아포크린선보다 크기가 작다.

> **해설**
> 한선은 입술, 생식기를 제외하고 전신에 분포되어 있다.

38 바이러스성 질환으로 수포가 입술 주위에 잘 생기고 흉터 없이 치유되나 재발이 잦은 것은?
① 주부습진　　② 대상포진
③ 농포　　④ 단순포진

> **해설**
> 단순포진은 구순포진이라고도 하며 피곤할 때마다 입술 주변에 나타나는 바이러스 질환이다.

39 두발의 가장 중요한 영양소이며 가장 많이 공급되어야 하는 것은?
① 비타민 C　　② 무기질
③ 단백질　　④ 칼슘

> **해설**
> 머리카락은 단백질의 일종인 케라틴으로 이루어져 있다.

40 모공의 크기가 작고 피붓결이 건조한 타입은?
① 지성　　② 건성
③ 중성　　④ 민감성

> **해설**
> 건성은 수분과 피지의 분비가 적어서 각질과 주름이 잘 생기는 피부로 수분과 피지의 분비가 적기 때문에 피부 표면에 윤기가 없고 수분 증발도 잘 되어 피부 표면이 거칠고 탄력도 떨어진다. 따라서 유수분을 공급해주는 제품을 사용하는 것이 중요하다.

41 인류 최초의 미를 위한 화장품의 사용은?
① 고대 이집트시대　　② 로마시대
③ 중세시대　　④ 르네상스시대

> **해설**
> 이집트 왕조의 묘에서 지방에 향을 넣은 고대 화장품이 발견되었다.

42 조갑의 구조가 아닌 것을 고르시오.
① 조근　　② 조반월
③ 조유　　④ 자유연

> **해설**
> 조갑의 구조엔 조체, 조근, 조모, 조상, 조구, 조반월, 조소피, 자유연, 조하피가 있다.

정답 35 ①　36 ④　37 ③　38 ④　39 ③　40 ②　41 ①　42 ③

이용사·이용장

43 이온성 계면활성제의 한 종류로 역성비누라고도 불리는 계면활성제의 종류는?
① 양이온성 계면활성제
② 음이온성 계면활성제
③ 양쪽성 계면활성제
④ 비이온성 계면활성제

해설
보통 역성비누(Invert soap) 혹은 양성비누(Cationic soap)라고 하는 것은 양이온성 계면활성제이다.

44 물리적 제모제의 특징은?
① 강력한 환원제를 적용시켜 털을 용해하는 것이다.
② 털이 모근으로부터 뽑혀 제거된다.
③ 기능성 화장품이다.
④ 크림이나 페이스트 등의 형태이다.

해설
물리적 제모제는 물리적인 힘으로 털을 뽑아 제거하는 것이 특징이다.

45 양모제의 효능이 아닌 것은?
① 발모 촉진
② 탈모 방지
③ 육모
④ 모발 염색

해설
양모제는 털의 성장을 돕는 제품이다.

46 로버트 티저랜드에 의해 영국에서 〈향기요법〉이라는 책이 처음으로 영어로 편찬된 해는?
① 1974년
② 1975년
③ 1976년
④ 1977년

해설
1977년 로버트 티저랜드에 의해 〈향기요법〉이라는 책이 처음으로 영어로 편찬되었다.

47 화장을 금지하고 목욕을 제한한 때로 옳은 것은?
① 이집트시대
② 르네상스시대
③ 중세시대
④ 로마시대

해설
중세시대에는 기독교의 금욕주의적 영향으로 교회의 지배력이 강해져서 여성들의 화장에 대한 태도까지 큰 영향을 끼쳤고, 가발 사용과 화장을 엄격히 금지하였다.

48 아로마테라피에 대한 설명으로 옳지 않은 것을 고르시오.
① 식물의 꽃, 잎, 줄기, 뿌리, 열매로부터 추출한 에센셜 오일이다.
② 마사지, 흡입법, 입욕법, 방향요법 등의 정신적, 육체적 자극으로 직접적인 치유작용과 심신의 안정을 주어 인체의 밸런스를 유지하는 자연치유요법이다.
③ Aroma(향) + Therapy(요법)의 합성어이다.
④ 투명한 유리병에 담아 보관한다.

해설
암갈색의 유리병에 담아 그늘진 곳에 보관하는 것이 좋다.

정답 43 ① 44 ② 45 ④ 46 ④ 47 ③ 48 ④

49 피부가 햇빛에 노출되었을 때 생성되는 성분은?
① 비타민 C
② 비타민 D
③ 콜라겐
④ 레티놀

해설
피부가 햇빛에 노출되었을 때에는 비타민 D가 생성된다.

50 물과 기름처럼 서로 용해되지 않는 두 개의 액체를 미세하게 분산시킨 상태는?
① 왁스
② 아로마
③ 에멀젼
④ 린스

해설
에멀젼은 섞이지 않는 서로 다른 두 액체에 의해 만들어진다.

51 공중위생영업에 대한 설명으로 알맞은 것은?
① 위생관리서비스는 제공하지 않는다.
② 소수를 대상으로 한다.
③ 건물위생관리업은 공중위생영업의 한 종류이다.
④ 숙박업은 포함되지 않는다.

해설
공중위생영업은 국민 전체를 대상으로 위생관리서비스를 제공하며, 숙박업, 이미용업, 목욕장업, 세탁업, 건물위생관리업 등이 포함된다.

52 이용업자의 지위를 승계받을 수 있는 사람이 아닌 것은?
① 면허가 없는 직계가족
② 상속인
③ 양수인
④ 법인

해설
이용업은 면허증을 소지한 자에게만 승계를 할 수 있다.

53 면허정지 처분을 받고 정지 기간에 업무를 수행한 때의 행정처분으로 옳은 것은?
① 면허취소
② 벌금 300만 원
③ 과태료 300만 원
④ 기간 연장

해설
면허정지 처분을 받고 정지 기간에 업무를 수행한 때의 행정처분은 면허취소이다.

54 위생 등급에 따른 업소 분류 중 우수업소는 어떠한 등급에 해당하는가?
① 백색등급　② 녹색등급
③ 황색등급　④ 적색등급

해설
최우수업소 - 녹색등급, 우수업소 - 황색등급, 일반관리대상업소 - 백색등급

정답 49 ②　50 ③　51 ③　52 ①　53 ①　54 ③

이용사 · 이용장

55 300만 원 이하의 과태료를 부과하는 사항이 아닌 것을 고르시오.
① 폐업신고를 하지 않은 자
② 이·미용 시설 및 설비의 개선명령을 위반한 자
③ 위생교육을 받지 아니한 자
④ 공중위생법상 필요한 보고를 당국에 하지 아니한 자

해설
▶ 300만 원 이하의 과태료
 • 폐업신고를 하지 않은 자
 • 이·미용 시설 및 설비의 개선 명령을 위반한 자
 • 공중위생법상 필요한 보고를 당국에 하지 아니한 자

56 위생관리등급의 구분이 알맞게 짝지어진 것은?
① 녹색등급 – 우수업소
② 황색등급 – 주의업소
③ 백색등급 – 일반관리업소
④ 적색등급 – 위반업소

해설
 • 녹색등급 – 최우수업소
 • 황색등급 – 우수업소
 • 백색등급 – 일반관리업소

57 이·미용 영업장을 개설할 수 있는 자의 자격요건으로 알맞은 것을 고르시오.
① 이·미용업의 시설 설비 기준에 부합하는 시설을 모두 갖춘 자
② 이·미용사의 면허증이 있는 자
③ 이·미용사의 자격증을 취득한 자
④ 위생교육을 이수한 자

해설
이·미용사의 면허증을 소지해야 하며, 시설 설비 기준에 부합하는 조건을 갖추어야하고 위생교육을 이수하여야 한다.

58 다음 중 면허증을 재발급 받을 수 있는 사유가 아닌 것은?
① 기재사항에 변경이 있는 때
② 면허증을 잃어버린 때
③ 면허증에 흠집이 났을 때
④ 면허증이 헐어 못 쓰게 된 때

해설
면허증을 재발급 받을 수 있는 사유로는 기재사항의 변경 혹은 면허증의 분실이나 심각한 훼손 등이 있다.

59 이용업소 표시등을 설치해야 하는 곳은?
① 영업소 외부
② 영업소 내부
③ 설치하지 않아도 된다.
④ 영업소의 계산대

해설
이용업소 표시등은 영업소의 외부에 설치하여야 한다.

60 다음 중 공중위생영업을 시행할 수 있는 질병은?
① 감염성 결핵   ② 당뇨병
③ 에이즈   ④ 정신질환

해설
▶ 공중위생영업을 시행할 수 없는 결격사유
 1. 피성년 후견인
 2. 정신질환자
 3. 감염병 환자
 4. 마약 등 약물 중독자
 5. 면허가 취소된 후 1년이 경과되지 아니한 자

정답 55 ③ 56 ③ 57 ② 58 ③ 59 ① 60 ②

2025년 2회 _ 기출복원문제

01 우리나라 최초의 이용원을 설립한 사람은?
① 이완용　② 안종호
③ 최문수　④ 김시민

해설
1895년 김홍집 내각 때 단발령이 시행되고 세종로 어귀에 안종호가 우리나라 최초의 이용원을 설립하였다.

02 두상포인트의 명칭으로 틀린 것을 고르시오.
① G.P　② T.G.N.P
③ C.T.M.P　④ N.S.P

해설
G.P – Golden Point, C.T.M.P – Center Top Medium Point, N.S.P – Nape Side Point

03 이발 시술 과정을 올바르게 나열한 것은?
① 소재 – 구상 – 보정 – 제작
② 제작 – 보정 – 소재 – 구상
③ 소제 – 제작 – 구상 – 보정
④ 소재 – 구상 – 제작 – 보정

해설
이발 시술의 과정은 소재 > 구상 > 제작 > 보정 순이다.

04 손상모의 치유와 건성 모발에 사용되는 샴푸의 종류는?
① 플레인 샴푸
② 핫오일 샴푸
③ 에그 샴푸
④ 토닉 샴푸

해설
플레인샴푸 – 일반적인 샴푸, 핫오일샴푸 – 건성모발과 손상모 치유에 도움, 에그샴푸 – 모발에 영양을 부여한다. 토닉샴푸 – 비듬예방, 상쾌함을 부여한다.

05 면도기를 검지와 중지 사이에 끼워 연필을 잡듯이 칼머리 부분을 밑으로 향하게 하여 잡는 면도 방법은?
① 프리핸드　② 펜슬핸드
③ 스틱핸드　④ 푸시핸드

해설
연필을 잡는 것 같다고 하여 펜슬핸드라는 명칭이 붙여졌다.

06 두피마사지의 기본 동작 중 강한 자극으로 이마에서 후두부까지 두피를 쓰다듬는 방법은?
① 강찰법　② 경찰법
③ 유연법　④ 마찰법

해설
강찰법은 강한 자극으로 쓰다듬는 방법이다.

정답 01 ② 02 ② 03 ④ 04 ② 05 ② 06 ①

07 색상환에서 빨간색과 보색관계에 있는 색은 무엇인가?
① 연두 ② 초록
③ 청록 ④ 파랑

> **해설**
> 보색관계란 서로 반대편에 있는 색을 의미하는 것으로 빨강과 보색관계인 색은 청록이다.

08 헤어디자인의 형태를 만든 후에 추가로 다듬고 정돈하는 스타일 기법은 무엇인가?
① 트리밍 ② 싱글링
③ 포인팅 ④ 틴닝

> **해설**
> 트리밍은 '장식하다' '다듬다' 등의 뜻을 가지고 있다.

09 샴푸 시 유의사항으로 알맞지 않은 것은?
① 적당한 물의 온도를 지켜 고객이 불편하지 않도록 하여야 한다.
② 두피 손상이 오지 않도록 손톱이 아닌 손가락 끝을 이용하여야 한다.
③ 두피 자극을 최소화할 수 있는 중성 샴푸제를 사용하는 것이 좋다.
④ 린스제는 두피까지 도포하는 것이 머릿결에 좋다.

> **해설**
> 린스제는 두피에 최대한 닿지 않도록 하는 것이 좋다.

10 유분기 있는 오일이나 영양제로 두피 마사지를 하여 관리해야 하는 모발의 유형은?
① 손상 모발 ② 지성 모발
③ 극손상 모발 ④ 건성 모발

> **해설**
> 유분기가 이미 많은 지성 모발에 유분기가 있는 제품을 사용할 경우 악영향을 끼칠 수 있다. 유분기가 부족한 건성 모발에 사용하는 것이 가장 좋다.

11 공중보건학의 목적이 아닌 것은?
① 질병 예방 ② 수명 연장
③ 건강 및 효율 증진 ④ 인구증가

> **해설**
> 공중보건학의 목적 1. 질병 예방, 2. 수명 연장, 3. 신체적/정신적 효율의 증진

12 세계보건기구의 주요사업이 아닌 것은?
① 영양개선 ② 암 근절
③ 성병관리 ④ 모자보건사업

> **해설**
> **주요사업** : 영양개선, 말라리아 근절, 결핵관리, 성병관리, 모자보건사업, 환경개선사업, 보건교육사업

13 보건지표에서 보통사망률은 일정 기간 동안의 평균 인구 몇 명에 대한 사망자 수인가?
① 10명 ② 100명
③ 1,000명 ④ 10,000명

> **해설**
> **보통사망률**(조사망률) : 일정 기간 중 평균 인구 1,000명에 대한 사망자의 수

정답 07 ③ 08 ① 09 ④ 10 ④ 11 ④ 12 ② 13 ③

14 쥐가 매개체가 되는 질병이 아닌 것은?

① 페스트 ② 구제역
③ 살모넬라 ④ 발진열

해설
구제역은 돼지에 의해 발생한다.

15 폐흡충의 제1 중간숙주는?

① 우렁이 ② 다슬기
③ 물벼룩 ④ 참게

해설
폐흡충(페디스토마) : 제1 중간숙주(다슬기), 제2 중간숙주(가재, 참게)

16 대기오염의 지표로 삼는 것은?

① 아황산가스 ② 이산화탄소
③ 일산화탄소 ④ 탄산가스

해설
대기오염의 지표로 삼는 물질은 아황산가스이다.

17 의복이 갖추어야 할 조건이 아닌 것은?

① 보온성 ② 발수성
③ 신축성 ④ 통기성

해설
의복의 조건 : 보온성, 통기성, 흡수성, 흡습성, 신축성, 내열성을 갖추어야 한다.

18 4대 영양소에 포함되지 않는 영양소를 고르시오.

① 단백질 ② 지방
③ 무기질 ④ 비타민

해설
4대 영양소 : 탄수화물, 단백질, 지방, 무기질

19 질병이 발생되는 요인을 순서대로 잘 나열한 것은?

① 숙주 – 병원체 – 유전
② 숙주 – 유전 – 저항력
③ 숙주 – 병원체 – 병소
④ 숙주 – 병원체 – 환경

해설
감염병이 발생되는 3요소 : 숙주 – 병원체 – 환경

20 다음 중 BCG접종을 하였다면 어느 면역에 속하는가?

① 자연능동면역 ② 자연수동면역
③ 인공수동면역 ④ 인공능동면역

해설
인공능동면역 : 예방접종으로 획득한 면역

21 병원성 미생물의 종류로 옳지 않은 것은?

① 티푸스균 ② 곰팡이균
③ 결핵균 ④ 이질균

해설
병원성 미생물의 종류는 티푸스균, 결핵균, 이질균, 패스트균, 포도상구균, 광견병 등이다.

정답 14 ② 15 ② 16 ① 17 ② 18 ④ 19 ④ 20 ④ 21 ②

22 다음 중 물리적 소독에 대한 설명으로 알맞은 것은?
① 열, 자외선, 여과 수분 등 물리적 방법을 이용한 소독방법이다.
② 때에 따라서 소독용 약제를 이용한다.
③ 저온 살균은 물리적 소독이 아니다.
④ 가죽, 고무제품의 소독에는 자비소독이 적합하다.

> **해설**
> 약제를 이용한 소독은 화학적인 소독이다.

23 병원성 미생물의 종류가 아닌 것은?
① 장티푸스균   ② 포도상구균
③ 유산균   ④ 결핵균

> **해설**
> 병원성 미생물엔 장티푸스균, 결핵균, 포도상구균 등이 있다.

24 병원성 미생물의 구조가 아닌 것은?
① 세포막   ② 항체
③ 세포질   ④ 핵

> **해설**
> 병원성 미생물의 구조 : 세포막, 세포질, 핵, 편모 등으로 이루어져 있다

25 통기성균의 뜻으로 올바른 것을 고르시오.
① 산소가 있을 때 성장하는 균
② 산소가 없을 때 생육하는 균
③ 산소 유무에 관계없이 증식하는 균
④ 산소 유무에 받는 영향이 때에 따라 다른 균

> **해설**
> 통기성균은 산소의 유무에 관계없이 증식하는 균이다.

26 기타 물리적 소독법에 해당하지 않는 것은?
① 저온살균법   ② 세균여과법
③ 자외선멸균법 ④ 초음파 소독

> **해설**
> 저온살균법은 약 60[℃]의 온도에서 30분 정도 가열하는 방식이다.

27 역성비누의 특징으로 알맞지 않은 것은?
① 피부에 자극이 없고 소독력이 높음.
② 이·미용사의 손 세정에 적당함.
③ 계면활성제 중 가장 항균 활성이 높음.
④ 독성이 강하고 금속을 부식시킴.

> **해설**
> 역성비누란 본체가 양이온성인 비누이다. 보통의 비누가 지방산 음이온과 같이 음이온인 것과는 반대라는 뜻으로, 세척력은 없으나 살균작용·단백질 침전 작용이 커서 약용 비누로 쓰인다.

28 콜로이드 물질로 형성되며, 균이 발효과정에 과립상으로 변하는 것은?
① 세포막   ② 세포질
③ 핵   ④ 세포층

> **해설**
> 세포질은 콜로이드 물질로 형성되며, 발효과정 중 균이 과립상으로 변한다.

정답 22 ① 23 ③ 24 ② 25 ③ 26 ① 27 ④ 28 ②

29 매독과 임질의 전염경로로 알맞은 것을 고르시오.
① 진액접촉　　② 비말접촉
③ 경피감염　　④ 직접접촉

> **해설**
> 직접접촉으로 주로 전염경로는 성행위(82.2[%])·수혈(2.9[%])·수직감염(0.2[%]) 등인데, 실제로 성행위에 의한 전염이 압도적으로 많다.

30 다음 중 미생물에 대한 효과가 가장 강력한 것을 고르시오.
① 방부　　② 멸균
③ 살균　　④ 소독

> **해설**
> 멸균 > 살균 > 소독 > 방부의 순서이다.

31 표피의 구성세포가 아닌 것은?
① 멜라닌세포　　② 림프구
③ 랑게르한스세포　　④ 각질형성세포

> **해설**
> 표피의 구성세포는 멜라닌세포, 머켈세포, 랑게르한스세포, 각질형성세포 이다

32 3~4층의 두꺼운 과립세포층으로 구성되어 있으며, 각질화 과정이 실제로 시작되는 곳은?
① 유극층　　② 과립층
③ 기저층　　④ 각질층

> **해설**
> 과립층은 3~4개의 편평세포로 이루어진 층으로 각질화가 시작되는 층이다.

33 노화피부의 특징은?
① 피하지방이 증가한다.
② 피부 표면이 번들거리며 부드럽다.
③ 주름과 반점 등이 생긴다.
④ 표피의 탄력이 감소한다.

> **해설**
> 노화피부는 진피의 탄력섬유와 교원섬유의 늘어짐으로 시작되며 주름과 반점 등이 생긴다.

34 비만의 원인이 아닌 것을 고르시오.
① 약물 부작용　　② 심한 다이어트
③ 유전적 체질　　④ 잘못된 식습관

> **해설**
> 다이어트는 비만의 원인이 될 수 없다.

35 큰 결절로 직경 2[cm] 이상의 크기를 가졌으며 다양한 색깔을 지닌 원발진의 종류는?
① 낭종　　② 수포
③ 종양　　④ 면포

> **해설**
> 종양이란 2[cm] 이상의 피부 증식물을 말하며 양성과 악성이 있다.

36 다음 중 바이러스성 피부 질환이 아닌 것은?
① 대상포진　　② 수두
③ 사마귀　　④ 켈로이드

> **해설**
> - 바이러스성 피부질환 : 수두, 단순포진, 대상포진, 홍역, 사마귀, 풍진 등이다.
> - 켈로이드 : 상처가 치유되는 과정에서 발생하며, 유독 색이 붉고 솟아 있는 흉살이 나타나는 증상이다.

정답 29 ④　30 ②　31 ②　32 ②　33 ③　34 ②　35 ③　36 ④

37 다음 중 남성형 탈모의 주 원인이 되는 호르몬은?
① 안드로겐   ② 에스트라디올
③ 테스토스테론 ④ 랑게르한스

> **해설**
> 에스트라디올 – 성호르몬 스테로이드, 테스토스테론 – 남성의 성호르몬, 랑게르한스 – 피부 조직에 상주하는 대식세포, 안드로겐 – 탈모를 유발시키는 남성 호르몬

38 다음 중 여드름을 유발하지 않는 화장품의 성분은?
① 라우린 산   ② 소르비톨
③ 올리브 오일 ④ 올레인 산

> **해설**
> 여드름을 유발하지 않는 성분 중엔 당분의 일종인 소르비톨과 트레할로즈가 있는데 이것이 피부의 수분 밸런스를 유지해 준다.

39 민감성 피부에 대한 설명으로 적절한 것은?
① 피지의 분비량이 많은 피부
② 특정 물질에 민감하게 반응하는 피부
③ 땀의 배출량이 많은 피부
④ 푸석푸석하고 주름이 많은 피부

> **해설**
> 민감성 피부는 외부 자극이나 특정물질에 반응하는 피부를 말한다.

40 자외선에 대한 민감도가 가장 낮은 국가는?
① 대한민국   ② 가나
③ 미국   ④ 일본

> **해설**
> 자외선의 민감도는 피부색이 밝을수록 높게 나타난다.

41 화장의 기원으로 올바르지 않은 것은?
① 장식설   ② 신체보호설
③ 계급설   ④ 수명연장설

> **해설**
> 화장에 기원에는 아름다워지려는 본능적 욕구충족을 위해 화장을 했다는 장식설, 자연에서 몸을 보호하기 위해 화장을 했다는 신체보호설, 성별이나 신분의 계급에 따라 용모를 구분하기 위해 화장을 했다는 계급설, 주술적·종교적으로 질병이나 마귀를 쫓기 위해 얼굴이나 몸에 색칠을 하였다는 종교설이 있다.

42 피부 가장 바깥쪽 무핵의 세포층으로 16~24층으로 겹겹이 쌓여 있는 층은?
① 각질층   ② 투명층
③ 과립층   ④ 유극층

> **해설**
> 피부의 가장 바깥쪽에 있는 세포층은 각질층이다.

43 휘발성이 있는 무색, 투명의 액체이며 물 또는 유기용매와 잘 섞이는 화장품의 원료는?
① 정제수   ② 에탄올
③ 디메치콘   ④ 파라핀

> **해설**
> 에탄올은 휘발성이 있는 무색, 투명의 액체로서 물 또는 유기용매와 잘 섞이는 화장품의 원료이다.

정답 37 ① 38 ② 39 ② 40 ② 41 ④ 42 ① 43 ②

44 일상생활에 사용하기 가장 적합한 자외선차단제의 SPF 지수는?

① SPF 15   ② SPF 30
③ SPF 45   ④ SPF 50

> **해설**
> 자외선 차단 지수가 높을수록 자외선에 많이 노출되는 야외활동에 적합하다.

45 로션 속 유성성분의 종류가 아닌 것은?

① 왁스   ② 유지
③ 고급 알코올   ④ 보습제

> **해설**
> 고급 알코올은 탄소(C) 수가 증가할수록 수용성이 감소하고 유용성이 증가한다.

46 식물의 꽃이나 줄기, 껍질, 씨앗, 이끼, 풀 등을 모아 증기솥에 넣고 수증기를 통과시켜 향을 얻어내는 향료의 추출방식은?

① 온침법   ② 용매 추출법
③ 증류법   ④ 압착법

> **해설**
> 온침법은 가열하여 녹인 동물성 기름에 꽃잎을 넣고 기름에 향이 스며들게 하여 에탄올로 정제하는 방식이며, 용매 추출법은 유기용매에 꽃잎이나 잎사귀, 이끼 등을 넣어 왁스 형태의 물질을 얻어, 에탄올에 녹는 물질만 다시 추출하는 방식이고, 압착법은 과일의 껍질을 압착하여 에센셜 오일을 얻는 방식이다.

47 화상을 입은 피부의 진정작용에 효과적인 오일은?

① 호호바 오일   ② 로즈힙 오일
③ 캐럿 오일   ④ 아보카도 오일

> **해설**
> 호호바 오일은 화상 시 진정에 효과적이다.

48 1950년 이후 만들어진 제품이 아닌 것은?

① 에어로졸 화장품
② 비누
③ 불소 치약
④ 합성세제

> **해설**
> 비누는 중세시대 때부터 대중화되기 시작하였다.

49 진흙 성분의 머드 팩에 주로 함유되어 있는 성분은?

① 벤토나이트   ② 유황
③ 비타민   ④ 레티놀

> **해설**
> 머드 속 벤토나이트에는 66종 이상의 천연 미네랄 성분이 다량 포함되어 있다. 특히 수분을 갖게 되면 전자와 분자 성분이 빠르게 변화하여 전하를 생성시키는 뛰어난 능력이 독소, 불순물, 중금속과 다른 내부 오염물을 흡수하게 된다.

50 여드름 관리에 사용되는 화장품의 올바른 기능을 고르시오.

① 수렴작용 효과
② 박테리아 증식을 돕는 효과
③ 피지의 증가를 유도하는 효과
④ 각질 증가 효과

> **해설**
> 여드름 관리에 사용되는 화장품은 피지의 발생을 억제하여야 하고, 각질을 제거해 주어야 하며, 깨끗한 피부로 만들어주어야 한다.

정답 44 ①　45 ④　46 ③　47 ①　48 ②　49 ①　50 ①

이용사·이용장

51 공중위생관리법은 국민의 _____에 기여함을 목적으로 한다. 빈칸에 들어갈 말로 옳은 것은?

① 건강증진 ② 내 집 마련
③ 소득수준 향상 ④ 일자리 창출

해설
공중위생관리법의 정의 : 공중이 이용하는 영업과 시설의 위생관리 등에 관한 사항을 규정함으로써 위생 수준을 향상시켜 국민의 건강증진에 기여함을 목적으로 한다.

52 영업 신고사항의 변경 시, 변경사항에 대한 신고를 하여야 하는 자는?

① 시·도지사
② 시·군·구청장
③ 보건복지부 장관
④ 대통령

해설
영업신고 변경사항 : 영업소의 명칭 또는 면적의 1/3 증감이 있을 때, 영업장의 소재지 변경 때, 대표자의 성명 또는 생년월일을 바꾸려 할 때

53 면허취소 대상이 아닌 것은?

① 이용 자격이 취소되었을 때
② 면허 결격 사유자
③ 면허를 다른 사람에게 대여한 2차 위반자
④ 이중 면허 취득자

해설
이중으로 면허를 취득했을 시 나중에 발급받은 면허는 취소되며, 기존 면허는 그대로 유지된다.

54 공중위생감시원의 업무범위가 아닌 것은?

① 시설 및 설비의 확인
② 공중이용시설의 위생상태 확인 검사
③ 위생관리의무 및 준수사항 이행 여부 확인
④ 공중위생관리법 위반에 대한 과태료 부과

해설
과태료 부과는 시장·군수·구청장이 한다.

55 영업소 위생서비스 수준의 평가 주기는?

① 1년 ② 2년
③ 3년 ④ 4년

해설
영업소의 위생서비스 수준의 평가 주기는 2년이다.

56 이·미용사가 일회용 면도날을 여러 손님에게 사용했을 때의 2차 위반 행정처분은?

① 영업정지 1월 ② 영업정지 10일
③ 영업정지 5일 ④ 영업장 폐쇄

해설
1차 - 경고, 2차 - 영업정지 5일, 3차 - 영업정지 10일, 4차 - 영업장 폐쇄명령

57 영업장 안의 조명도는 얼마만큼을 유지해야 하는가?

① 50룩스 이상 ② 75룩스 이상
③ 90룩스 이상 ④ 100룩스 이상

해설
영업장 내부의 조명도는 75룩스 이상을 유지하는 것이 좋다.

정답 51 ① 52 ② 53 ④ 54 ④ 55 ② 56 ③ 57 ②

58 다음 중 신고를 하지 아니하고 영업장 면적의 1/3 이상을 변경했을 경우의 행정처분이 아닌 것은?

① 개선명령
② 영업정지 10일
③ 영업정지 1월
④ 영업장 폐쇄

> **해설**
> 1차 – 경고 또는 개선명령, 2차 – 영업정지 15일, 3차 – 영업정지 1월, 4차 – 영업장 폐쇄명령

59 서비스의 최종 지불가격 및 서비스 총액에 관한 내역서를 이용자에게 미리 제공하지 않은 경우에 해당하는 행정처분이 아닌 것은?

① 1차 – 경고
② 2차 – 영업정지 5일
③ 3차 – 영업정지 15일
④ 4차 – 영업장 폐쇄명령

> **해설**
> 1차 – 경고 또는 개선명령, 2차 – 영업정지 5일, 3차 – 영업정지 10일, 4차 – 영업장 폐쇄명령

60 이·미용업소의 내부에 반드시 게시하여야 하는 것에 해당하지 않는 것은?

① 영업표시등
② 가격표
③ 영업신고증
④ 면허증 원본

> **해설**
> 영업신고증, 면허증 원본, 이용요금표 직접접촉으로 주로 전염경로는 성행위(82.2[%])·수혈(2.9[%])·수직감염(0.2[%]) 등인데, 실제로 성행위에 의한 전염이 압도적으로 많다.

정답 58 ② 59 ③ 60 ①

이용사 17 — 2025년 4회 기출복원문제

01 세계 최초의 이용원을 설립한 사람의 이름은?
① 장 바버
② 바리캉 마르
③ 마셀 그라또우
④ 샘 스미스

해설
프랑스의 장 바버가 1800년대 이용원을 처음 설립하였다. '바버샵'이라는 이름의 유래이기도 하다.

02 가위의 종류와 쓰임새가 올바르게 짝지어지지 않은 것을 고르시오.
① 커팅가위 : 두발을 자르는 일반적인 가위
② 틴닝가위 : 모발 길이는 자르지 않고 숱을 감소시키기 위해 사용
③ 착강가위 : 날부분과 협신부가 서로 다른 재질로 접합시켜 만들어진 가위
④ 전강가위 : 일부가 특수강으로 만들어진 가위

해설
전강가위란 날 전체가 특수강으로 만들어진 가위를 일컫는다.

03 올바른 커트 기법이 아닌 것을 고르시오.
① 거칠게 깎기
② 지간 깎기
③ 두껍게 깎기
④ 수정 깎기

해설
커트 기법의 종류 : 거칠게 깎기, 지간 깎기, 연속 깎기, 밀어 깎기, 끌어 깎기, 떠올려 깎기, 소밀 깎기, 수정 깎기

04 드라이 샴푸의 특징으로 알맞지 않은 것을 고르시오.
① 가발의 세정에 주로 사용된다.
② 비듬 및 각질층을 부드럽게 하기 위해 사용된다.
③ 임산부 혹은 몸이 불편한 환자의 시술에 알맞다.
④ 알코올 같은 휘발성 용액을 분무하여 세정하는 방법이다.

해설
물을 사용하지 않는 샴푸 방법으로 주로 환자나 임산부, 가발 세정에 사용한다.

05 드라이기의 구조가 아닌 것은?
① 노즐
② 프롱
③ 송풍구
④ 핸들

해설
프롱은 아이론에서 열을 전달하는 쇠막대 부분이다.

06 모발의 굵기에 따른 분류가 맞게 이루어진 것을 고르시오.
① 취모 : 연모와 성모의 중간 정도의 굵기
② 연모 : 뱃속에서 만들어지는 태아의 털
③ 중간모 : 몸통이나 팔, 다리 등의 솜털
④ 경모 : 성인의 머리털, 눈썹, 수염, 음모 등

해설
경모 > 중간모 > 연모 > 취모

정답 01 ① 02 ④ 03 ③ 04 ② 05 ② 06 ④

07 염모제의 알레르기 반응을 확인하는 방법은?
① 패치테스트   ② 스트랜드 테스트
③ 컬러테스트   ④ 헤어테스트

해설
염모제의 알레르기 반응을 확인하기 위해선 귀 뒤나 팔꿈치 안쪽에 패치테스트를 실시하는 것이 좋다.

08 빗을 대고 빗살 위로 올라온 모발을 커트하는 기법은?
① 테이퍼링   ② 블런트커트
③ 오버콤   ④ 사이드파트

해설
빗살 위로 올라온 모발을 커트하는 것은 오버콤이다.

09 펌 시술 후의 알칼리 성분들을 중화시키고 염색 후 큐티클을 수축시키는 린스제의 종류는?
① 산성 린스   ② 손상모용 린스
③ 크림 린스   ④ 알칼리성 린스

해설
알칼리를 중화하는 것은 산성이다.

10 다음 중 발생부위와 모주기가 올바르게 짝지어진 것을 구하시오.
① 수염 : 1~2년
② 눈썹 : 4~5개월
③ 속눈썹 : 2~4개월
④ 솜털 : 1~3개월

해설
수염 – 2~3년, 눈썹 – 4~5개월, 속눈썹 – 3~4개월, 솜털 – 2~4개월

11 공중보건학의 정의로 옳은 것은?
① 개인들의 노력으로 질병을 예방한다.
② 신체적·정신적 효율을 증진시킨다.
③ 질병을 예방하여 인구의 증가를 기대한다.
④ 조직화보다는 개인주의에 더 초점을 둔다.

해설
윈슬로우의 정의 : "공중보건학이란 조직화된 지역사회의 노력으로 질병을 예방하고 수명을 연장하며 신체적·정신적 효율을 증진하는 기술이며 과학이다"라고 정의하였다.

12 모성보건사업에서 실시하는 관리의 종류로 알맞지 않은 것은?
① 산전관리   ② 분만관리
③ 산후관리   ④ 영아관리

해설
모성보건사업이 관리하는 사업은 산전관리, 분만관리, 산후관리이다.

13 역학의 목적이 아닌 것을 고르시오.
① 질병의 발생 원인 규명
② 질병의 발생 및 유행 확산 방지 역할
③ 질병의 자연사에 관한 연구
④ 질병으로 인한 사망자 수 파악

해설
역학의 정의 : 질병이 발생했을 때 통계적 검정을 통해 질병의 발생 원인과 분포를 파악하고, 원인을 규명하여 예방·차단하는 것

정답 07 ① 08 ③ 09 ① 10 ② 11 ② 12 ④ 13 ④

14 인수공통 병원소의 종류 중 설치류가 일으키는 감염병이 아닌 것은?

① 신증후성출혈열
② 렙토스피라
③ 야토병
④ 에볼라출혈열

> **해설**
> 에볼라(Ebola) 바이러스에 의해서 발병하는 전염병으로 바이러스 자체는 필로바이러스로 분류된다.

15 이·미용업소의 안전사고 예방 대책으로 가장 알맞은 것을 고르시오.

① 시술장의 조명은 어두워도 괜찮다.
② 시술도구의 소독과 위생점검은 가끔씩 시행한다.
③ 시술장의 청결상태와 위생은 겉으로 티가 나지 않으면 괜찮다.
④ 전기 및 화재 안전수칙을 준수하여야 한다.

> **해설**
> 이·미용업소의 조명은 75룩스 이상으로 유지하여야 하며, 시술 도구는 주기적으로 소독하여 청결하게 관리하여야 한다. 또한 감전과 화재 등의 사고에 항상 대비하여 안전수칙을 준수하여야 한다.

16 1차 오염물질로서 직접 대기에 배출되는 물질이 아닌 것을 고르시오.

① 분진   ② 황산화물
③ 재   ④ 안개

> **해설**
> 대기오염의 1차 오염물질은 분진, 연기, 재, 안개, 매연 등이 있다.

17 고기압을 원인으로 하는 직업병은?

① 열중증   ② 동상
③ 잠함병   ④ 고산병

> **해설**
> • 열중증 : 용광로 작업자
> • 동상 : 외부현장작업자
> • 잠함병 : 잠수부
> • 고산병 : 등산가

18 버섯에 의해 발생되는 독성 물질은?

① 무스카린   ② 솔라닌
③ 테트로도톡신   ④ 아미그달린

> **해설**
> • 무스카린 : 버섯
> • 솔라닌 : 감자
> • 테트로도톡신 : 복어류
> • 아미그달린 : 살구씨, 복숭아씨

19 다음 기생충의 중간숙주와 바르게 연결된 것은?

① 폐흡충(폐디스토마) – 우렁이
② 만선열두조충 – 장어
③ 무구조충(민촌충) – 닭
④ 유구조충(갈고리촌충) – 돼지

> **해설**
> 유구조충은 돼지고기촌충이라고도 불린다.

20 피라미드형을 다른 말로 무엇이라고 일컫는가?

① 인구증가형   ② 인구감소형
③ 인구정지형   ④ 인구유입형

> **해설**
> 인구증가형–후진국형으로 피라미드형이다.

21 비병원성 미생물이란 (　　)이(가) 없는 미생물이다. 빈칸에 들어갈 말로 알맞은 것은?

① 병원성　② 형태
③ 균　④ 곰팡이

해설
비병원성 미생물이란 병원성이 없는 미생물이다.

22 저온 살균법을 발명한 사람은?

① 파스퇴르　② 피타고라스
③ 리스트　④ 데카르트

해설
저온 살균법을 고안한 사람은 파스퇴르이다.

23 세균에 대한 설명으로 알맞은 것은?

① 바이러스보다 크기가 작다.
② 백선, 무좀 등을 발생시킨다.
③ 주위 환경 어디에나 존재한다.
④ 병원성이 없다.

해설
세균은 우리의 주변 환경 어디에나 존재할 수 있다.

24 대부분의 병원성 세균들이 사멸하는 pH 농도로 알맞은 것은?

① pH 5.0 이하 산성과 pH 8.5 이상 알칼리성
② pH 5.0 이상 산성과 pH 8.5 이하 알칼리성
③ pH 5.0 이하 알칼리성과 pH 8.5 이상 산성
④ pH 5.0 이하 산성과 pH 8.5 이상 알칼리성

해설
pH 5.0 이하 산성과 pH 8.5 이상 알칼리성에서 대부분 사멸한다.

25 병원 미생물의 구조와 설명이 맞게 짝지어지지 않은 것을 고르시오.

① 세포막 - 균체를 둘러싼 막
② 세포질 - 균이 발육과정에 액체로 변화
③ 세포질 - 콜로이드 물질로 형성
④ 핵 - 균의 생명과 유전 관계

해설
세포질은 균이 발육과정에서 과립상으로 변화한다.

26 감염의 뜻으로 옳은 것을 고르시오.

① 물체 내부나 표면에 병원체가 붙어있는 것
② 병원성 미생물의 발육과 작용을 정지시켜서 부패나 발효등 변질되는 것을 방지하는 것
③ 화농창에 소독제를 도포하여 화농균을 사멸시키는 것
④ 병원체가 사람이나 동식물에 침입하여 발육 증식하는 것

해설
감염 : 병원성 미생물이 사람이나 동물, 식물의 조직, 체액, 표면에 정착하여 증식하는 일

27 포르말린 소독 시, 몇 [%]의 농도가 가장 적당한가?

① 1~1.5[%]　② 2~2.5[%]
③ 3~3.5[%]　④ 4~4.5[%]

해설
소독제·살균제·방부제·방충제·살충제·지한제이며, 30~50배로 희석하여 약 1[%] 액(포르말린수)으로 사용한다.

정답 21 ①　22 ①　23 ③　24 ①　25 ②　26 ④　27 ①

28 27~35[℃] 사이에서 가장 잘 발육하는 균의 종류는 무엇인가?

① 저온성균　　② 중온성균
③ 고온성균　　④ 무온성균

해설
중온성균은 27~35[℃] 사이에서 가장 잘 발육한다.

29 건열멸균소독은 ( ) 열을 이용한 소독법이다. 빈칸에 들어갈 말로 알맞은 것은?

① 습한　　　② 건조한
③ 활활 타는　④ 약한

해설
건열멸균소독은 건조한 열을 이용한 소독법이다.

30 다음의 물리적 소독법들 중 습열에 의한 방법이 아닌 것은?

① 자비소독법　② 고압증기살균법
③ 소각법　　　④ 간헐멸균법

해설
소각법은 감염체를 불에 태우는 방식이다.

31 피부타입을 결정하는 요인이 아닌 것은?

① 피지의 분비량
② 건강상태
③ 각질층의 수분함유량
④ 퍼스널컬러

해설
퍼스널컬러는 사람의 어울리는 컬러유형을 알아내기 위한 것이다.

32 신체부위 중 가장 두꺼운 부분은?

① 눈꺼풀　　② 손등
③ 입술　　　④ 손바닥

해설
신체 부위 중 가장 두꺼운 부분은 손바닥, 발바닥 등이며 눈꺼풀은 제일 얇은 부위에 속한다.

33 탄수화물의 특징으로 알맞지 않은 것을 고르시오.

① 신진대사의 기능이 원활하게 이루어지도록 도와준다.
② 혈당을 유지시킨다.
③ 장의 운동을 돕는다.
④ 신체의 중요한 에너지원이다.

해설
신체의 대사작용, 조절작용, 효소와 호르몬의 구성요소로 작용하는 것은 무기질이다.

34 신체의 조직을 구성하는 영양소가 아닌 것은?

① 비타민　　② 단백질
③ 지방　　　④ 무기질

해설
열량소(단백질, 탄수화물, 지방), 조절소(무기질, 비타민), 구성소(단백질, 무기질, 탄수화물, 지방)

35 홍반을 유발시키는 자외선의 종류는?

① UV-A　　② UV-B
③ UV-C　　④ UV-D

해설
UV-B는 중파장으로 표피와 진피상부까지 침투하며 홍반을 일으키며 선번(Sun burn)을 유발한다.

정답　28 ②　29 ②　30 ③　31 ④　32 ④　33 ①　34 ①　35 ②

36 흑갈색의 사마귀 모양으로 40대 이후부터 손등이나 얼굴에 발현하는 것은?

① 기미 ② 사마귀
③ 검버섯 ④ 색소침착

> **해설**
> 검버섯은 표피의 각질형성세포로 구성된 피부 양성종양이다. 경계가 뚜렷하며 돌출된 다양한 크기의 갈색 반점 형태로 나타나는 것이 특징이며, 의학용어로는 '지루각화증'이라고 불리는데, 중장년층에서 발생할 가능성이 높다.

37 다음 중 지성 피부의 관리에 알맞은 크림은?

① 바니싱 크림
② 에몰리언트 크림
③ 콜드 크림
④ 나이트 크림

> **해설**
> 바니싱크림 : 무유성 크림으로 관리한다.

38 다음 중 기저층의 역할로 가장 적절한 것은?

① 수분의 방어 ② 새 세포형성
③ 면역 ④ 팽윤

> **해설**
> 기저층 : 각질형성세포와 색소형성세포로 유두층으로부터 영양을 공급받아 세포분열을 한다.

39 피부가 두꺼워 보이며 모공이 커 화장이 쉽게 지워지는 피부타입은?

① 지성 ② 중성
③ 건성 ④ 민감성

> **해설**
> 유분이 많아 번들거리기 쉬운 타입인 지성은 모공이 넓으며 피지의 분비량이 많고 화장이 쉽게 지워진다.

40 다음 중 카로틴을 많이 함유하고 있는 식품으로 옳은 것을 고르시오.

① 당근 ② 감자
③ 사과 ④ 돼지고기

> **해설**
> 카로틴이란 식물에 들어 있는 색소 중 하나이다. 주로 노란색, 오렌지색, 붉은색을 나타내며 산화되면 무색이 된다.

41 우리나라 역사상 최초로 국가에서 화장을 장려하고 화장법을 가르친 때는?

① 삼국시대 ② 통일신라시대
③ 고려시대 ④ 조선시대

> **해설**
> 고려시대, 우리나라 역사 최초로 국가에서 화장을 장려하고, 화장법을 가르친 때는 태조 왕건 시기이다.

42 표피세포의 2~8[%]를 차지하며 유극층에 존재하는 별모양의 세포질 돌기를 가진 세포는?

① 각질 형성 세포
② 멜라닌 형성 세포
③ 랑게르한스 세포
④ 머켈 세포

> **해설**
> 랑게르한스 세포는 방추형의 세포돌기를 가진 것으로 유극층에 대부분 존재한다.

정답 36 ③ 37 ① 38 ② 39 ① 40 ① 41 ③ 42 ③

43 바람직한 보습제의 구비조건이 아닌 것은?
① 적절한 흡습 능력이 있을 것
② 가능한 한 휘발성이 높을 것
③ 피부와의 친화성이 좋을 것
④ 가능한 한 무색, 무취, 무미일 것

해설
휘발성이 높을수록 보습효과는 떨어진다.

44 머리를 감을 때마다 조금씩 퇴색되며 코팅컬러와 산성컬러가 속해 있는 염모제의 종류는?
① 일시적 염모제 ② 반영구 염모제
③ 영구 염모제   ④ 천연 염모제

해설
반영구 염모제는 강한 컬러감을 부여하지만, 색이 조금씩 퇴색되는 단점이 있다.

45 메이크업 화장품에서 가장 널리 사용되는 것으로 왁스와 오일 등에 다양한 색소를 넣고 굳혀 만든 립 메이크업 제품은?
① 립스틱   ② 립밤
③ 립라이너 ④ 립틴트

해설
립스틱 제조는 고형 납을 녹이고, 여기에 라놀린과 바셀린을 혼합한 후 색소를 가하여 충분히 섞은 후 온도를 약간 낮추어 향료를 첨가하는 방식이다.

46 오드뚜왈렛의 부향률은?
① 15~30[%] ② 9~12[%]
③ 3~5[%]   ④ 1~3[%]

해설
오드뚜왈렛의 부향률은 3~5[%]이다.

47 일본으로 건너가 연분의 제조법을 전수한 시대는?
① 조선   ② 고려
③ 백제   ④ 통일신라

해설
신라의 한 승려가 서기 692년에 일본으로 건너가 연분(鉛粉)을 만든 사실이 있다.

48 다음 중 낮과 밤 겸용으로 사용할 수 있는 것은?
① 데이 크림
② 나이트 크림
③ 데이 앤 나이트 크림
④ 영양 크림

해설
낮과 밤 겸용이라는 뜻에서 데이 앤 나이트 크림이라는 이름이 붙었다.

49 기능성 화장품에서 주름 개선에 효과적인 성분은?
① 셀룰라이트
② 레티노이드
③ 레시틴
④ 하이드로퀴논

해설
피부에 비타민 A(레티놀)를 바르면 피부세포가 비타민 A를 흡수한 후, 대사하여, 레티노익산으로 변화시킨다. 이렇게 만들어진 레티노익산은 피부에 작용하여 피부노화를 억제하고 주름살을 없애는 좋은 작용을 하게 된다.

정답 43 ② 44 ② 45 ① 46 ③ 47 ④ 48 ③ 49 ②

50 고급 지방산에 고급 알코올이 결합된 에스테르를 말하며 메이크업 제품의 굳기를 증가시켜 주는 성분은?

① 바세린 ② 올리브유
③ 왁스   ④ 폴리에스테르

해설
왁스는 기초 화장품이나 메이크업 화장품에 널리 사용되는 고형의 유성 성분으로 화학적으로는 고급 지방산에 고급 알코올이 결합된 에스테르이며, 화장품의 굳기를 증가시키는 원료이다.

51 공중위생영업에 해당하지 않는 것은?

① 세탁업 ② 숙박업
③ 요식업 ④ 이·미용업

해설
공중위생영업은 숙박업, 목욕법, 이용업, 미용업, 세탁업, 건물위생관리업이 있다.

52 이용업자의 위생관리 기준으로 알맞은 것을 고르시오.

① 일회용 면도날을 여러 손님에게 사용해도 괜찮다.
② 이용사 면허증, 이용업 신고필증, 요금표를 영업소 안에 게시할 것
③ 이용 업소 표시등을 영업소 내부에 게시할 것
④ 소독을 한 기구와 소독을 하지 아니한 기구를 한꺼번에 보관해도 상관없다.

해설
공중위생관리법상 소독을 한 기구와 소독하지 아니한 기구는 따로 보관하여야 한다. (해설 보충: 정답 ②는 법적 게시 의무 사항으로 옳은 내용이며, 나머지 보기는 위생관리 기준 위반이다.)

53 고등기술학교에서 이·미용사 면허를 취득하려면 얼마 이상의 기간 동안 이·미용에 관련된 소정의 과정을 이수하여야 하는가?

① 6개월 ② 1년
③ 2년   ④ 3년

해설
고등기술학교에서 1년 이상 이·미용에 관한 소정의 과정을 이수한 자

54 명예 공중위생감시원의 업무가 아닌 것은?

① 공중위생감시원의 검사 대상물의 수거 지원
② 법령 위반 행위 신고 및 자료 제공
③ 위반 업소에 대한 간판 등 표시물 제거
④ 공중위생에 관한 홍보 계몽 등 시·도지사가 정하여 부여하는 업무

해설
명예 공중위생감시원의 업무로는 검사 대상물의 수거 지원, 법령 위반 행위 신고 및 자료 제공, 공중위생에 관한 홍보 계몽 등 시·도지사가 정하여 부여하는 업무이다.

55 영업개시 후 6개월 이내에 위생교육을 받을 수 있는 사유로 옳은 것은?

① 가족의 질병 혹은 사고
② 업무상 국내 출장
③ 기상악화
④ 교육을 실시하는 단체의 사정

해설
- 천재지변, 본인의 질병 및 사고, 업무상 국외출장 등의 사유로 교육을 받을 수 없는 경우
- 교육을 실시하는 단체의 사정 등으로 미리 교육을 받기가 불가능한 경우

정답 50 ③ 51 ② 52 ② 53 ② 54 ③ 55 ④

56 손님에게 성매매 알선 등 음란행위를 하게 하거나 이를 제공한 영업장의 1차 위반 행정처분은?

① 영업정지 3월 ② 영업정지 6월
③ 영업정지 1년 ④ 영업장 폐쇄명령

> **해설**
> 1차 – 영업정지 3월, 2차 – 영업소(폐쇄명령), 업주(이용사 면허취소)

57 다음 중 청문을 실시하는 경우에 해당하는 것은?

① 벌금을 처분하려고 할 때
② 영업소 기구의 봉인을 해제하려고 할 때
③ 영업소 폐쇄명령을 처분하고자 할 때
④ 폐쇄명령을 받고 폐쇄명령을 받은 영업과 같은 종류의 영업을 하고자 할 때

> **해설**
> 영업소의 폐쇄명령을 처분하고자 할 때에는 청문을 실시할 수 있다.

58 폐쇄명령을 받고도 계속해서 영업을 하는 때에 행할 수 있는 조치가 아닌 것은?

① 영업소의 간판 제거
② 위법한 업소임을 알리는 게시물의 부착
③ 기구 또는 시설물의 봉인
④ 영업소 앞 점거

> **해설**
> 폐쇄명령을 받고도 계속해서 영업을 행하는 경우 영업소의 간판 제거 또는 위법한 업소임을 알리는 게시물의 부착, 기구 또는 시설물의 봉인 등을 행할 수 있다.

59 영업자의 지위를 승계한 후 1월 이내에 신고하지 아니한 경우의 최종 행정명령은?

① 영업정지 1월 ② 면허취소
③ 영업정지 3월 ④ 영업장 폐쇄

> **해설**
> 1차 – 경고 또는 개선명령, 2차 – 영업정지 10일, 3차 – 영업정지 1월, 4차 – 영업장 폐쇄명령

60 이·미용업을 하는 자가 1년 동안 받아야 하는 위생교육의 총 시간은 얼마인가?

① 3시간 ② 6시간
③ 12시간 ④ 24시간

> **해설**
> 이·미용업을 하는 자는 1년간 약 3시간의 위생교육을 받아야 한다.

정답 56 ① 57 ③ 58 ④ 59 ④ 60 ①

06 면체 시 스팀타월을 이용하는 이유가 아닌 것은?
① 면체를 용이하게 하기 위하여
② 스틱핸드의 시술에만 꼭 필요하기 때문에
③ 피부에 온열 효과를 주기 위하여
④ 피부에 상처가 발생하는 것을 예방하기 위하여

> **해설**
> 모든 면체 시술 시 스팀타월을 이용한다.

07 면도기 사용에 관한 설명 중 가장 옳은 것은?
① 1회용 면도날만을 손님 1인에 한하여 사용해야 한다.
② 손님 1인에 한하여 사용하며 매번 소독하면 재사용할 수 있다.
③ 개인용 면도날을 지참하도록 한다.
④ 1회용 면도날을 2인 이상 손님에게 사용하여 1차 위반하면 행정처분기준으로 영업정지 5일을 받는다.

> **해설**
> 1회용 면도날은 사용 후 새 면도날로 교체하여야 한다.

08 면도 시술 시 피부감염 예방에 적합한 면도기는?
① 자루 면도기   ② 페더 면도기
③ 일도   ④ 양도

> **해설**
> 면도 시술 시 페더 면도기를 사용하면 피부감염 예방에 효과적이다.

09 다음 중 경피감염이 가장 잘되는 기생충은?
① 회충   ② 구충
③ 편충   ④ 요충

> **해설**
> 회충과 편충 · 요충이 경구감염이며, 구충은 경피감염이다.

10 다음 중 이용이 속하는 것은?
① 영상예술   ② 전위예술
③ 부용예술   ④ 동작예술

> **해설**
> 이용은 고객의 용모를 아름답게 가꾸는 부용예술에 속한다.

11 이발용 가위와 관련한 설명으로 가장 거리가 먼 것은?
① 날의 견고함이 양쪽 골고루 똑같아야 한다.
② 날의 두께가 얇고 허리가 강한 것이 좋다.
③ 가위는 기본적으로 엄지만의 움직임에 따라 개폐조작을 행한다.
④ 가위의 날 몸부분 전체가 동일한 재질로 만들어져 있는 가위를 착강가위라고 한다.

> **해설**
> 착강가위는 협신부와 날 부분이 서로 다른 재질로 되어 있는 가위이다.

정답 06 ② 07 ① 08 ② 09 ② 10 ③ 11 ④

이용사 · 이용장

12 고객의 두상과 개인별 탈모 형태에 맞는 가발 제조를 위해 꼭 필요한 작업 공정은?

① 가발 디자인 ② 가발 패턴뜨기
③ 가발 커트   ④ 가발 샴푸잉

> **해설**
> 고객의 두상과 개인별 탈모 형태에 맞는 가발의 제조를 위해서는 가발의 패턴을 뜨는 작업이 필요하다.

13 모발을 세우는 역할을 하는 것은?

① 표피   ② 진피
③ 입모근 ④ 모근

> **해설**
> 모발을 세우는 역할을 하는 것은 입모근이다.

14 계절적 변화와 유행 시기의 관계가 가장 큰 감염병은?

① 결핵   ② 일본뇌염
③ 한센병 ④ 광견병

> **해설**
> 계절적 변화와 유행 시기의 관계가 가장 큰 감염병은 일본뇌염이다.

15 고객의 얼굴에 면도를 할 때 칼날 각도의 적정범위는?

① 5~10[°]   ② 15~45[°]
③ 30~40[°] ④ 50~60[°]

> **해설**
> 칼날을 너무 눕히거나 세우지 않도록 한다.

16 무자격안마사로 하여금 안마사의 업무에 관한 안마시술 행위를 하게 한 때의 1차 위반 행정처분기준은?

① 영업정지 1월
② 영업정지 2월
③ 영업정지 3월
④ 자격정지 3월

> **해설**
> • 1차 위반 – 영업정지 1월
> • 2차 위반 – 영업정지 2월
> • 3차 위반 – 영업장 폐쇄명령

17 모체로부터 태반이나 수유를 통해서 얻어지는 면역은?

① 인공능동면역
② 자연수동면역
③ 인공능동면역
④ 자연능동면역

> **해설**
> 모체로부터 얻어지는 면역은 자연수동면역이다.

18 피부의 진피에 관한 설명으로 틀린 것은?

① 진피는 표피보다 두터운 층이다.
② 진피는 참피부로서 피부의 90[%]를 차지한다.
③ 진피는 표피 5개의 층과 같이 서로의 경계가 분명하다.
④ 진피는 유두층, 망상층으로 구분된다.

> **해설**
> 진피는 표피보다 두터우며, 피부의 90[%]를 차지한다. 유두층과 망상층 두 개의 층으로 구분된다.

정답 12 ② 13 ③ 14 ② 15 ② 16 ① 17 ② 18 ③

19 우유의 초고온 순간 멸균법으로 가장 적절한 것은?

① 62~65[℃]에서 30초
② 70~75[℃]에서 10초
③ 100~110[℃]에서 5초
④ 130~140[℃]에서 2초

해설
우유에 초고온 순간 멸균법을 사용할 경우 130~140[℃] 온도에서 2초간 실시하는 것이 좋다.

20 포르말린 살균법에 대한 설명으로 옳지 않은 것은?

① 단백질에 응고작용이 있다.
② 온도에 민감하여 온도가 낮을 때 소독력이 강하다.
③ 실내 소독, 침구, 분비물 소독(30~60분)에 이용된다.
④ 병원균, 진균, 아포, 바이러스 살균에 효과적이다.

해설
포르말린 살균법은 온도에 민감하다. 포르말린 살균은 병원균, 진균, 아포균의 단백질 응고작용으로 강력한 살균작용을 한다. 1~5[%] 이상을 뜨거운 물에 녹여 감염된 장소, 침구, 분비물, 기구, 기계 등에 액체 살포하여 소독한다.

21 공중위생관리법상 이·미용업자가 지켜야 할 위생관리의무가 아닌 것은?

① 이·미용기구는 소독을 한 기구와 소독하지 않은 기구로 분리하여 보관하여야 한다.
② 영업소 외부에 최종지급요금표를 게시 또는 부착하여야 하는 경우 이용업자의 경우는 3개 이상, 미용업자의 경우에는 5개 이상의 항목을 표시하여야 한다.
③ 신고한 영업장 면적이 66[m²] 미만인 영업소의 경우 영업소 외부에 최종지급요금표를 게시 또는 부착하여야 한다.
④ 이·미용사 면허증을 영업소 안에 게시하여야 한다.

해설
영업장 면적이 66[m²] 미만인 영업소의 경우 최종지급요금표는 영업장 내에 게시하여야 한다.

22 매뉴얼테크닉에 대한 설명으로 가장 거리가 먼 것은?

① 마찰에 의해 피부의 온도가 상승하면 피부의 호흡작용이 왕성해지고 화장품의 유효물질의 경피흡수가 높아진다.
② 피부의 세정작용을 도와 피부를 청결하게 한다.
③ 혈액과 림프액의 원활한 순환으로 피부 내 산소와 영양 공급을 도와 신진대사를 촉진시킨다.
④ 심리적 안정감은 주지 않으나 피로를 회복시킨다.

해설
매뉴얼테크닉은 피로를 회복시키며 심리적 안정감을 준다. 또한 피부를 청결하게 하며 혈액과 림프액의 원활한 순환으로 신진대사를 촉진시킨다. 피부의 호흡작용이 왕성해지고 화장품의 유효물질의 경피흡수율 또한 높아진다.

23 다음에서 설명하는 소독법은?

이 소독법은 멸균하고자 하는 물체를 알코올 버너나 램프를 이용하여 화염에 직접 접촉시켜 피멸균물의 표면에 붙어 있는 미생물을 태워서 멸균시키는 방법으로 백금루프, 유리봉, 도자기 등 내열성 물질이 사용 대상물이다.

① 건열 멸균법
② 소각 소독법
③ 화염 멸균법
④ 고압증기 멸균법

정답 19 ④ 20 ② 21 ③ 22 ④ 23 ③

해설
화염 멸균법은 소독하고자 하는 대상을 직접 불꽃에 접촉시켜 멸균하는 방법이다.

24 공중위생감시원을 두지 않는 곳은? (단, 구는 자치구를 의미함)
① 특별시
② 광역시·도
③ 시·군·구
④ 읍·면

해설
공중위생감시원을 두는 곳은 특별시·광역시·도 및 시·군·구이다.

25 다음 중 염모제 침투가 가장 어려운 경우는?
① 헤어토닉을 사용한 모발일 때
② 퍼머넌트 웨이브를 시술한 모발일 때
③ 모발에 습기가 있을 때
④ 헤어오일을 사용한 모발일 때

해설
모발에 유분이 있을 경우 염모제의 침투가 어려울 수 있다.

26 호흡기계 감염병이 아닌 것은?
① 디프테리아   ② 폴리오
③ 백일해   ④ 홍역

해설
폴리오는 분변, 가래, 침 등의 비말에 의해서 사람에서 사람으로 직접 감염된다.

27 모줄기(Hair shaft)에 작은 다발들이 찢겨져 있는 모양을 가진 증상은?
① 다공성모증
② 축모증
③ 연주모증
④ 결절성열모증

해설
▶ 결절성열모증 : 털 몸통의 약한 부분이 두꺼워지고 결절이 형성되어 쉽게 부러지는 질환. 모간에 불규칙한 간격으로 배열된 작은 백색 결절들이 있고, 이 결절들을 현미경으로 보면 모발이 부러져서 많은 가닥으로 갈라진 모양이 두 개의 빗자루를 양 끝으로 붙여 놓은 것 같다.

28 모발을 아름답고 부드럽게 유지하기 위하여 필요한 비타민으로, 부족하면 모발이 건조해지거나 부스러지고 갈라지는 것은?
① 비타민 A   ② 비타민 B_1
③ 비타민 C   ④ 비타민 F

해설
모발에 비타민 A가 부족할 경우 건조해지거나 부스러지고 갈라질 수 있다.

29 소독제의 조건에 해당하지 않는 것은?
① 살균 효과가 우수할 것
② 안정성이 있을 것
③ 용해성이 낮을 것
④ 부식성, 표백성이 없을 것

해설
소독제는 살균력이 강하고 부식성과 표백성이 없으며 용해성이 높아야 한다. 또한 안정성이 있어야 하고 침투력이 강해야 한다.

정답 24 ④ 25 ④ 26 ② 27 ④ 28 ① 29 ③

30 다음 중 pH 9의 퍼머넌트 웨이브 용제를 사용하기에 가장 좋은 경우는?

① 염색된 모발을 퍼머넌트 할 때
② 경모에 퍼머넌트를 할 때
③ 퍼머넌트 된 모발을 염색할 때
④ 프레스 퍼머넌트 된 모발을 염색할 때

해설
경모에 퍼머넌트를 할 경우 pH 9의 퍼머넌트 웨이브 용제를 사용하는 것이 좋다.

31 완속사여과법에 대한 설명으로 옳은 것은?

① 여과지 사용기간은 1일이다.
② 1일 처리수심은 120~150[m]이다.
③ 침전방법은 약품침전법이 사용된다.
④ 건설비는 많이 드나 운영비는 적게 든다.

해설
완속사여과법 : 여과속도가 느린 사여과법을 말한다. 세균의 제거에도 효과적이나 여과속도가 느리고 광대한 부지면적이 필요하다는 것, 모래의 채취, 세척, 충전작용이 번잡한 점에서 급속사여과법으로 이행하고 있다. 완속사여과법의 여과속도는 3[m]/day, 급속사여과법은 120[m]/day이다.

32 헤어 샴푸의 종류와 특징의 연결이 잘못된 것은?

① 에그 화이트 드라이 샴푸 – 드라이 샴푸, 계란 흰자 사용
② 플레인 샴푸 – 드라이 샴푸, 탄산마그네슘 사용
③ 에그 샴푸 – 웨트 샴푸, 계란 노른자 사용
④ 리퀴드 드라이 샴푸 – 드라이 샴푸, 벤젠 알코올 사용

해설
플레인 샴푸는 일반적으로 사용하는 웨트 샴푸이며, 탄산마그네슘은 드라이 샴푸의 원료이다.

33 분변오염을 추정하는 지표로 가장 적합한 것은?

① 과망간산칼륨
② 암모니아성 질소화합물
③ 황산이온
④ 염소이온

해설
암모니아성 질소화합물은 암모늄염을 질소량으로 나타낸 것으로 그 존재는 분뇨, 공장폐수로 유래한다.

34 아이론 펌(Iron Perm)을 하는 목적으로 적절하지 않은 것은?

① 모발에 변화를 주어 임의의 형태로 만들 수 있다.
② 시대감각에 맞는 개성미를 연출할 수 있다.
③ 모발의 양이 많아 보이게 할 수 있다.
④ 곱슬머리만 교정할 수 있다.

해설
아이론 펌은 모발의 형태와 상관없이 스타일의 연출이 가능하다.

35 부족 시 구순염, 설염 등을 유발하는 비타민은?

① 비타민 A
② 비타민 B_1
③ 비타민 B_2
④ 비타민 C

해설
비타민 B_2가 부족할 경우 구순염이나 설염 등의 염증을 유발할 수 있다.

정답 30 ② 31 ④ 32 ② 33 ② 34 ④ 35 ③

이용사·이용장

36 이용에서 리세트(Reset)란?
① 오리지널 세트 후 콤 아웃(Comb out)
② 모양을 만드는 과정
③ 세트 시 요구되는 진행과정
④ 커트의 진행기술 과정

해설
이용에서의 리세트(Reset)란 오리지널 세트 후 콤 아웃(Comb out)을 진행하는 것을 말한다.

37 공중위생영업소의 위생관리수준을 향상시키기 위하여 위생서비스평가계획을 수립하는 자는?
① 대통령   ② 보건복지부장관
③ 시·도지사 ④ 시장·군수·구청장

해설
위생서비스평가계획의 수립은 시·도지사, 위생서비스평가의 실시는 시장·군수·구청장이 한다.

38 피로한 근육에 표면적 자극을 주어서 혈액순환과 신진대사를 돕고 동시에 피부 표백작용과 살균작용을 하는 미안기는?
① 고주파 전류 미안기
② 저주파 전류 미안기
③ 패러딕 전류 미안기
④ 회전브러시 전류 미안기

해설
고주파 전류 미안기는 피로한 근육에 표면적 자극을 주어서 혈액순환과 신진대사를 돕고 동시에 피부의 표백작용과 살균작용을 한다.

39 직업병의 하나인 규폐증을 일으키는 분진은?
① 유리 규산   ② 아연
③ 벤젠   ④ 납

해설
유리 규산은 규폐증을 일으키는 분진이다.

40 공중위생영업자 지위를 승계한 자가 시장·군수·구청장에게 신고를 해야 하는 기간은?
① 승계한 즉시   ② 15일 이내
③ 1월 이내   ④ 3월 이내

해설
공중위생영업자의 지위를 승계한 자는 1월 이내에 시장·군수·구청장에게 신고해야 한다.

41 헤어 데생 시 남성 스타일의 기본 모형은?
① 사각형   ② 삼각형
③ 원형   ④ 직사각형

해설
헤어 데생 시 남성 스타일의 기본 모형은 직사각형이다.

42 다음 중 이용사가 갖추어야 하는 사항과 관련된 행동으로 부적합한 것은?
① 겸손한 언어와 행동
② 발형의 창조
③ 지압에 대한 전문시술
④ 기술에 대한 연마

해설
이용업소에서 지압 기술은 필요하지 않다.

정답 36 ① 37 ③ 38 ① 39 ① 40 ③ 41 ④ 42 ③

43 이·미용업소에서 타월을 공동 사용함으로써 감염될 가능성이 가장 큰 것은?
① 장티푸스 ② 콜레라
③ 트라코마 ④ 이질

해설
트라코마는 주로 수건에 의한 개달물로 전염이 된다.

44 슈퍼 커트(Super Cut)와 관련한 내용으로 옳은 것은?
① 직가위만 사용하여 커트한 브로스(Brosse) 스타일이다.
② 바리캉만 사용하여 커트한 브로스(Brosse) 스타일이다.
③ 면도(Razor)만 사용하여 커트한 브로스(Brosse) 스타일이다.
④ 틴닝가위만 사용하여 커트한 브로스(Brosse) 스타일이다.

해설
슈퍼 커트(Super Cut)란 틴닝가위만 사용하여 커트한 브로스(Brosse) 스타일이다.

45 균의 형태에 따른 명칭이 아닌 것은?
① 구균 ② 진균
③ 간균 ④ 나선균

해설
진균은 다른 말로 곰팡이라고도 한다.

46 펌을 위한 커트에서 포인트를 위해 프레 커트 시 사용되는 도구는?
① 틴닝가위 ② 미니가위
③ 면도 ④ 클리퍼

해설
프레 커트는 펌 시술 전, 미리 원하는 스타일로 자르는 커트를 말한다.

47 병원체가 기생충인 감염병은?
① 결핵 ② 백일해
③ 말라리아 ④ 일본 뇌염

해설
말라리아는 병원체가 기생충인 감염병이다.

48 전체 길이가 4.5~5.5[inch] 정도의 조발가위는 무엇인가?
① 장가위 ② 소형가위
③ 중형가위 ④ 초장가위

해설
전체 길이가 4.5~5.5[inch] 정도인 조발 가위는 소형가위라고 부른다.

49 이·미용사의 면허가 취소되거나 면허의 정지명령을 받은 자가 면허증을 반납해야 하는 기간은?
① 15일 이내 ② 10일 이내
③ 1주일 이내 ④ 지체 없이

해설
면허가 취소되거나 정지명령을 받은 때에는 이를 지체 없이 반납해야 한다.

정답 43 ③ 44 ④ 45 ② 46 ② 47 ③ 48 ② 49 ④

이용사 · 이용장

50 내열성이 강해서 자비 소독으로는 효과가 없는 것은?
① 살모넬라균
② 포자형성균
③ 장티푸스균
④ 결핵균

해설
포자형성균은 내열성이 강해 자비 소독에는 효과가 미미하다.

51 브로스 커트에 속하는 것은?
① 장발머리형 커트
② 상고머리형 커트
③ 스포츠머리형 커트
④ 삭발형 커트

해설
스포츠머리형은 라운드 브로스형이라고도 부른다.

52 산업보건의 중요성에 대한 내용으로 가장 적합한 것은?
① 산업장의 노동인구가 감소되었다.
② 산업장의 보건 관련 비용이 증가되었다.
③ 노동력의 유지, 증진을 통하여 생산성과 품질을 향상시킬 수 있다.
④ 산업의 단일화와 더불어 산업보건이 중요시되었다.

해설
산업보건은 노동력의 유지, 증진을 통하여 생산성과 품질을 향상시킬 수 있어 중요시해야 한다.

53 네이프라인에서 위쪽으로 갈수록 빗과 가위로 연속깎기를 하는 커팅방법은?
① 트리밍(Trimming)
② 싱글링(Shingling)
③ 클리핑(Cliping)
④ 테이퍼링(Tapering)

해설
싱글링은 네이프라인에서 위쪽으로 갈수록 빗과 가위로 연속깎기를 하는 커팅 방법이다.

54 영업소 폐쇄명령 등의 처분을 하고자 하는 때에 청문을 실시해야 하는 자는?
① 대통령
② 시장·군수·구청장
③ 경찰청장
④ 시·도지사

해설
청문은 보건복지부장관 또는 시장·군수·구청장이 실시한다.

55 라운드 브러시(Round brush)를 이용하여 블로 드라이 스타일링 시 두발의 상태는?
① 두발에 윤이 난다.
② 두발이 부스스해진다.
③ 두발이 탈색된다.
④ 두발이 꺾어져 손상된다.

해설
라운드 브러시를 이용하여 블로 드라이를 시술하면 두발에 윤이 난다.

정답 50 ② 51 ③ 52 ③ 53 ② 54 ② 55 ①

56 프랑스 고등이용연맹에서 1954년 최초로 발표한 트렌드 라인은?

① 안티브라인
② 장티욤라인
③ 몬테리라인
④ 숏스라인

해설
▶ 고등이용연맹의 발표 연도
- 안티브라인 – 1954년
- 장티욤라인 – 1955년
- 몬테리라인 – 1960년
- 숏스라인 – 1968년

57 노인보건이 중요하게 대두된 배경이 아닌 것은?

① 평균수명의 연장으로 인한 노인인구의 증가
② 노인질환 대부분이 급성적인 질환으로 의료비 부담 증가
③ 노화의 기전이나 유전적 조절 등에 관한 관심 고조
④ 질병의 유병률과 발병률의 급격한 증가

해설
노인보건은 평균수명의 연장으로 인한 노인인구의 증가, 질병의 유병률과 발병률의 증가와 더불어 노화의 기전이나 유전적 조절 등에 대한 관심이 고조됨으로써 중요하게 대두되었다.

58 다음 중 위생교육을 받아야 할 사람은?

① 공중위생영업자
② 면허취득자
③ 국가기술자격증 취득자
④ 면허증 재발급자

해설
공중위생영업자는 매년 3시간의 위생교육을 받아야 한다.

59 염색의 컬러 선택 시 색의 3원색에 속하지 않는 것은?

① 초록색 ② 빨간색
③ 노란색 ④ 파란색

해설
색의 3원색은 빨간색, 노란색, 파란색이다.

60 방역용 석탄산의 일반적인 희석 농도로 맞는 것은?

① 75[%] ② 0.3[%]
③ 2.0[%] ④ 3.0[%]

해설
석탄산의 일반적인 희석 농도는 3.0[%]이며, 손 소독에는 2.0[%]의 농도를 사용한다.

정답 56 ① 57 ② 58 ① 59 ① 60 ④

2018년 기출복원문제

01 다음 중 주로 말라리아의 매개체 곤충은?
① 파리 ② 모기
③ 진드기 ④ 바퀴

[해설]
모기는 말라리아, 사상충, 황열, 일본뇌염 등의 매개체이다.

02 태양광선의 살균작용이 가장 높은 도르노선(Dorno Ray)의 파장에 해당하는 것은?
① 900~1,200[Å]
② 1,900~2,200[Å]
③ 2,900~3,200[Å]
④ 3,900~4,200[Å]

[해설]
자외선 멸균법은 도르노선의 파장 2,900~3,200[Å]으로 한다.

03 영업소 외의 장소에서 이·미용의 업무를 할 수 있는 경우가 아닌 것은?
① 질병으로 인하여 영업소에 나올 수 없는 자에 대하여 이·미용을 하는 경우
② 혼례에 참여하는 자에 대하여 그 의식 직전에 이·미용을 하는 경우
③ 특별한 사정이 있다고 인정하여 시장·군수·구청장이 정하는 경우
④ 농번기에 농민을 위하여 마을 회관에서 이·미용을 하는 경우

[해설]
▶ 영업소 외의 장소에서 이·미용의 업무를 할 수 있는 경우
 • 질병·고령·장애나 그 밖의 사유로 영업소에 나올 수 없는 자
 • 혼례나 그 밖의 의식에 참여하는 자에 대하여 그 의식 직전
 • 사회복지시설에서의 봉사활동
 • 방송 등의 촬영에 참여하는 사람에 대하여 그 촬영 직전
 • 특별한 사정이 있다고 시장·군수·구청장이 인정하는 경우

04 다음 중 브로스 커트에 속하는 것은?
① 장발머리형 커트
② 상고머리형 커트
③ 스포츠머리형 커트
④ 삭발형 커트

[해설]
▶ 브로스(Brosse) : 솔에 달린 털처럼 짧고 위로 선 머리, 스포츠형 머리를 뜻한다.

05 모모(毛母)세포가 쇠약해지고 모유두가 위축되면 두발은 어떻게 되는가?
① 두발에 영양 공급이 촉진된다.
② 탈모가 된다.
③ 두발의 생육이 촉진된다.
④ 두발의 수명이 길어진다.

[해설]
모유두가 위축되어 영양 공급을 받지 못하면 모발이 얇아지고 탈모로 연결된다.

정답 01 ② 02 ③ 03 ④ 04 ③ 05 ②

06 전기의 작용에 의해 모발을 자르는 구조로 된 바리캉 종류에 관한 설명으로 가장 적합한 것은?
① 양수기와 전기식 자동편수기 2가지 종류만 있다.
② 주로 모터식 바리캉, 마그네틱 전자 바리캉의 종류가 있다.
③ 편수기, 전기편수기 2가지 종류만 있다.
④ 양수와 편수기 바리캉이 있다.

해설
전기의 작용에 의해 움직이는 바리캉은 일렉트릭 바리캉으로 모터식과 마그네틱식이다.

07 매니플레이션(Manipulation)의 방법 중 피부를 가볍게 쓰다듬어 주면서 가볍게 왕복운동, 원운동을 하는 방법은?
① 쓰다듬기(경찰법)
② 문지르기(강찰법)
③ 주무르기(유연법)
④ 두드리기(고타법)

해설
경찰법은 마사지할 때 가장 먼저 가볍게 쓰다듬어 피부의 긴장감을 푸는 기법이다.

08 스트랜드 2/3 이내로 두발을 테이퍼하는 것으로 두발 양이 많을 때 사용하는 기법은?
① 블런트 커팅
② 엔드 틴닝
③ 노멀 틴닝
④ 딥 테이퍼

해설
엔드 테이퍼 1/3, 노멀 테이퍼 1/2, 딥 테이퍼 2/3의 스트랜드를 잡는다.

09 체세포의 주성분으로서 모든 세포의 구조적, 기능적 특성을 위하여 필수적인 역할을 담당하는 것은?
① 탄수화물
② 지방
③ 단백질
④ 칼슘

해설
- 탄수화물 : 에너지원
- 지방 : 열량소
- 단백질 : 신체 구성소
- 칼슘 : 뼈와 치아의 생성을 도와줌.

10 신고를 하지 아니하고 영업소의 소재지를 변경한 때의 1차 위반 행정처분기준은?
① 경고
② 영업정지 1월
③ 영업정지 2월
④ 영업장 폐쇄명령

해설
신고를 하지 않고 영업소의 소재지를 변경한 경우에 1차 위반은 영업정지 1월의 처분이다.

11 연탄가스 중독의 주원인이 되는 것은?
① SO_2
② CO_2
③ NO_2
④ CO

해설
- SO_2 : 아황산가스(대기오염)
- CO_2 : 이산화탄소(실내공기오염)
- CO : 일산화탄소(연탄가스)

정답 06 ② 07 ① 08 ④ 09 ③ 10 ② 11 ④

12 성인병에 대한 설명으로 옳지 않은 것은?

① 뇌졸중의 원인은 주로 동맥경화증과 고혈압이다.
② 당뇨병은 유전적인 요인이 가장 주요한 원인이다.
③ 허혈성 심장질환은 연령은 상관이 없으나 남자보다 여자에게 더 많이 발생한다.
④ 고혈압은 언어장애, 혼수상태, 반신마비 등의 결과를 초래한다.

> **해설**
> - **고혈압** : 심박 출량이 많아지고 혈관벽이 점차 좁아지는 만성질환이다.
> - **당뇨병** : 경제발전과 식생활의 서구화, 생활양식에 따라 증가하는 병이다.
> - **고지혈증** : 체내에서 지질대사 이상으로 지질이 비정상적으로 증가된 상태이다.
> - **허혈성 심장질환** : 혈액 공급에 장애를 일으키는 심장질환으로 성인 남성에 많다.

13 이·미용사 면허가 취소된 후 계속하여 업무를 행한 자에 대한 벌칙은?

① 100만 원 이하의 벌금
② 200만 원 이하의 벌금
③ 300만 원 이하의 벌금
④ 500만 원 이하의 벌금

> **해설**
> ◎ 벌금 부과에 대한 종류
> - **1천만 원 이하**
>   – 공중위생영업 신고를 하지 않고 영업을 한 자
>   – 영업정지명령 또는 일부 시설의 사용중지명령을 받고도 그 기간 중에 영업을 하거나 시설을 사용한 자
>   – 영업소 폐쇄명령을 받고도 계속 영업을 한 자
> - **500만 원 이하**
>   – 규정에 의한 변경신고를 하지 않은 자
>   – 지위승계한 자로 규정에 의한 신고를 하지 않은 자
>   – 건전한 영업질서를 위하여 영업자가 준수사항을 준수하지 않은 자

- **300만 원 이하**
  – 면허의 취소 또는 정지 중에 이용업 또는 미용업을 한 사람
  – 면허 없이 이용업 또는 미용업을 개설하거나 그 업무에 종사한 사람
  – 다른 사람에게 이용사 또는 미용사의 면허증을 빌려주거나 빌린 사람(알선한 사람)

14 정발 시 두발이 자연스럽게 넘어가게 하려면 어느 부분에 열처리를 하여야 하는가?

① 두발 뿌리 부분
② 두발 중간 부분
③ 두발 전체 부분
④ 두발 끝부분

> **해설**
> - **두발 뿌리** : 볼륨감과 모류 교정
> - **두발 끝부분** : 자연스러운 웨이브로 모선 끝이 단정하고 깔끔하게 넘어가게 된다.
> - **두발 중간 부분** : 모근과 모선 끝의 연출에 따라 연결되는 부분이다.

15 피부색을 결정하는 3가지 요소와 관계가 먼 것은?

① 피하조직의 지방 색소
② 카로틴 색소
③ 헤모글로빈 색소
④ 멜라닌 색소

> **해설**
> - 카로틴 – 황색
> - 헤모글로빈 – 적색
> - 멜라닌 – 갈색, 흑색

정답 12 ③   13 ③   14 ④   15 ①

16 화장수 중 아스트린젠트의 특징에 대한 설명으로 옳지 않은 것은?

① 산성 화장수이다.
② 피부의 수렴작용과 관계가 있다.
③ 지성 피부에 적합하다.
④ 클렌징 작용이 특징이다.

해설
아스트린젠트는 산성 화장수로서 지성 피부에 적합하며 수렴작용을 한다.

17 원형깎기(Round Cut)에 관한 올바른 설명은?

① 클리퍼를 사용해서 모발을 원형 그대로 같은 길이로 깎는 것이다.
② 천정부, 후두부, 측두부 내 두상 전체의 두발 형태가 사선형이다.
③ 천정부 두발은 짧고 측두부 두발 길이는 긴 형이다.
④ 천정부 두발은 길고 후두부 두발 길이는 짧은 형이다.

해설
원형깎기는 클리퍼를 사용해서 모발을 원형 그대로 같은 길이로 조발하는 것을 뜻한다.

18 다음 중 가족계획을 가장 잘 설명한 것은?

① 수태 조절 및 산아 조절과 같은 의미이다.
② 인구 조절을 의미한다.
③ 가정경제계획을 의미한다.
④ 계획적인 가족 형성을 뜻하는 것이다.

해설
가족계획은 계획적인 가족 형성을 뜻하는 것이다.

19 석탄산 90배 희석액과 같은 조건하에서 어느 소독제 135배 희석액이 같은 살균력을 나타낸다면 이 소독제의 석탄산계수는?

① 0.5   ② 2.0
③ 1.0   ④ 1.5

해설
$$석탄산계수 = \frac{다른\ 소독약의\ 희석배수}{석탄산\ 희석배수}$$

20 1965년 프랑스 이용고등연맹(S.H.C.M)에 등록된 작품으로 좌측 5[cm] 가르마에 웨이브가 자연스럽게 구상된 Dandy Line은 어디에서 유래된 것인가?

① 동물의 이름
② 사람의 이름
③ 여성의 옷
④ 남성의 옷

해설
1960년대 영국의 록그룹 비틀즈의 초기 복장을 모방하여 남성 패션에 영향을 끼쳤다.

21 커트 시술의 기본 자세에 대한 설명으로 가장 거리가 먼 것은?

① 시술 대상은 눈에서 30~50[cm] 거리가 적당하다.
② 양발은 최대한 넓게 벌려 시술한다.
③ 커트 방향을 따라 스텝을 옮겨가며 커트한다.
④ 양팔은 가볍게 들고 커트 선을 잘 보고 커트한다.

해설
커트 시술 시 양발은 어깨너비로 벌리는 것이 좋다.

정답 16 ④ 17 ① 18 ④ 19 ④ 20 ④ 21 ②

이용사·이용장

22 면체 시 비누칠의 목적으로 맞지 않는 것은?

① 피부 및 털과 수염을 유연하게 하기 위해서
② 면도의 운행을 쉽게 하기 위해서
③ 면도날의 움직임을 원활하게 하기 위해서
④ 수염을 단단하게 하기 위해서

해설
비누거품은 칼과 피부의 마찰을 없애 면도의 운행을 좋게 하고, 피부의 각질을 제거함과 동시에 수염을 유연하게 한다.

23 헤어 데생 시 직사각형을 세로 4등분으로 분할할 때 귀와 코의 위치로 적합한 것은?

① 위로부터 3등분 부위에
② 아래로부터 3등분 부위에
③ 위로부터 2등분 부위에
④ 아무 부위에나 관계없다.

해설
• 위로부터 2등분 부위 : 눈.
• 위로부터 3등분 부위 : 코밑과 귓볼

24 다음 중 고압증기 멸균의 장점이 아닌 것은?

① 멸균물품에 잔류독성이 없다.
② 멸균시간이 짧다.
③ 비용이 저렴하다.
④ 수증기가 통과하지 못하는 분말, 모래, 예리한 칼날도 멸균할 수 있다.

해설
▶ 고압증기 멸균의 장점
• 잔류독성이 없다.
• 비용이 저렴하다.
• 소독 대상물의 침투력이 빠르다.
• 고압과 고온에 견디는 소독물을 대상으로 한다.
• 단백의 응고작용과 변성으로 미생물을 사멸한다.

25 쇠고기나 돼지고기 등의 생식으로 감염될 수 있는 기생충은?

① 회충　　② 간흡충
③ 편충　　④ 촌충

해설
• 촌충 : 쇠고기, 돼지고기
• 회충, 구충, 편충 : 생야채, 오연된 손
• 간흡충 : 외우렁이

26 공중위생감시원의 업무범위가 아닌 것은?

① 공중위생영업자의 위생관리의무 이행 여부 확인
② 위생교육 이행 여부 확인
③ 공중이용시설의 위생상태의 검사
④ 영업신고 여부 확인

해설
▶ 공중위생감시원의 업무범위
• 시설 및 설비의 확인
• 공중위생영업 관련 시설 및 설비의 위생상태 확인·검사·공중위생영업자의 위생관리의무 및 영업자 준수사항 이행 여부의 확인
• 위생지도 및 개선명령 이행 여부의 확인
• 영업의 정지, 일부 시설의 사용중지 또는 영업소 폐쇄 명령 이행 여부의 확인
• 위생교육 이행 여부의 확인

27 피부에 영양 침투 촉진 및 밀봉요법 작용이 크며 잔주름 완화에 효과적인 팩 미안술은?

① 오일 팩
② 드라이 스캘프 트리트먼트
③ 왁스 마스크 팩
④ 플레인 스캘프 트리트먼트

해설
왁스 마스크 팩(파라핀)은 잔주름 제거에 효과적이다.

정답 22 ④　23 ①　24 ④　25 ④　26 ④　27 ③

28 매뉴얼테크닉에 대한 설명으로 가장 거리가 먼 것은?

① 마찰에 의해 피부의 온도가 상승하면 피부의 호흡작용이 왕성해지고 화장품의 유효물질의 경피흡수가 높아진다.
② 피부의 세정작용을 도와 피부를 청결하게 한다.
③ 혈액과 림프액의 원활한 순환으로 피부 내 산소와 영양 공급을 도와 신진대사를 촉진시킨다.
④ 심리적 안정감은 주지 않으나 피로를 회복시킨다.

해설
매뉴얼테크닉은 물질대사를 높여 피부를 탄력 있게 지속하는 것이 목적이다. 영양 공급, 피부유연, 혈액순환을 촉진하며 피부의 청결과 심신의 안정을 돕는다.

29 소독제의 일반적인 살균작용 기전이 아닌 것은?

① 산화작용
② 환원작용
③ 균체 단백질 응고작용
④ 가수분해작용

해설
소독의 살균기전의 종류는 산화작용, 균체 단백질의 응고작용, 가수분해작용 등이다.

30 DPT(디피티)의 예방접종과 관계가 없는 감염병은?

① 파상풍
② 디프테리아
③ 폴리오
④ 백일해

해설
D : 디프테리아, P : 백일해, T : 파상풍

31 공중위생영업소의 위생관리수준을 향상시키기 위하여 위생서비스평가계획을 수립하는 자는?

① 시·도지사
② 보건복지부장관
③ 시장·군수·구청장
④ 세무서장

해설
시·도지사는 공중위생영업소의 위생관리수준을 향상시키기 위하여 위생서비스평가계획을 수립한다.

32 커트의 방법 중 신징 커트(Singeing Cut)란?

① 레이저(Razor)를 이용한 커트
② 커트 후 불필요한 머리카락을 제거하는 커트
③ 바리캉(Clipper)을 이용한 커트
④ 가위와 빗을 이용하는 일반적인 커트

해설
신징 커트(Singeing Cut)란 불필요한 머리카락을 제거하는 커트 방법이다.

33 염발 시 두발과 수분에 대한 설명으로 옳은 것은?

① 수분기가 전혀 없는 건조한 두발이 좋다.
② 약간의 수분기가 있는 두발이 좋다.
③ 수분이나 건조에 아무런 관계가 없다.
④ 수분기가 많을수록 좋다.

해설
화학적 시술 시에는 약간의 수분이 있는 것이 모발에 좋다.

정답 28 ④ 29 ② 30 ③ 31 ① 32 ② 33 ②

34 면허정지처분을 받고도 그 정지기간 중 업무를 행한 자에 대한 1차 위반 시 행정처분기준은?

① 면허정지 3월
② 면허정지 6월
③ 면허정지 1년
④ 면허취소

> **해설**
> 면허정지처분을 받고도 정지기간 중 업무를 행한 자의 1차 위반 시 행정처분기준은 면허취소이다.

35 병원체에 감염되었으나 임상증상이 전혀 없는 보균자로서 감염병 관리상 중요한 대상은?

① 건강보균자
② 회복기보균자
③ 잠복기보균자
④ 만성보균자

> **해설**
> 건강보균자는 겉으로는 건강하지만 균을 배출함으로써, 증상이 없는 병원체 보유자이기 때문에 색출이 어려우므로 관리가 가장 어렵다.

36 우유의 초고온 순간 멸균법으로 가장 적절한 것은?

① 62~65[℃]에서 30초
② 70~72[℃]에서 10초
③ 100~110[℃]에서 5초
④ 132~135[℃]에서 2초

> **해설**
> 우유의 초고온 순간 멸균법으로는 132~135[℃]에서 2초 간이다.

37 염색, 펌 등에 의한 화학적인 손상이 없는 모발상태는?

① 드라이 헤어(Dry Hair)
② 버진 헤어(Virgin Hair)
③ 브라운 헤어(Brown Hair)
④ 실버 헤어(Silver Hair)

> **해설**
> 버진 헤어(Virgin Hair)는 화학적 시술을 한 번도 하지 않은 모발을 말한다.

38 다음 중 얼굴 면도 시 면도기 잡는 방법의 기본이 되는 것은?

① 백핸드   ② 펜슬핸드
③ 프리핸드   ④ 스틱핸드

> **해설**
> 프리핸드(Free hand)는 가장 기본적으로 많이 하는 동작의 방법이다.

39 표피에 습윤 효과를 목적으로 널리 사용되는 화장품 원료는?

① 라놀린
② 글리세린
③ 과붕산나트륨
④ 과산화수소

> **해설**
> 글리세린이란 당알코올로서 화장품에 거의 필수적으로 들어가는 보습 성분이다.

정답 34 ④ 35 ① 36 ④ 37 ② 38 ③ 39 ②

40 세발 시술 중 측두부 샴푸 시술 시 시술자의 위치로 가장 적합한 것은?

① 우후방 30[°]　② 좌후방 15[°]
③ 후방 0[°]　　④ 좌전방 45[°]

해설
피시술자의 후방 0[°]에서 양측두부를 양손으로 샴푸한다.

41 이중으로 이용사 또는 미용사의 면허를 취득한 때의 1차 위반 시 행정처분기준은?

① 처음에 발급받은 면허의 정지
② 나중에 발급받은 면허의 정지
③ 처음에 발급받은 면허의 취소
④ 나중에 발급받은 면허의 취소

해설
1차 위반 시 나중에 발급받은 면허를 취소한다.

42 위생서비스수준의 평가 주기로 옳은 것은?

① 3개월마다　② 6개월마다
③ 1년마다　　④ 2년마다

해설
위생서비스수준의 평가는 2년마다 실시한다.

43 강한 황산화제로서 토코페롤이라고 불리며 결핍 시 불임, 망막증 등을 유발하는 비타민은?

① 비타민 A　② 비타민 E
③ 비타민 D　④ 비타민 K

해설
▶ 비타민 결핍 시
- 비타민 A : 야맹증, 피부건조증
- 비타민 D : 구루병, 골연화증
- 비타민 E : 불임, 망막증
- 비타민 K : 혈액응고 지연으로 피하출혈, 내출혈

44 아이론 시술 시 주의사항으로 가장 적합한 것은?

① 아이론의 핸들이 무겁고 녹슨 것을 사용한다.
② 아이론의 온도는 120~140[℃]를 일정하게 유지하도록 한다.
③ 모발에 수분이 충분히 젖은 상태에서 시술해야 손상이 적다.
④ 1905년 영국의 찰스 네슬러가 창안하여 발표하였다.

해설
- 아이론은 1875년 마셀 그라또우가 창안하였다.
- 모발의 수분은 모발의 겉수분만 말리고 시술한다.

45 두부에서 네이프(Nape)의 위치는?

① 전두부 하단
② 두정부 상단
③ 후두부 하단
④ 측두부 상단

해설
네이프(Nape)의 위치는 후두부 하단이다.

정답　40 ③　41 ④　42 ④　43 ②　44 ②　45 ③

46 퍼머넌트 와인딩(Permanent Winding)에 관한 설명 중 틀린 것은?

① 웨이브 형성을 위해 컬러(Curler) 또는 로드(Rod)에 두발을 감는다.
② 모발 끝부분을 느슨하게 해서 들쑥날쑥하지 않도록 감는다.
③ 둥근 고무줄과 앤드페이퍼가 필요하다.
④ 와인딩 순서는 고객의 두발 상태 또는 디자인에 따라 달리할 수 있다.

> **해설**
> 와인딩에서 모발 끝부분에 텐션이 들어가도록 감는다.

47 공중위생관리법령상의 위생관리등급에 속하지 않는 것은?

① 백색등급　② 녹색등급
③ 황색등급　④ 청색등급

> **해설**
> • 최우수업소 : 녹색등급
> • 우수업소 : 황색등급
> • 일반관리대상 업소 : 백색등급

48 역학에 대한 설명으로 옳지 않은 것은?

① 질병발생의 원인 및 발생요인을 밝히는 분야이다.
② 인간집단을 대상으로 발생된 질병을 연구하는 학문이다.
③ 질병을 치료하기 위한 임상분야의 학문이다.
④ 질병을 예방할 수 있도록 예방대책을 강구하는 것이다.

> **해설**
> 역학은 질병을 치료하는 학문이 아니다.

49 공중보건사업의 대상에 관한 설명으로 가장 적합한 것은?

① 위생수준이 낮은 사람들만 대상으로 한다.
② 저소득층 사람들만 대상으로 한다.
③ 감염병 환자들만 대상으로 한다.
④ 지역사회의 구성원 모두를 대상으로 한다.

> **해설**
> 공중보건사업의 대상은 지역사회의 모든 구성원을 대상으로 한다.

50 다음 중 pH 9의 퍼머넌트 웨이브 용제를 사용하기에 가장 좋은 경우는?

① 염색된 모발을 퍼머넌트 할 때
② 경모에 퍼머넌트를 할 때
③ 퍼머넌트 된 모발을 염색할 때
④ 프레스 퍼머넌트 된 모발을 염색할 때

> **해설**
> pH 9의 알칼리 펌제는 화학시술이 되어 있는 모발은 손상이 있을 수 있다.

51 부족 시 구순염, 설염 등을 유발하는 비타민은?

① 비타민 A　② 비타민 B_1
③ 비타민 B_2　④ 비타민 C

> **해설**
> 비타민 B_2(리보플라빈)은 구각염, 염증, 피로 방지에 좋다.

정답 46 ②　47 ④　48 ③　49 ④　50 ②　51 ③

52 조발을 위한 두부의 구분에서 이용되는 정중선을 올바르게 설명한 것은?

① 코의 중심을 따라 두부 전체를 수직으로 이등분한 선이다.
② 귀를 중심으로 두부 전체를 반분한 선이다.
③ E.P의 높이를 수직으로 두른 선이다.
④ N.S.P를 연결하여 두른 선이다.

> **해설**
> 정중선이란 코의 중심을 따라 두부 전체를 수직으로 이등분한 선을 말한다.

53 다음 중 일반적으로 대부분의 세균들이 증식하기 좋은 수소이온농도 범위는?

① pH 2.0~3.0
② pH 4.0~5.0
③ pH 6.0~8.0
④ pH 9.0~11.0

> **해설**
> 세균 증식의 좋은 농도는 pH 6.0~8.0의 약산성, 약알칼리, 중성의 범위이다.

54 국가나 지역사회의 보건수준을 평가하는 가장 대표적인 지표는?

① 유아사망률
② 영아사망률
③ 모성사망률
④ 조사망률

> **해설**
> 영아사망률은 한 나라의 건강지표이다.

55 다음 중 소독에 필요한 인자와 가장 거리가 먼 것은?

① 물 ② 온도
③ 시간 ④ 산소

> **해설**
> 소독은 물과 온도와 시간이 소독에 필요한 인자이다.

56 가위의 종류 중 모발의 숱을 감소시키거나 모발 끝의 질감을 부드럽게 표현하고 한쪽 가위 날이 톱니 모양인 것은?

① 리버스가위
② 틴닝가위
③ 스트록가위
④ 미니가위

> **해설**
> 모발의 길이는 유지하고 숱을 감소시키거나 질감을 표현하는 것은 틴닝가위이다.

57 고객의 두상에 맞게, 개인별 탈모 형태에 따른 작업으로 개인별로 머리모양과 굴곡, 부위가 다르기 때문에 가발 제조에 있어 꼭 필요한 작업 공정은?

① 가발 디자인 ② 가발 패턴뜨기
③ 가발 커트 ④ 가발 샴푸잉

> **해설**
> 가발 패턴 제작은 맞춤형 가발로 고객의 형태에 맞춰야 한다.

정답 52 ① 53 ③ 54 ② 55 ④ 56 ② 57 ②

58 피부의 구조 중 진피에 속하는 것은?

① 기저층 ② 유극층
③ 과립층 ④ 유두층

> **해설**
> 유두층은 진피에서 수분이 다량 함유되어 있는 층으로 혈관, 신경이 존재한다.

59 공중위생업소를 개설하였으나 부득이한 사유로 미리 위생교육을 받을 수 없는 경우에는 영업 개시 후 언제까지 위생교육을 받아야 하는가?

① 1개월 이내
② 3개월 이내
③ 6개월 이내
④ 1년 이내

> **해설**
> 부득이한 사유로 위생교육을 받지 못했을 경우 6개월 이내에 받아야 한다.

60 작업장의 조명이 불량해서 발생될 수 있는 직업병과 가장 거리가 먼 것은?

① 안구피로증
② 근시
③ 결막염
④ 안구진탕증

> **해설**
> 결막염을 일으키는 요인에는 알레르기 반응, 박테리아 또는 바이러스 감염과 같은 다양한 원인이 있다.

정답 58 ④ 59 ③ 60 ③

이용장 07 — 2019년 기출복원문제

01 화학적 소독법에 관한 내용으로 옳은 것은?
① 염소와 과산화수소수는 균단백 응고작용의 기전을 가지고 있다.
② 습기가 있는 분변, 하수, 오수, 오물, 토사물, 등의 소독에는 생석회가 적당하다.
③ 방역용 석탄산은 7[%] 수용액을 사용, 다른 소독제의 살균력을 나타내는 지표로 활용된다.
④ 크레졸은 소독력이 강해서 손, 오물, 객담의 소독제로 부적당하다.

해설
- 크레졸과 석탄산은 보통 3[%] 농도로 균단백을 응고
- 과산화수소 – 산화작용

02 성인병에 대한 내용으로 옳은 것은?
① 감염병 유행 시 급성으로 성인에게 침범한다.
② 감염병 유행 시 만성으로 성인에게 침범한다.
③ 만성적으로 진행되며 성인에게 많다.
④ 급성으로 진행되며 성인에게 많다.

해설
만성적으로 서서히 진행되며 40대 이후의 성인에게 많다.

03 소화기계 감염병에 해당하는 것은?
① 홍역 ② 유행성 일본뇌염
③ 장티푸스 ④ 발진티푸스

해설
- 홍역 – 비말
- 유행성 일본뇌염 – 경피
- 장티푸스 – 소화기계
- 발진티푸스 – 경피

04 이·미용실의 기구 및 도구 소독으로 가장 적합한 것은?
① 알코올 ② 승홍수
③ 석탄산 ④ 역성비누

해설
알코올은 무포자균에 효과가 있으며, 수지, 피부, 가위, 칼, 솔 소독에 용이하다.

05 음식물의 냉장고 보관 목적과 가장 거리가 먼 것은?
① 식품 중의 미생물 사멸
② 식품 중의 미생물 증식 억제
③ 식품의 신선도 유지
④ 식품의 가치 유지

해설
냉장보관만으로는 미생물이 사멸하지 않는다.

06 공중보건학의 정의에 해당하지 않는 것은?
① 지역사회의 수명을 연장시키는 기술 및 과학
② 정신병을 치료하는 기술 및 과학
③ 신체적, 정신적 효율을 증진시키는 기술 및 과학
④ 질병을 예방하는 기술 및 과학

해설
공중보건학은 지역사회 주민의 신체적, 정신적 효율을 증진 시키고 질병을 예방하며 수명 연장에 기여하는 기술 및 과학이다.

정답 01 ② 02 ③ 03 ③ 04 ① 05 ① 06 ②

07 가족계획사업의 필요성과 가장 거리가 먼 것은?

① 모자보건 향상
② 성생활의 개방
③ 자녀 양육능력 조절
④ 인구 조절과 경제력 향상

> **해설**
> 가족계획은 계획적인 출산을 하는 것으로, 자녀 양육능력을 조절하고 모자보건을 향상하며 인구 조절과 경제력이 발전을 목적으로 한다.

08 공기 중 산소가 차지하고 있는 비율은?

① 약 15[%]   ② 약 21[%]
③ 약 78[%]   ④ 약 98[%]

> **해설**
> 질소가 약 78[%], 산소가 약 21[%], 아르곤이 약 1[%]를 차지하고 있다.

09 내열성이 강해서 자비 소독으로는 효과가 없는 균은?

① 살모넬라균   ② 포자형성균
③ 포도상구균   ④ 결핵균

> **해설**
> 포자형성균은 내열성이 강해 자비 소독으로는 효과가 없다.

10 병원체에 감염되었으나 임상증상이 전혀 없는 보균자로서 감염병 관리상 중요한 대상은?

① 건강보균자   ② 회복기보균자
③ 잠복기보균자   ④ 만성보균자

> **해설**
> 건강보균자는 겉보기에는 건강하지만 병원균을 배출한다. 색출이 불가능하여 관리가 가장 어려운 대상이기도 하다.

11 사망통계에 대한 설명으로 옳지 않은 것은?

① 신생아 사망률 : 생후 28일 미만의 영아 사망을 말한다.
② 조사망률 : 인구 1,000명당 1년 발생 사망자 수로 표시되는 비율이다.
③ 주산기사망률 : 임신 28주 이상의 사산과 생후 1주 미만의 신생아 사망률이다.
④ 비례사망지수 : 어떤 연도의 사망 수 중 30세 이상의 사망자 수의 구성비율이다.

> **해설**
> 비례사망지수(PMI) = (같은 해에 일어난 50세 이상의 사망자수/1년 동안의 총 사망자 수)×100

12 독소형 식중독에 속하는 것은?

① 살모넬라증 식중독
② 포도상구균 식중독
③ 장염 비브리오 식중독
④ 병원성대장균 식중독

> **해설**
> 독소형 식중독에는 포도상구균, 보툴리누스균 등이 있고, 감염형 식중독에는 살모넬라균, 장염 비브리오균 등이 있다.

13 인간집단에서 질병 발생과 관련되는 사실을 현상 그대로 기록하는 역학은?

① 기술역학   ② 분석역학
③ 임상역학   ④ 이론역학

> **해설**
> 인간집단에서 질병 발생과 관련되는 사실을 현상 그대로 기록한 것을 기술역학이라 한다.

정답 07 ② 08 ② 09 ② 10 ① 11 ④ 12 ② 13 ①

14 이·미용업소에서의 위생관리로 가장 거리가 먼 것은?

① 가위는 커트 후 묻어 있는 머리카락을 털어내고 70[%] 알코올 솜으로 닦아준다.
② 일회용 소모품은 재사용하여 사용한다.
③ 플라스틱 빗은 70[%] 알코올, 1[%] 크레졸, 3[%] 석탄산수로 소독하거나 자외선 소독기를 이용한다.
④ 마른 타월, 젖은 타월, 사용한 타월을 분리하여 정리 보관 후 소독한다.

> **해설**
> 일회용 소모품은 말 그대로 1회용이기 때문에 사용 즉시 폐기토록 한다.

15 산업재해의 통계에 주로 사용되는 지표가 아닌 것은?

① 강도율 ② 도수율
③ 건수율 ④ 노동률

> **해설**
> 산업재해의 통계에 주로 사용되는 지표는 강도율, 도수율, 건수율 등이 있다.

16 소독제 3[g]을 100[mL] 물에 희석시키면 몇 퍼밀[‰]이 되는가?

① 0.3 ② 3
③ 30   ④ 300

> **해설**
> 퍼밀[‰] = (용질 / 용액)×1,000

17 감염병 감염 후 형성되는 면역의 유형은?

① 자연능동면역
② 인공능동면역
③ 자연수동면역
④ 인공수동면역

> **해설**
> • **인공능동면역** : 예방접종으로 얻어지는 면역
> • **자연수동면역** : 모유를 통해 생기는 면역
> • **인공수동면역** : 면역혈청

18 발육증식형 전파를 하는 감염병은?

① 페스트   ② 황열
③ 발진티푸스 ④ 말라리아

> **해설**
> 말라리아는 발육증식형 전파를 하는 감염병이다.

19 군집독을 일으키는 중요한 원인이 아닌 것은?

① 산소 감소
② 분진 감소
③ 온도 증가
④ 유해가스 증가

> **해설**
> 군집독이란 실내에 다수의 사람이 밀집되어 있을 때 산소는 감소하고 이산화탄소는 증가하면서 온도가 증가할 때 발생하는 것으로, 충분한 환기가 이루어지지 않을 때 발생한다.

정답 14 ② 15 ④ 16 ③ 17 ① 18 ④ 19 ②

이용사·이용장

20 소독제와 관련된 설명으로 틀린 것은?
① 소독제에 노출되는 시간이 길수록 소독 효과가 크다.
② 소독제의 농도가 높을수록 소독 효과가 크다.
③ 온도가 높을수록 소독 효과가 크다.
④ 유기물질이 많을수록 소독 효과가 크다.

해설
유기물질이 많아지면 소독력이 떨어지는데, 박테리아가 유기물질에 달라붙으면 요오드나 염소가 작용을 하지 못하기 때문이다.

21 「성매매알선 등 행위의 처벌에 관한 법률」 위반으로 이·미용업 영업소 폐쇄명령이 있은 후 얼마의 기간이 경과하여야 그 폐쇄명령이 이루어진 영업장소에서 같은 종류의 영업을 할 수 있는가?
① 3개월
② 6개월
③ 1년
④ 2년

해설
폐쇄명령 후 1년이 경과한 자는 폐쇄조치가 이루어진 영업장소에서 같은 종류의 영업을 개시할 수 있다.

22 이·미용업자가 시·도지사 또는 시장·군수·구청장의 개선명령을 이행하지 아니한 때의 1차 위반 행정처분기준은?
① 개선명령
② 영업정지 5일
③ 영업정지 10일
④ 경고

해설
개선명령을 이행하지 않은 경우의 행정처분기준은 1차 위반은 경고, 2차 위반은 영업정지 10일, 3차 위반은 영업정지 1월, 4차 위반은 영업장 폐쇄명령이다.

23 이용사 및 미용사의 면허를 부여하는 자는?
① 보건복지부장관
② 시·도지사
③ 시장·군수·구청장
④ 한국산업인력공단 이사장

해설
이용사 및 미용사의 면허를 부여하는 자는 시장·군수·구청장이다.

24 이·미용사에 대한 청문 실시 대상의 처분에 해당하지 않는 것은?
① 면허취소
② 개선명령
③ 영업정지명령
④ 면허정지

해설
▶ 청문을 실시하는 경우
• 이용사와 미용사의 면허취소 또는 면허정지
• 영업정지명령, 일부 시설의 사용중지명령 또는 영업소 폐쇄명령

25 다음 설명에서 빈칸에 적합한 것은?

공중위생영업자는 그 (　　　)이/가 발생하지 아니하도록 영업 관련 시설 및 설비를 위생적이고 안전하게 관리하여야 한다.

① 소비자에게 건강상 장해요소
② 소비자에게 신체상 위험요소
③ 이용자에게 신체상 장해요인
④ 이용자에게 건강상 위해요인

해설
공중위생영업자는 이용자에게 건강상 위해요인이 발생하지 아니하도록 영업 관련 시설 및 설비를 위생적이고 안전하게 관리하여야 한다.

정답 20 ④　21 ③　22 ④　23 ③　24 ②　25 ④

26 공중위생영업자가 건전한 영업질서를 위하여 준수하여야 할 사항을 준수하지 아니했을 때 벌칙기준은?

① 6월 이하의 징역 또는 1백만 원 이하의 벌금
② 6월 이하의 징역 또는 5백만 원 이하의 벌금
③ 1년 이하의 징역 또는 5백만 원 이하의 벌금
④ 1년 이하의 징역 또는 1천만 원 이하의 벌금

해설
공중위생영업자가 건전한 영업질서를 위하여 준수해야 할 사항을 준수하지 않은 경우 6월 이하의 징역 또는 5백만 원 이하의 벌금이 부과된다.

27 이·미용 영업에 있어서 위생교육을 받아야 하는 대상자는?

① 이·미용업의 영업자
② 이용사 또는 미용사 면허를 받은 사람
③ 이용사 또는 미용사 면허를 받고 영업에 종사하는 사람
④ 이·미용 영업에 종사하는 모든 사람

해설
이·미용업의 영업을 하거나 개시하려는 자는 매년 3시간의 위생교육을 받아야 한다.

28 이·미용업소의 위생서비스수준을 평가할 수 있는 권한이 없는 자는? (단, 전문성을 높이기 위하여 필요하다고 인정하는 경우도 포함)

① 환경부장관
② 시장·군수·구청장
③ 관련 전문기관
④ 관련 단체

해설
환경부장관은 이·미용업소의 위생서비스수준을 평가할 수 있는 권한이 없다.

29 이·미용업의 신고를 하려는 자가 제출하여야 하는 서류에 해당하지 않는 것은?

① 이·미용사 면허증 원본
② 영업시설 및 설비개요서
③ 교육수료증(미리 교육을 받은 경우)
④ 신고서(전자문서로 된 신고서를 포함)

해설
이·미용업의 신고를 하려는 자가 제출하여야 하는 서류는 신고서, 영업시설 및 설비개요서, 교육수료증 등이 있다.

30 면허정지처분을 받고 그 정지기간 중 업무를 행한 때의 행정처분기준은?

① 경고
② 면허취소
③ 300만 원 이하의 과태료
④ 500만 원 이하의 벌금

해설
면허정지처분을 받고 그 정지기간 중 업무를 행한 때 행정처분은 1차에 면허취소가 된다.

31 착강가위의 설명으로 옳은 것은?

① 날 부분은 특수강철, 몸 부분은 연질강철로 된 가위
② 날 부분과 몸 부분 모두 연질강철로 된 가위
③ 날 부분과 몸 부분 모두 특수강철로 된 가위
④ 날 부분은 연질강철, 몸 부분은 특수강철로 된 가위

해설
날 부분이 특수강 + 협신부 연강인 것은 착강가위이다.

정답 26 ② 27 ① 28 ① 29 ① 30 ② 31 ①

32 정발 작업 시 드라이의 중요 요소로 가장 적합하지 않은 것은?
① 습도
② 두피
③ 온도
④ 각도

해설 드라이 세팅의 3요소는 온도, 습도, 각도이다.

33 프롱, 그루브, 핸들은 어떤 기기의 세부 명칭인가?
① 드라이어
② 클리퍼
③ 아이론
④ 레이저

해설 아이론의 구조에는 프롱, 그루브, 핸들로 구성되어 있다.

34 원랭스 커트(One Length Cut) 중 보브 스타일에 해당되는 것은?
① 가로로 동일한 선상에 같은 두발 길이로 커트한 것
② 헤어라인 위에 가볍게 커트한 것
③ 튀어나온 머리카락을 커트한 것
④ 모발의 층을 주는 커트

해설 One Length의 의미는 가로로 동일한 선상에 같은 두발 길이의 뜻이다.

35 앞머리를 드라이한 것같이 자연스럽게 연출하려면 다음 중 어떠한 퍼머넌트가 가장 적합한가?
① 핀컬
② 스트레이트
③ 로드
④ 트위스트

해설 핀컬 퍼머넌트는 자연스러운 컬을 연출하고 싶을 때 적합하다.

36 두발을 구성하는 주성분은?
① 케라틴
② 지방산
③ 요오드
④ 비타민류

해설 모발의 주성분은 케라틴 단백질이다.

37 모근의 구조면에서 모유두가 위치하는 곳은?
① 모간부분
② 모피지선
③ 모공부분
④ 모모세포 아래

해설 모유두는 모모세포의 아래에서 모세혈관과 연결되어 영양을 공급받는다.

38 염모제의 성분 중 산화작용을 하는 것은?
① 염색소
② 탄산마그네슘
③ 과산화수소
④ 티오글리콜산

해설 과산화수소는 산소와 결합하여 멜라닌 색소를 산화시킨다.

정답 32 ② 33 ③ 34 ① 35 ① 36 ① 37 ④ 38 ③

39 디자인 커트에서 그래듀에이션(Graduation) 기법에 해당하는 것은?

① 수평의 동일선상에서 정돈된 두발 끝을 45[°]로 커트하는 커팅 기법
② 상부는 길고 하부는 짧게 역삼각형을 만들어 두발 끝이 90[°] 미만으로 커트하는 커팅 기법
③ 상부는 짧고 하부는 길게 층을 만들어 두발 끝을 90[°]가 넘게 커트하는 커팅 기법
④ 정사각형으로 두발 끝을 90[°]로 커트하는 커팅 기법

> **해설**
> 그래듀에이션은 상부는 길고 하부는 45~90[°] 미만의 각도로 커트하는 방법이다.

40 레이저를 사용하여 두발을 자르고자 할 때 가장 적합한 커트 방법은?

① 빗으로 빗어 올려 커트한다.
② 손으로 가늠하여 커트한다.
③ 빗과 손을 대지 않고 커트한다.
④ 충분한 수분이 있는 모발에 적당한 텐션을 유지하며 커트한다.

> **해설**
> 레이저 커트는 모발에 충분한 수분을 주어야 모발 손상을 줄일 수 있다.

41 헤어드라이어의 보조기구인 디퓨저(Diffuser)의 주 역할은?

① 바람을 집중시킨다.
② 열을 한쪽으로 모으게 한다.
③ 열과 바람을 고르게 확산한다.
④ 모발에 영양을 공급해준다.

> **해설**
> 드라이어의 디퓨저는 바람의 길을 고르게 만들어준다.

42 짧은 모발에 아이론을 시술할 때 뜨겁지 않게 하기 위한 방법으로 가장 적합한 것은?

① 빗을 두피에 대고 시술한다.
② 모발에 오일을 바르고 시술한다.
③ 피부에 오일을 바르고 시술한다.
④ 모발과 피부에 물을 바르고 시술한다.

> **해설**
> 아이론 작업 시 두피 보호를 위하여 빗을 두피에 대고 열감이 두피에 닿지 않도록 모발을 띄어서 와인딩 해준다.

43 이용 작업 시 봄바쥬 세트(Bomborge Set)는 어디에 해당하는 용어인가?

① 브러시 사용 정발술
② 헤어 커팅술
③ 레이저 시술
④ 퍼머넌트 사용술

> **해설**
> 봄바쥬는 올백형의 세팅으로 브러시 사용으로 정발하는 방법이다.

44 콜드 퍼머넌트를 하고 난 다음 최소 얼마의 시간이 지난 후에 염색을 하면 가장 적합한가?

① 퍼머넌트 시술 후 즉시
② 약 6시간 후
③ 약 12시간 후
④ 약 1주일 후

> **해설**
> 펌 시술 후 약 1주일의 기간을 두는 것은 컬의 고정력과 모발의 손상을 줄이기 위해서이다.

정답 39 ② 40 ④ 41 ③ 42 ① 43 ① 44 ④

45 스퀘어 브로스 커트 시 이용사의 가장 이상적인 최초 위치는?

① 모델의 좌전방 0[°] 선상
② 모델의 좌전방 45[°] 선상
③ 모델의 좌후방 0[°] 선상
④ 모델의 좌후방 45[°] 선상

해설
각 스포츠 커트 시 모델의 좌전방 45[°] 선상에서 최초 시술한다.

46 조발에서 떠내깎기는 어느 커트 기법에 속하는가?

① 틴닝 커트
② 스쿠프 커트
③ 테이퍼 커트
④ 스트로크 커트

해설
스쿠프 커트란 모발을 떠내는 것처럼 커트하는 것이다.

47 레이저를 이용하여 천정부 커팅 시 두발 길이를 일정하게 만들기 위한 날(Blade)의 사용 기법으로 가장 적합한 것은?

① 모발 끝을 하나씩 잡고 절단하듯 커트한다.
② 빗날 위로 나온 부분을 면체하듯 커트한다.
③ 모발 끝을 정렬시키고 날은 오른쪽 엄지 면에 대고 절단하듯 커트한다.
④ 빗날 위에 나온 부분을 날과 몸체를 이용하여 커트한다.

해설
레이저로 천정부를 커트할 때는 모발 끝을 정렬시키고 날을 엄지 바닥면에 대고 자른다.

48 남자 두발형의 분류로 적합하지 않은 것은?

① 상발형
② 장발형
③ 단발형
④ 초장발형

해설
상발형이란 하얗게 센 머리털을 의미한다.

49 법령상 이용사의 업무영역이 올바르게 나열된 것은?

① 이발, 면도, 아이론, 퍼머넌트 웨이브 등
② 이발, 면도, 아이론, 머리피부 손질, 염색 및 머리감기 등
③ 피어싱, 헤어타투, 머리카락 자르기, 면도 등
④ 여성 커트, 남성 커트, 머리모양내기, 눈썹문신, 머리피부 손질, 머리감기 등

해설
이용사의 업무범위는 이발, 아이론, 면도, 머리피부 손질, 머리카락 염색 및 머리감기 등이다.

50 두상형의 3가지 유형에 속하지 않는 것은?

① 돌출형
② 보통형
③ 결손형
④ 몰딩형

해설
두상형의 3가지 유형은 돌출형, 보통형, 결손형이다.

정답 45 ② 46 ② 47 ③ 48 ① 49 ② 50 ④

51 프랑스 이용 고등기술연맹에 의해 폴로라인이 발표된 시기는?

① 1961년　② 1962년
③ 1965년　④ 1967년

해설
▶ 이용 고등기술연맹 발표 연도
- 1962년 – 폴로라인
- 1965년 – 댄디라인
- 1967년 – 프레인 에어라인

52 털에 부속하여 존재하는 분비샘으로 특수한 부위, 즉 겨드랑이, 유두, 음부 등에서 볼 수 있는 것은?

① 소한선　② 대한선
③ 피지막　④ 모낭

해설
아포크린선으로 대한선은 특수한 부위(겨드랑이, 유두, 음부 등)에 존재한다.

53 영양상태나 손상에 의해 모발의 길이 방향으로 갈라지는 질환은?

① 결절열모증
② 사모
③ 원형 탈모증
④ 비강성 탈모증

해설
결절열모증은 털 몸통의 약한 부분이 두꺼워지고 결절이 형성되어 쉽게 부러지고 부러진 단면은 길게 빗자루처럼 여러 가닥으로 나뉘어져 있다.

54 모발 관리면에서 모발을 튼튼하고 건강하게 유지하기 위한 영양 공급원으로서 가장 중요한 것은?

① 고급당질의 공급
② 단백질의 공급
③ 섬유질의 공급
④ 지질의 공급

해설
모발은 단백질로 구성되어 있으므로 단백질 공급이 영양 공급원으로 적당하다.

55 면도기를 프리핸드로 잡은 자세에서 날을 반대로 운행하는 기법은?

① 백핸드　② 노멀핸드
③ 스틱핸드　④ 펜슬핸드

해설
백핸드는 프리핸드로 면도자루를 잡고 손바닥 면이 위를 향하게 하는 기법이다.

56 피부의 피하조직에 대한 설명으로 틀린 것은?

① 피하조직은 피부의 본질을 형성하며 팽창률을 좌우한다.
② 피하조직은 피부의 곡선미와도 관계가 있다.
③ 지방세포의 집단구조가 지방층을 만들고 이를 피하 지방조직이라 한다.
④ 피하조직은 섬유성 결체조직인 진피와 근육 사이에 위치하고 있다.

해설
피하조직은 여성 호르몬 및 외적 균형과 관계가 있으며, 외부의 충격에 쿠션 역할을 한다.

정답 51 ②　52 ②　53 ①　54 ②　55 ①　56 ①

57 면체 시술의 순서가 가장 적합하게 나열된 것은?

① 이마(정골) – 우측 뺨(우측 관골) – 좌측 뺨(좌측 관골) – 코밑(상악골) – 턱(하악골)
② 이마(정골) – 코밑(상악골) – 턱(하악골) – 우측 뺨(우측 관골) – 좌측 뺨(좌측 관골)
③ 좌측 뺨(좌측 관골) – 우측 뺨(우측 관골) – 이마(정골) – 턱(하악골) – 코밑(상악골)
④ 우측 뺨(우측 관골) – 좌측 뺨(좌측 관골) – 이마(정골) – 턱(하악골) – 코밑(상악골)

해설
면도의 순서는 이마 – 우측 뺨 – 좌측 뺨 – 코밑 – 턱의 순으로 한다.

58 햇볕에 타서 화끈거리는 피부에 알맞지 않은 팩은?

① 오이 팩   ② 난황 팩
③ 사과 팩   ④ 수박껍질 팩

해설
피부의 진정 효과가 있는 팩은 오이 팩, 사과 팩, 수박껍질 팩, 알로에 팩, 감자 팩 등이다.

59 콜드 크림을 이용하여 마사지 후 습포과정을 통해 닦아내려고 할 경우 습포의 조건으로 가장 적합한 것은?

① 차가운 물수건
② 따듯한 물수건
③ 마른 수건
④ 냉동된 물수건

해설
콜드 크림 마사지 후 닦아내는 타월은 따듯한 물수건이 좋다.

60 프리핸드를 쥐는 방식으로 면도날을 앞쪽으로 향하게 쥐고 깎아서 밀어내는 것처럼 면도하는 방법은?

① 백핸드   ② 펜슬핸드
③ 스틱핸드   ④ 푸시핸드

해설
면도날을 바깥을 향하게 하고 밀어 깎는 동작은 푸시핸드 기법이다.

08 이용장 2020년 1회 _ 기출복원문제

01 우리나라 최초의 이용원을 설립한 사람은?

① 이완용　　② 안종호
③ 최문수　　④ 김시민

해설
1895년 김홍집 내각 때 단발령이 시행되고 세종로 어귀에 안종호가 우리나라 최초의 이용원을 설립하였다.

02 클리퍼를 처음 발명한 나라는?

① 독일　　② 영국
③ 일본　　④ 프랑스

해설
바리캉 마르라는 프랑스의 회사에서 개발한 것이다.

03 리케차의 특징으로 옳은 것은?

① 미생물 중에서 크기가 가장 작다.
② 백선, 무좀 등을 발생시킨다.
③ 홍역, 폴리오 등의 병원체이다.
④ 발진티푸스, 발진열, 쯔쯔가무시증 등의 병원체이다.

해설
리케차는 세균과 바이러스의 중간에 속하는 미생물이며, 발진티푸스, 발진열, 쯔쯔가무시증 등의 병원체이다.

04 공중보건학의 목적이 아닌 것은?

① 질병 예방　　② 수명 연장
③ 건강 및 효율 증진　④ 인구 증가

해설
- 공중보건학의 목적
  - 질병 예방
  - 수명 연장
  - 신체적 · 정신적 효율의 증진

05 대부분의 병원균이 가장 왕성하게 증식하는 온도는?

① 0~18[℃]　　② 18~28[℃]
③ 28~38[℃]　　④ 38~48[℃]

해설
병원균의 왕성한 증식 온도는 28~38[℃]이다.

06 소독의 정의로 알맞지 않은 것은?

① 소독은 병원미생물의 생활력을 파괴하여 감염력을 없애는 것이다.
② 멸균은 생활력은 물론 미생물 자체를 완전히 없애는 것이다.
③ 살균은 원인균의 발육 및 그 작용을 정지시키는 것이다.
④ 감염은 병원체가 인체에 침투하여 발육, 증식하는 것이다.

해설
- **소독** : 생활력을 파괴하여 감염력을 없애는 것
- **멸균** : 병원균의 생활력과 미생물 자체를 없애는 것
- **살균** : 원인균을 죽이는 것
- **감염** : 병원체가 인체에 침투하여 발육, 증식하는 것이다.

정답 01 ②　02 ④　03 ④　04 ④　05 ③　06 ③

이용사·이용장

07 표피의 구성세포가 아닌 것은?
① 멜라닌세포 ② 림프구
③ 랑게르한스세포 ④ 각질형성세포

> **해설**
> 표피의 구성세포는 멜라닌세포, 머켈세포, 랑게르한스세포, 각질형성세포이다.

08 건강한 피부의 각화 주기는?
① 약 일주일 ② 약 한 달
③ 약 6개월 ④ 약 1년

> **해설**
> 건강한 피부의 각화 주기는 약 30일이다.

09 C.P의 위치는?
① 두상의 앞쪽 ② 두상의 윗부분
③ 두상의 뒷부분 ④ 귀 옆 구레나룻

> **해설**
> ▶ C.P : 전두부라인의 중심에 있는 두상의 앞쪽

10 3~4층의 두꺼운 과립세포층으로 구성되어 있으며, 각질화 과정이 실제로 시작되는 곳은?
① 유극층 ② 과립층
③ 기저층 ④ 각질층

> **해설**
> 과립층은 3~4개의 편평세포로 이루어진 층으로 각질화가 시작되는 층이다.

11 땀이 피부의 표면으로 분비되는 도중 땀샘 중간의 한 곳에서 배출되지 못한 땀이 쌓이는 것은?
① 땀띠 ② 소한증
③ 다한증 ④ 액취증

> **해설**
> 땀띠는 피부 표면으로 배출되지 않은 땀이 쌓인 것이다.

12 아포크린선의 특징으로 옳지 않은 것은?
① 체취선 혹은 대한선이라고도 불린다.
② 사춘기 이후에 기능이 시작된다.
③ 손바닥, 발바닥 등에서 가장 풍부하다.
④ 흑인에게 가장 많다.

> **해설**
> 아포크린선은 겨드랑이, 음부, 유두에 발달된 땀샘이다.

13 공중위생영업에 해당하지 않는 것은?
① 세탁업 ② 숙박업
③ 요식업 ④ 이·미용업

> **해설**
> 공중위생영업은 숙박업, 목욕장업, 이용업, 미용업, 세탁업, 건물위생관리업이 있다.

14 영업신고를 하는 데에 필요한 서류로 적합하지 않은 것은?
① 영업시설 및 설비개요서
② 신고서(전자문서로 된 신고서를 포함)
③ 교육수료증
④ 이용사자격증

> **해설**
> 영업신고에 필요한 서류는 신고서, 영업시설 및 설비개요서, 교육수료증이다.

정답 07 ② 08 ② 09 ① 10 ② 11 ① 12 ③ 13 ③ 14 ④

15 화장의 기원으로 올바르지 않은 것은?

① 장식설　　② 신체보호설
③ 계급설　　④ 수명연장설

해설
화장의 기원에는 아름다워지려는 본능적 욕구충족을 위해 화장을 했다는 장식설, 자연에서 몸을 보호하기 위해 화장을 했다는 신체보호설, 성별이나 신분의 계급에 따라 용모를 구분하기 위해 화장을 했다는 계급설, 주술적·종교적으로 질병이나 마귀를 쫓기 위해 얼굴이나 몸에 색칠을 하였다는 종교설이 있다.

16 화장품의 4대 요건으로 옳지 않은 것은?

① 안전성　　② 안정성
③ 유효성　　④ 지속성

해설
화장품의 4대 요건은 안전성, 안정성, 사용성, 유효성이다.

17 가위의 종류와 그 쓰임새가 올바르게 짝지어지지 않은 것은?

① 커팅가위 : 두발을 자르는 일반적인 가위
② 틴닝가위 : 모발 길이는 자르지 않고 숱을 감소시키기 위해 사용
③ 착강가위 : 날 부분과 협신부가 서로 다른 재질로 접합시켜 만들어진 가위
④ 전강가위 : 날 일부가 특수강으로 만들어진 가위

해설
전강가위란 날 전체가 특수강으로 만들어진 가위를 일컫는다.

18 동물성 오일의 특징으로 옳은 것은?

① 피부 친화성이 좋다.
② 피부에 흡수되는 속도가 느리다.
③ 정제되지 않은 것을 사용한다.
④ 좋은 냄새가 난다.

해설
▶ 동물성 오일
- 동물의 피하조직
- 장기에서 추출
- 냄새가 좋지 않기 때문에 정제한 것을 사용해야 한다.
- 피부 친화성이 좋고 흡수가 빠르다.

19 영업장의 폐업신고는 폐업한 날로부터 며칠 이내여야 하는가?

① 7일　　② 10일
③ 15일　　④ 20일

해설
이용업자는 폐업한 날부터 20일 이내에 시장·군수·구청장에게 신고하여야 한다.

20 벌집에서 추출한 것으로 가장 오래된 화장품 원료 중의 하나인 것은?

① 밀랍　　② 라놀린
③ 파라핀　　④ 바셀린

해설
밀랍은 벌집에서 얻은 것을 정제한 것이다.

21 이·미용사의 면허 발급 자격으로 알맞지 않은 것은?

① 전문대학 또는 교육부장관이 인정하는 학교의 이·미용 관련 학과를 졸업한 자
② 학점은행제 학점으로 이·미용 학위를 취득한 자
③ 관련 고등학교의 1년 이상의 과정을 이수한 자
④ 이·미용사 자격증 필기시험 합격자

해설
▶ 이·미용사의 면허 발급 자격
- 전문대학 미용 관련 학과 졸업자
- 관련 고등학교의 1년 이상 과정 이수자
- 학점은행제 이·미용 학위 취득자

정답　15 ④　16 ④　17 ④　18 ①　19 ④　20 ①　21 ④

22 세계보건기구의 3대 건강지표에 해당하지 않는 것은?

① 조사망률 ② 평균수명
③ 영아사망률 ④ 비례사망지수

해설
▶ 세계보건기구의 3대 건강지표 : 조사망률(보통사망률), 평균수명, 비례사망지수

23 인구 구성형태의 특성 중 피라미드형의 특징으로 알맞은 것은?

① 출생률이 높고 사망률이 낮은 형
② 출생률보다 사망률이 높은 형
③ 인구증가형 선진국형
④ 생산연령인구의 전출이 늘어나는 형

해설
▶ 피라미드형 : 인구증가형 후진국형, 출생률이 높고 사망률이 낮은 형

24 과산화수소를 이용한 화학적 소독 시 알맞은 농도는?

① 1.5~2.0[%] ② 2.5~3.5[%]
③ 4.0~5.5[%] ④ 6.0~7.5[%]

해설
▶ 과산화수소
• 2.5~3.5[%]의 농도로 사용한다.
• 무포자균 살균에 효과적이다.
• 창상, 구내염, 인두염, 입안 세척 등에 사용한다.

25 승홍수의 특징으로 알맞지 않은 것은?

① 0.1[%] 농도로 사용한다.
② 무색, 무취, 살균력이 강하다.
③ 단백질을 분해시킨다.
④ 금속을 부식시킨다.

해설
▶ 승홍수(염화제2수은)
• 0.1[%]의 농도로 사용한다.
• 무색, 무취, 살균력이 강하고 단백질을 응고시킨다.
• 금속을 부식시키고 인체 피부점막에 자극을 준다(수은중독).

26 이발 시술 과정을 올바르게 나열한 것은?

① 소재 – 구상 – 보정 – 제작
② 제작 – 보정 – 소재 – 구상
③ 소재 – 제작 – 구상 – 보정
④ 소재 – 구상 – 제작 – 보정

해설
이발 시술의 과정은 소재 – 구상 – 제작 – 보정 순이다.

27 가위 테크닉의 명칭과 기법이 올바르게 짝지어진 것은?

① 블런트 커트 – 커트용 가위를 이용하여 직선으로 커트하는 기법
② 스트로크 커트 – 레이저로 모발 끝을 감소시켜 불규칙한 흐름을 연출하는 기법
③ 테이퍼링 – 곡선 날 가위로 테이퍼링 하여 불규칙한 흐름을 연출하는 기법
④ 틴닝 – 커트용 가위로 모발의 양은 변화를 주지 않고 모발의 길이를 줄이는 방법

해설
• 블런트 커트 : 머리 끝 선을 층이 없이 직선으로 뭉툭하게 자르는 기법
• 스트로크 커트 : 머리카락을 가위나 면도날로 미끄러지듯이 자르는 기법
• 테이퍼링 : 붓 끝처럼 가늘게 자르는 기법
• 틴닝 : 커트할 때 모발의 길이는 그대로 둔 상태에서 모발의 양만 줄여주는 작업

정답 22 ③ 23 ① 24 ② 25 ③ 26 ④ 27 ①

28 산화칼슘을 98[%] 이상 포함하고 있는 백색의 고체나 분말로 이루어져 있으며 토사물, 분변, 하수, 오물 등의 소독에 적당한 화학적 소독방법은?

① 포르말린 ② 생석회
③ 역성비누 ④ 염소(Cl_2)

해설
생석회는 값이 싸고 독성이 적지만 공기에 오래 노출되면 살균력이 떨어지고 아포균에는 효력이 없다.

29 멜라닌 색소의 증식을 억제시켜 피부의 미백제 역할을 하는 비타민의 종류는?

① 비타민 A ② 비타민 D
③ 비타민 C ④ 비타민 E

해설
비타민 C는 피부 미백에 효과가 있다.

30 공중위생감시원의 업무범위가 아닌 것은?

① 시설 및 설비의 확인
② 공중이용시설의 위생상태 확인·검사
③ 위생관리의무 및 준수사항 이행 여부 확인
④ 공중위생관리법 위반에 대한 과태료 부과

해설
과태료 부과는 보건복지부장관 또는 시장·군수·구청장이 한다.

31 다른 사람에게 면허증을 대여한 때의 1차 위반 행정처분기준은?

① 면허정지 3월 ② 면허정지 6월
③ 면허정지 1년 ④ 면허취소

해설
면허증을 다른 사람에게 대여한 때
- 1차 위반 – 면허정지 3월
- 2차 위반 – 면허정지 6월
- 3차 위반 – 면허취소

32 영업소 외의 장소에서 이용 업무가 가능한 경우가 아닌 것은?

① 혼례 및 기타 의식에 참여하는 자에 대하여
② 사회복지시설에서의 봉사활동
③ 방송 등 촬영에 임하는 사람에 대하여
④ 간곡한 부탁이 있을 시

해설
혼례 및 기타 의식에 참여하거나 방송 등 촬영에 임하는 자에 대하여 또는 사회복지시설에서의 봉사활동 등의 경우에 영업소 외의 장소에서 이용 업무가 가능하다.

33 다음 중 청문을 진행하는 사유가 아닌 것은?

① 면허취소 ② 면허정지
③ 영업소 폐쇄명령 ④ 영업장의 폐업

해설
청문사유 : 면허취소, 면허정지, 영업소 폐쇄명령, 일부 시설의 사용중지명령, 영업정지명령

34 소독약을 취급할 때의 주의사항으로 맞지 않는 것은?

① 인체에 해가 없어야 한다.
② 경제적이어야 한다.
③ 효과가 확실해야 한다.
④ 사용방법은 까다로워도 괜찮다.

해설
소독약은 사용법이 쉽고 인체에 해가 없어야 한다. 또한 효과가 확실하며 경제적이어야 한다.

35 31개의 종을 포함하는 토양미생물로, 화농성 질환의 병원균이며 식중독의 원인이 되는 균의 이름은?

① 포도상구균 ② 연쇄상구균
③ 간균 ④ 나선균

> **해설**
> 포도상구균은 자연계에 널리 분포되어 있는 세균의 하나로서 식중독뿐만 아니라 피부의 화농, 중이염, 방광염 등 화농성 질환을 일으키는 원인균이다. 우리나라에 있어 살모넬라균 및 장염 비브리오균 다음으로 식중독을 많이 일으키는 세균이다.

36 한 분자 내에 음이온과 양이온을 모두 가지고 있는 계면활성제는?

① 음이온성 계면활성제
② 양이온성 계면활성제
③ 양쪽성 계면활성제
④ 비이온성 계면활성제

> **해설**
> 양쪽성 계면활성제는 양이온 전하와 음이온 전하를 한 분자 내에 함께 가지고 있으며, 양이온은 산성 영역에서 음이온은 알칼리성 영역에서 해리한다.

37 다음 중 자외선 차단 효과가 가장 높은 것은?

① SPF 15 ② SPF 20
③ SPF 30 ④ SPF 45

> **해설**
> SPF 지수가 높을수록 자외선의 차단 효과가 높다.

38 모발 끝에서 1/3 지점을 테이퍼링 하는 기법은?

① 노멀 테이퍼링 ② 엔드 테이퍼링
③ 딥 테이퍼링 ④ 라이트 테이퍼링

> **해설**
> 모발 끝 기준으로 엔드 테이퍼링 1/3, 노멀 테이퍼링 1/2, 딥 테이퍼링 2/3

39 빗을 대고 가위를 개폐하면서 빗에 끼어 있는 모발을 커트하는 기법은?

① 포인팅 ② 싱글링
③ 트리밍 ④ 클리핑

> **해설**
> ▶ 싱글링 : 빗살 골에 나와 있는 머리카락을 가위의 연속 동작으로 커트해가는 기법

40 샴푸제에 들어가는 첨가제가 아닌 것은?

① 점증제 ② 기포억제제
③ 방부제 ④ pH 조정제

> **해설**
> 점증제, 기포증진제, 방부제, 살균제, pH 조정제 등이 있다.

41 손상모의 치유와 건성 모발에 사용되는 샴푸의 종류는?

① 플레인 샴푸 ② 핫오일 샴푸
③ 에그 샴푸 ④ 토닉 샴푸

> **해설**
> • 플레인 샴푸 : 일반적인 샴푸
> • 핫오일 샴푸 : 건성 모발과 손상모 치유에 도움
> • 에그 샴푸 : 모발에 영양을 부여한다.
> • 토닉 샴푸 : 비듬 예방, 상쾌함을 부여한다.

정답 35 ① 36 ③ 37 ④ 38 ② 39 ② 40 ② 41 ②

42 위생등급에 따른 업소 분류 중 우수업소는 어떠한 등급에 해당하는가?

① 백색등급 ② 녹색등급
③ 황색등급 ④ 적색등급

> **해설**
> - 최우수업소 : 녹색등급
> - 우수업소 : 황색등급
> - 일반관리대상 업소 : 백색등급

43 영업소 위생서비스수준의 평가 주기는?

① 1년 ② 2년
③ 3년 ④ 4년

> **해설**
> 영업소의 위생서비스수준의 평가 주기는 2년이다.

44 소독 대상과 소독제가 올바르게 짝지어지지 않은 것은?

① 대소변, 토사물 – 생석회분말
② 고무제품, 피혁, 모피 – 포르말린
③ 이·미용실 실내 소독 – 크레졸
④ 금속제품 – 승홍수

> **해설**
> 승홍수는 금속을 부식시키고 인체 피부점막에 자극을 준다.

45 영업장 안의 조명도는 몇을 유지해야 하는가?

① 50럭스 이상 ② 75럭스 이상
③ 90럭스 이상 ④ 100럭스 이상

> **해설**
> 영업장 내부의 조명도는 75럭스 이상을 유지하는 것이 좋다.

46 300만 원 이하의 과태료를 부과하는 사항으로 틀린 것은?

① 관계공무원의 출입·검사 기타 조치를 거부·방해 또는 기피한 자
② 이·미용 시설 및 규정에 의한 설비의 개선명령에 위반한 자
③ 위생교육을 받지 아니한 자
④ 신고를 하지 않고 이용업소표시등을 설치한 자

> **해설**
> ▶ 300만 원 이하의 과태료
> - 이·미용 시설 및 규정에 의한 설비의 개선명령에 위반한 자
> - 신고를 하지 않고 이용업소표시등을 설치한 자
> - 관계공무원의 출입·검사 기타 조치를 거부·방해 또는 기피한 자

47 감염병의 3대 요인이 아닌 것은?

① 감염원 ② 감염경로
③ 감염체 ④ 감수성숙주

> **해설**
> 감염병의 3대 요인은 감염원, 감염경로, 감수성숙주(병원체에 반응하는 성질)이다.

48 폐흡충의 제1중간숙주는?

① 우렁이 ② 다슬기
③ 물벼룩 ④ 참게

> **해설**
> ▶ 폐흡충(폐디스토마) : 제1중간숙주(다슬기), 제2중간숙주(가재, 참게)

정답 42 ③ 43 ② 44 ④ 45 ② 46 ③ 47 ③ 48 ②

49 아이론 시술 시 적정 온도로 알맞은 것은?

① 100~120[℃]   ② 120~140[℃]
③ 140~160[℃]   ④ 160~180[℃]

> **해설**
> 아이론 시술 시 온도는 140[℃]를 넘지 않는 것이 좋다.

50 퍼머넌트의 시술 과정 중 로드와 파지를 이용하여 일정한 텐션으로 모발을 감싸는 작업을 무엇이라고 하는가?

① 블로킹   ② 와인딩
③ 슬래핑   ④ 파팅

> **해설**
> 와인딩은 로드와 파지를 이용하여 일정한 텐션으로 모발을 말아주는 작업이다.

51 각각의 부향률과 지속력이 알맞게 짝지어진 것은?

① 퍼퓸 : 부향률 9~12[%], 5~6시간 지속
② 오드퍼퓸 : 부향률 1~3[%], 30분~1시간 지속
③ 오드뚜알렛 : 부향률 15~30[%], 6~7시간 지속
④ 오드코롱 : 부향률 3~5[%], 1~3시간 지속

> **해설**
> 향수의 지속력은 퍼퓸 > 오드퍼퓸 > 오드뚜알렛 > 오드코롱 순이며, 부향률 또한 이와 같은 순서이다.

52 색소침착의 증상이 아닌 것은?

① 주근깨   ② 기미
③ 검버섯   ④ 백반증

> **해설**
> 백반증은 색소세포의 파괴로 인하여 여러 가지 크기와 형태의 백색 반점이 피부에 나타나는 후천적 탈색소성 질환이다.

53 아로마가 인체에 미치는 영향이 아닌 것은?

① 감정 조절   ② 진통 완화
③ 노폐물 배출   ④ 소화 불량

> **해설**
> 아로마가 인체에 미치는 영향으로는 감정 조절, 항스트레스 작용, 기억력 향상, 면역 기능 향상, 세포재생 효과, 혈액 순환 촉진, 살균소독, 방부 효과, 노폐물 배출, 진통 완화, 피부미용 효과 등이 있다.

54 다음 <보기> 중 장티푸스의 전염경로가 알맞게 짝지어진 것을 고르시오.

보기
㉠ 간접접촉   ㉡ 경구감염
㉢ 수인성 감염   ㉣ 비말접촉

① ㉠, ㉢, ㉣   ② ㉠, ㉡, ㉢
③ ㉡, ㉢, ㉣   ④ ㉠, ㉡, ㉣

> **해설**
> 장티푸스는 무증상 병원체 보유자와 장티푸스 발병인의 대변이나 소변에 오염된 음식, 물 등을 통해 감염된다.

정답 49 ② 50 ② 51 ④ 52 ④ 53 ④ 54 ②

55 하천오염의 측정지표가 맞게 짝지어진 것은?

① 생물학적 산소요구량 – 유기물을 산화시킬 때 소모되는 산소량
② 용존산소량 – 물속에 녹아 있는 산소량
③ 화학적 산소량 – 유기물이 세균에 의해 산화 분해될 때 소비되는 산소량
④ 용존산소량 – 유기물을 산화시킬 때 소모되는 산소량

해설
용존산소량은 물속에 포함되어 있는 산소의 양을 나타내며 수질오염의 지표로서 사용된다.

56 영업의 변경신고를 해야 할 경우가 아닌 것은?

① 영업소의 명칭 또는 상호 변경
② 신고한 영업장의 2분의 1 이상의 증감
③ 영업소의 소재지 변경
④ 대표자의 성명 또는 생년월일 변경

해설
신고한 영업장의 3분의 1 이상의 증감이 있을 때이다.

57 가발의 용도에 따른 분류로 옳은 것은?

① 위그 : 두상에 덧쓰거나 클립으로 부착시키는 가발
② 웨프트 : 긴 머리를 연출할 때 사용하는 가발
③ 위글렛 : 자격증 시험 염색과제에 사용하는 실습용 가발
④ 폴 : 짧은 머리 연출용 가발

해설
• 웨프트 : 실습용 쪽가발
• 위글렛 : 크라운 부위의 볼륨 생성
• 폴 : 긴 머리 연출

58 퍼머넌트 웨이브의 1제, 2제의 특성으로 옳은 것은?

① 펌제는 모발을 팽윤, 연화시켜서 모발 내부의 시스틴 결합을 절단시킨다.
② 티오글리콜산 농도 1~3[%], pH 9~9.6을 가장 많이 사용한다.
③ 케라틴을 재결합시켜 웨이브를 고정한다.
④ 과산화수소, 취소산나트륨, 취소산칼륨의 8~10[%] 농도

해설
펌제는 모발을 팽윤, 연화시키고 모발 내부의 시스틴 결합을 절단시키는 특성이 있다.

59 다음 중 남성형 탈모의 주원인이 되는 호르몬은?

① 안드로겐   ② 에스트라디올
③ 테스토스테론   ④ 랑게르한스

해설
• 안드로겐 : 탈모를 유발시키는 남성 호르몬
• 에스트라디올 : 성호르몬 스테로이드
• 테스토스테론 : 남성의 성호르몬
• 랑게르한스 : 피부 조직에 상주하는 대식세포

60 다음 중 BCG 접종을 하였다면 어느 면역에 속하는가?

① 자연능동면역   ② 자연수동면역
③ 인공수동면역   ④ 인공능동면역

해설
▶ 인공능동면역 : 예방접종으로 획득한 면역

정답 55 ② 56 ② 57 ① 58 ① 59 ① 60 ④

09 2021년 2회 _ 기출복원문제

01 다음 중 진균이 유발하는 병을 고르시오.
① 독감
② 앵무새병
③ 무좀, 백선의 피부병
④ 장티푸스

해설
진균은 곰팡이성 균으로 무좀과 같은 피부병을 유발한다.

02 소독기전과 종류가 올바르게 짝지어진 것은?
① 산화작용 – 중금속염
② 균체 단백질 응고작용 – 과산화수소
③ 가수분해작용 – 강알칼리
④ 산화작용 – 강산

해설
강알칼리는 가수분해작용을 한다.

03 크레졸 소독의 소독시간은 최소 얼마인가?
① 5분 미만
② 10분 미만
③ 10분 이상
④ 20분 이상

해설
크레졸 소독은 손 소독 시 1[%], 보통은 3[%]의 농도로 10분 이상 담가둔다.

04 다음 중 디프테리아의 전염경로가 아닌 것은?
① 비말접촉
② 진액접촉
③ 간접접촉
④ 수인성 감염

해설
▶ 디프테리아 : 비말이나 진액, 간접접촉으로 주로 어린 아이가 많이 걸리는 급성 법정 감염병의 하나. 호흡기의 점막이 상하며 갑상샘이 부어 호흡곤란을 일으키며 후유증으로 신경마비나 심장, 신장장애를 일으킨다.

05 다음 중 통기성균인 것을 고르시오.
① 보툴리누스균
② 대장균
③ 백일해균
④ 진균

해설
통기성균에는 대장균, 포도상구균, 연쇄상구균 등이 있다.

06 원생동물의 다른 말로 옳은 것은?
① 원충류
② 중간숙주
③ 핵
④ 트라코마

해설
원충류(Protozoa)는 "최초의", "원래의"라는 뜻의 접두사인 'Proto–'와 "동물", "유기체"라는 뜻의 접미사인 '–zoa'가 합쳐져 "원시형태의 동물, 최초의 동물"이라는 의미를 갖는다.

정답 01 ③ 02 ③ 03 ③ 04 ④ 05 ② 06 ①

07 역성비누의 특징으로 알맞지 않은 것은?

① 피부에 자극이 없고 소독력이 높다.
② 이·미용사의 손 세정에 적당하다.
③ 계면활성제 중 가장 항균 활성이 높다.
④ 독성이 강하고 금속을 부식시킨다.

> **해설**
> 역성비누란 본체가 양이온성인 비누이다. 보통의 비누가 지방산 음이온과 같이 음이온인 것과는 반대라는 뜻으로, 세척력은 없으나 살균작용, 단백질 침전작용이 커서 약용 비누로 쓰인다.

08 도구 및 기기의 소독 기준 및 방법으로 알맞지 않은 것은?

① 자외선 소독 - 1[cm²]당 85[μW] 이상의 자외선을 10분 동안 쬐어준다.
② 증기 소독 - 100[℃] 이상의 습한 열에 20분 이상 쬐어준다.
③ 석탄산수 소독 - 석탄산수(석탄산 3[%], 물 97[%]의 수용액)에 10분 이상 담가둔다.
④ 크레졸 소독 - 크레졸수(크레졸 3[%], 물 97[%]의 수용액)에 10분 이상 담가둔다.

> **해설**
> 자외선 소독은 1[cm²]당 85[μW] 이상의 자외선을 20분 동안 쬐어준다.

09 31개의 종을 포함하는 토양미생물로, 화농성 질환의 병원균이며 식중독의 원인이 되는 균의 이름은?

① 포도상구균 ② 연쇄상구균
③ 간균 ④ 나선균

> **해설**
> 포도상구균은 자연계에 널리 분포되어 있는 세균의 하나로서 식중독뿐만 아니라 피부의 화농, 중이염, 방광염 등 화농성 질환을 일으키는 원인균이다. 우리나라에 있어 살모넬라균 및 장염 비브리오균 다음으로 식중독을 많이 일으키는 세균이다.

10 전염의 형식은 접촉에 의한 것, 매개체에 의한 것, 일정한 거리를 두고 전염하는 것의 3가지 제미나리아설을 주장한 사람은?

① 코페르니쿠스 ② 히포크라테스
③ 아리스토텔레스 ④ 프라카스트로

> **해설**
> 프라카스트로는 감염의 형식이 접촉에 의한 것, 매개에 의한 것, 일정 거리에서도 감염되는 것의 세 가지로 분류하였다.

11 공중위생감시원의 자격·임명·업무범위 기타 필요한 사항을 정하는 령은?

① 대통령령 ② 보건복지부령
③ 시·군·구청장령 ④ 시·도지사령

> **해설**
> 공중위생감시원의 자격·임명·업무범위 기타 필요한 사항은 대통령령으로 정한다.

12 위생교육에 관한 기록을 보관하고 관리하여야 하는 기간은 얼마 이상인가?

① 1년 ② 2년
③ 3년 ④ 4년

> **해설**
> 위생교육에 관한 기록은 2년 이상 보관·관리하여야 한다.

정답 07 ④　08 ①　09 ①　10 ④　11 ①　12 ②

이용사 · 이용장

13 소독을 한 기구와 소독을 하지 않은 기구를 각각 보관하지 않았을 때 3차 위반 시 행정처분기준은?

① 영업장 폐쇄명령 ② 영업정지 1월
③ 영업정지 10일   ④ 영업정지 5일

> **해설**
> - 1차 위반 – 경고
> - 2차 위반 – 영업정지 5일
> - 3차 위반 – 영업정지 10일
> - 4차 위반 – 영업장 폐쇄명령

14 6월 이하의 징역에 처하는 위반사항 중 틀린 것은?

① 규정에 의한 변경신고를 하지 않은 자
② 건전한 영업질서를 위하여 영업자가 준수해야 할 사항을 준수하지 아니한 자
③ 공중위생영업자의 지위를 승계한 자로서 규정에 의한 변경신고를 하지 않은 자
④ 면허의 취소 또는 정지 중에 영업을 한 자

> **해설**
> ▶ 6월 이하의 징역 또는 500만 원 이하의 벌금
> - 규정에 의한 변경신고를 하지 아니한 자
> - 공중위생영업자의 지위를 승계한 자로서 규정에 의한 신고를 하지 않은 자
> - 건전한 영업질서를 위하여 영업자가 준수해야 할 사항을 준수하지 아니한 자

15 과징금 부과 및 납부의 사항이 틀린 것은?

① 통지를 받은 날로부터 20일 이내에 과징금을 납부하여야 한다.
② 과징금은 분할 납부할 수 없다.
③ 과징금의 징수절차는 보건복지부령으로 한다.
④ 시장 · 군수 · 구청장은 과징금을 부과할 수 있다.

> **해설**
> 과징금은 분할 납부할 수 있다.

16 다음 중 부과되는 벌금의 정도가 가장 높은 사항은?

① 영업변경신고를 하지 않은 경우
② 면허를 받지 아니한 자가 업소를 개설한 경우
③ 면허정지 기간 중에 업무를 행한 경우
④ 면허가 취소된 후에도 계속하여 업무를 실시한 경우

> **해설**
> - 영업변경신고를 하지 않은 경우 – 500만 원 이하의 벌금
> - 면허를 받지 아니한 자가 업소를 개설한 경우 – 300만 원 이하의 벌금
> - 면허정지 기간 중에 업무를 행한 경우 – 300만 원 이하의 벌금
> - 면허가 취소된 후에도 계속하여 업무를 실시한 경우 – 300만 원 이하의 벌금

17 손님에게 성매매알선 등 음란행위를 하게 하거나 이를 제공한 영업장의 1차 위반 행정처분기준은?

① 영업정지 3월   ② 영업정지 6월
③ 영업정지 1년   ④ 영업장 폐쇄명령

> **해설**
> - 1차 위반 – 영업정지 3월
> - 2차 위반 – 영업장 폐쇄명령
>   업주(이용사) : 면허취소

18 산업재해란?

① 노동자의 육체적 · 심미적 피해
② 노동자의 신체적 · 정신적 피해
③ 노동자의 금전적 · 질환적 피해
④ 노동자의 관계적 · 심리적 피해

> **해설**
> 노동과정에서 작업환경 또는 작업행동 등 업무상의 사유로 발생하는 노동자의 신체적 · 정신적 피해를 산업재해라고 한다.

정답 13 ③ 14 ④ 15 ② 16 ① 17 ① 18 ②

19 200만 원 이하의 과태료를 부과하는 사항이 아닌 것은?

① 이·미용업소의 위생관리의무를 지키지 않은 자
② 영업소 외의 장소에서 업무를 행한 자
③ 위생교육을 받지 아니한 자
④ 폐업신고를 하지 않은 자

해설
이·미용업소의 위생관리의무를 지키지 아니하거나 위생교육을 받지 아니한 자, 또는 영업소 외의 장소에서 업무를 행하는 등의 사항에는 200만 원 이하의 과태료가 부과된다.

20 공중위생영업에 해당하지 않는 것은?

① 세탁업   ② 숙박업
③ 요식업   ④ 이·미용업

해설
공중위생영업은 숙박업, 목욕장업, 이용업, 미용업, 세탁업, 건물위생관리업이다.

21 세계보건기구의 주요 사업이 아닌 것은?

① 영양개선   ② 암 근절
③ 성병관리   ④ 모자보건사업

해설
▶ 세계보건기구의 주요 사업 : 영양개선, 말라리아 근절, 결핵관리, 성병관리, 모자보건사업, 환경개선사업, 보건교육사업

22 영아사망률의 계산법으로 옳은 것은?

① 연간의 영아사망률 = $100 \times$ (연간의 유아사망 수 / 연간의 출생 수)
② 1년간의 영아사망률 = $1,000 \times$ (연간의 유아사망 수 / 연간의 출생 수)
③ 연간의 영아사망률 = $10,000 \times$ (2년 미만의 유아사망 수 / 그해의 출생 수)
④ 3개월 미만의 영아사망률 = $1,000 \times$ (연간의 유아사망 수 / 연간의 출생 수)

해설
영아사망률은 출생 후 1년 이내(365일 미만)에 사망한 영아 수를 해당 연도의 1년 동안의 총 출생아 수로 나눈 비율로서 보통 1,000분비로 나타낸다.

23 영유아 사망의 3대 원인이 아닌 것은?

① 폐렴   ② 인플루엔자
③ 위병   ④ 장티푸스

해설
▶ 영유아 사망의 3대 원인 : 폐렴, 장티푸스, 위병

24 보건지표의 비례사망지수에서 퍼센트[%]로 표시하는 사망자 수의 나이대는 몇 세 이상인가?

① 40세   ② 50세
③ 30세   ④ 60세

해설
- 신생아 : 생후 28일 미만
- 영아 : 생후 1년 미만
- 주산기 : 임신 28주~생후 7일 미만
- 비례사망 : 50세 이상
- 모아비 : 0~4세

정답 19 ④ 20 ③ 21 ② 22 ② 23 ② 24 ②

이용사·이용장

25 보건지표에서 평균수명을 설명한 것으로 가장 알맞은 것은?

① 출생자가 향후 생존할 것으로 기대하는 평균 생존 연수
② 일정 기간 동안의 평균 인구 1,000명에 대한 사망자 수
③ 연간 총 사망자 수에 대한 50세 이상의 사망자 수를 퍼센트[%]로 표시한 지수
④ 동년에 사망한 사람들의 평균 사망나이

해설
출생자가 향후 생존할 것으로 기대하는 평균 생존 연수를 평균수명으로 보건지표에서 말한다.

26 바이러스의 특징으로 옳은 것은?

① 세균과 유사하다.
② 작대기 모양이다.
③ 살아 있는 조직세포에서 증식한다.
④ 둥근 모양이다.

해설
바이러스는 살아 있는 세포 안에서 기생한다. 이미 바이러스에 감염된 상태라 하더라도 숙주의 면역력이 정상이면 바이러스는 세포 안에서만 기생하고 병적 증상을 일으킨다.

27 인수공통 병원소의 종류 중 설치류가 일으키는 감염병이 아닌 것은?

① 신증후성출혈열   ② 렙토스피라
③ 야토병   ④ 에볼라출혈열

해설
에볼라(Ebola)는 바이러스에 의해서 발병하는 전염병으로 바이러스 자체는 필로바이러스로 분류된다. 필로바이러스류는 대부분 치명적인 출혈열을 불러오는데, 그중에서도 가장 위험한 것이 바로 이 에볼라성 출혈열이다. 출혈열이란 이름답게 독감과 비슷한 열 증상과 함께 내출혈 증상이 나타난다.

28 홍역에 대한 설명으로 옳은 것은?

① 매개체를 통하여 간접적으로 전파한다.
② 제2급 감염병이다.
③ 말라리아와 같은 감염병 분류단계로 분류되어 있다.
④ 풍진보다 한 단계 위의 감염병 분류단계로 분류되어 있다.

해설
홍역은 제2급으로 분류된 전염병으로 발열, 발진, 귀 염증 등 오염된 물품이나 감염자와의 비말감염으로 예방접종이 중요하다.

29 간디스토마의 제2중간숙주가 아닌 생물은?

① 잉어   ② 붕어
③ 피라미   ④ 가재

해설
가재는 폐디스토마의 제2중간숙주이다.

30 노인보건을 시행하고자 하는 이유가 아닌 것은?

① 노인의 건강 증진을 위해
② 노인성 질환의 예방 및 조기발견
③ 고령화를 늦추기 위하여
④ 노후의 보건복지 증진

해설
노인보건을 실행하는 이유는 노인의 건강 증진, 노인성 질환의 예방 및 조기발견, 노후의 보건복지 증진 등이 있다.

정답 25 ① 26 ③ 27 ④ 28 ② 29 ④ 30 ③

31 올바른 샴푸 순서로 알맞은 것은?
① 린스 – 샴푸 도포 – 샴푸 마사지 – 타월 드라이
② 샴푸 도포 – 린스 – 샴푸 마사지 – 타월 드라이
③ 샴푸 도포 – 샴푸 마사지 – 린스 – 타월 드라이
④ 샴푸 도포 – 샴푸 마사지 – 타월 드라이 – 린스

해설
샴푸의 순서는 샴푸 도포 – 샴푸 마사지 – 린스 – 타월 드라이 순이다.

32 블로 드라이의 주요 요소가 아닌 것은?
① 습도 부여   ② 텐션
③ 온도   ④ 각도

해설
블로 드라이는 바람을 이용하여 습도를 조절하여 텐션, 온도, 각도에 의하여 형태를 만드는 작업을 말한다.

33 다음 중 정상 두피의 특징으로 올바른 것은?
① 수분 함량이 10[%] 미만이다.
② 일반적으로 하나의 모공 속에 2~3가닥 정도의 모발이 자라난다.
③ 각질세포의 이상증식으로 인하여 비듬이 모공의 주변을 막고 있다.
④ 백색 톤 혹은 황색 톤으로 불투명하다.

해설
정상 두피의 수분 함량은 10~20[%] 정도이며 두피의 색이 맑고 유·수분 밸런스가 적당해 지나치게 기름지거나 건조하지 않은 청백색의 깨끗한 두피 상태를 유지하고 있다.

34 다음 중 모주기가 제일 짧은 것은?
① 수염   ② 음모
③ 눈썹   ④ 솜털

해설
• 수염 : 2~3년
• 음모 : 1~2년
• 눈썹 : 4~5개월
• 솜털 : 2~4개월

35 염색 역사의 시작은?
① 고대 이집트
② 로마시대
③ 18세기 영국
④ 1940년 미국

해설
고대 이집트에서는 식물의 헤나와 나무껍질을 이용하여 염색을 하였다.

36 유멜라닌에 대한 설명 중 틀린 것은?
① 알갱이 형태이다.
② 모발의 어두운 색을 결정한다.
③ 동양인에게 많다.
④ 서양인에게 많다.

해설
• 유멜라닌 : 알갱이 형태로 동양인에게 많다.
• 페오멜라닌 : 분말의 형태로 적색과 황색의 서양인에게 많다.

정답 31 ③ 32 ① 33 ② 34 ④ 35 ① 36 ④

이용사·이용장

37 헤어 컬러 시술의 과정을 가장 올바르게 나열한 것은?

① 패치 테스트 – 염모제 도포 – 스트랜드 테스트 – 컬러 테스트 – 유화 & 샴푸 – 컨디셔너
② 스트랜드 테스트 – 패치 테스트 – 염모제 도포 – 컬러 테스트 – 유화 & 샴푸 – 컨디셔너
③ 패치 테스트 – 스트랜드 테스트 – 염모제 도포 – 컬러 테스트 – 유화 & 샴푸 – 컨디셔너
④ 패치 테스트 – 스트랜드 테스트 – 컬러 테스트 – 염모제 도포 – 유화 & 샴푸 – 컨디셔너

해설
패치 테스트 – 스트랜드 테스트 – 염모제 도포 – 컬러 테스트 – 유화 & 샴푸 – 컨디셔너 순으로 한다.

38 '헹구다'라는 뜻으로 샴푸 후 모발에 잔존하고 있는 금속성 피막을 제거해주는 행위는?

① 샴푸 마사지   ② 타월 드라이
③ 린스   ④ PPT 트리트먼트

해설
린스는 금속성 피막을 제거하며, 알칼리를 중화하고, 대전 방지의 효과가 있다.

39 평균적인 여성의 모발의 수명은 몇 년인가?

① 3~5년   ② 4~6년
③ 5~7년   ④ 6~8년

해설
• 모발의 일반적인 수명
 – 남성 : 3~5년
 – 여성 : 4~6년
• 모발의 신축성 : 20~50[%]

40 퍼머넌트 웨이브의 전처리 과정 중 하나로 손상모 제거 및 와인딩에 적합한 길이로의 커트를 위한 과정은?

① 두피 및 모발진단
② 프레 샴푸
③ 프레 커트
④ 프레 트리트먼트

해설
프레 커트는 손상모를 제거하고 와인딩에 적합한 길이로 커트하는 작업이다.

41 맞춤 가발의 수행 순서에서 패턴 제작은 어떤 과정을 말하는가?

① 고객과 상담하는 단계
② 모발의 특성을 확인하는 단계
③ 몰딩을 제작하는 기초단계
④ 사후관리 단계

해설
가발 제작 중 패턴 제작은 몰딩을 제작하는 과정이다.

42 1916년 박승직의 성을 딴 우리나라 제1호의 상품화된 브랜드 화장품은?

① 천가분   ② 박가분
③ 박승직분 ④ 박씨분

해설
박승직이 만든 박가분이 우리나라 제1호 화장품 브랜드이다.

정답 37 ③ 38 ③ 39 ② 40 ③ 41 ③ 42 ②

43 아포크린선에 대한 설명 중 올바른 것은?

① 소한선이라고도 한다.
② pH 3.8~5.6 정도의 약산성인 무색, 무취의 땀이 분비된다.
③ 에크린선보다 크다.
④ 체온을 유지하는 기능을 한다.

해설
아포크린샘은 겨드랑이, 회음부, 안검부, 외이도, 유두 주변에 분포하고 있다. 분비액이 분비되는 시점에는 지방과 콜레스테롤이 함유된 무균성, 무취성이다. 에크린선보다 크기가 큰 것이 특징이다.

44 프랑스의 미셸 메나르(Michelle Ménard)는 자동차를 도색할 때 쓰는 고광택 페인트를 응용하여 래커와 에나멜 계열의 매니큐어를 개발하였다. 그 시기는?

① 1901년대
② 1904년대
③ 1920년대
④ 1908년대

해설
1920년대에 개발된 매니큐어의 성분은 오늘날 네일의 성분으로 쓰여지고 있다.

45 표피세포의 2~8[%]를 차지하며 유극층에 존재하는 별 모양의 세포질 돌기를 가진 세포는?

① 각질형성세포
② 멜라닌형성세포
③ 랑게르한스세포
④ 머켈세포

해설
랑게르한스세포는 방추형의 세포 돌기를 가진 것으로 유극층에 대부분 존재한다.

46 정발술을 할 때 드라이를 이용한 것보다 아이론을 이용할 때 효과가 좋은 두발 상태는?

① 뻣뻣하고 짧은 모발
② 두꺼운 중간 길이의 모발
③ 부드럽고 짧은 모발
④ 손상된 긴 모발

해설
짧고 뻣뻣한 모발은 아이론으로 정발하는 것이 더 효율적이다.

47 조갑의 구조가 아닌 것은?

① 조근
② 조반월
③ 조유
④ 자유연

해설
조갑의 구조에는 조체, 조근, 조모, 조상, 조구, 조반월, 조소피, 자유연, 조하피가 있다.

48 휘발성이 있는 무색, 투명의 액체이며 물 또는 유기용매와 잘 섞이는 화장품의 원료는?

① 정제수
② 에탄올
③ 디메치콘
④ 파라핀

해설
에탄올은 휘발성이 있는 무색, 투명의 액체로서 물 또는 유기용매와 잘 섞이는 화장품의 원료이다.

정답 43 ③ 44 ③ 45 ③ 46 ① 47 ③ 48 ②

49 세안을 하고 난 후 일시적으로 씻겨 제거되는 피부 표면의 천연보호막을 인공적인 방법으로 보충하여주는 기초 화장품은?

① 크림 ② 에멀젼
③ 토너 ④ 세럼

해설
크림은 인공적인 피부 보호막 역할을 한다.

50 울긋불긋한 피부에 사용하면 좋은 메이크업 베이스의 색조는?

① 초록색 ② 라벤더색
③ 핑크색 ④ 오렌지색

해설
붉은색의 보색관계에 있는 초록색을 사용하면 좋다.

51 각각의 부향률과 지속력이 알맞게 짝지어진 것은?

① 퍼퓸 : 부향률 15~30[%], 6~7시간 지속
② 오드퍼퓸 : 부향률 3~5[%], 1~2시간 지속
③ 오드뚜알렛 : 부향률 15~30[%], 6~7시간 지속
④ 오드코롱 : 부향률 6~10[%], 1시간 지속

해설
향수의 지속력은 퍼퓸 > 오드퍼퓸 > 오드뚜알렛 > 오드코롱 순이다.

52 화상을 입은 피부의 진정작용에 효과적인 오일은?

① 호호바 오일 ② 로즈힙 오일
③ 캐럿 오일 ④ 아보카도 오일

해설
호호바 오일은 화상 시 진정에 효과적이다.

53 장식설의 뜻으로 옳은 것은?

① 아름다워지려는 본능적 욕구충족을 위해 화장을 했다는 설
② 자연에서 몸을 보호하기 위해 화장을 했다는 설
③ 성별이나 신분계급에 따라 구분하기 위해 화장을 했다는 설
④ 주술적, 종교적으로 질병이나 마귀를 쫓기 위해 얼굴이나 몸에 색칠을 하였다는 설

해설
• 자연에서 몸을 보호하기 위해 화장을 했다는 설은 신체보호설이다.
• 성별이나 신분계급에 따라 구분하기 위해 화장을 했다는 설은 계급설이다.
• 주술적, 종교적으로 질병이나 마귀를 쫓으려 얼굴이나 몸에 색칠을 했다는 설은 종교설이다.

54 피마자유를 사용하는 화장품의 종류가 아닌 것은?

① 립스틱 ② 비누
③ 헤어로션 ④ 포마드

해설
피마자유를 이용해 만들 수 있는 화장품은 헤어로션, 포마드, 립스틱이다.

정답 49 ① 50 ① 51 ① 52 ① 53 ① 54 ②

55 진흙 성분의 머드 팩에 주로 함유되어 있는 성분은?

① 벤토나이트 ② 유황
③ 비타민 ④ 레티놀

> **해설**
> 머드 속 벤토나이트에는 66종 이상의 천연 미네랄 성분이 다량 포함되어 있다. 특히 수분을 갖게 되면 전자와 분자 성분이 빠르게 변화하여 전하를 생성시키는 뛰어난 능력이 독소, 불순물, 중금속과 다른 내부 오염물을 흡수하게 된다.

56 기능성 화장품에서 주름개선에 효과적인 성분은?

① 셀룰라이트 ② 레티노이드
③ 레시틴 ④ 하이드로퀴논

> **해설**
> 피부에 비타민 A(레티놀)를 바르면 피부세포가 비타민 A를 흡수한 후, 대사하여, 레티노익산으로 변화시킨다. 이렇게 만들어진 레티노익산은 피부에 작용하여 피부노화를 억제하고 주름살을 없애는 좋은 작용을 하게 된다.

57 관자놀이까지 과장하여 그린 눈썹에 빨간 입술, 검게 칠한 눈 화장은 어느 때의 화장술인가?

① 그리스 ② 로마
③ 이집트 ④ 신라

> **해설**
> 옛날 이집트에서는 관자놀이까지 과장하여 그린 눈썹과 까맣게 칠한 눈 화장 그리고 빨갛게 입술을 칠하였다.

58 고급 지방산에 고급 알코올이 결합된 에스테르를 말하며 메이크업 제품의 굳기를 증가시켜주는 성분은?

① 바세린 ② 올리브유
③ 왁스 ④ 폴리에스테르

> **해설**
> 왁스는 기초 화장품이나 메이크업 화장품에 널리 사용되는 고형의 유성 성분으로 화학적으로는 고급 지방산에 고급 알코올이 결합된 에스테르이며, 화장품의 굳기를 증가시키는 원료이다.

59 화장품 속 에탄올의 역할이 아닌 것은?

① 청량감 부여 ② 보습작용
③ 소독작용 ④ 수렴 효과

> **해설**
> 에탄올은 흡수되지 않고 증발한다.

60 헝가리워터가 처음 개발된 시기는?

① 1270년경 ② 1370년경
③ 1470년경 ④ 1570년경

> **해설**
> 1370년경에 개발된 "헝가리워터"는 유럽 최초의 알코올이 들어간 향수의 이름이다.

정답 55 ① 56 ② 57 ③ 58 ③ 59 ② 60 ②

이용장 10 — 2022년 1회 기출복원문제

01 다음 중 RNA 바이러스에 속하는 것은 어느 것인가?
① 수포 ② 사스
③ 결핵 ④ 코로나

해설
RNA 바이러스란 유전정보가 리보핵산(RNA)으로 이루어진 바이러스이다. RNA 바이러스는 바이러스성 질병의 주요 발병인자 중 하나이며, 메르스, 조류인플루엔자, 코로나19 감염증 등이 이에 속한다.

02 수염이 목 부분이랑 연결되는 수염의 이름은?
① 풀비어드 ② 콜맨
③ 카이젤   ④ 채플린

해설
콜맨, 카이젤, 채플린은 목 부위에 수염이 연결되지 않는다. 머리카락을 제외한 얼굴과 목의 수염을 다 기른 스타일을 풀비어드라 한다.

03 1R의 각도는?
① 35[°] ② 10[°]
③ 57[°] ④ 47[°]

해설
R(Radian)이란 하나의 반달 모양의 각도를 나타내는 용어로 1R은 57[°]이다.

04 이·미용업소에서 음란물을 관람, 열람했을 때 영업소의 1차 행정처분기준은?
① 영업정지 10일 ② 영업정지 1월
③ 경고   ④ 면허정지

해설
- 1차 위반 – 경고
- 2차 위반 – 영업정지 15일
- 3차 위반 – 영업정지 1월
- 4차 위반 – 영업장 폐쇄명령

05 300만 원 이하의 과태료에 해당하는 것은?
① 위생교육을 받지 아니한 자
② 신고를 하지 아니하고 이용업소표시등을 설치한 자
③ 영업소 외의 장소에서 이용 업무를 한 자
④ 규정에 의한 신고를 하지 아니한 자

해설
▶ 300만 원 이하의 과태료
- 관계공무원의 출입·검사 기타 조치를 거부·방해 또는 기피하는 자
- 규정에 의한 개선명령에 위반한 자
- 신고를 하지 아니하고 이용업소표시등을 설치한 자

06 이·미용업소를 영업하기 위해 업소 내에 게시해 둬야 할 것은?
① 영업신고증   ② 위생교육수료증
③ 자격증   ④ 면허증 사본

해설
영업신고증, 면허증 원본, 요금표

정답 01 ④ 02 ① 03 ③ 04 ③ 05 ② 06 ①

07 이용사의 업무범위가 아닌 것은?
① 커트하기　② 염색하기
③ 안면 마사지하기　④ 아이론하기

해설
▶ 이용사의 업무범위 : 이발, 아이론, 면도, 머리피부 손질, 머리카락 염색 및 머리감기이다.

08 법정 감염병 환자의 대소변을 처리하는 것 중 적절하지 않은 방법은?
① 크레졸　② 생석회
③ 소각　④ 증기 소독

해설
▶ 배설물 : 소각법, 석탄산, 크레졸, 생석회

09 소독을 위한 알코올의 소독은 어느 것으로 하는가?
① 에틸알코올 70~80[%]
② 에틸알코올 40~60[%]
③ 메틸알코올 70~80[%]
④ 메틸알코올 40~60[%]

해설
에틸알코올은 화장품, 기구 소독에 쓰이며 주로 70~80[%] 용액을 사용한다. 메틸알코올은 에틸알코올과 달리 맹독성이다.

10 이용사 국가자격증의 시행 연도는?
① 1913년　② 1914년
③ 1923년　④ 1924년

해설
1923년 이용사 자격시험이 시작되었다.

11 이·미용실에서 박피술을 했을 때 1차 행정처분 기준은?
① 영업정지 1월　② 영업정지 2월
③ 영업정지 3월　④ 면허취소

해설
• 1차 위반 – 영업정지 2월
• 2차 위반 – 영업정지 3월
• 3차 위반 – 영업장 폐쇄명령

12 레이저를 이용한 커트 후 드라이를 하였다 이 커트의 명칭은?
① 드라이 커트　② 그래듀에이션 커트
③ 블런트 커트　④ 스컬프처 커트

해설
▶ 레이저 스컬프처 : 면도날을 이용하여 조각하듯 모양을 내어 만든 머리모양

13 슈퍼 커트에 사용되는 도구의 연결로 맞는 것은?
① 틴닝 + 클리퍼　② 레이저 + 블런트가위
③ 틴닝 + 브러시　④ 클리퍼 + 틴닝

해설
슈퍼 커트에서 사용되는 도구는 빗, 틴닝가위, 브러시이다.

14 모발 끝이 붓처럼 가늘게 떨어지는 것은 어느 도구로 커트한 것인가?
① 틴닝　② 클리퍼
③ 트리머　④ 미니가위

해설
모발 숱을 자연스럽고 가늘게 표현할 수 있는 도구는 틴닝가위이다.

정답 07 ③　08 ④　09 ①　10 ③　11 ②　12 ④　13 ③　14 ①

15 매슬로우의 욕구 단계로 맞는 것은?

① 생리적 욕구 – 안전욕구 – 소속감과 애정욕구 – 존경욕구 – 자아실현욕구
② 안전욕구 – 생리적 욕구 – 존중욕구 – 소속감과 애정욕구 – 자아실현욕구
③ 자아실현욕구 – 존중욕구 – 안전욕구 – 생리적 욕구 – 소속감과 애정욕구
④ 생리적욕구 – 소속감과 애정욕구 – 안전욕구 – 존중욕구 – 사아실현욕구

해설
매슬로우는 인간의 정신이나 행동이 아닌 인간 자체에 관심을 두는 심리학 이론인 인본주의 이론에 근간을 두며, 생리적 욕구 – 안전욕구 – 소속감과 애정욕구 – 존경욕구 – 자아실현욕구를 정리하였다.

16 숫돌의 설명으로 바른 것은?

① 면도 숫돌은 가위용보다 넓고 좁다.
② 덧돌은 크기가 크다.
③ 면도 숫돌은 중숫돌이다.
④ 가위 숫돌이 면도용 숫돌보다 두껍고 좁다.

해설
가위 숫돌은 무르고 중숫돌에 속한다. 면도 숫돌보다 좁고 두꺼운 편이다.

17 pH 8의 손상모에 사용하기 좋은 펌제로 맞는 것은?

① 티오글리콜산 펌제 ② 시스테인 펌제
③ 산성 펌제 ④ 시스테아민 펌제

해설
최근에는 pH가 낮아 모표피(큐티클층)의 이완 수축이 잘되는 산성 펌을 선호하며, 필요에 따라 알칼리 펌제를 산성 펌제에 섞어서 사용하기도 한다.

18 산업재해란?

① 노동자의 육체적·심미적 피해
② 노동자의 신체적·정신적 패해
③ 노동자의 금전적·질환적 피해
④ 노동자의 관계적·심리적 피해

해설
노동과정에서 작업환경 또는 작업행동 등 업무상의 사유로 발생하는 노동자의 신체적·정신적 피해를 산업재해라고 한다.

19 모성보건산업에서 관리하는 것이 아닌 것은?

① 수유관리 ② 영아관리
③ 산전관리 ④ 분만관리

해설
모성보건산업에는 산전관리, 수유관리, 산후관리, 분만관리가 있다.

20 청각장애를 일으키기 시작하는 데시벨로 맞는 것은?

① 10~30 ② 50~100
③ 150~180 ④ 200~250

해설
85데시벨 이상일 때 장시간 들으면 청각장애가 발생하기 시작한다.

21 다음 중 촌충과 관련 있는 것은?

① 산양 ② 쥐
③ 날파리 ④ 붕어

해설
촌충은 주로 척추동물에 기생한다. 주로 쇠고기, 돼지고기, 양고기 등을 익히지 않고 먹을 때 감염된다.

22 미생물의 크기가 작은 것부터 나열한 것은?

① 스피로헤타 – 세균 – 리케차 – 바이러스
② 바이러스 – 세균 – 리케차 – 스피로헤타
③ 바이러스 – 리케차 – 세균 – 스피로헤타
④ 스피로헤타 – 리케차 – 세균 – 바이러스

해설
크기가 작은 것부터는 바이러스 – 리케차 – 세균 – 스피로헤타 순이다. 바이러스가 가장 작다.

23 역성비누에 대한 설명이 아닌 것은?

① 수지 소독을 할 수 있다.
② 음이온이 활성화되어 있다.
③ 기구 소독에 가능하다.
④ 손 소독에 사용한다.

해설
양이온 계면활성제의 구조이다. 세척력은 적으며 살균작용, 단백질 침전작용이 있어 약용비누로 쓰인다.

24 다수인이 사용하는 개달물로 인해 감염될 수 있는 것은?

① 트라코마   ② 레지오넬라
③ AIDS   ④ 매독

해설
눈에 감염되는 질환인 트라코마는 이·미용업에서 다수인이 사용하는 수건이 개달물로 감염이 될 수 있다.

25 공중위생영업에 해당하지 않는 것은?

① 이용업   ② 숙박업
③ 요식업   ④ 세탁업

해설
공중위생영업은 숙박업, 목욕장업, 이용업, 미용업, 세탁업, 건물위생관리업이 있다.

26 이용업주가 매년 받아야 하는 위생교육 시간은?

① 1시간   ② 2시간
③ 3시간   ④ 4시간

해설
1년에 1번 3시간의 위생교육을 이수해야 한다.

27 레이저를 이용한 커트를 했을 때 모양은?

① 모발의 숱이 감소되어 있다.
② 부드럽고 가벼운 끝선이 되어 있다.
③ 일정한 길이로 끝선이 맞춰 있다.
④ 단차 없이 무겁게 되어 있다.

해설
레이저를 이용한 커트는 모발의 양이 점차 자연스럽게 감소하면서 부드럽고 가벼운 끝선으로 되어 있다.

28 다음 중 공중위생감시원의 업무로 맞는 것은?

① 위생관리등급별 감시기준 수립
② 옥외간판의 내용 확인
③ 위생교육 이행 확인
④ 사업장 내 근무자의 복장 확인

해설
공중위생감시원의 업무범위
- 규정에 의한 시설 및 설비의 확인
- 공중위생영업 관련 시설 및 설비의 위생상태 확인·검사, 공중위생영업자의 위생관리의무 및 영업자 준수사항 이행 여부의 확인
- 위생지도 및 개선명령 이행 여부의 확인
- 영업의 정지, 일부 시설의 사용중지 또는 영업소 폐쇄명령 이행 여부의 확인
- 위생교육 이행 여부의 확인

정답 22 ③ 23 ② 24 ① 25 ③ 26 ③ 27 ② 28 ③

29 감염병의 확산일 때 이·미용업소의 영업시간을 제한할 수 있는 자는?

① 질병관리청   ② 환경부
③ 보건복지부   ④ 시·군·구

> **해설**
> 감염병의 확산일 때 각 지역 시·군·구(위생과)에서 이·미용업소의 영업을 제한할 수 있다.

30 위생관리등급의 평가에서 일반관리등급일 때의 색상은?

① 흑색   ② 백색
③ 황색   ④ 녹색

> **해설**
> • 최우수업소 : 녹색등급
> • 우수업소 : 황색등급
> • 일반관리대상 업소 : 백색등급

31 무기질의 설명이 아닌 것은?

① 신체 부위를 형성
② 호르몬 구성
③ 효소 구성
④ 체중 감소에 도움

> **해설**
> 무기질은 뼈, 치아와 같은 골격계를 형성하고 인체 내 호르몬, 효소, 혈액에도 중요한 성분이다. 체중 감소에는 도움을 주지 않는다.

32 칼슘의 흡수를 돕는 비타민은?

① J   ② A
③ D   ④ B_2

> **해설**
> 비타민 D는 칼슘의 흡수를 돕는 비타민으로, 식사 내 칼슘과 비타민 D 섭취가 부족한 경우 칼슘의 흡수가 제대로 되지 않아 정상적인 골질량이 유지되기 어렵다.

33 다음 중 기저층에 있는 세포로 알맞은 것은?

① 과립세포   ② 무핵세포
③ 엘라이딘   ④ 줄기세포

> **해설**
> 기저층에 각질형성세포, 멜라닌형성세포, 랑게르한스세포, 머켈세포, 줄기세포 등이 있다.

34 한선의 분포가 가장 적은 곳은?

① 입술의 경계부   ② 손바닥과 발바닥
③ 외음부 주변   ④ 겨드랑이

> **해설**
> 한선은 땀샘을 말하며 대한선, 소한선으로 나뉜다. 입술 주위, 조갑상 등을 제외한 피부 모든 부위에 한선이 있다.

35 다음 중 세안 화장품이 아닌 것은?

① 클렌징 오일   ② 페이스 파우더
③ 립 리무버   ④ 스크럽폼

> **해설**
> 페이스 파우더는 메이크업 화장품에 속한다.

정답 29 ④ 30 ② 31 ④ 32 ③ 33 ④ 34 ① 35 ②

36 블런트 커트에 대한 설명으로 바른 것은?
① 커트가 90[°]이다.
② 두상의 45[°]이다.
③ 가위가 45[°]이다.
④ 가위가 70[°]이다.

해설
블런트 커트는 층이 없이 무거운 느낌의 커트선을 나타내며, 가위의 각도를 45[°]로 하고 자르게 된다.

37 금속염모제의 장점은?
① 두피 자극이 적다.
② 물 빠짐이 적은 장점이 있다.
③ 바로 퍼머넌트 시술을 할 수 있다.
④ 빠르게 효과를 볼 수 있다.

해설
금속염모제의 장점은 빠른 시간에 염색이 된다는 것이다.

38 무기안료의 설명이 맞는 것은?
① 광물에서 추출했다.
② 빛에 약하다.
③ 색이 선명하다.
④ 타르색소이다.

해설
무기안료는 광물에서 추출한 것이며, 유기안료는 천연에서 추출한 것이다. 유기안료는 착색력이 크고 색이 선명한 특징이 있다.

39 립스틱에 함유된 오일은?
① 라놀린   ② 월견초
③ 호호바   ④ 아보카도

해설
립스틱에는 왁스, 오일, 알코올, 안료 등이 들어가며 그중 라놀린 성분이 함유되어 있다. 메이크업 화장품과 기초 화장품에 많이 함유되어 있다.

40 가발을 샴푸하는 방법은?
① 물기를 제거하고 적당히 비벼 수분을 제거한다.
② 그늘에 널어 완전히 말려준다.
③ 습하지 않게 열풍으로 말린 후 가마에 맞게 빗어둔다.
④ 샴푸하는 동안에 빗질을 계속한다.

해설
브러싱 후에 미지근한 물에 세정제로 세척한 후 응달에서 완전 건조해준다.

41 이·미용업의 면허가 취소인데 계속 영업을 할 경우?
① 200만 원 이하의 과태료
② 1천만 원 이하의 벌금
③ 300만 원 이하의 벌금
④ 500만 원 이하의 벌금

해설
면허의 취소 또는 정지 중에 이·미용업을 한 사람은 300만 원 이하의 벌금에 처한다.

정답 36 ③ 37 ④ 38 ① 39 ① 40 ② 41 ③

42 기모란?

① 가라앉은 누운 모발
② 세로로 갈라진 모발
③ 넘겨진 모발
④ 가로로 손상된 모발

해설
모발이 손상되어 세로로 갈라진 상태를 말한다.

43 자연능동면역이 아닌 것은?

① 백일해　　② 세균성이질
③ 파상풍　　④ 말라리아

해설
자연능동면역이란 병에 감염된 후 생긴 면역을 말한다. 파상풍은 예방접종을 해야 하므로 인공능동면역이다.

44 명칭과 설명이 다른 것은?

① 비팅 – 주먹을 살짝 쥐듯 주무른다.
② 커핑 – 손바닥을 움푹하게 오므려 두드린다.
③ 태핑 – 피아노 치듯 두드린다.
④ 린징 – 피부면을 비틀 듯이 주무른다.

해설
비팅은 주먹을 살짝 쥐어 두드리는 동작이다.

45 긴 얼굴형에 어울리는 가르마는?

① 5 : 5　　② 4 : 6
③ 3 : 7　　④ 2 : 8

해설
눈꼬리를 기준으로 2 : 8로 가르마를 나눈다.

46 정발술을 할 때 드라이를 이용한 것보다 아이론을 이용할 때 효과가 좋은 두발 상태는?

① 뻣뻣하고 짧은 모발
② 두꺼운 중간 길이의 모발
③ 부드럽고 짧은 모발
④ 손상된 긴 모발

해설
짧고 뻣뻣한 모발은 아이론으로 드라이하는 것이 더 효율적이다.

47 염발 시술 후 드라이는 몇 시간 후가 적당한가?

① 1시간 뒤　　② 2시간 뒤
③ 24시간 뒤　　④ 일주일 뒤

해설
염발(염색) 후 2시간 뒤 드라이를 사용하는 것이 좋다.

48 프레 커트란?

① 수정하는 커트
② 퍼머넌트 시술 후 커트
③ 퍼머넌트 시술 전 커트
④ 교정하는 커트

해설
프레 커트란 퍼머넌트 웨이브 시술 전에 하는 사전 커트이다.

정답 42 ②　43 ③　44 ①　45 ④　46 ①　47 ②　48 ③

49 클리퍼의 날에 대한 설명으로 맞는 것은?

① 클리퍼의 날은 연강이다.
② 클리퍼의 날은 특수강이다.
③ 밑날의 두께가 얇을수록 날의 폭이 넓다.
④ 윗날과 밑날의 좌우 운동이 동일하다.

해설
클리퍼의 날은 특수강이며 윗날이 좌우로 움직여 머리카락이 잘리게 된다. 밑날의 두께가 얇을수록 날의 폭이 좁다.

50 용존산소량과 생화학적 산소량에 대한 설명이 맞는 것은?

① DO는 작을수록 좋은 물이다.
② BOD는 용존산소요구량이다.
③ BOD가 높으면 DO는 낮다.
④ DO가 높으면 BOD는 높다.

해설
DO는 용존산소량이다. BOD가 낮을수록(산소요구량이 낮을수록) DO는 높다. DO가 높을수록 BOD는 낮다.

51 피부에 강한 자극을 주는 계면활성제는?

① 계면활성제는 상관없다.
② 비이온 계면활성제
③ 음이온 계면활성제
④ 양이온 계면활성제

해설
• 양이온 계면활성제는 살균과 소독작용이 있다.
• 자극의 순서 : 비이온 < 양쪽성 < 음이온 < 양이온

52 다음 중 도시형은?

① 원형　　　② 별형
③ 피라미드형　　　④ 표주박형

해설
별형은 청년층의 전입인구가 많은 도시유입형이다.

53 질병 분류에서 풍진은?

① 제1급　　　② 제2급
③ 제3급　　　④ 제4급

해설
법정 감염병에서 풍진은 제2급이다.

54 한 국가나 지역사회 간 보건수준을 비교하는 데 사용되는 대표적인 3대 지표가 아닌 것은?

① 평균수명　　　② 비례사망지수
③ 영아사망률　　　④ 주산기사망률

해설
• 한 국가나 지역사회 간 보건수준을 비교하는 데 사용되는 3대 지표는 평균수명, 비례사망지수, 영아사망률이다. 주산기사망률은 모자보건의 지표에 속한다.
• WHO의 3대 건강지표 : 평균수명, 비례사망지수, 조사망률

55 이용업에서 쓰이는 사인볼의 색상은?

① 적색, 백색, 청색
② 청색, 녹색, 적색
③ 백색, 적색, 흑색
④ 백색, 적색, 남색

해설
이용업소의 사인볼은 적색(정맥), 청색(동맥), 백색(붕대)이다.

정답 49 ② 50 ③ 51 ④ 52 ② 53 ② 54 ④ 55 ①

56 소독 효과가 큰 것부터 나열된 것은?

① 방부 – 소독 – 살균 – 멸균
② 소독 – 방부 – 멸균 – 살균
③ 멸균 – 살균 – 소독 – 방부
④ 살균 – 멸균 – 소독 – 방부

해설
▶ 소독 효과가 큰 것부터 : 멸균 – 살균 – 소독 – 방부

57 대장균은 음용수 100[mL]에서 어느 수치까지 허용되는가?

① 0[cc]   ② 50[cc]
③ 100[cc] ④ 30[cc]

해설
음용수에서 대장균은 검출되지 않아야 한다.

58 퍼머넌트의 역사에 대한 설명으로 맞는 것은?

① 르네상스 때 웨이브의 전성기였다.
② 프랑스에서 진흙을 이용한 펌을 하였다.
③ 콜드 퍼머넌트는 1980년대에 생겼다.
④ 스파이럴식 펌 – 찰스 네슬러

해설
영국의 찰스 네슬러(1905년)가 스파이럴식 펌을 개발했다.

59 이산화티탄이 들어 있는 화장품은?

① 자외선 흡수제
② 자외선 산란제
③ 섀도 화장품
④ 모이스처 크림

해설
▶ 이산화티탄(티타늄옥사이드) : 물리적 자외선 차단제인 자외선 산란제의 성분이다.

60 다음 중 어느 것이 부족할 때 각막염과 구각염을 일으키는가?

① 티아민   ② 비오틴
③ 리보플라빈   ④ 나이아신

해설
▶ 리보플라빈(비타민 B_2) : 각종 대사에 중요한 역할을 하는 조효소 구성 성분이며 결핍 시 구각염, 구순염, 설염, 지루성 피부염, 안구건조증이 생긴다.

정답 56 ③ 57 ① 58 ④ 59 ② 60 ③

Barber & Master Barber

II

이용사 · 이용장
실기 시험

수험자 복장 준비

a. 하의는 검은색 바지를 착용하며, 상의는 위생복을 입는다.
b. 검은색 신발(굽이 없고 소리가 나지 않는 것으로 한다)을 신는다.
c. 화장은 기본만 간단히 한다.
d. 액세서리는 하지 않는다(목걸이, 귀걸이, 반지, 시계, 팔찌 등).
e. 손톱 길이는 짧게 한다.
f. 매니큐어는 튀지 않는 무색으로만 한다.
g. 헤어스타일은 단정하게 한다(긴 머리는 단정하게 묶어준다).
h. 과도한 문신은 가려주는 것이 좋다.

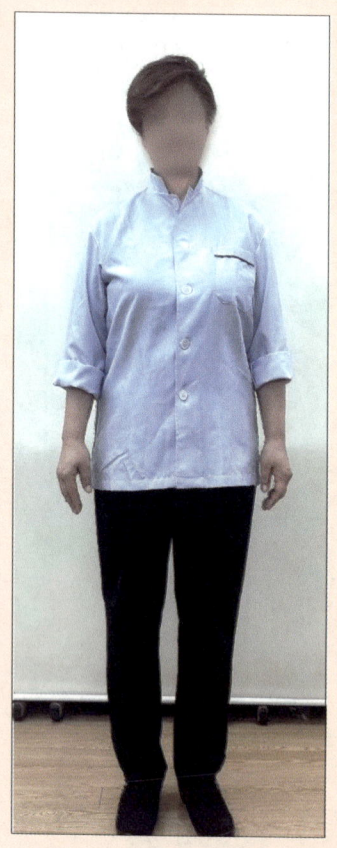

CHAPTER 01 이용기구 소독 및 정비

👆 이용기구 소독 _ 5분

- 소독약(에탄올 70~85[%])을 사용하여 작업에 사용될 가위, 빗, 면도기, 전기클리퍼를 소독한다.
- 소독한 가위와 클리퍼를 오일을 사용하여 정비한다.
- 면도기는 소독 후 면도날을 끼워서 조립한다.
- 전기클리퍼의 경우 몸체와 날을 분리하여 소독 후 재결합한다.

작업순서

기구 분해하기 → 기구 소독하기 → 오일로 기구 정비하기 → 면도날 끼우기 → 정리 정돈하기

유의사항

① 가위(장가위, 틴닝가위), 빗(대, 중, 소), 면도기, 클리퍼를 소독하시오.
② 소독약의 취급, 소독처리 및 클리퍼 재결합에 유의하시오.

🙋 이용기구 소독 실기순서

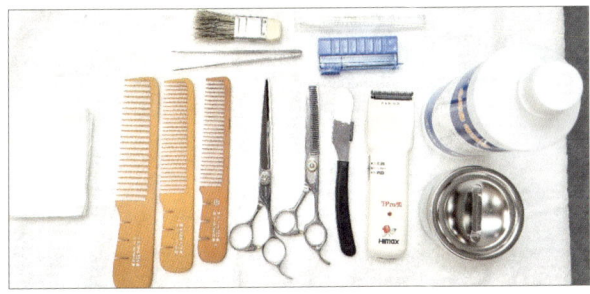

1 준비

2 소독 용기에 알코올 따르기

3 클리퍼 앞날 분해 후 청소하기

4 클리퍼 앞날을 소독액에 담그기

| 이용사 · 이용장

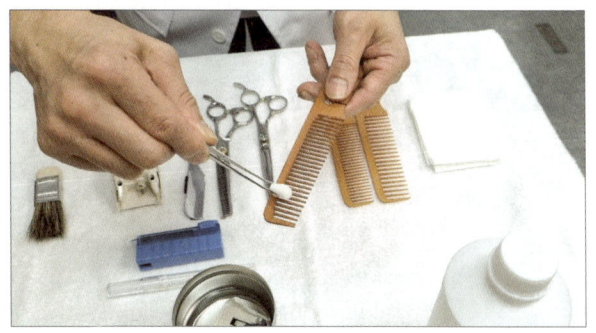

5 알코올솜으로 빗 소독하기

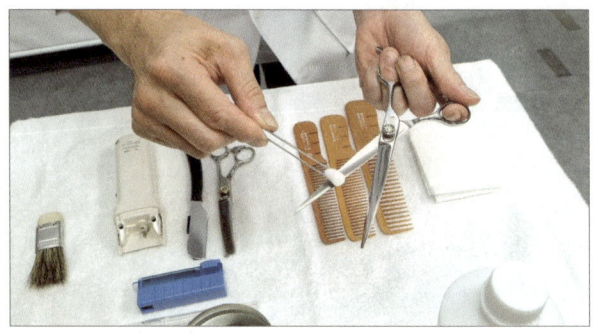

6 장가위 소독하기

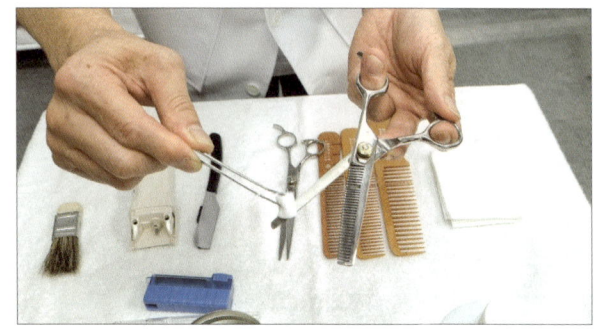

7 틴닝가위 소독하기

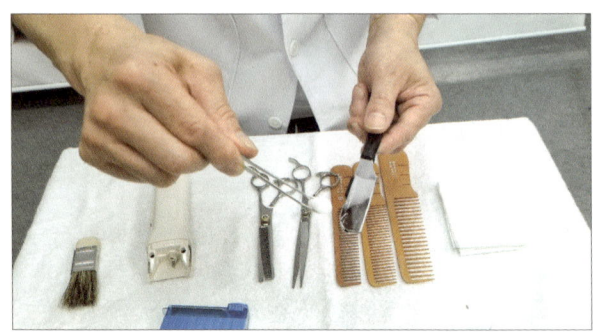

8 면도기 소독하기

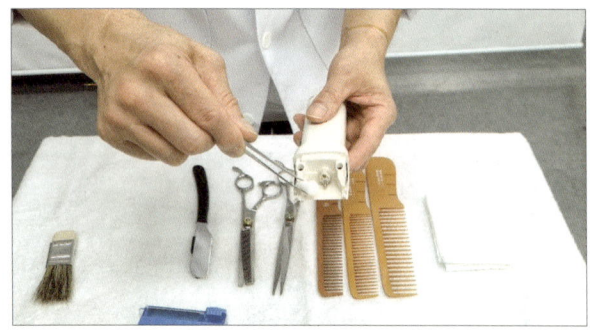

9 클리퍼 본체 소독하기

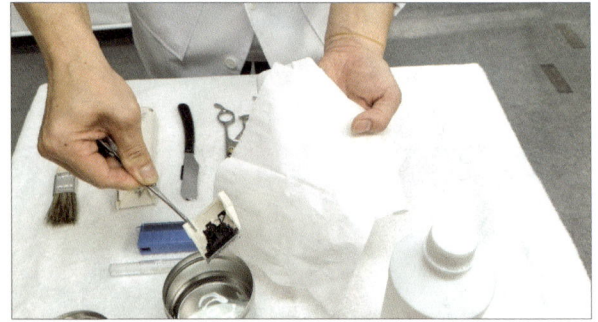

10 클리퍼 앞날의 소독액 닦아주기

Barber & Master Barber

11 클리퍼 앞날에 오일 정비하기

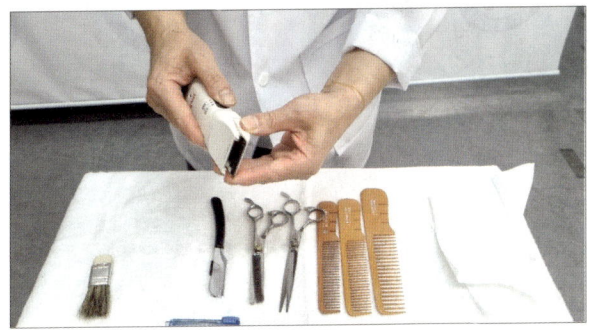

12 클리퍼 앞날을 본체에 끼워 조립하기

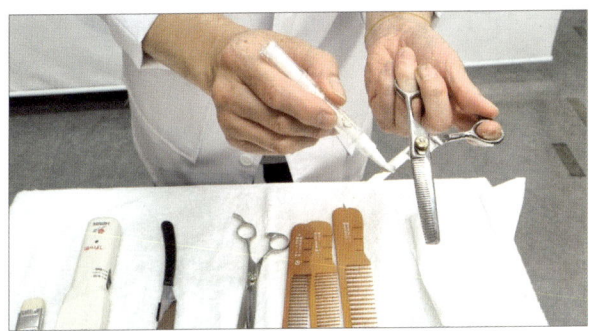

13 틴닝가위에 오일 정비하기

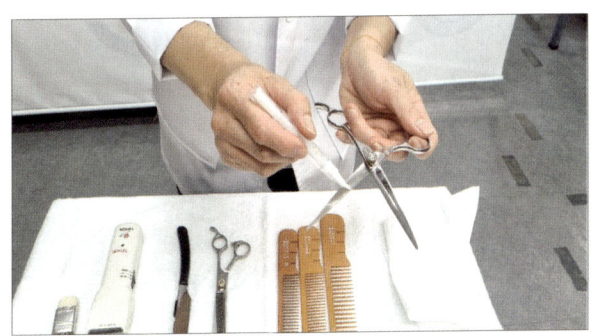

14 장가위에 오일 정비하기

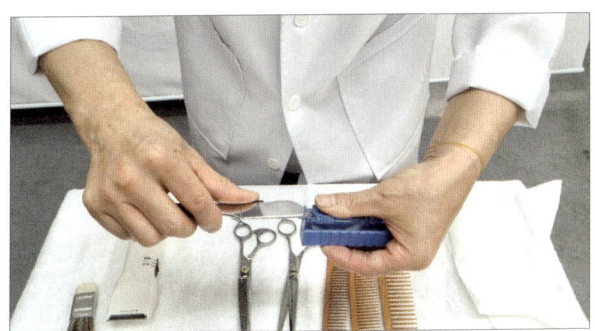

15 면도기에 면도날 끼우기

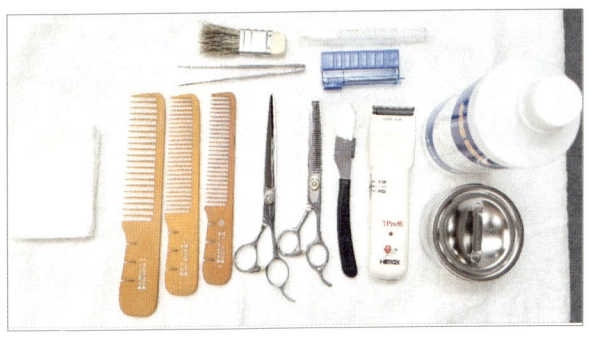

16 주변 정리 정돈하기

CHAPTER 02 헤어커트

단발형이발(하상고) _ 30분

작업순서

커트보 치기 → 머리 물 분무하기 → 가르마 타기(빗질하기) → 지간깎기(전두부 → 두정부 → 후두부 상단 → 양측두부 → 후두부) → 하단부 떠내깎기 → 숱 고르기 → 가위와 빗으로 싱글링 커트히기 → 전가분 칠하기 → 수정커트, 옆선 및 뒷선 정리하기 → 머리카락 털기 및 넥페이퍼와 커트보 정리히기 → 뒷면도하기 → 정리 정돈하기

유의사항

① '숱 고르기'는 틴닝가위만 사용한다.
② '가위와 빗으로 커트하기'와 '수정커트 및 옆선 정리하기'는 장가위만 사용할 수 있다.

완성된 하상고 모습 사진

- C.P – 8[cm], T.P – 6[cm], G.P – 7[cm]

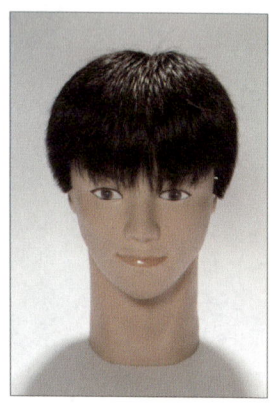 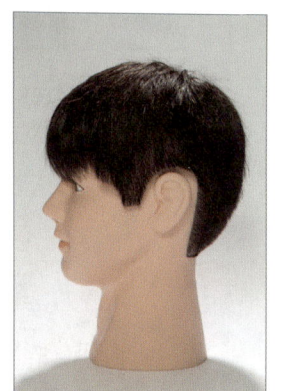 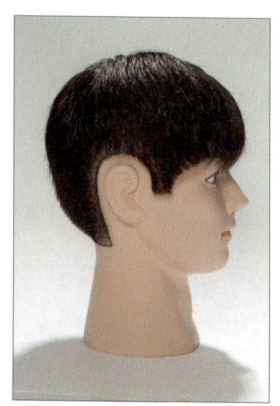 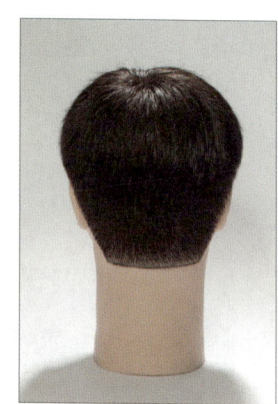

👤 헤어커트 실기순서(하상고)

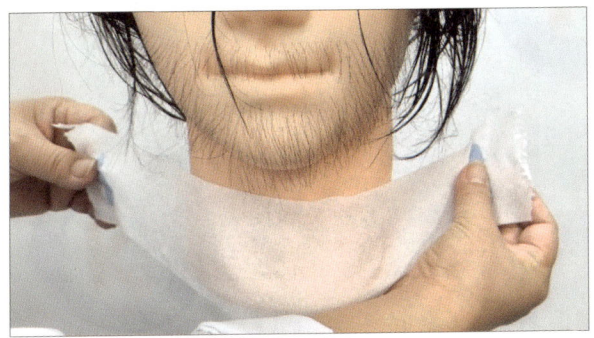

1 준비(넥페이퍼 하기)

2 준비(목수건 하기)

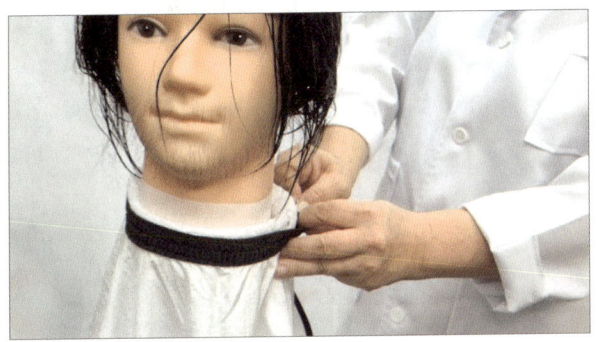

3 준비(커트보 하기)

4 준비(머리카락에 물 분무하기)

5 수건으로 물기 닦기

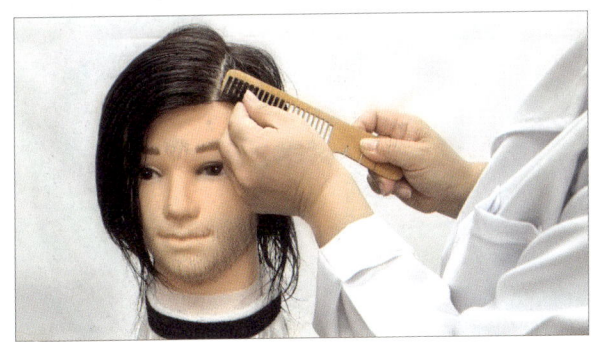

6 가르마 타기(7 : 3)

7 지간잡기(전두부)

8 지간잡기(두정부)

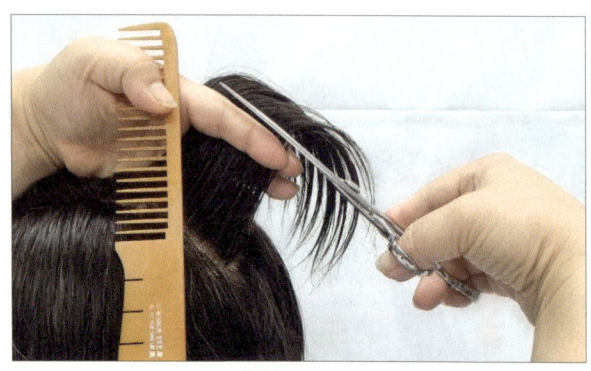

9 지간잡기(후두부 상단)

10 지간잡기(우측두부)

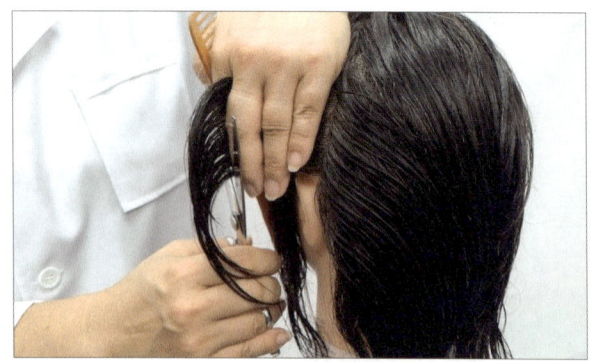

11 지간잡기(좌측두부)

12 지간잡기(후두부 – 귀 뒤부터 시작)

13 떠내깎기

14 틴닝하기

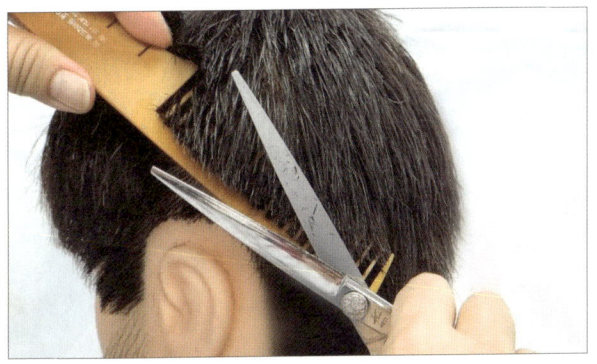

15 싱글링하기

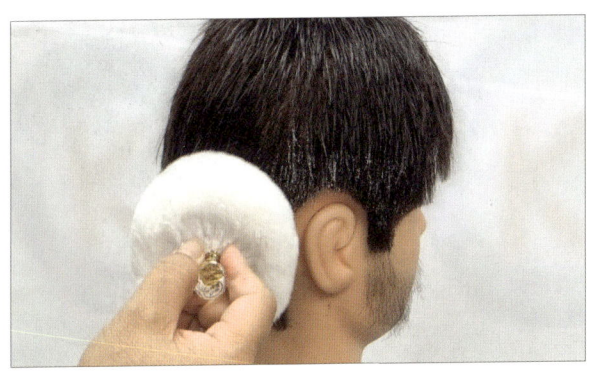

16 천가분 칠하기

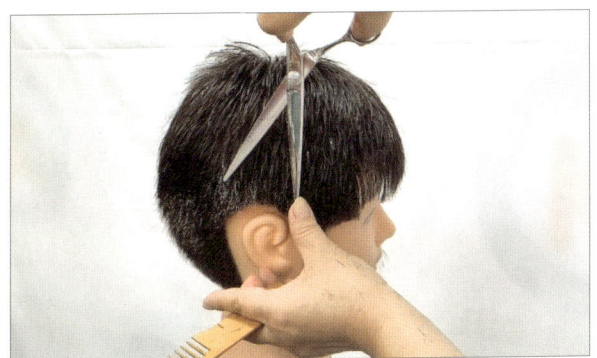

17 수정커트하기

18 머리카락 털기 및 넥페이퍼와 커트보 제거하기

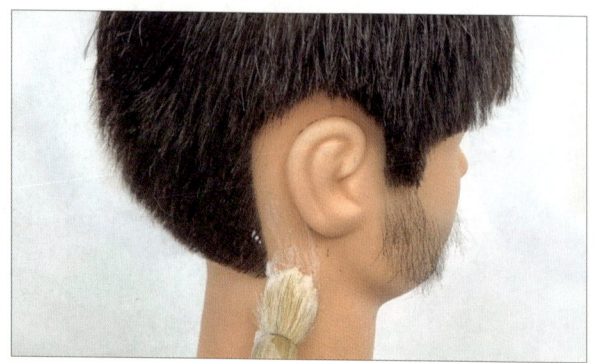

19 뒷면도 비누거품 바르기

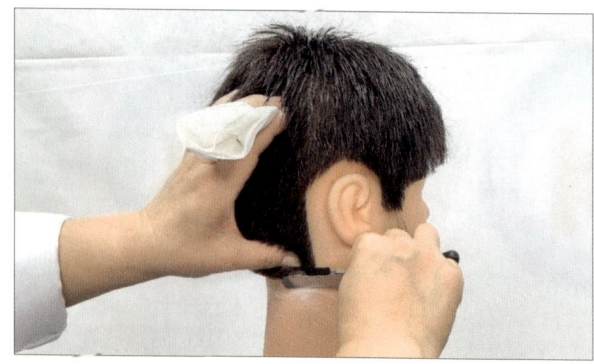

20 뒷면도하기

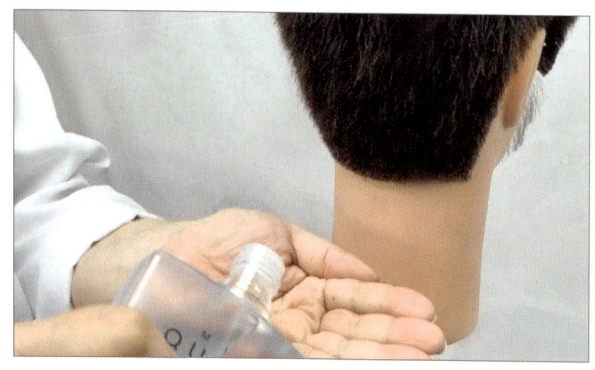

21 면도 부위 스킨로션으로 소독하기

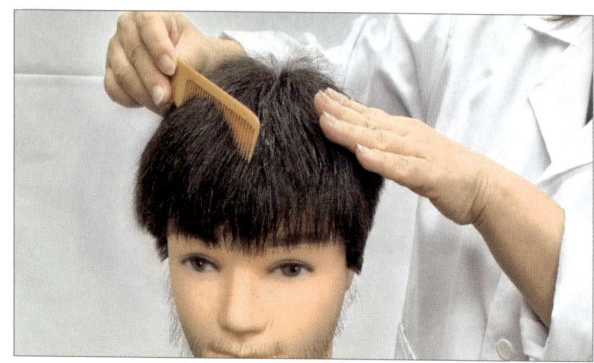

22 머리카락 정돈 후 주변 정리하기

단발형이발(중상고) _ 30분

작업순서

커트보 치기 → 머리 물 분무하기 → 가르마 타기(빗질하기) → 지간깎기(전두부 → 두정부 → 후두부 상단 → 양측두부 → 후두부) → 하단부 떠내깎기 → 숱 고르기 → 클리퍼 조발하기 → 가위와 빗으로 싱글링 커트하기 → 천가분 칠하기 → 수정커트, 옆선 및 뒷선 정리하기 → 머리카락 털기 및 넥페이퍼와 커트보 정리하기 → 뒷면도하기 → 정리 정돈하기

유의사항

① '수정커트, 옆선 및 뒷선 정리하기'는 장가위만 사용하기
② 클리퍼는 넥라인(목 뒷부분) 3[cm] 이하, 사이드라인 2[cm] 이하의 범위로만 사용하여 올려깎기 한 후, 클리퍼 커트한 부위를 가위만 사용하여 싱글링 그라데이션 하기
③ 클리퍼는 지정된 부위만 사용하여야 하며, 사용 시 덧날과 빗 사용은 금지됨.

완성된 중상고 모습 사진

- C.P – 7[cm], T.P – 5[cm], G.P – 6[cm]
- N.P – 3[cm] 이하, E.P – 2[cm] 이하

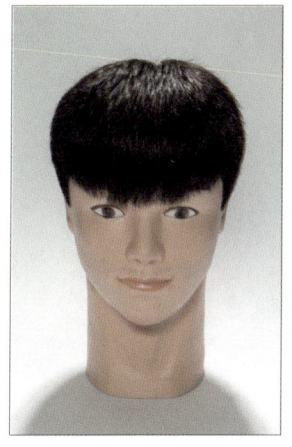
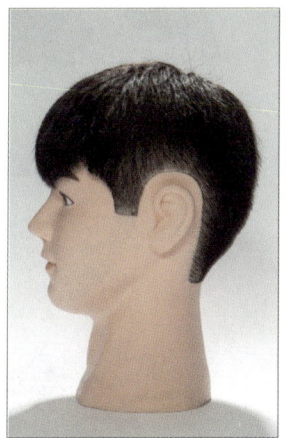
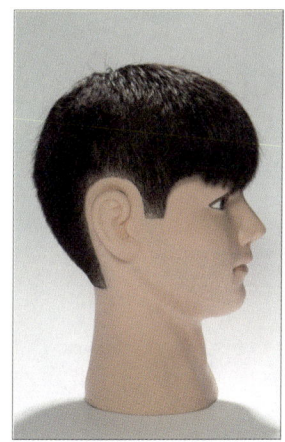
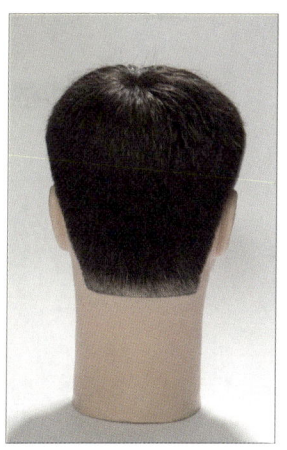

헤어커트 실기순서(중상고)

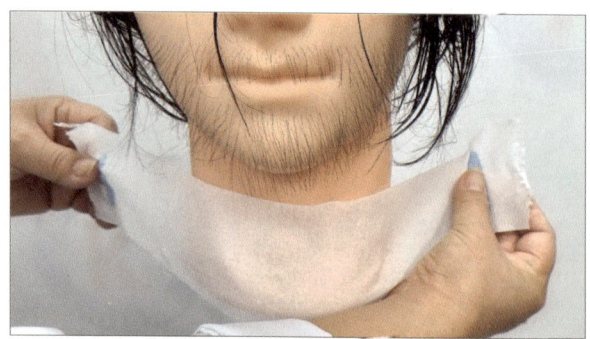

1 준비(넥페이퍼 하기)

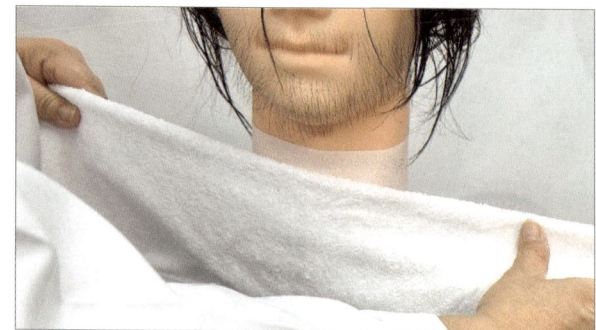

2 준비(목수건 하기)

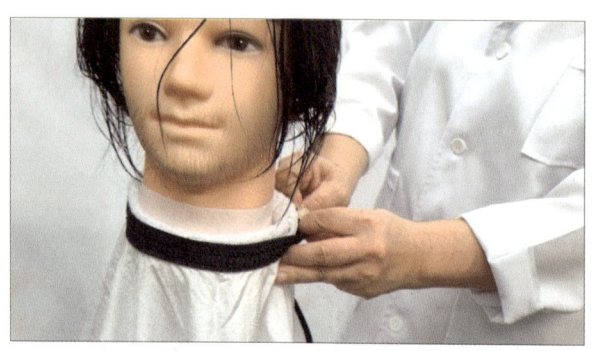

3 준비(커트보 하기)

4 준비(머리카락에 물 분무하기)

5 수건으로 물기 닦기

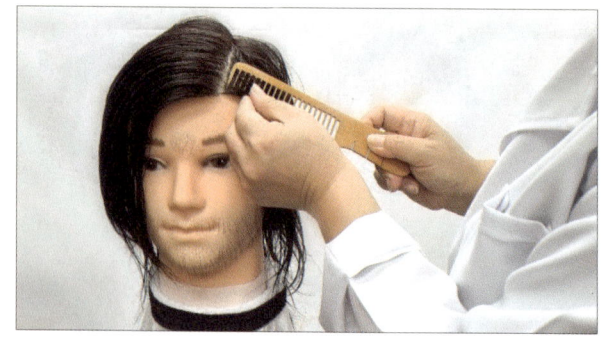

6 가르마 타기(7 : 3)

7 지간잡기(전두부)

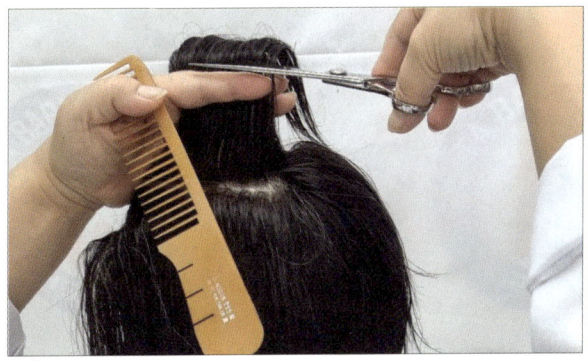

8 지간잡기(두정부)

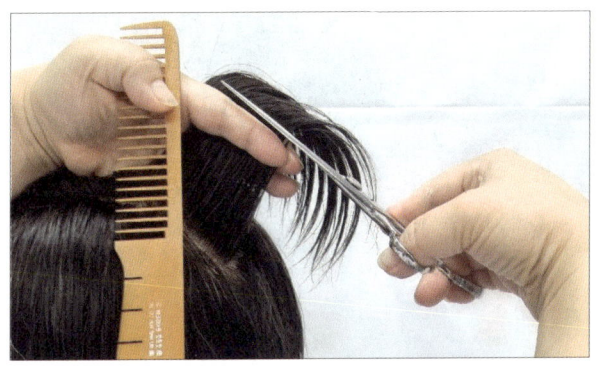

9 지간잡기(후두부 상단)

10 지간잡기(우측두부)

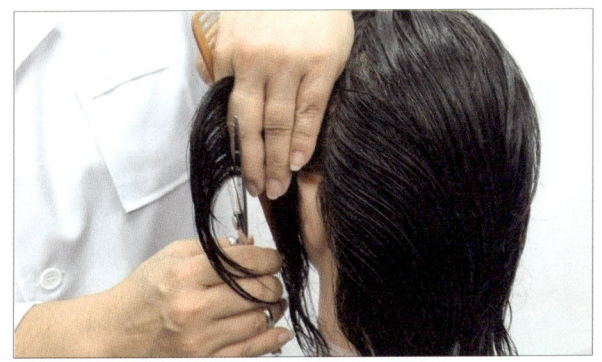

11 지간잡기(좌측두부)

12 지간잡기(후두부 – 귀 뒤부터 시작)

13 떠내깎기

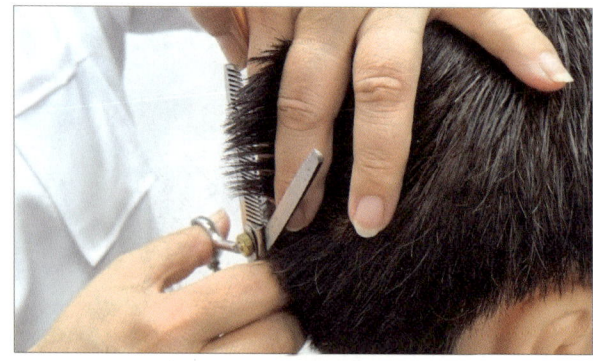

14 틴닝하기

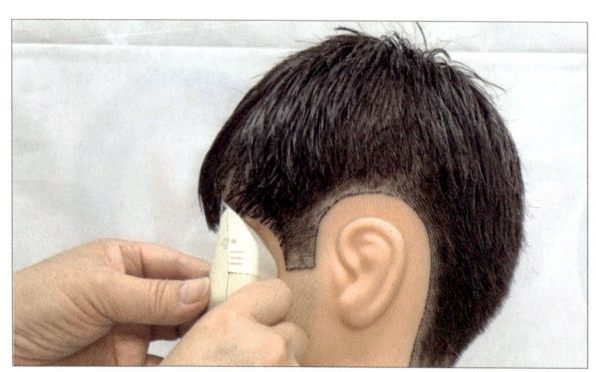

15 클리퍼하기

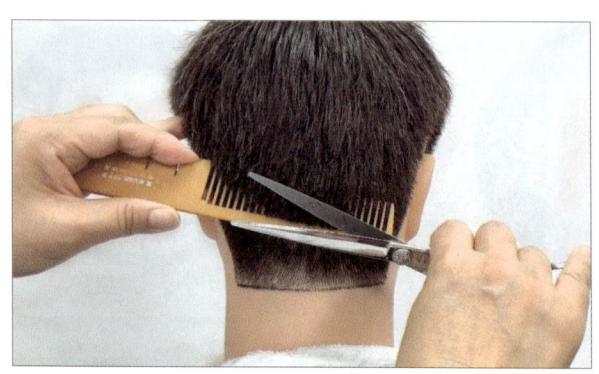

16 싱글링하기

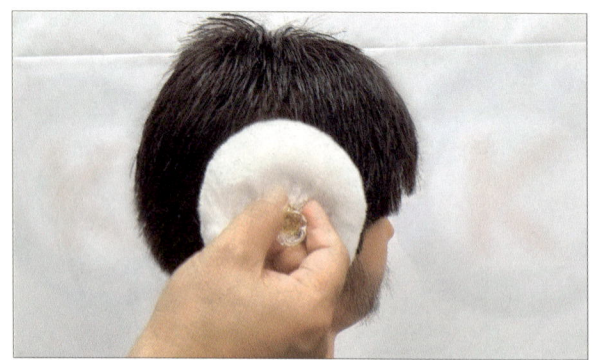

17 천가분 칠하기

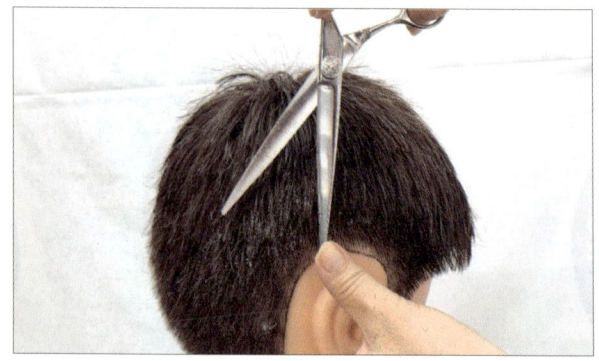

18 수정커트하기

Barber & Master Barber

19 머리카락 털기 및 넥페이퍼와 커트보 제거하기

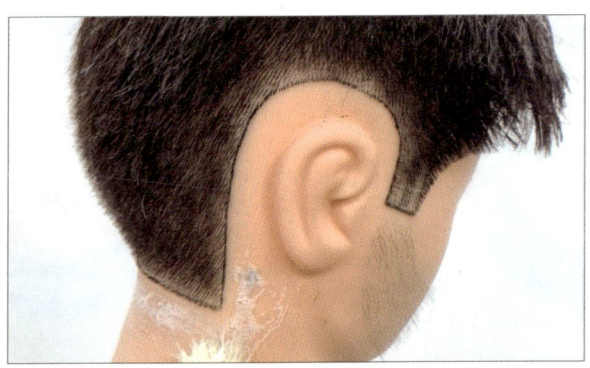

20 뒷면도 비누거품 바르기

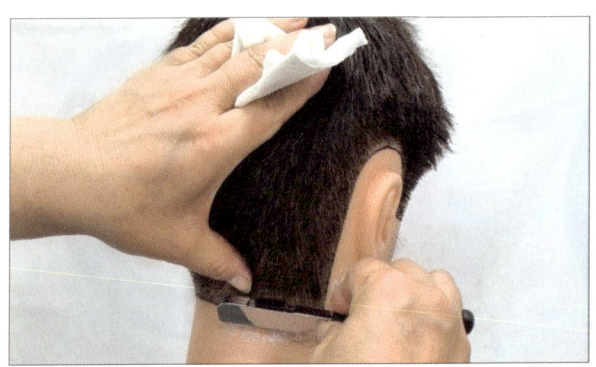

21 뒷면도하기

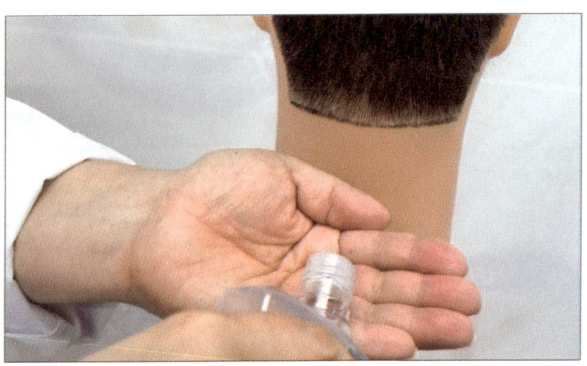

22 면도 부위 스킨로션으로 소독하기

23 머리카락 정돈 후 주변 정리하기

짧은 단발형이발(둥근형) _ 30분

작업순서

커트보 치기 → 머리 물 분무하기 → 클리퍼 조발하기(전두부 → 두정부 → 후두부 상단 → 양측두부 → 후두부) → 숱 고르기(틴닝가위) → 천가분 칠하기 → 수정커트하기 → 머리카락 털기 및 넥페이퍼와 커트보 정리하기 → 뒷면도하기 → 정리 정돈하기

유의사항

① 빗과 클리퍼의 조발 작업 시 지간잡기는 금지
② 1차로 거칠게 자른 후, 2차로 세밀하게 진행하며, 올려깎기는 넥라인(목 뒷부분) 4[cm] 이하, 사이드라인 3[cm] 이하의 범위로만 작업하기
③ 클리퍼 그라데이션 구간 : N.P – 4[cm] 이하, E.P – 3[cm] 이하

완성된 둥근형 모습 사진

- C.P – 4[cm], T.P – 3[cm], G.P – 4[cm]
- N.P – 4[cm] 이하, E.P – 3[cm] 이하

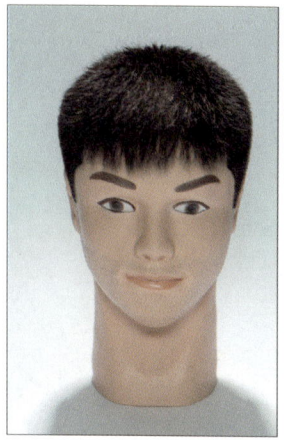 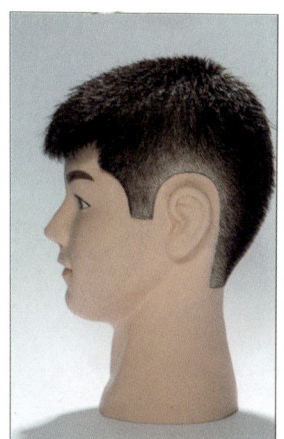 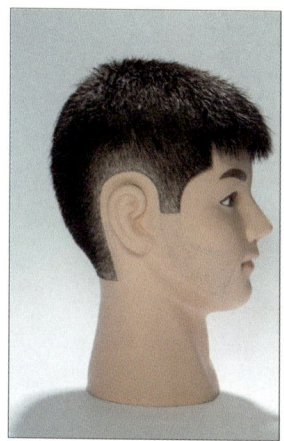 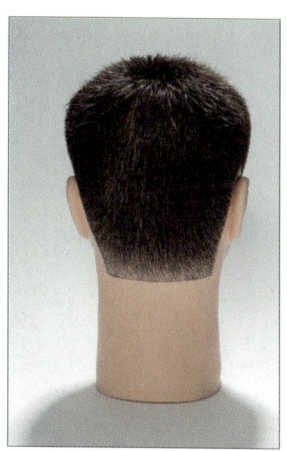

헤어커트 실기순서(둥근형)

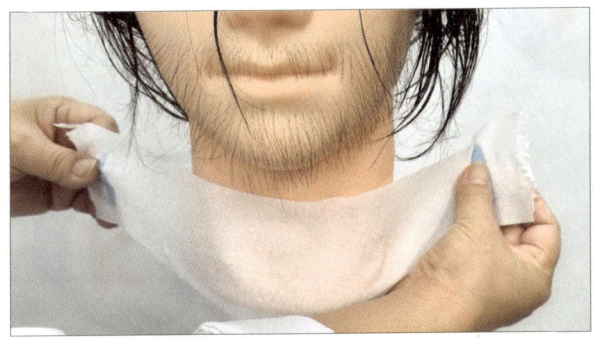

1 준비(넥페이퍼 하기)

2 준비(목수건 하기)

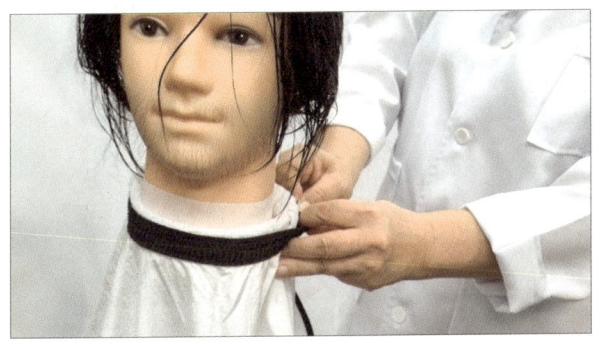

3 준비(커트보 하기)

4 준비(머리카락에 물 분무하기)

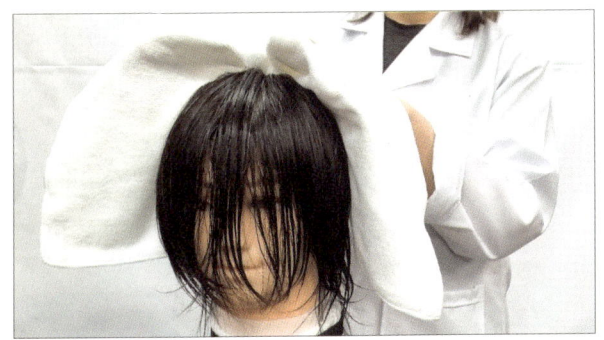

5 수건으로 물기 닦기

6 클리퍼 커트(전두부)

7 클리퍼 커트(두정부)

8 클리퍼 커트(후두부 상단)

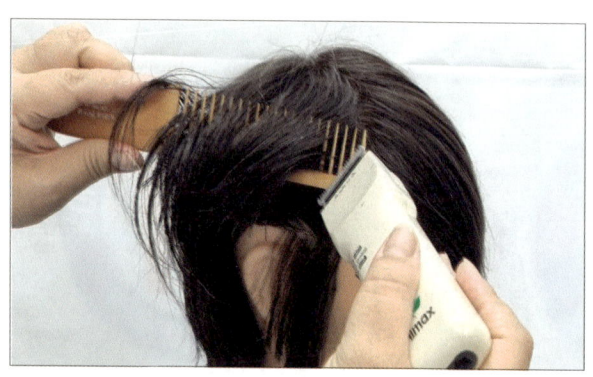

9 클리퍼 커트(우측두부)

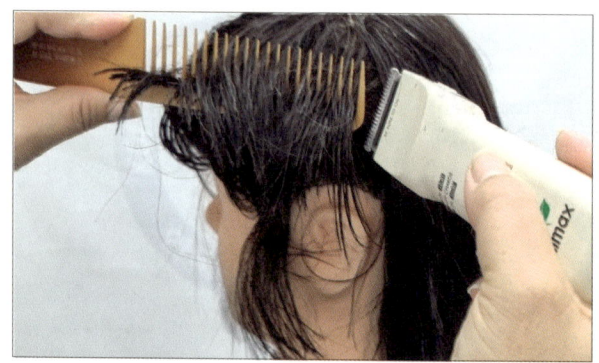

10 클리퍼 커트(좌측두부)

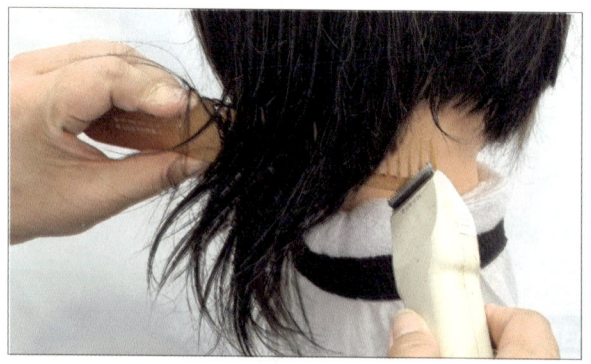

11 클리퍼 커트(후두부)

12 전두부 상단 4센티 만들기

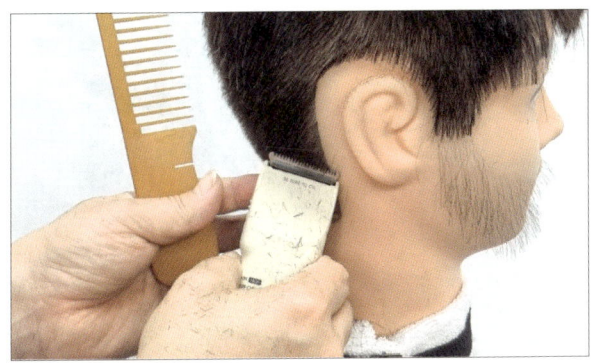

13 헤어라인 클리퍼 그라데이션 만들기

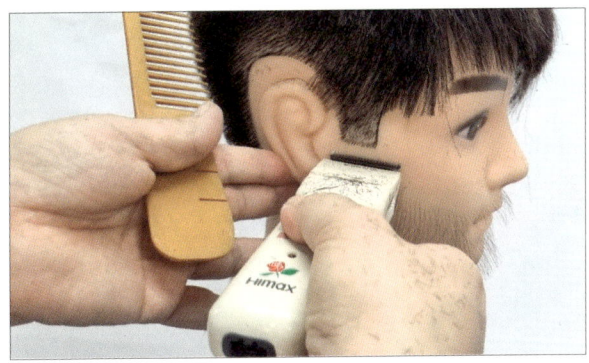

14 헤어라인 클리퍼 그라데이션 만들기

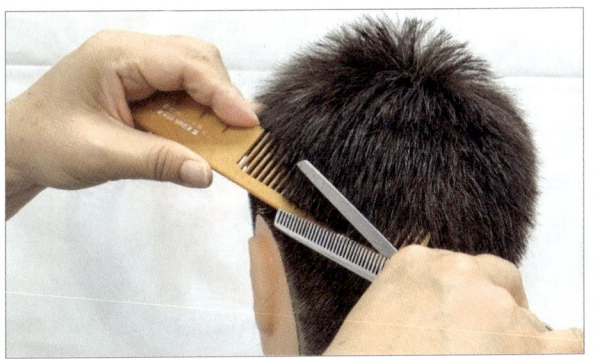

15 틴닝하기

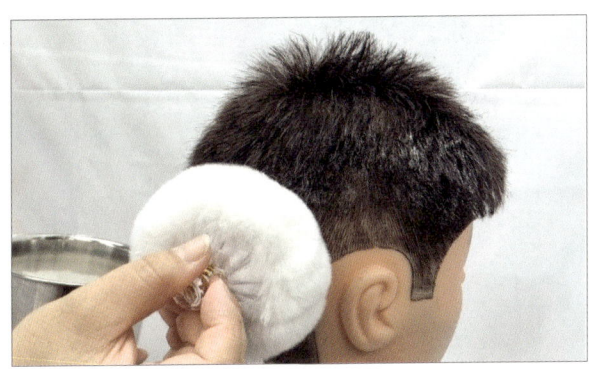

16 천가분 칠하기

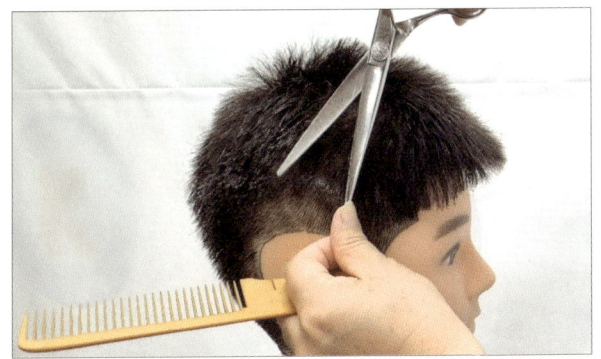

17 수정커트하기

18 머리카락 털기 및 넥페이퍼와 커트보 제거하기

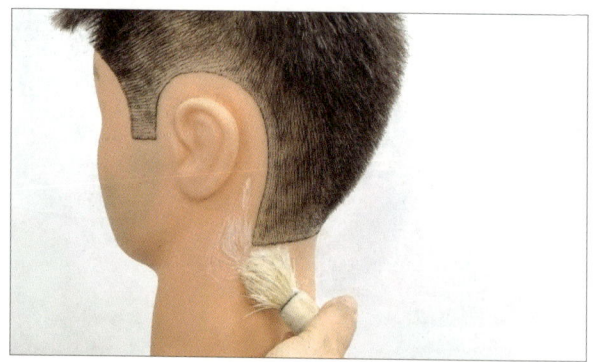

19 뒷면도 비누거품 바르기

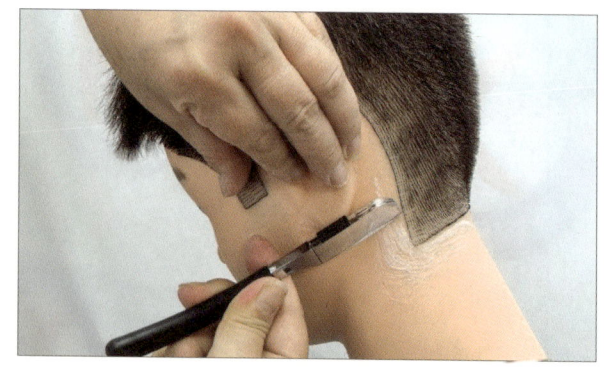

20 뒷면도하기

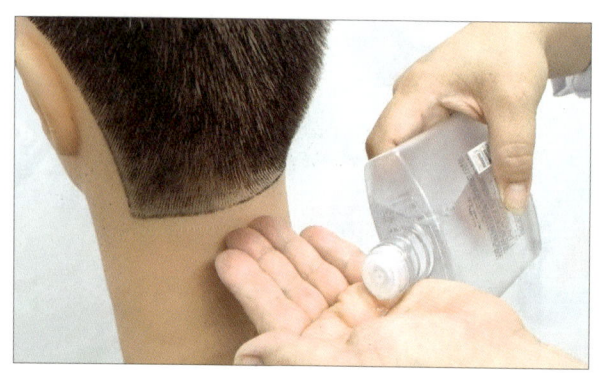

21 면도 부위 스킨로션으로 소독하기

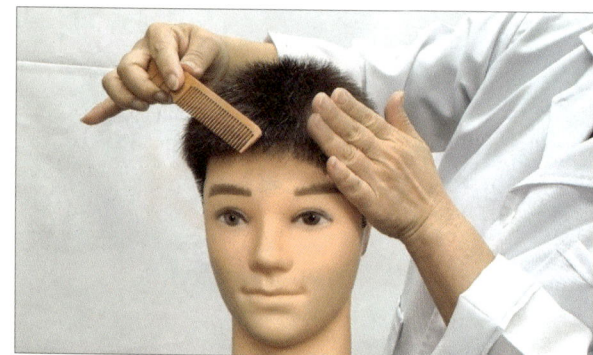

22 머리카락 정돈 및 주변 정리하기

CHAPTER 03 면도

면도 _ 15분

작업순서

마스크 착용하기 → 면도 준비하기(터번 하기, 목수건 하기) → 1차 면도 거품 바르기 → 온습포 대기 → 2차 면도 거품 바르기 → 얼굴 면도하기 → 냉습포 하기 → 스킨로션과 밀크로션 바르기 → 정리 정돈하기

유의사항

마네킹의 피부 표면이 상하지 않도록 수염방향에 맞게 면도한다.
(면도 시의 자세, 얼굴 부위에 적합한 면도기 사용기법 등에 유의하여 작업한다.)

면도기 잡는 법

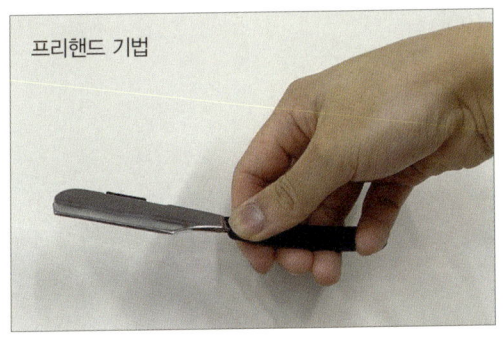

프리핸드 기법

백핸드 기법

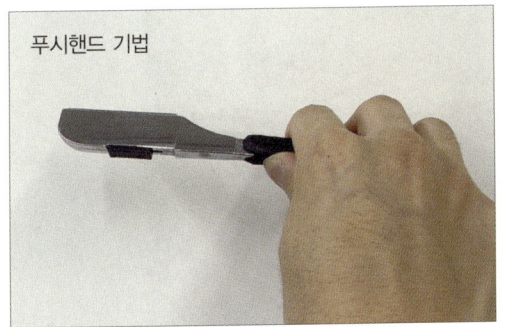

푸시핸드 기법

펜슬핸드 기법

면도 실기순서

1 마스크 하기

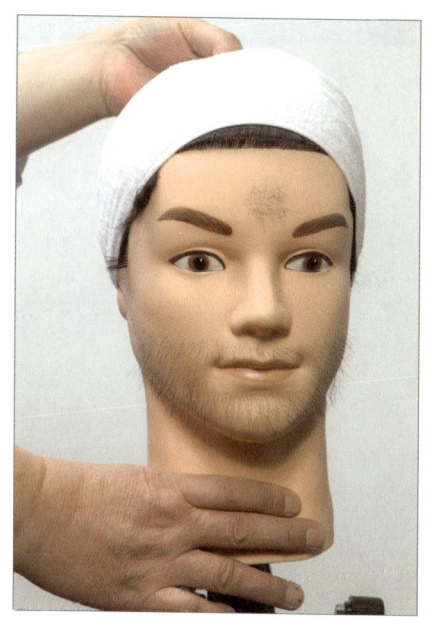

2 터번 하기

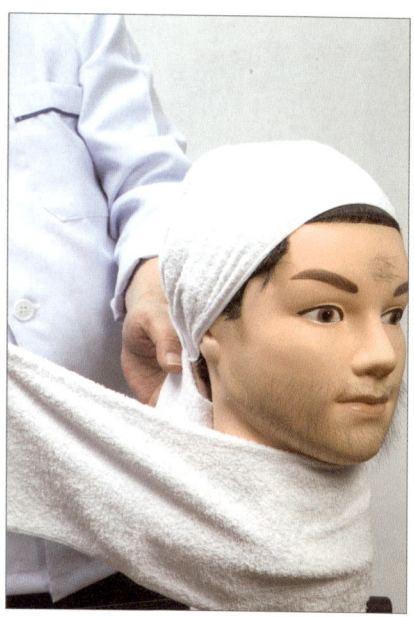

3 목수건 하기

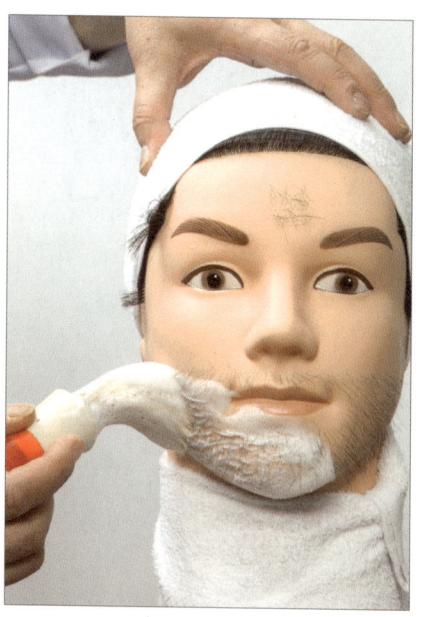

4 마네킹을 눕히고 비누거품 바르기

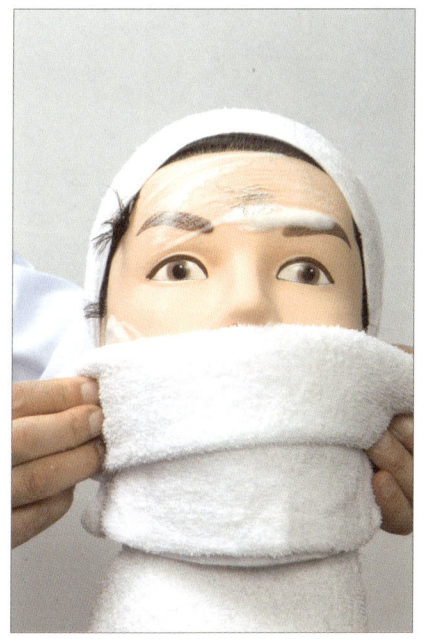

5 온습포 하기

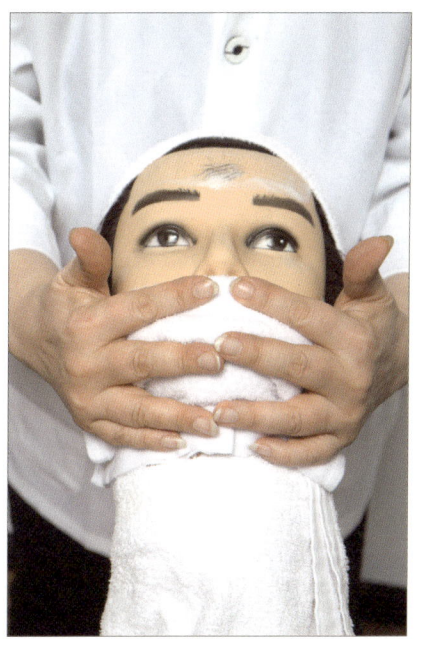

6 온습포 찜질하기

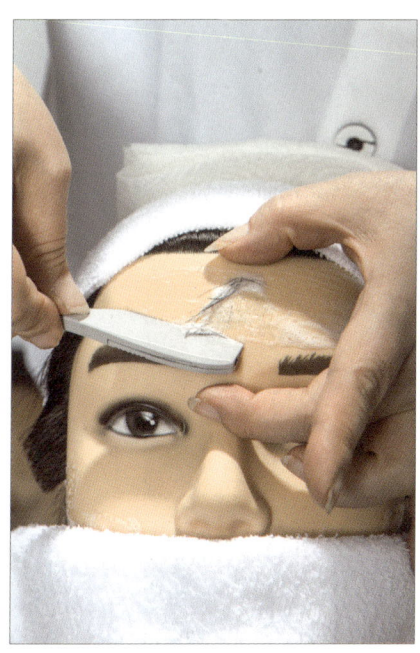

7 이마 면도하기

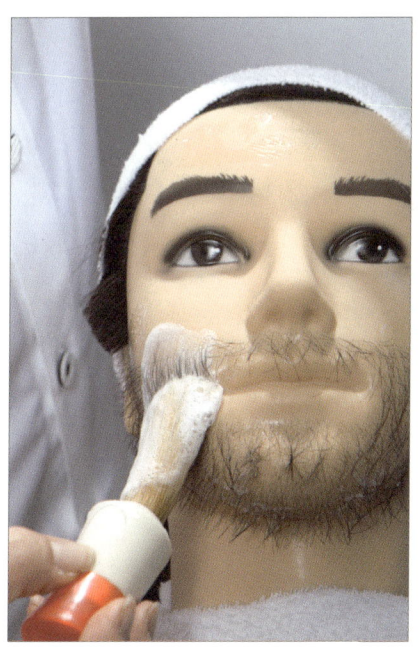

8 온타월 걷어내고 비누거품 2차 도포

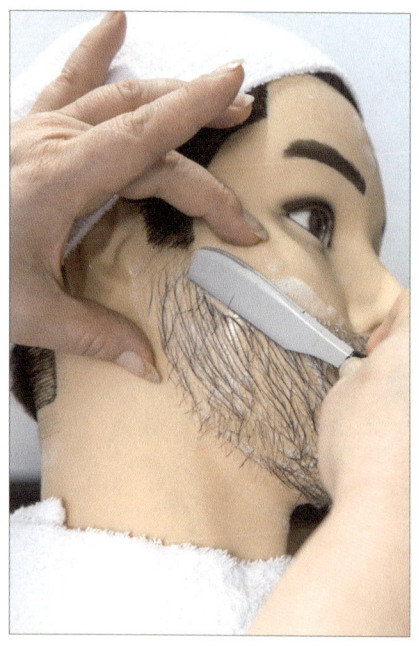

9 오른쪽 뺨에서 왼쪽 뺨 면도하기

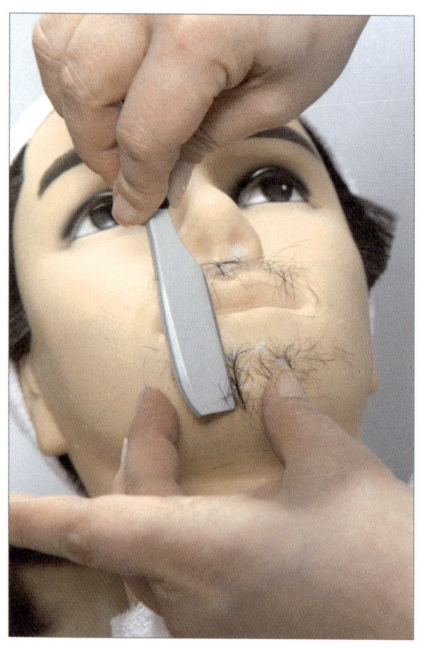

10 아래턱과 위턱 면도하기

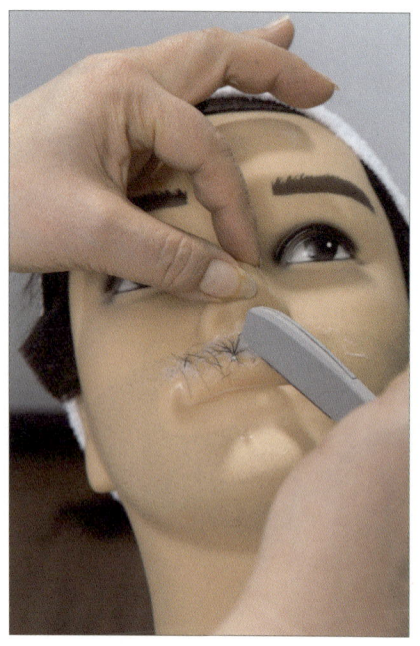

11 인중 면도하기

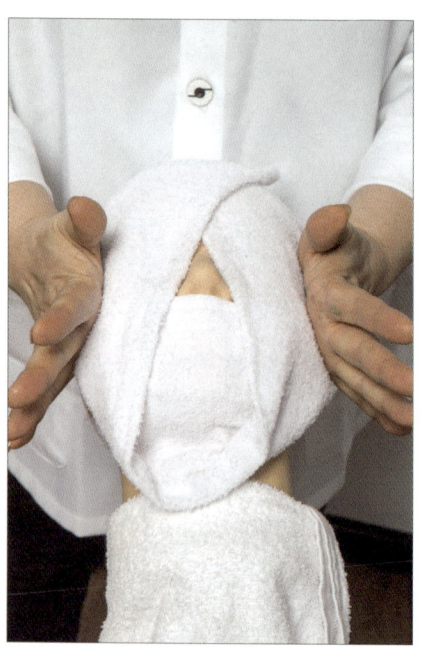

12 냉습포 하기

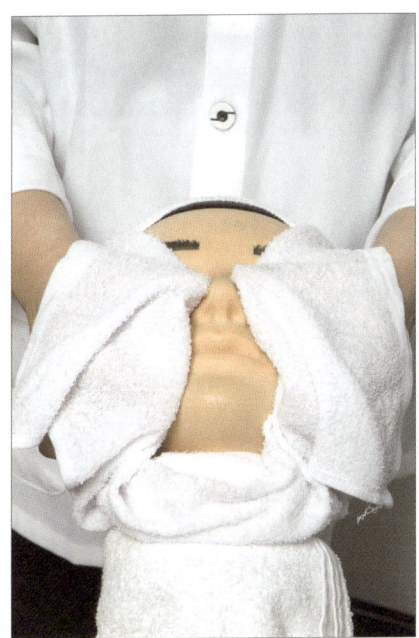

13 냉습포로 얼굴 닦아내기

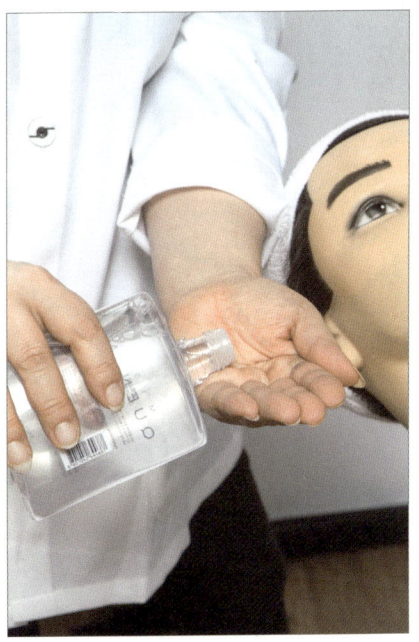

14 스킨로션으로 얼굴 소독하기

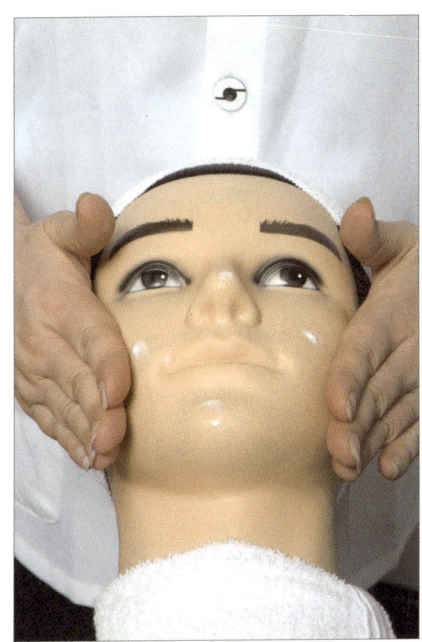

15 밀크로션 바르기

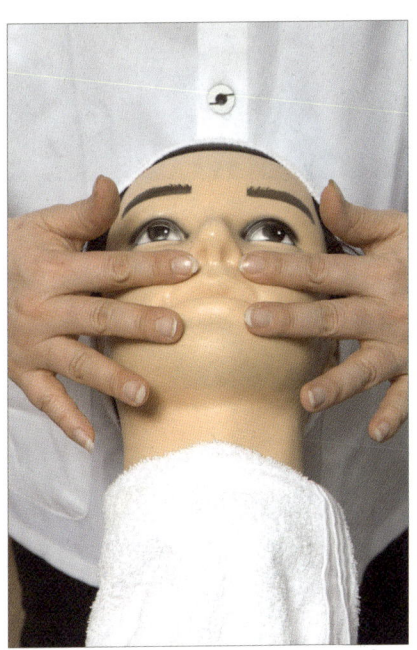

16 터번과 목수건 제거 후 주변 정리하기

CHAPTER 04 염색

👆 하상고 탈색 _ 35분

작업순서

앞치마 입기 → 탈색 준비하기(목수건 → 염색보 → 장갑 끼우기 → 헤어라인에 크림 도포하기 → 탈색약 제조하기(탈색제 30[g] + 산화제 60[g])) → 두정부 호일 작업하기(좌, 우 각 3개씩) → 전두부 호일 작업하기(좌, 우 각 3개씩) → 방치하기(필요시 열처리) → 탈색제 씻어내기 → 장갑 벗어내기 → 드라이어로 머리카락 말리기 → 주변 정리하기 → 앞치마 벗기

유의사항

① 가로섹션은 전두부, 세로섹션은 두정부 부위에 작업하시오.(측면 기준)
② 준비작업 시 앞장, 탈색약 조제, 헤어라인 크림 도포 등 탈색에 필요한 작업을 하시오.(호일링 시 핀셋의 개수와 사용 유무 제한은 없음)
③ 탈색 방치 동안 주변을 정리하기

👤 하상고(탈색) – 부분 탈색(최종 7레벨 이상이 되도록 한다.)

1 2 3 4 5 6 7 8 9 10 11 12 13 14 15 16 17 18 19 20

탈색 전 · 후 모습

 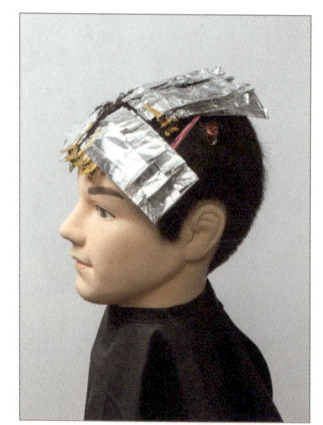

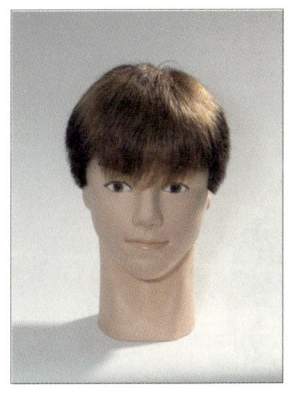
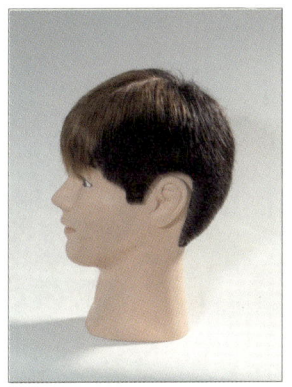
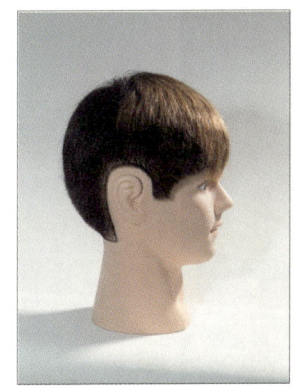
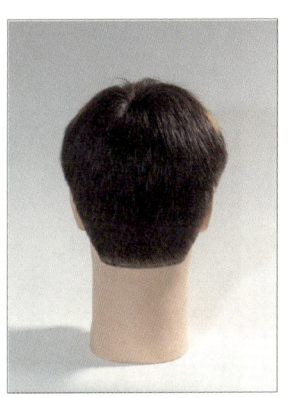

👤 하상고 탈색 실기순서

1 앞치마 입고 목수건 대기

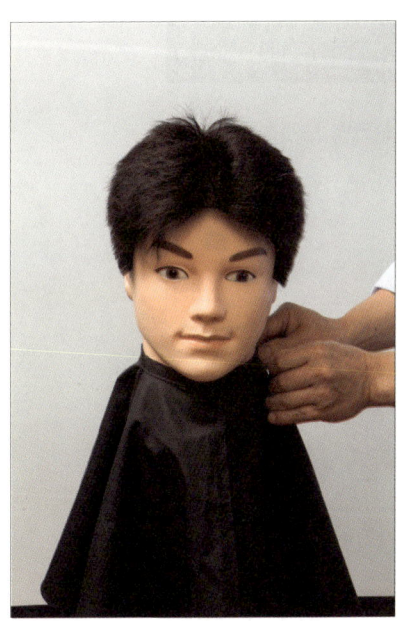

2 염색보 두르기
(목수건이 보이지 않도록 한다.)

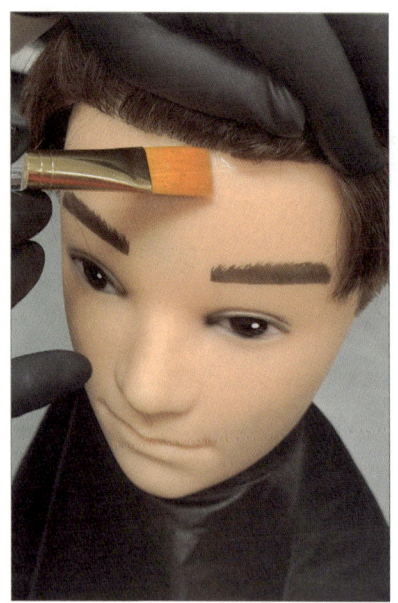

3 헤어라인에 크림 도포하기

4 섹션 나누기(한 칸에 5[cm]×5[cm])

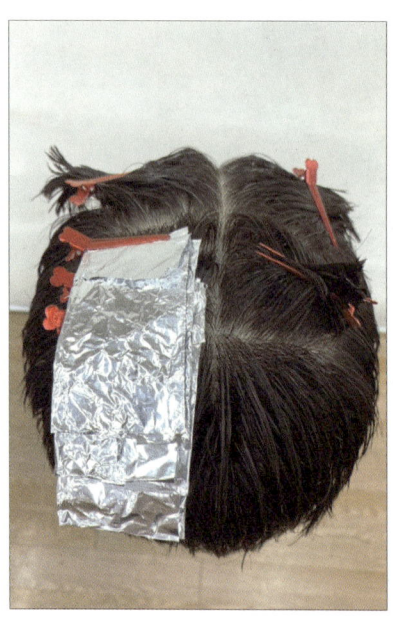

5 두정부 호일 작업

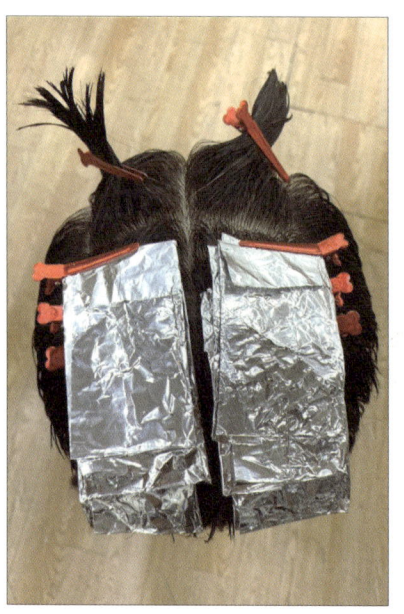

6 두정부 호일 작업

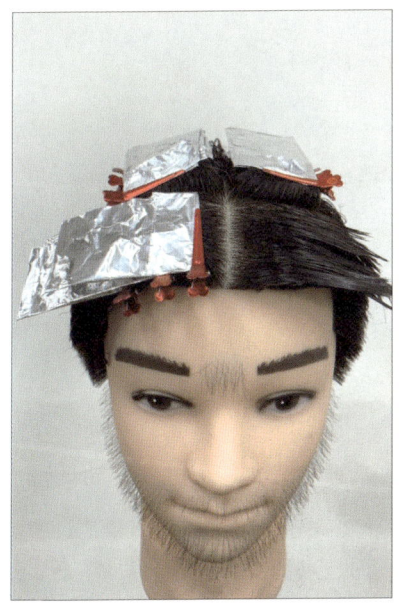

7 전두부 호일 작업

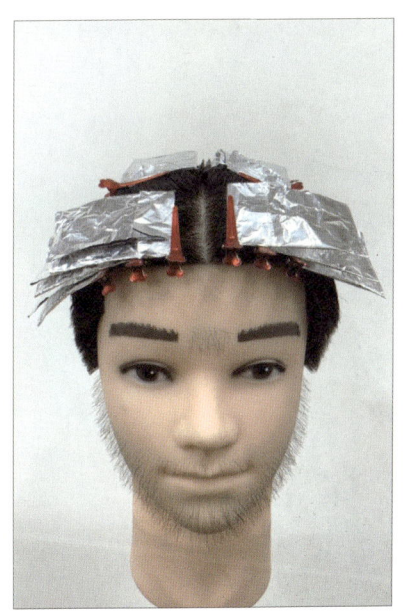

8 전두부 호일 작업

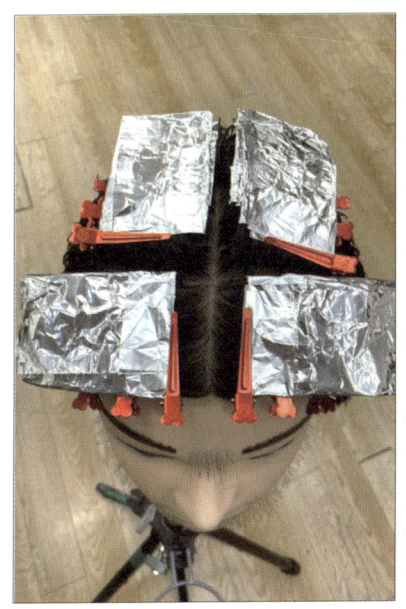

9 전체 호일 작업

10 바깥방향으로 핀셋 작업

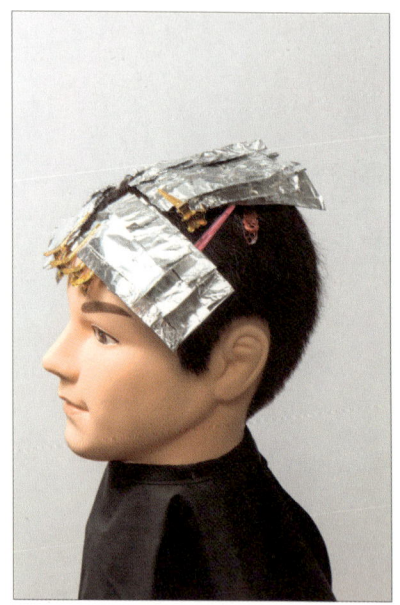

11 왼쪽 방향

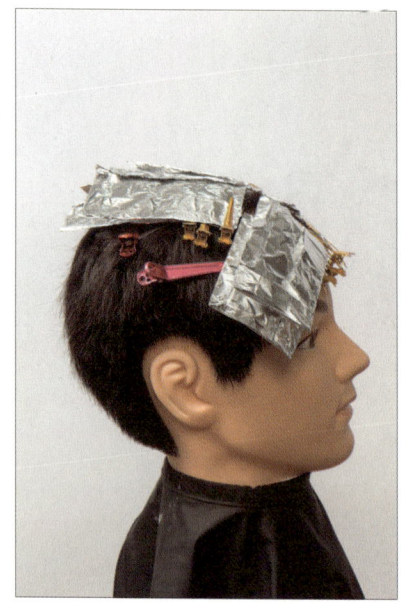

12 오른쪽 방향

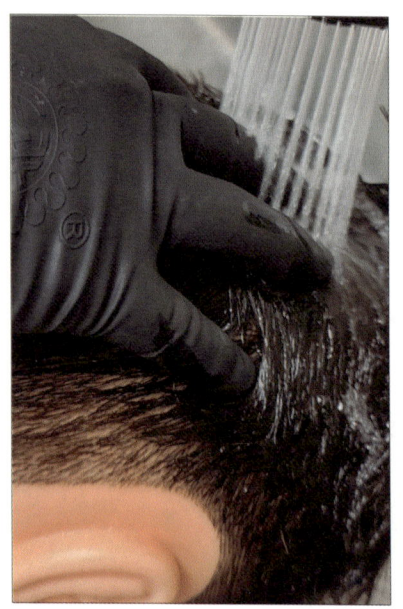

13 열처리 후 세척하기

14 물로만 세척하기

Barber & Master Barber

15 세척 후 장갑 벗고 드라이어로 머리카락 말리기

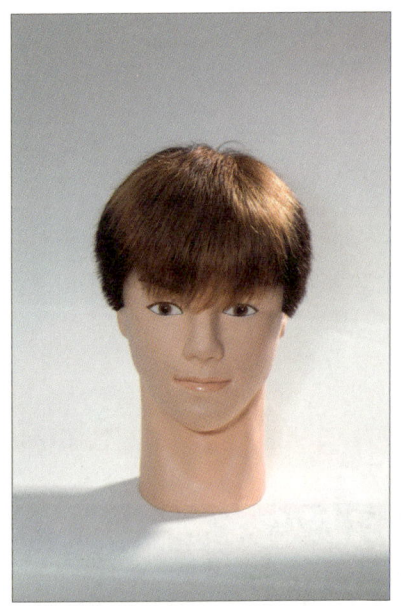

16 머리카락 정돈 → 염색보 제거 → 목수건 제거 → 앞치마 벗기 → 주변 정리하기

중상고 멋내기 염색 _ 35분

작업순서

앞치마 입기 → 목수건 하기 → 염색보 하기 → 염색장갑 끼우기 → 헤어라인에 크림 도포하기 → 염색제 조제하기(염색제 40[g] + 산화제 80[g]) → 염색약 도포하기 → 열처리 및 방치하기 → 염색제 씻어내기 → 드라이어로 머리카락 말리기 → 주변 정리하기

유의사항

① 준비작업 시 앞장, 염색약 조제, 헤어라인 크림도포 등 염색에 필요한 작업을 하시오.
② 염색약 도포 후 방치시간에 주변 정리작업을 한다.

중상고(멋내기 염색) - 최종 5레벨 이상이 되도록 한다.

1 2 3 4 5 6 7 8 9 10 11 12 13 14 15 16 17 18 19 20

멋내기 염색의 결과물

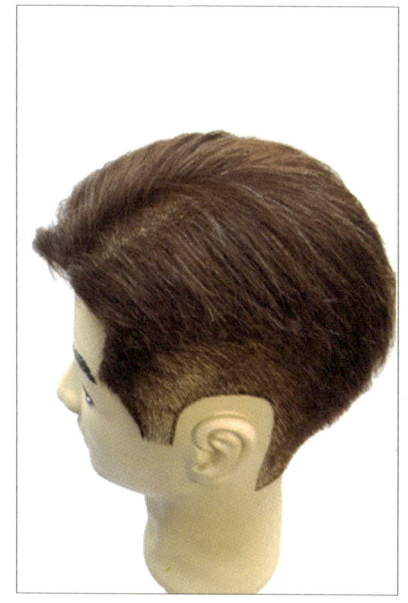

👤 중상고 멋내기 염색 실기순서

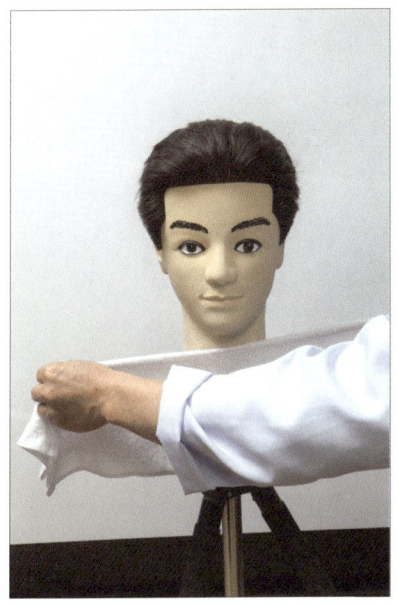

1 앞치마 입고 목수건 대기

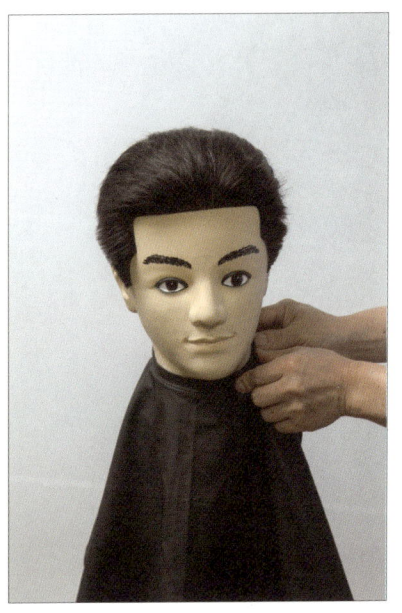

2 염색보 두르기

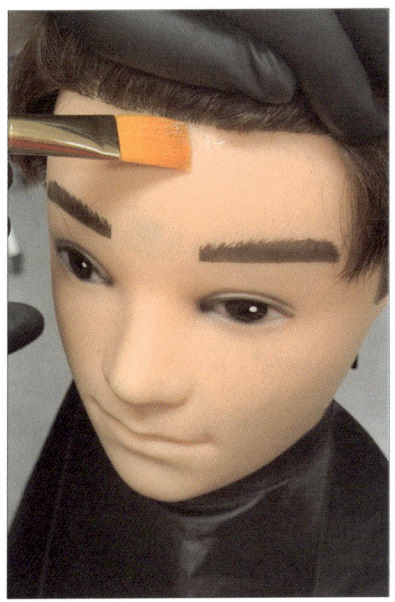

3 헤어라인에 크림 도포하기

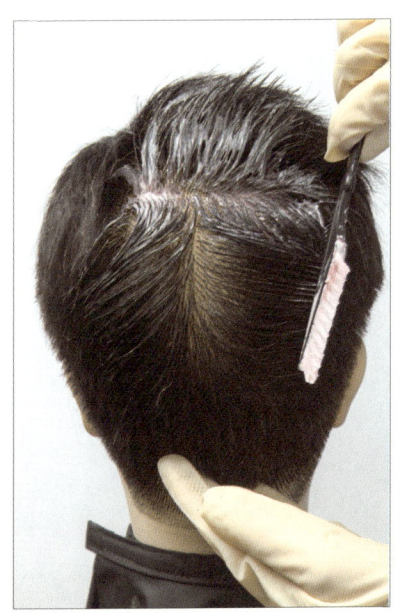

4 섹션 나누어 약제 도포하기

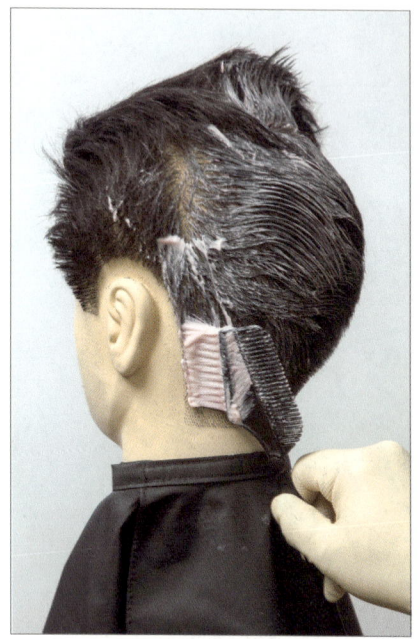

5 후두부 하단에서 위 방향으로 도포

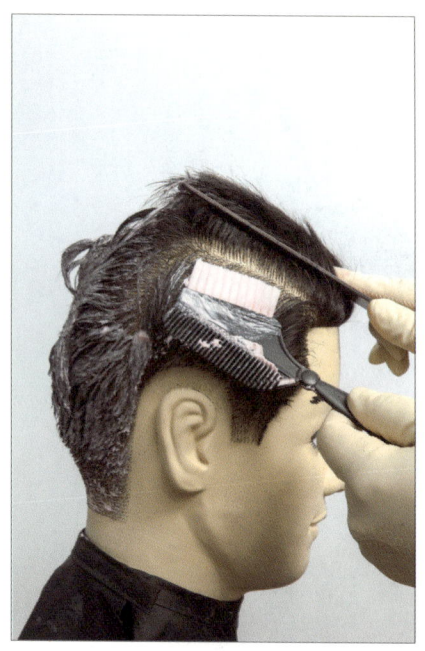

6 우측두부 도포

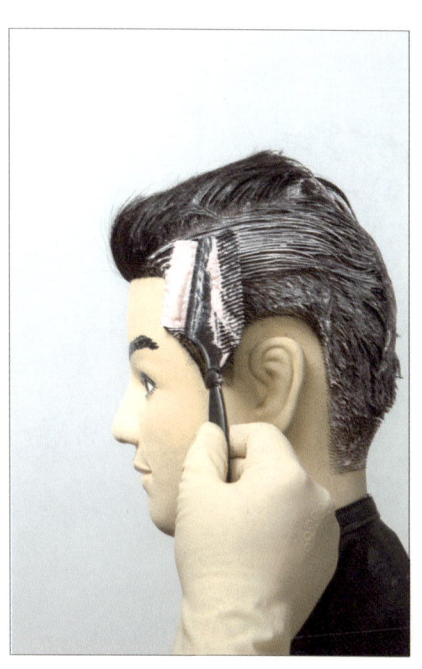

7 좌측두부 도포

8 전두부 약액 도포

9 마지막 섹션 나누기

10 두정부 좌측 도포

11 두정부 우측 도포

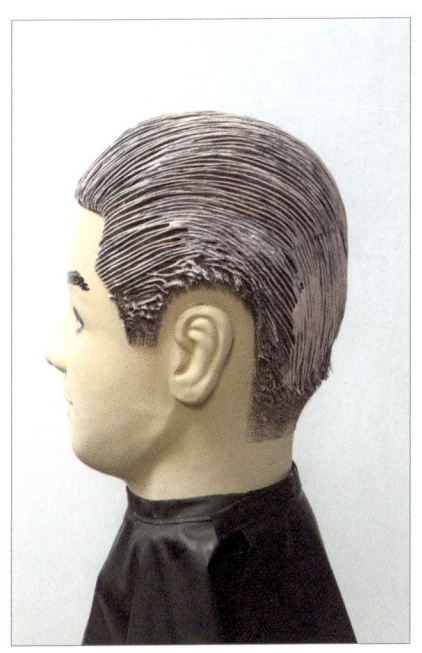

12 전체 에어링 작업

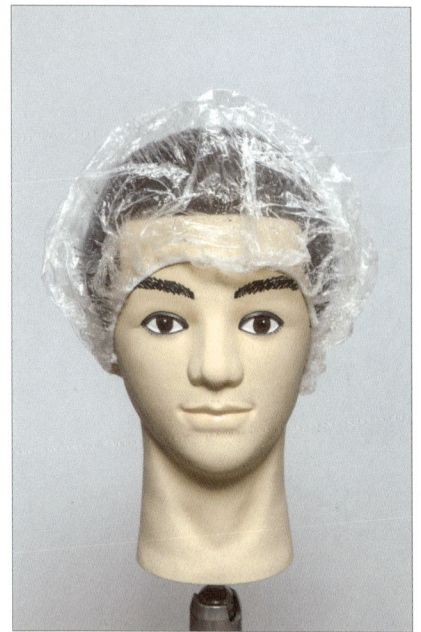

13 비닐 캡 및 히팅 캡 씌우기

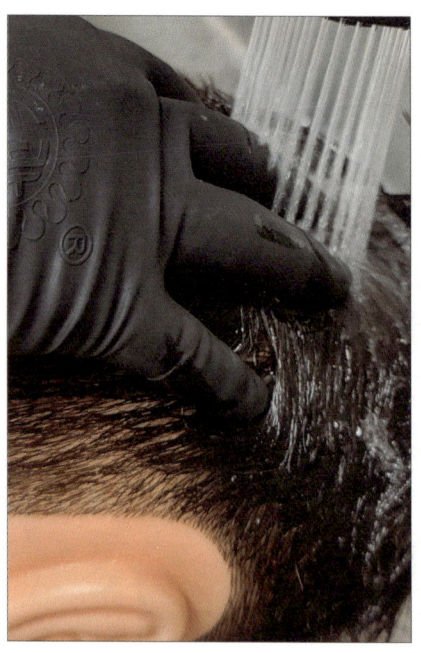

14 샴푸제를 사용하지 않고 물로만 헹구기

15 세척 후 드라이어로 건조하기

16 머리카락 정돈 → 목수건·염색보 정리 → 앞치마 벗기 → 주변 정리

👆 둥근형 새치 염색 _ 30분

작업순서

앞치마 입기 → 목수건 하기 → 염색보 하기 → 염색장갑 끼우기 → 헤어라인에 크림 도포하기 → 염색제 조제하기(염색제 35[g] + 산화제 35[g]) → 염색약 도포하기 → 열처리 및 방치하기 → 염색제 씻어내기 → 장갑 벗기 → 드라이어로 머리카락 말리기 → 목수건, 염색보, 앞치마 벗기 → 주변 정리하기

유의사항

준비작업 시 앞장, 염색약 조제, 헤어라인 크림 도포 등 염색에 필요한 작업을 하시오. 염색 방치 동안 주변 정리작업을 하시오.

👤 둥근형(새치 염색) – 최종 3레벨이 되도록 한다.

새치 염색의 결과물

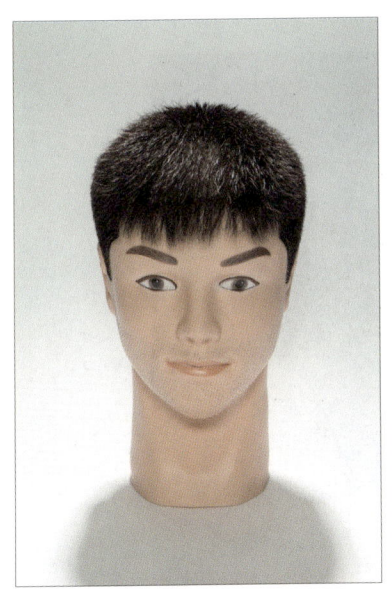
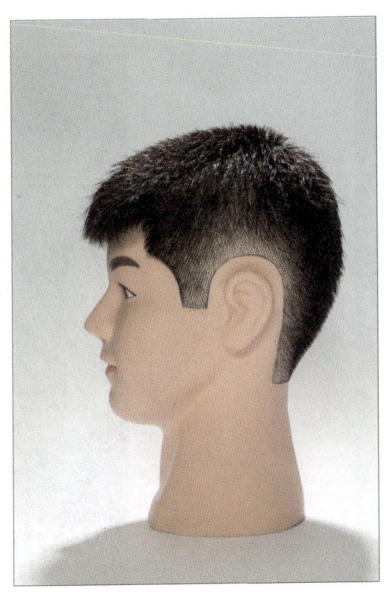
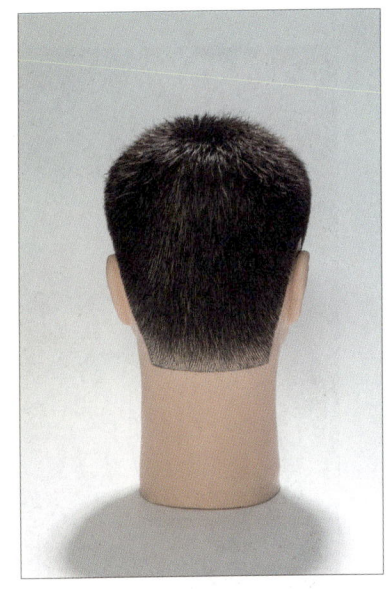

👤 둥근형 새치 염색 실기순서

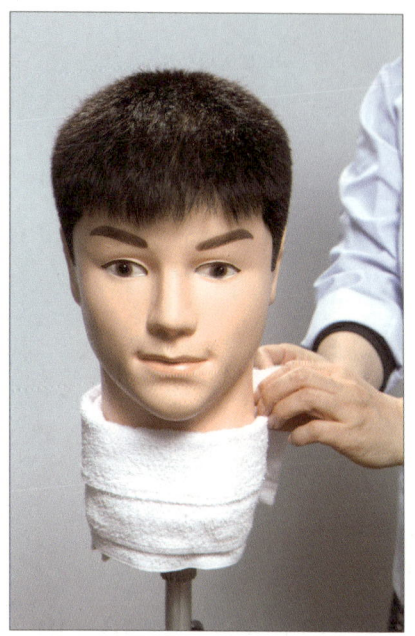

1 앞치마 입고 목수건 대기

2 염색보 두르기

3 염색장갑 끼고 헤어라인에 크림 도포하기

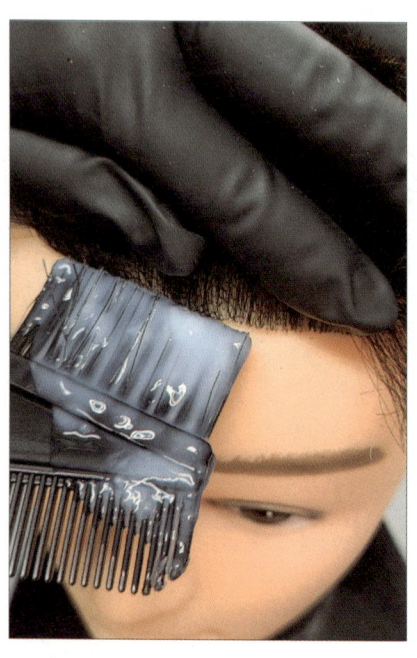

4 전두부라인에 염모제 도포하기

Barber & Master Barber

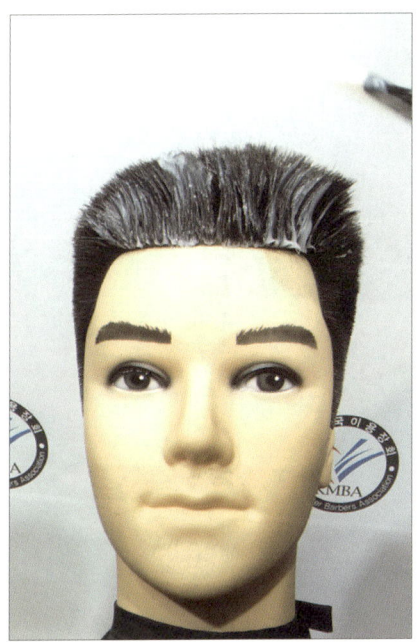

5 전두부라인과 사이드라인까지 염모제 도포

6 정중선과 측중선 나누기

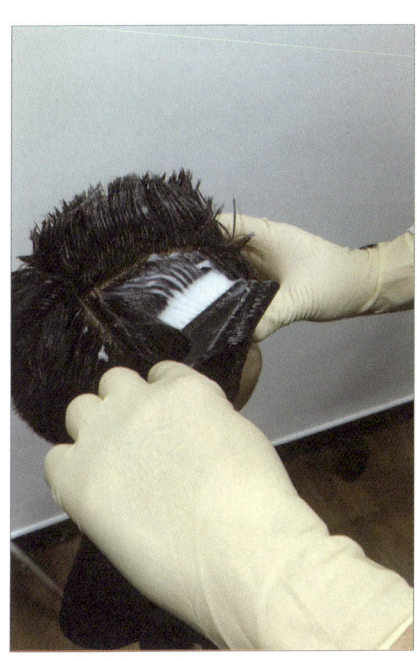

7 두정부에서 아래 방향으로 도포

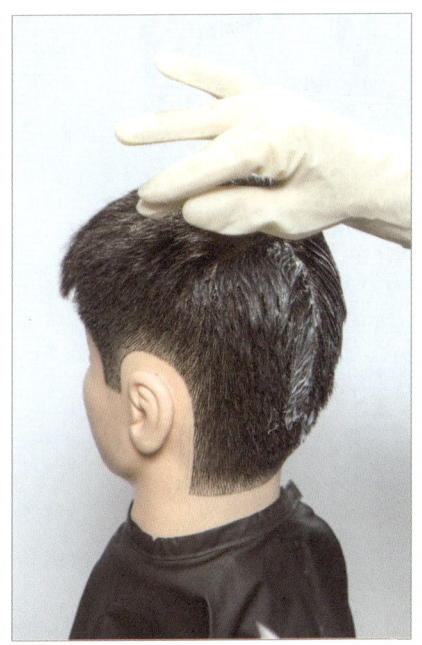

8 후두부 약액 도포

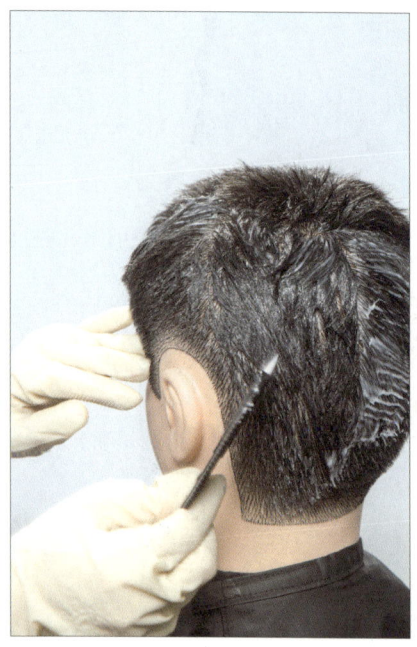

9 후두부 상단에서 아래 방향으로 도포

10 도포 후 헤어라인 정리하기

11 물로만 세척 후 드라이어로 건조하기

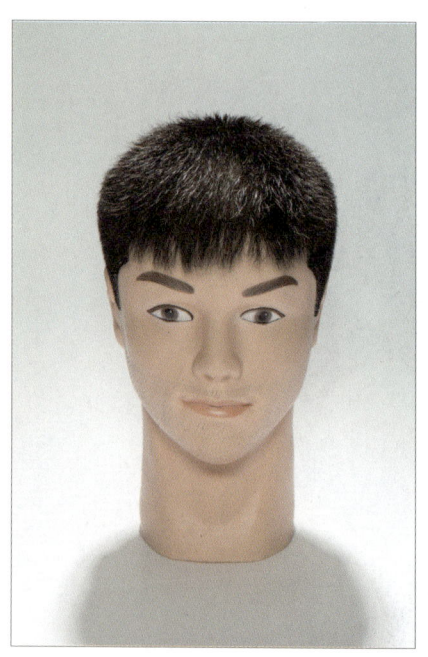

12 목수건, 염색보, 앞치마 제거 후 주변 정리하기

CHAPTER 05 샴푸 & 트리트먼트

하상고 · 중상고 공통 _ 10분

작업순서

샴푸보 두르기 → 샴푸 및 세척하기 → 트리트먼트제 도포하기 → 스캘프 매니플레이션 하기 → 모발 세척하기 → 얼굴 및 머리부위 물기 제거하기 → 타월 드라이하기 → 정리 정돈하기

유의사항

스캘프 매니플레이션 순서는 두정부, 전두부, 측두부, 후두부 순이며, 모발 세척 시 마네킹의 두피에 샴푸제나 트리트먼트제가 남아있지 않도록 하시오.

실기순서

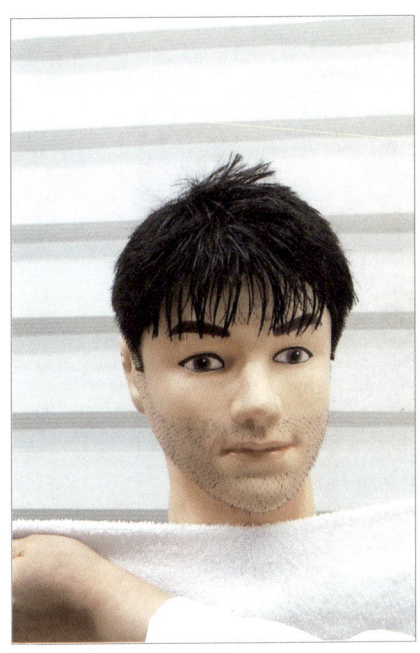

1 목수건 대기

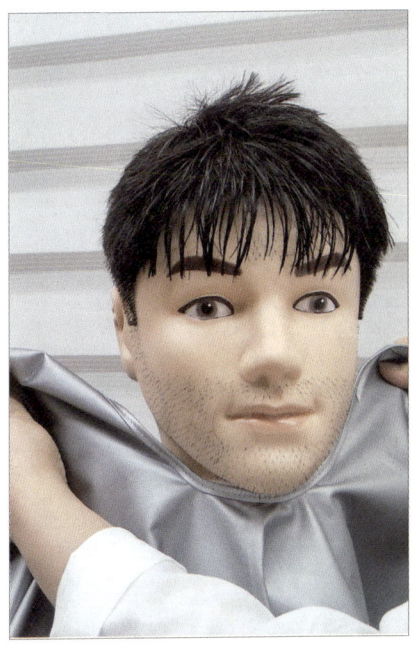

2 샴푸보 두르기

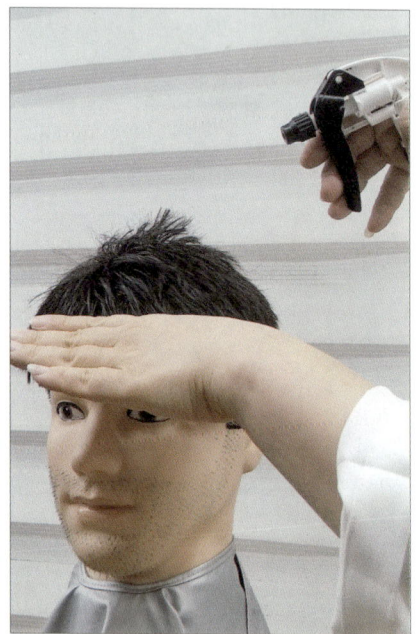

3 머리카락에 물 분무하기

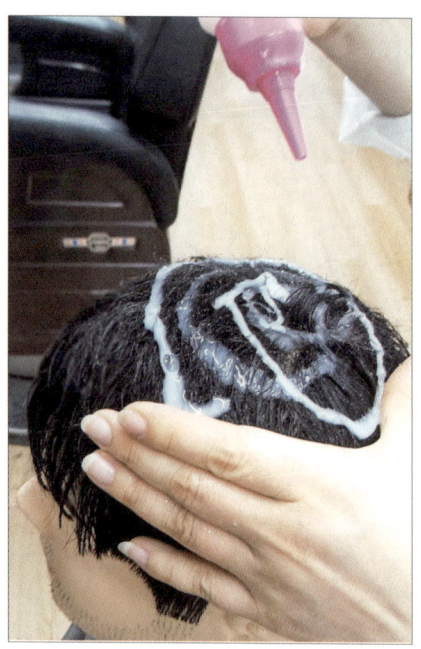

4 샴푸액 도포하기

5 전두부 – 측두부 – 두정부 – 후두부 순으로 샴푸하기

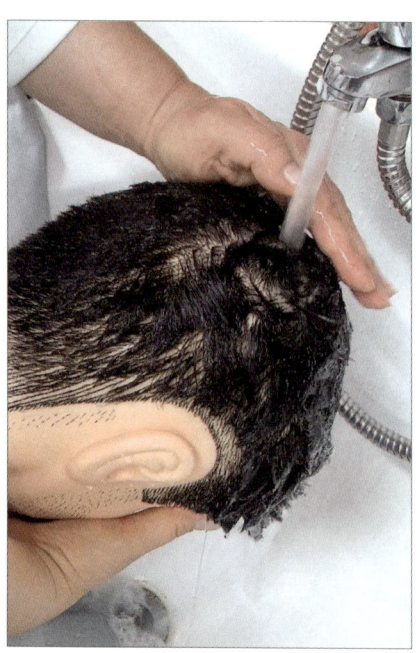

6 중간 헹구기

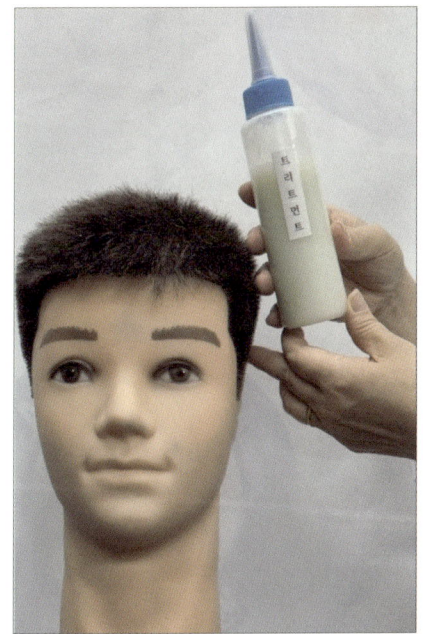

7 트리트먼트제 도포하기

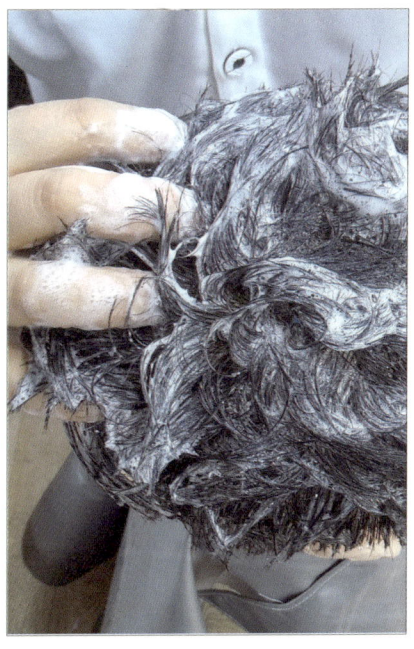

8 두정부 – 전두부 – 측두부 – 후두부 순으로 두피 마사지하기

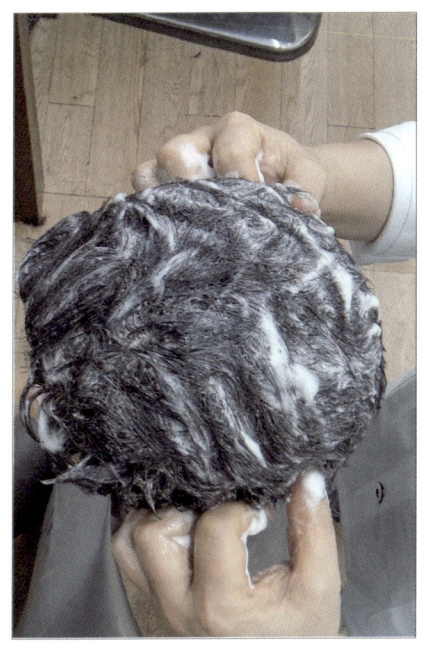

9 측두부 마사지

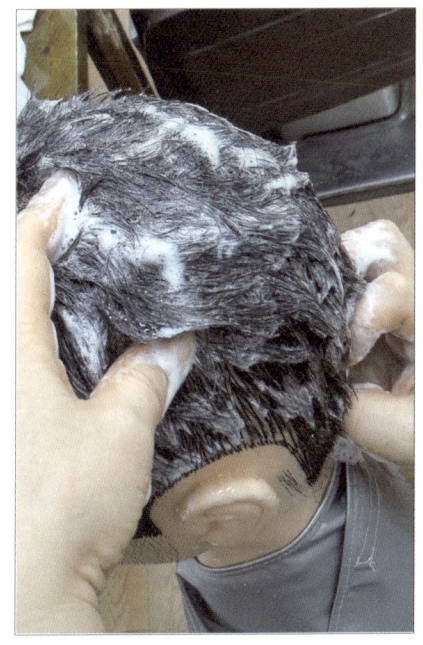

10 후두부 마사지

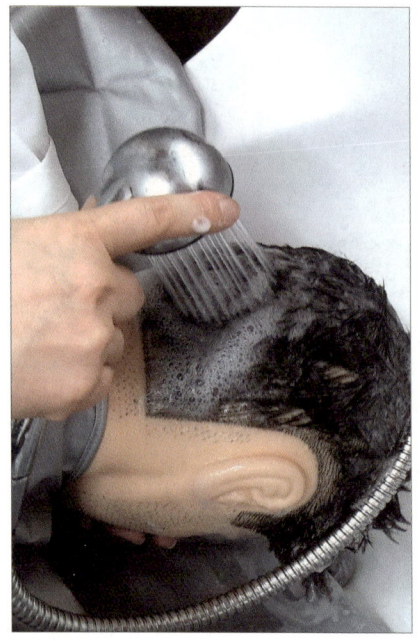

11 머리카락 헹구기

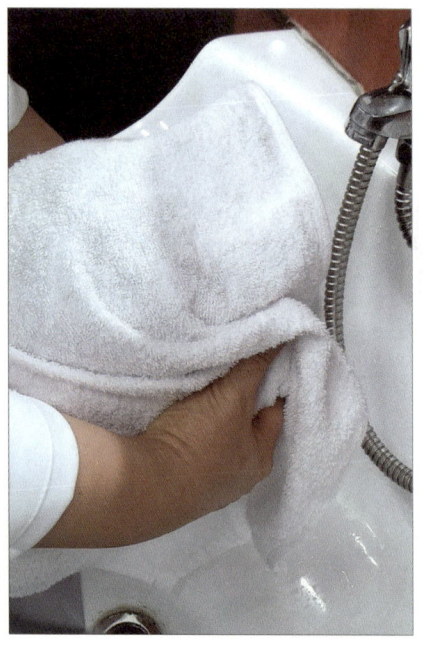

12 물기를 닦고 수건으로 머리 감싸기

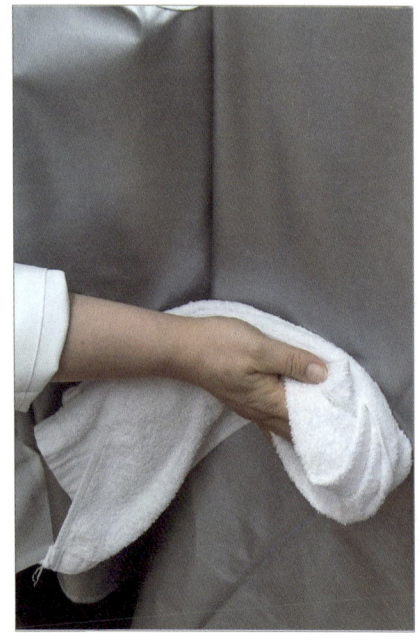

13 샴푸보 걷어서 물기 닦아 정리하기

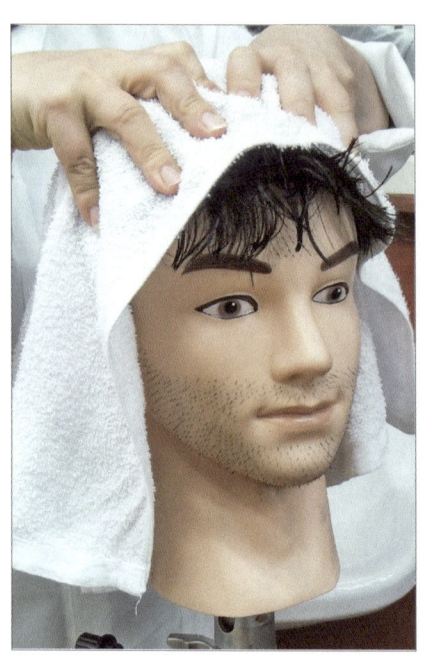

14 목수건으로 잔물기 제거하기

Barber & Master Barber

15 수건 치기로 머리카락 말리기

16 빗질로 정돈 후 주변 정리하기

두피 스케일링 및 샴푸 & 트리트먼트 (동근형) _ 20분

작업순서

샴푸보 두르기 → 스틱봉 만들기(4개) → 두피 스케일링하기 → 머리카락에 물 분무하기 → 샴푸 및 세척하기 → 트리트먼트제 도포하기 → 스캘프 매니플레이션 하기 → 모발 세척하기 → 얼굴 및 머리부위 물기 제거하기 → 타월 드라이하기 → 정리 정돈하기

유의사항

스캘프 매니플레이션 순서는 두정부, 전두부, 측부두, 후두부 순이며, 모발 세척 시 마네킹의 두피에 샴푸제가 남아있지 않도록 하시오.
(각 두부에 스틱봉 교체하여 사용하기)
① 스틱봉은 우드스틱을 면으로 감은 후 거즈로 마무리, 4개 제조
② 스케일링은 전두부, 두정부, 우측두부, 후두부, 좌측두부 순으로 작업하시오.

실기순서

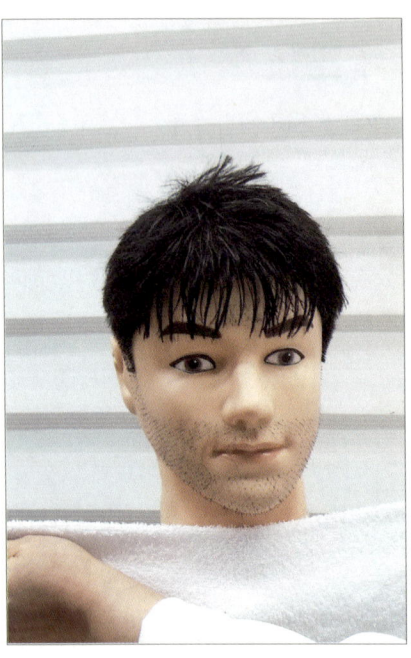

1 목수건 대기

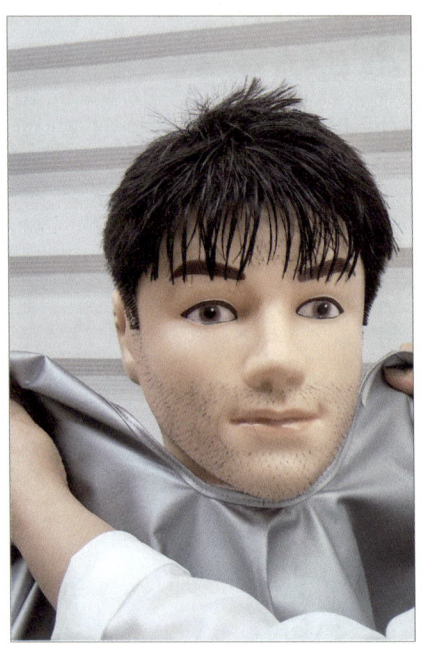

2 샴푸보 두르기

Barber & Master Barber

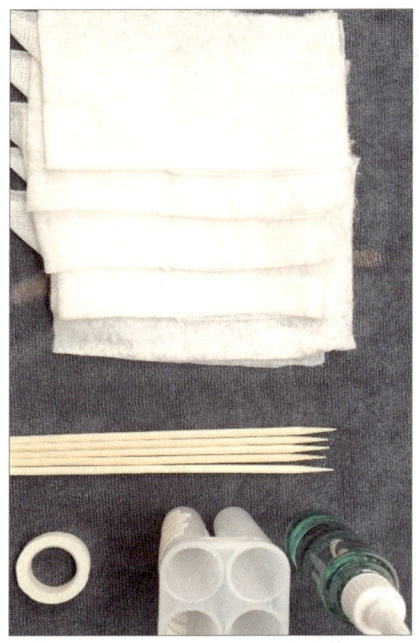

3 스케일링 도구 준비하기

4 스케일링제 담기

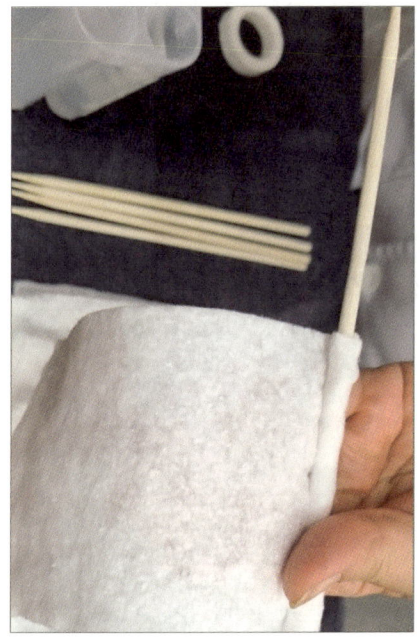

5 스틱에 솜으로 말기

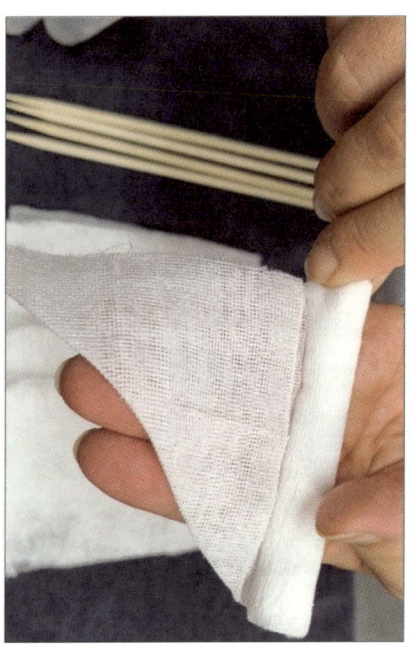

6 거즈로 말기

CHAPTER 05 샴푸 & 트리트먼트 47

7 면 테이프로 고정하기

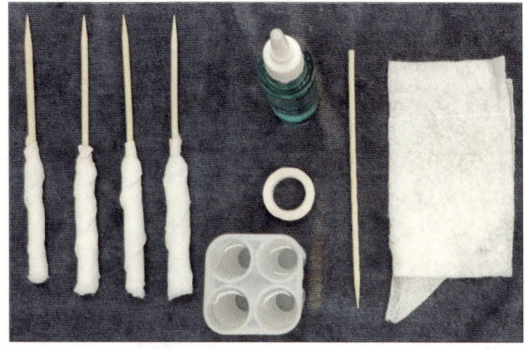

8 스틱봉 4개 만들기

9 전두부라인부터 스케일링 시작하기

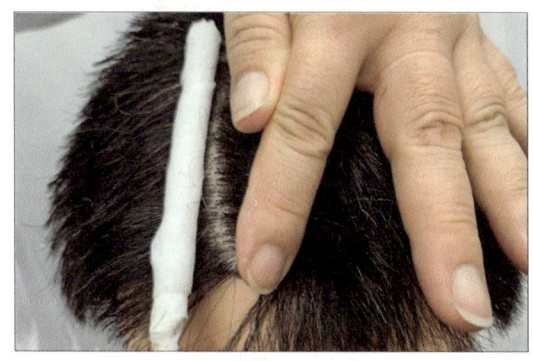

10 전두부 스케일링하기

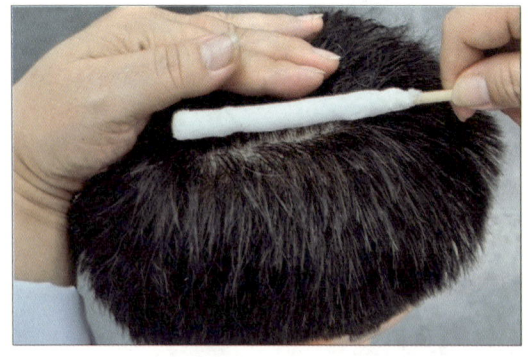

11 두정부 스케일링하기

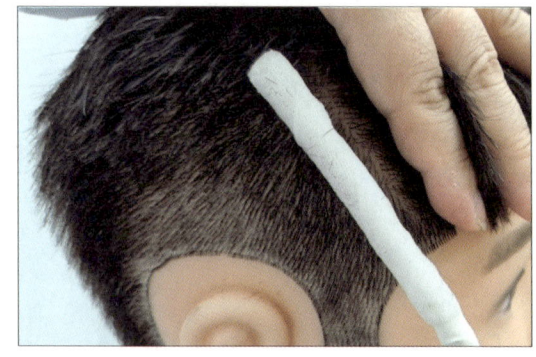

12 오른쪽 측두부 스케일링하기

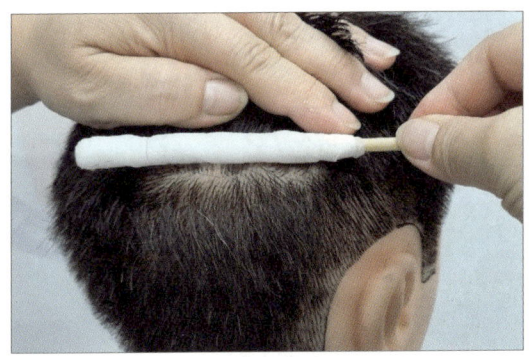

13 후두부 스케일링하기

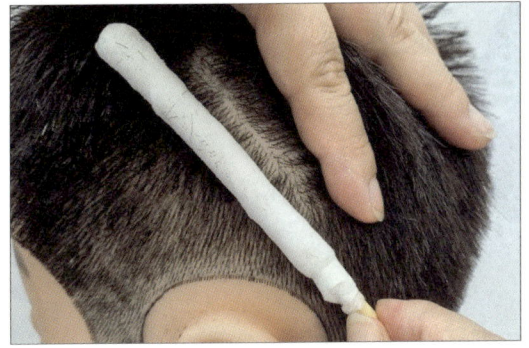

14 왼쪽 측두부 스케일링하기

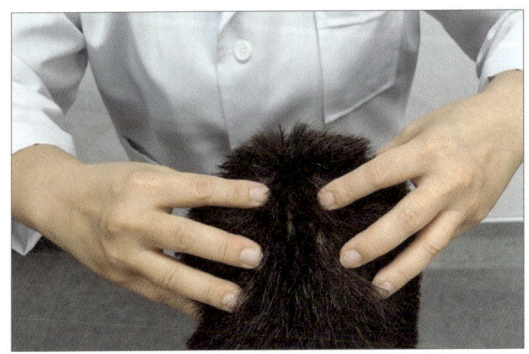

15 손가락 지문으로 두피 스케일링하기

16 샴푸액 도포하기

17 전두부 – 측두부 – 두정부 – 후두부 순으로 샴푸하기

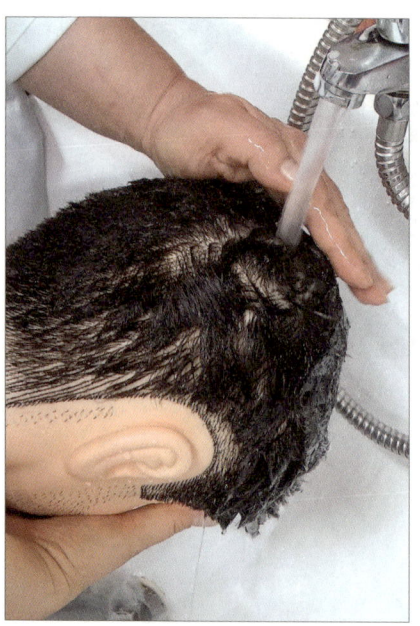

18 중간 헹구기

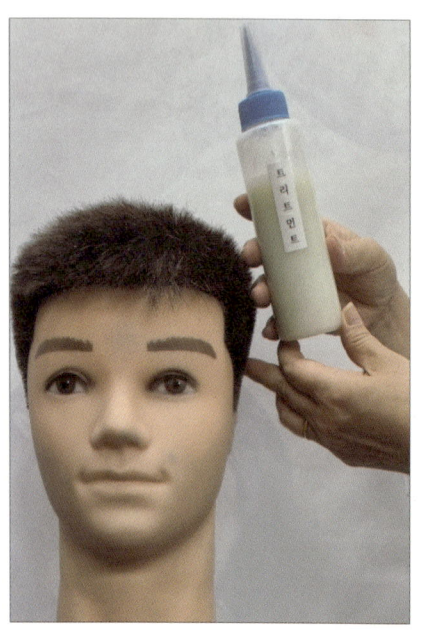

19 트리트먼트제 도포하기

20 두정부 – 전두부 – 측두부 – 후두부 순으로 두피 마사지하기

21 측두부 마사지

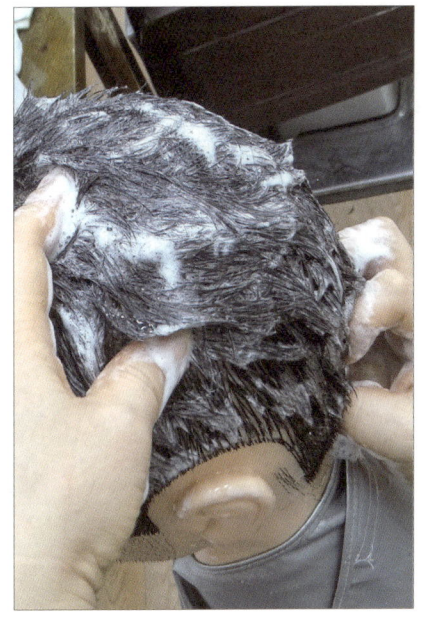

22 후두부 마사지

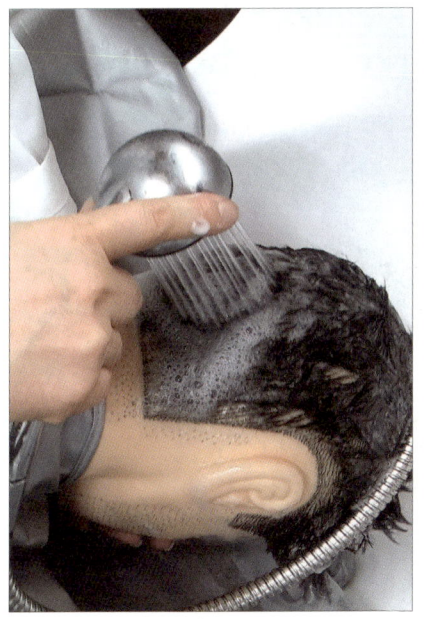

23 머리카락 헹구기

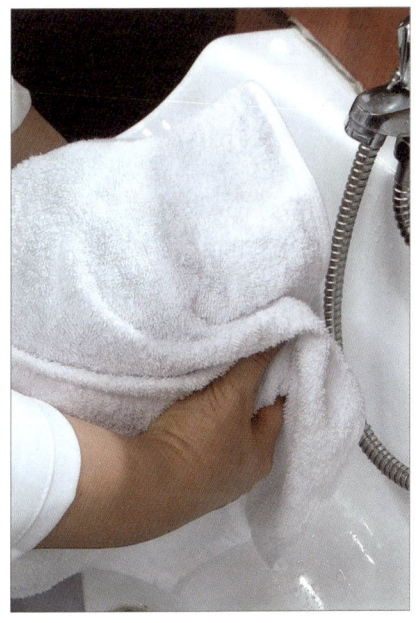

24 물기를 닦고 수건으로 머리 감싸기

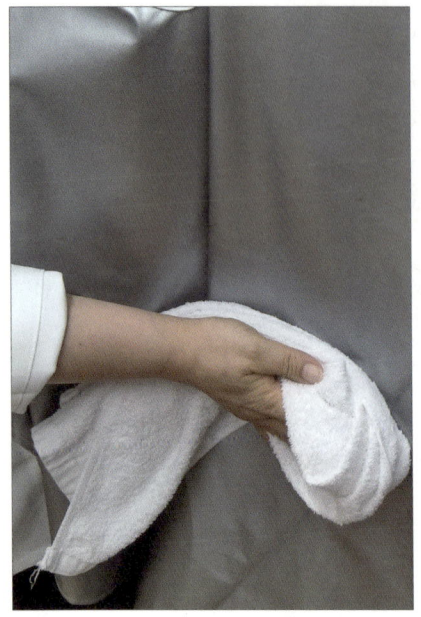

25 샴푸보 걷어서 물기 닦아 정리하기

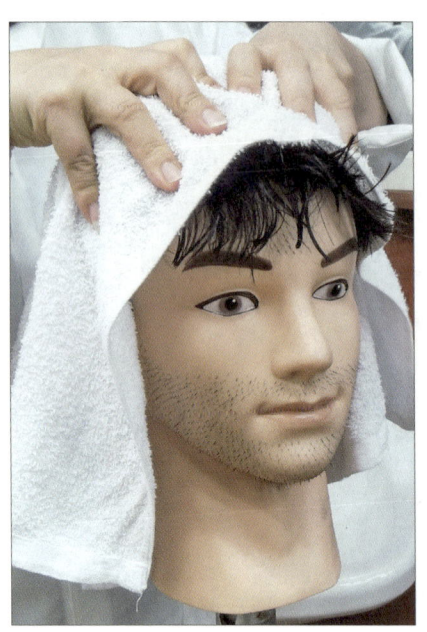

26 목수건으로 잔물기 제거하기

27 수건 치기로 머리카락 말리기

28 빗질로 정돈 후 주변 정리하기

CHAPTER 06 드라이(정발)

하상고 · 중상고 _ 15분

작업순서

목수건 하기 → 핸드 드라이하기 → 정발제 도포하기 → 가르마 타기 → 머리 정발하기(좌측두부 – 후두부 – 우측두부 – 두정부 – 전두부) → 냉타월 하기 → 정리 정돈하기

유의사항

두발을 기초손질한 후 마네킹의 두발 성질에 적합한 정발 용품을 선택하여 사용한다. 작품의 초점, 크기, 흐름 및 전체 조화미가 있도록 정발하며 필요시 작품의 보정을 한다.
① 덴맨브러시로 뿌리 몰딩하고 빗으로 마무리 스타일링하시오.
② 가르마는 마네킹의 좌측 7 : 3 가르마로 표현하시오.

완성된 드라이 모습 사진

  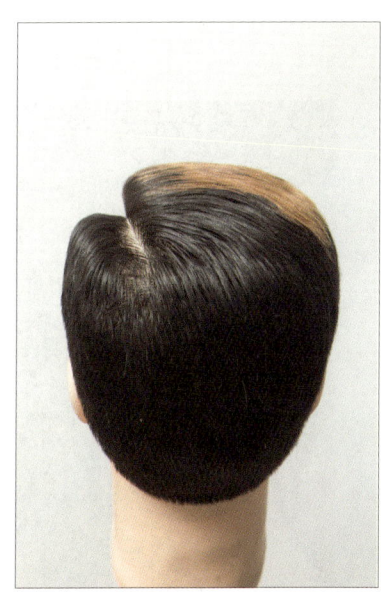

실기순서

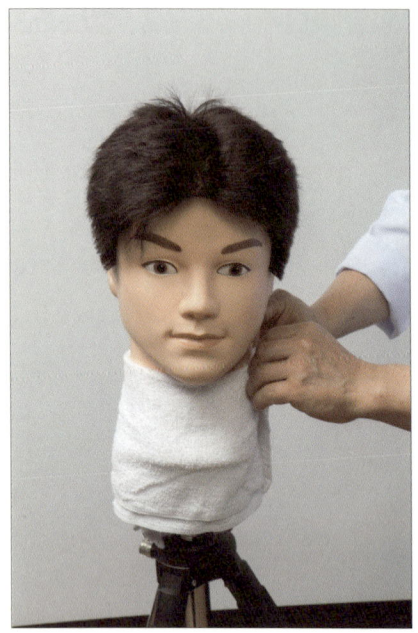

1 목수건 두르기

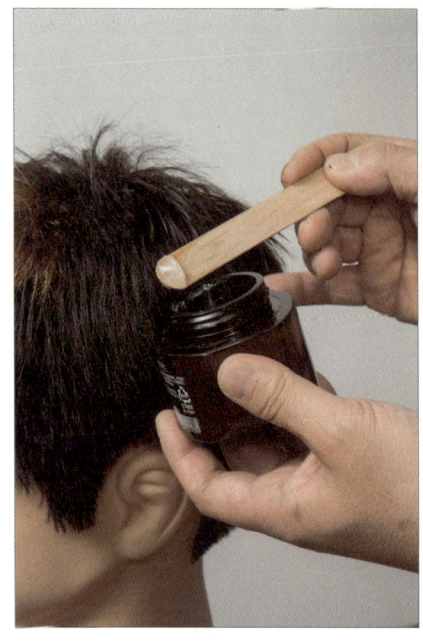

2 핸드 드라이 후 포마드 뜨기

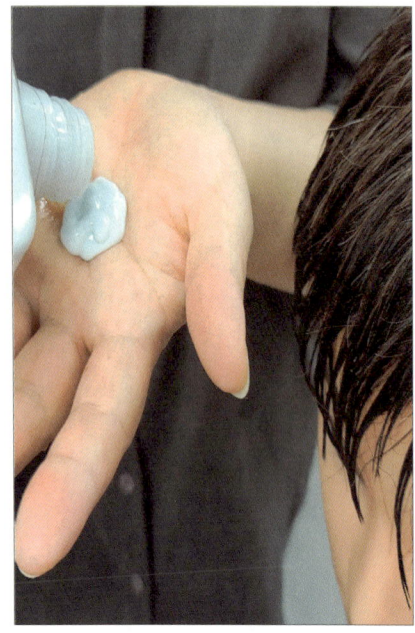

3 정발제를 골고루 도포하기

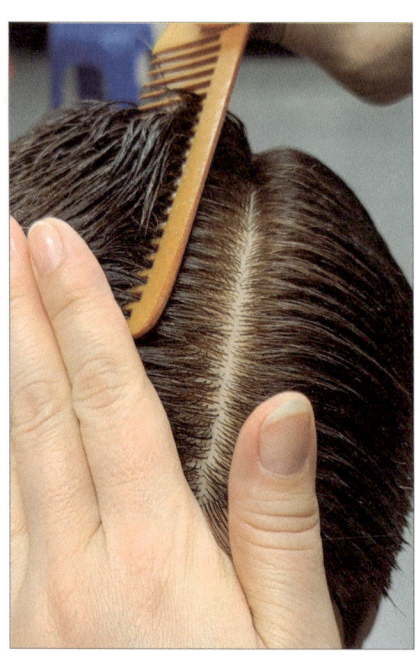

4 가르마 타기(7:3)

Barber & Master Barber

5 좌측두부부터 드라이하기

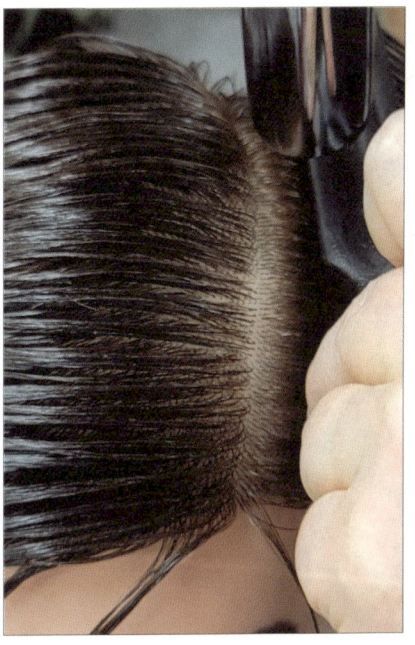

6 좌측두부의 광택선 맞추기

7 후두부 상단 드라이하기

8 우측두부 드라이하기

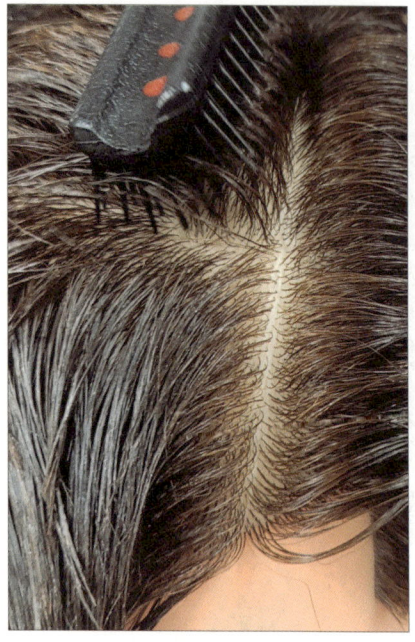

9 두정부의 뿌리 세우기

10 두정부 섹션을 나누어 뿌리 세우기

11 뿌리를 1센티씩 세우며 드라이하기

12 가르마 경계선의 광택선을 연결하기

13 전두부라인의 뿌리 세우기

14 전두부 머리를 빗과 드라이어로 정돈하기

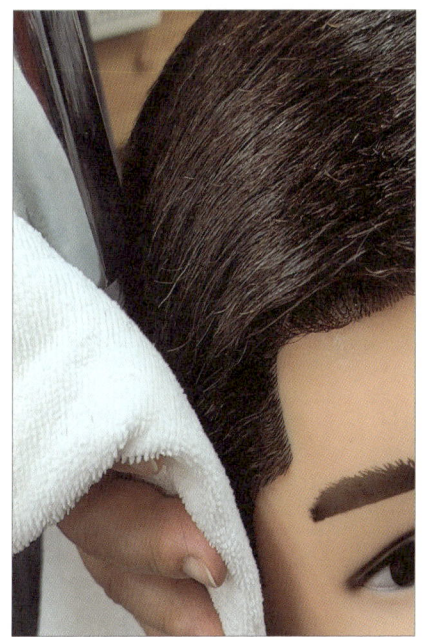

15 냉타월로 측면의 표면을 정돈하기

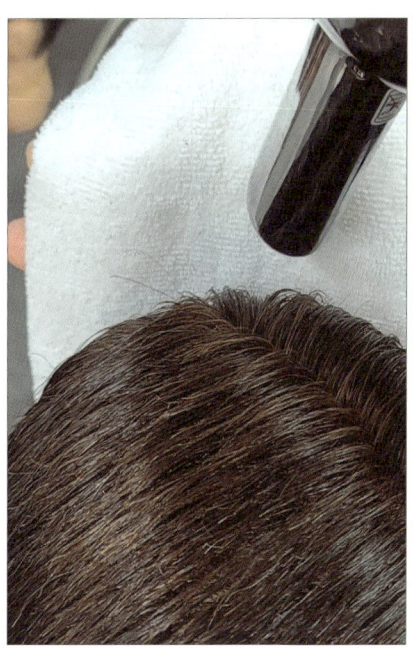

16 열이 들어가지 않은 표면 부분을 정돈하기

이용사·이용장

17 손을 이용하여 마지막까지 정돈하기

18 윗머리의 평을 맞추어 정돈하기

19 완성된 모습

CHAPTER 07 아이론 펌

하상고 · 중상고 · 둥근형 _ 20분

작업순서

목수건 하기 → 핫오일 도포하기 → 빗으로 머리카락 정돈하기 → 파팅하기 → 전두부 중앙에서 아이론 와인딩하기(9개) → 양쪽 사이드 와인딩하기(각 5개) → 정리 정돈하기(목수건 제거)

유의사항

아이론의 개수(중앙, 양측두부)를 맞추어 작업하고 두피에 손상을 주어서는 안 된다.
① 배열과 균일성에 유의하여 와인딩하시오.
② 하상고, 중상고는 12[mm] 아이론을 사용하여 완성한다.
③ 둥근형은 6[mm] 아이론을 사용하여 완성한다.

완성된 아이론 모습 사진(하상고, 중상고)

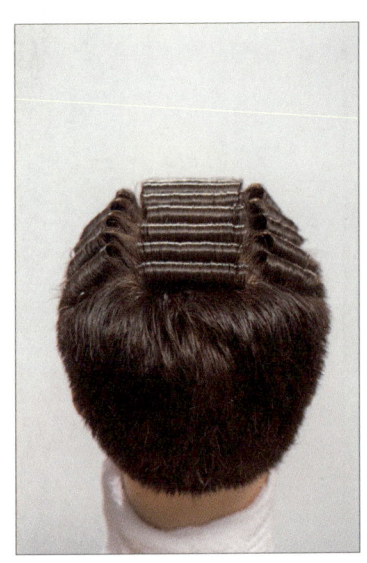
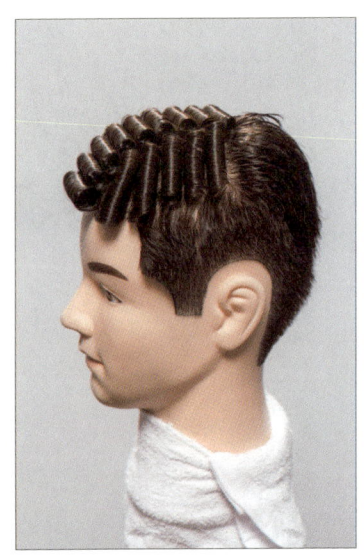

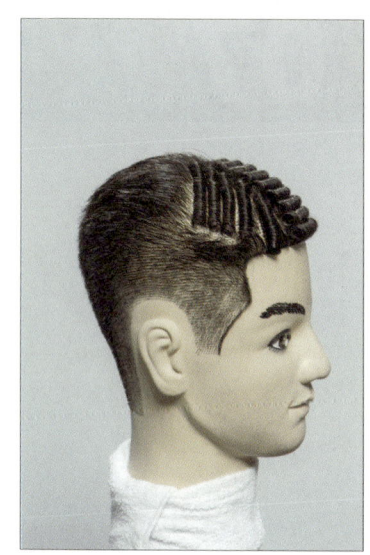

👤 실기순서

1 목수건 대기

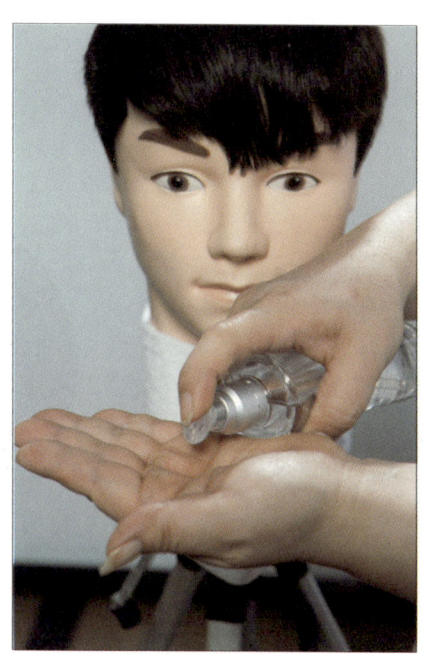

2 핫오일 바르기

Barber & Master Barber

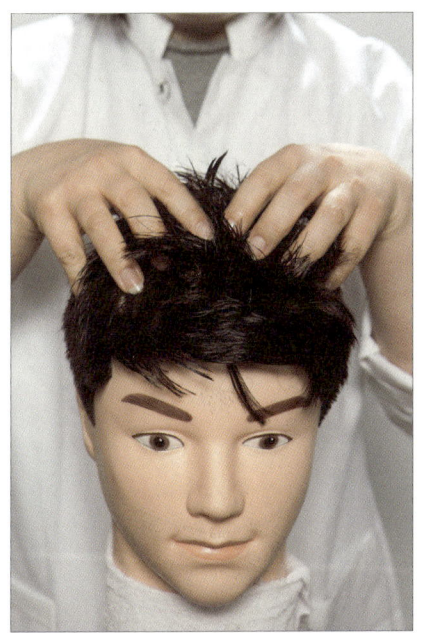

3 핫오일을 뿌리까지 도포하기

4 빗질하여 파팅하기

5 센터에서 5~6센티 와인딩하기

6 센터에서 9개 와인딩하기

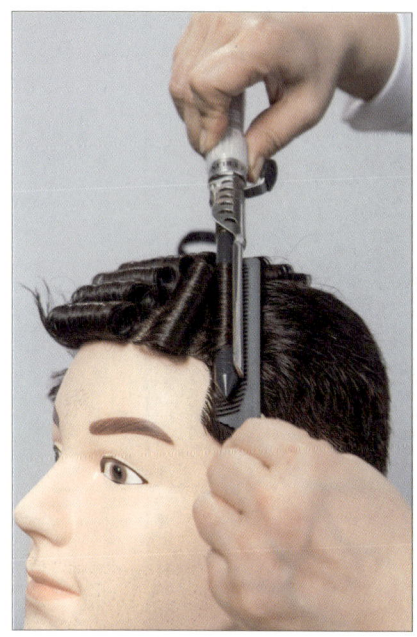

7 사이드 말기

8 양측 사이드 5개씩 와인딩하기

9 가운데 롤과 사이드 롤이 맞게 연결하기

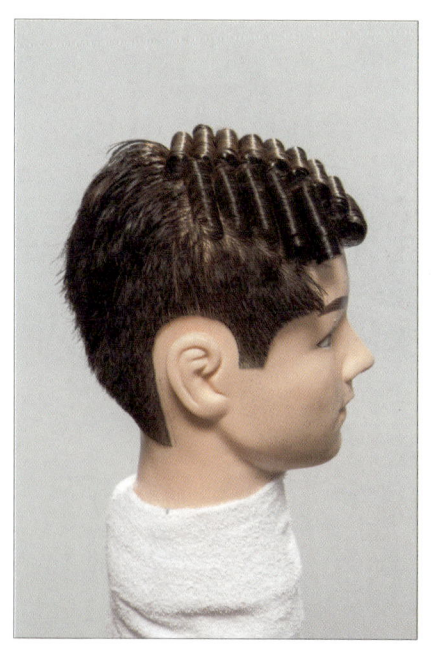

10 완성

이용사 실기시험 물품표

일련번호	재료명	규격	단위	수량	비 고
1	남성용 인모 새치머리형 마네킹 (면체가 가능하고 재질이 부드럽고 말랑한 것)	1[cm] 이상의 면체 작업 가능한 수염이 나있는 마네킹 (수염을 제외한 나머지는 원형대로인 상태이어야 함)	개	1	사전에 약품처리를 하거나 아이론 작업을 하지 않은 것
2	가위	이용용	개	1	장가위
3	틴닝가위(숱가위)	이용용	개	1	
4	빗 및 브러시	조발 및 정발용 빗(대, 중, 소) 정발용 브러시(클래식브러시) (일명, 덴맨브러시)	세트	1	빗 3개, 브러시 1개 이상
5	이용용 면도기	면체용	개	1	면도날 포함
6	면도컵 및 면도브러시	면체용	세트	1	비누 포함
7	커트보	조발용	장	1	
8	샴푸보	세발용	장	1	
9	타월	흰색	장	6	6장 이상
10	털이개	조발용	개	1	
11	위생복	이용사용	벌	1	가운 형
12	위생마스크	면체용	개	1	흰색
13	분무기	조발용	개	1	
14	화장수(스킨) 및 로션	남성용 50[mℓ]/병	병	각 1	사용하던 것도 무방함
15	헤어크림	남성용 50[mℓ]/병	병	1	사용하던 것도 무방함
16	포마드	남성용 50[mℓ]/병	병	1	사용하던 것도 무방함
17	샴푸 및 트리트먼트제	각 50[mℓ]/병	병	각 1	좌식샴푸용 용기 포함
18	천가분	조발용	개	1	사용하던 것도 무방함
19	목종이(넥페이퍼)	두루말이	cm	100	사용하던 것도 무방함
20	티슈(크리넥스)	화장용	장	15	사용하던 것도 무방함
21	에탄올	기구소독용, 200[mℓ] 이상/병	병	1	사용하던 것도 무방함
22	위생봉지(투명)	쓰레기 처리용	장	1	투명비닐
23	이용용 헤어드라이어	정발용	개	1	220[V]용

24	전기클리퍼	건전지용(또는 충전식)	개	1	
25	아이론	6[mm], 12[mm]	개	각 1	220[V]용
26	아이론 오일		통	1	
27	아이론 빗		개	1	
28	염모제	12레벨	개	1	멋내기용
29	염모제	흑갈색	개	1	새치머리용
30	탈색제	파우더타입	개	1	
31	산화제	6[%]	개	1	
32	염색 보울		개	1	
33	염색 빗		개	1	
34	염색용 장갑		켤레	1	
35	비닐 캡		개	1	
36	소독용 솜		개	1	필요량
37	히팅 캡		개	1	
38	앞치마	염색용	개	1	
39	염색보	염색용	개	1	
40	호일	탈색용	개	1	필요량
41	집게핀	탈색용	set	1	필요량
42	오일	기구 정비용	개	1	필요량
43	우드스틱	스케일링용	개	5	
44	면 솜	스틱봉용 적정사이즈	개	5	필요량
45	거즈	스틱봉용 잘라진 것	개	5	
46	스케일링제	용기 포함	개	1	필요량
47	종이 테이프	우드스틱 제조용	개	1	필요량

1. 시험에 사용되는 모든 기구는 완전히 잘 정비된 것이어야 하고, 시험 중 고장으로 인한 불이익은 수험자에게 책임이 있음.
2. 수험자 지참 재료 목록 이외에 실기시험에서 요구한 지정 기구에 영향을 주지 않는 범위 내에서 수험자가 이용 작업에 필요하다고 생각되는 도구 및 화장품은 추가로 지참할 수 있음.
3. 마네킹 준비 시 수염은 얼굴에 난 털로 미간, 콧수염, 구레나룻, 턱수염만 수염으로 간주하며 목 뒤쪽, 귀 뒤쪽 헤어라인의 털은 머리카락으로 간주함.
4. 소독제는 소독용 에탄올(70~85[%])이어야 함.
5. 전기클리퍼의 경우 덧날이나 자동조절 클리퍼의 지참 및 사용을 금지함.
6. 염·탈색의 경우 정확한 작업이 가능한 제품을 사용하여야 함.

CHAPTER 08 이용장 실기

과제

- 1과제 커트 & 수염 커트
- 2과제 드라이(고전형 & 변형)
- 3과제 레쟈 커트 및 스타일링
- 4과제 아이론 펌 & 스타일링

1과제 – 틴닝 커트 & 수염

※ 시험시간 : 35분(커트 25분, 수염 10분)

> **요구사항**
>
> 가. N.P 3[cm], B.P 6[cm], T.P 9[cm], C.P 10[cm], G.P 12[cm]로 설정하여 연결 커트한다.
> 나. 두정부 C.P~G.P까지 T.P를 기준으로 사각형태(square form)로 수평 커트한다.
> 다. 측두부와 후두부는 각 포인트에 설정된 길이 선에 맞추어 연결한다.
> 라. 질감처리는 모근을 중심으로 두발 길이의 3/4 지점 30[%], 1/2 지점 50[%], 1/4 지점 70[%] 모량을 틴닝 처리하여 자연스러운 형태를 만든다.
> 마. F.S.P를 10.5[cm]로 설정하여 S.C.P와 스퀘어 모양으로 틴닝 커트한다.
> 바. 수염 커트는 사진과 동일하게 커트하며, 자르는 도구는 제한이 없다.
> ※ 단, 틴닝가위 외 다른 가위 사용이나 아이론 매직, 롤 브러시 등을 사용 시 감점 처리된다.

커트 도면

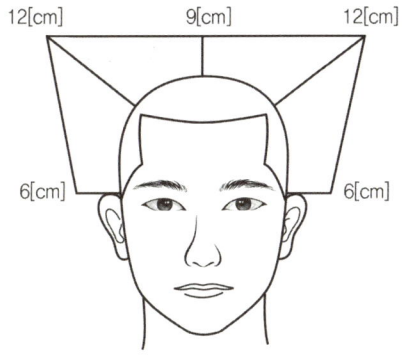

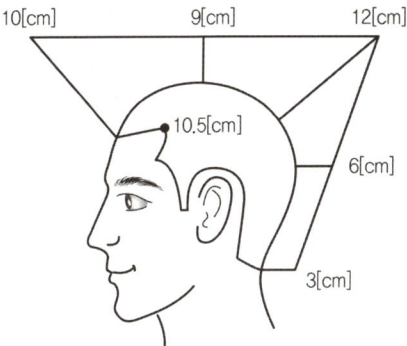

수염 도면

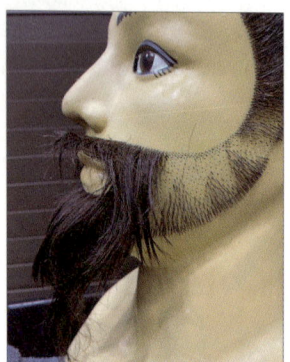 

2과제 – 클래식 정발(수염 포함)

※ 시험시간 : 40분(수정커트 5분 + 클래식 정발 25분 + 수염 세팅 10분)

요구사항

가. 1과제에서 완성된 작품을 이용하여 도면에서 제시된 정발을 완성히기 위하여 수정커트한다.
나. 헤어도구와 세팅제품을 사용하여 사신과 같이 동일하고 정확하게 표현하고, 깔끔하게 작품을 완성한다.
나. 전체적인 균형감과 방향성이 나타나도록 정발한다.
라. 정발 시 브러시 등 모든 도구를 사용할 수 있으며, 단, 컬러 스프레이, 컬러 왁스 등의 컬러제품 사용을 금한다.

수염 도면

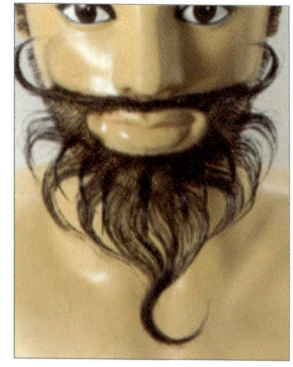 

클래식 정발 도면

- 클래식의 종류

  – 정통 클래식

  – 태풍 클래식

 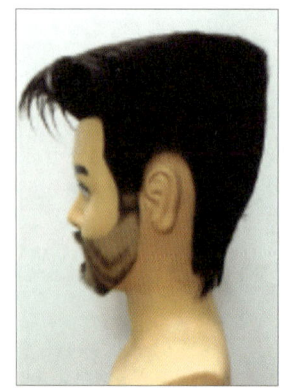 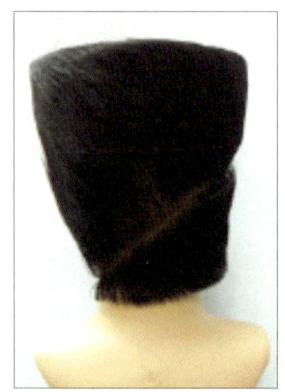

  – 맘보 클래식

   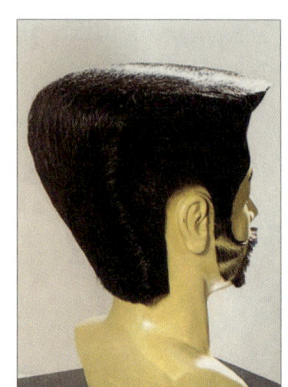

3과제 – 레쟈 커트 및 정발

※ 시험시간 : 40분(레쟈 커트 + 정발)

요구사항

가. 레쟈 커트 기법을 이용하여 투블럭 스타일의 헤어커트를 완성한다.
나. 도면에 제시된 대로 바리캉 덧날과 레쟈를 이용하여 작품을 완성한다.
다. C.P 12[cm], 우측 F.S.P 11[cm], 좌측 F.S.P 13[cm], T.P 10[cm], G.P 11[cm], B.P 11[cm]로, 도면과 동일하게 레쟈 커트를 자연스럽게 연결 커트하시오.
라. F.S.P 이하 측두부와 B.P 이하 후두부는 9[mm] 덧날을 이용하여 커트한다.

사진 도면

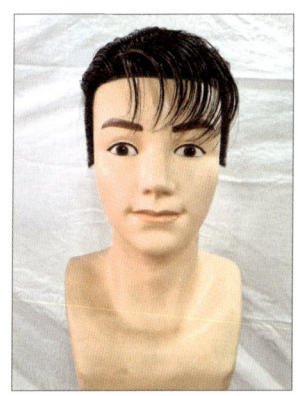 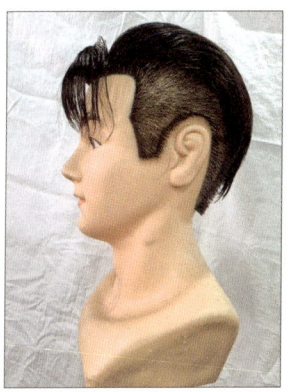

커트 도면

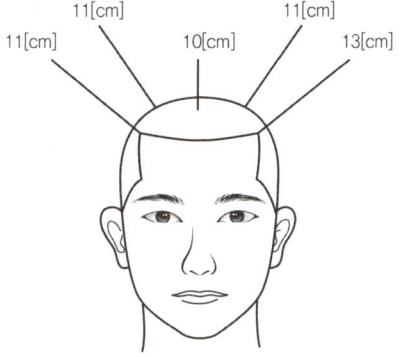 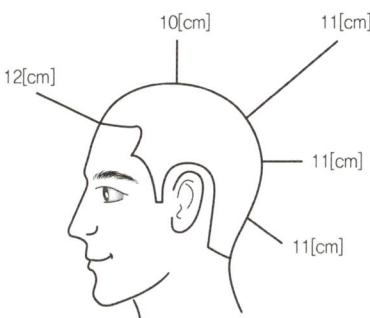

정발 도면

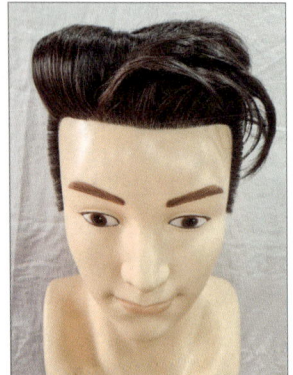
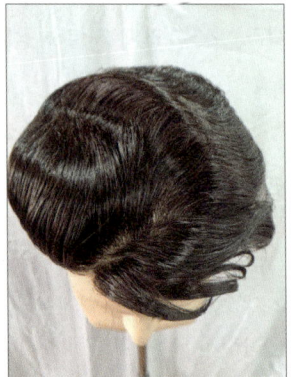
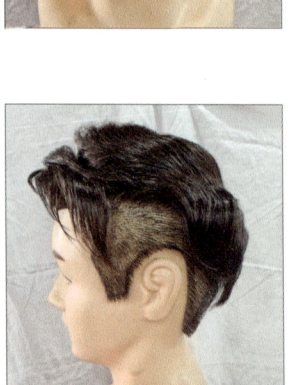
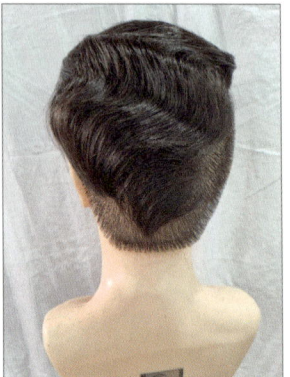

4과제 – 아이론 와인딩 및 스크래치 세팅

※ 시험시간 : 40분(수정커트 + 아이론 와인딩 + 스크래치 세팅)

> **요구사항**
>
> 가. 과제에서 사용한 위그모델을 이용하여 수정커트 후 아이론 와인딩을 도면과 같이 완성한다(수정커트 시 도구의 제한은 없다).
>
> 나. 두발의 길이에 따라 아이론의 굵기를 조절하여 와인딩을 완성한다.
>
> 다. 브러시와 블로우 드라이어를 사용하여 스타일링한다(작품 세팅 시 모든 도구를 사용할 수 있으며, 컬러제품은 제한한다).

아이론 도면

스크래치 도면

 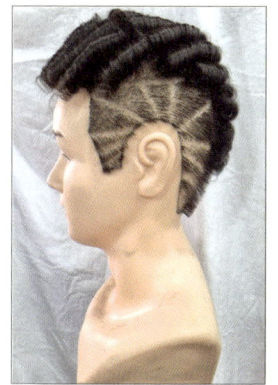 

이용사·이용장

아이론 세팅 도면

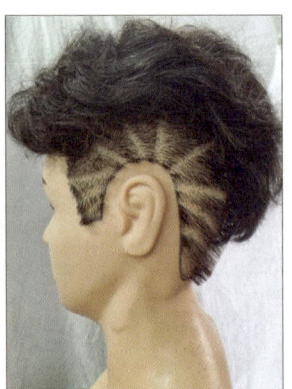
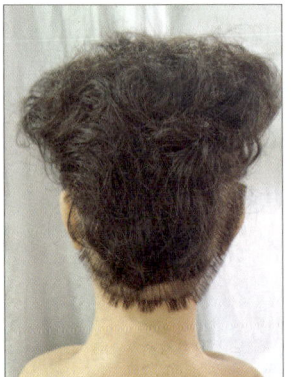

이용사 집필진

유은선
건국대학교 향장학 석사
이용기능장
젠틀리바버샵 대표
한국이용교육연구소 소장
한국이용기술연구소 소장
(전) 서울시립 중부여성발전센터 이용강사
(사) 대한민국이용장회 기술강사
(사) 대한민국이용사회 기술강사
이용기능경기대회 심사위원
소상공인연합회 기술강사
바버 1급 교육강사

최문희
광주여자대학교 대학원 미용학박사
국가공인 이·미용 기능장
바버 1급 교육강사
JN아카데미 교육이사
(사) 대한민국이용장회 부회장
(사) 대한민국이용장 기술강사
소상공인연합회 기술강사
한국이용기술연구소 부소장
이·미용 기능경기대회 심사위원
이·미용 직업훈련교사

유단자 2026
이용사 필기+실기

- **발 행** 2025년 2월 10일 제1판
-   2025년 12월 30일 제2판
- **공 편 저** 유은선·최문희
- **감 수** 이현지
- **발 행 인** 정재철
- **발 행 처** 미디어몬
- **주 소** 07532
  서울특별시 강서구 양천로 551-17, 1210호(가양동, 한화비즈메트로 1차)
- **전 화** (02) 2659-8831
- **팩 스** (02) 2659-8832
- **등 록** 제2021-000083호

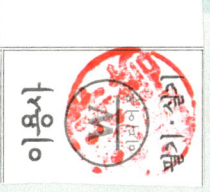

정 가 27,000원
ISBN 979-11-24115-04-6 13590

※ 본서의 독창적인 부분에 대한 무단 인용·전재·복제를 금합니다.